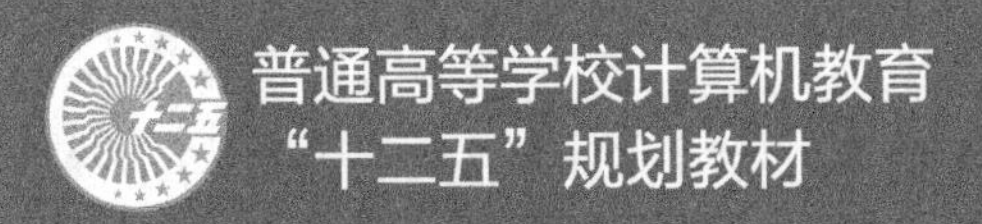

卓越工程师培养计划推荐教材
——软件开发类

JSP 应用开发与实践

■ 刘乃琦 王冲 主编 ■ 杨超 李亚娟 陆莹 副主编

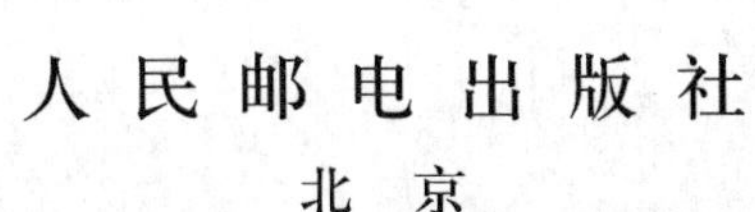

人民邮电出版社
北京

图书在版编目（CIP）数据

JSP应用开发与实践 / 刘乃琦，王冲主编. -- 北京
: 人民邮电出版社，2012.12（2023.8重印）
普通高等学校计算机教育“十二五”规划教材
ISBN 978-7-115-29810-2

Ⅰ. ①J… Ⅱ. ①刘… ②王… Ⅲ. ①
JAVA语言－网页制作工具－高等学校－教材 Ⅳ. ①
TP312②TP393.092

中国版本图书馆CIP数据核字(2012)第285087号

内 容 提 要

本书作为 JSP 技术课程的教材，系统全面地介绍了有关 JSP 网站开发所涉及的各类知识。全书共分 16 章，内容包括 Web 应用开发概述、客户端应用技术基础、搭建 JSP 网站开发环境、Java 语言基础、JSP 基本语法、JSP 的内置对象、JavaBean 技术、Servlet 技术、数据库应用开发、EL 表达式、JSTL 核心标签库、JSP 操作 XML、JSP 与 Ajax、综合案例——九宫格日记网、课程设计——图书馆管理系统、课程设计——博客网。全书每章内容都与实例紧密结合，有助于学生理解知识，应用知识，达到学以致用的目的。

本书的配套光盘中提供了本书所有实例、综合实例、实验、综合案例和课程设计的源代码、制作精良的电子课件 PPT 及教学录像、《Java Web 编程词典（个人版）》体验版学习软件。其中，源代码全部经过精心测试，能够在 Windows 2003、Windows XP、Windows 7 系统下编译和运行。

本书可作为本科计算机专业、软件学院、高职软件专业及相关专业的教材，同时也适合 JSP 爱好者，初、中级的 Web 程序开发人员参考使用。

普通高等学校计算机教育“十二五”规划教材

JSP 应用开发与实践

◆ 主　　编　刘乃琦　王　冲
　副 主 编　杨　超　李亚娟　陆　莹
　责任编辑　许金霞

◆ 人民邮电出版社出版发行　　北京市丰台区成寿寺路 11 号
　邮编　100164　　电子邮件　315@ptpress.com.cn
　网址　http://www.ptpress.com.cn
　固安县铭成印刷有限公司印刷

◆ 开本：787×1092　1/16
　印张：27.25　　　　2012 年 12 月第 1 版
　字数：751 千字　　　2023 年 8 月河北第 18 次印刷

ISBN 978-7-115-29810-2

定价：52.00 元（附光盘）

读者服务热线：(010)81055256　印装质量热线：(010)81055316
反盗版热线：(010)81055315

前　言

JSP（Java Server Page）是由Sun公司使用Java语言（Java是Sun公司推出的一门很优秀的语言，适用于Internet环境，是一种被广泛使用的网络编程语言）开发出来的一种动态网页制作技术。它是 Java 开发阵营中最具代表性的解决方案。JSP不仅拥有与Java一样的面向对象性、便利性、跨平台等优点和特性，还拥有Java Servlet的稳定性，并且可以使用Servlet提供的API、Java Bean及Web开发框架技术，使页面代码与后台处理代码分离，从而提高了工作效率。目前，无论是高校的计算机专业还是 IT 培训学校，都已将 JSP 作为教学内容之一，这对于培养学生的计算机应用能力具有非常重要的意义。

在当前的教育体系下，实例教学是计算机语言教学的最有效的方法之一，本书将JSP知识和实用的实例有机结合起来，一方面，跟踪JSP发展，适应市场需求，精心选择内容，突出重点，强调实用，使知识讲解更加全面、系统；另一方面，设计典型的实例，将实例融入到知识讲解中，使知识与实例相辅相成，既有利于学生学习知识，又有利于指导学生实践。另外，本书在每章后还提供了习题和实验，方便读者及时验证自己的学习效果（包括理论知识和动手实践能力）。

本书作为教材使用时，课堂教学建议36～40学时，实验教学建议21～25学时。各章主要内容和学时建议分配如下，老师可以根据实际教学情况进行调整。

章	主 要 内 容	课堂学时	实验学时
第1章	Web应用开发概述，包括网络程序开发体系结构、Web简介、Web开发技术	1	
第2章	客户端应用技术基础，包括HTML 5标记语言、CSS样式表、JavaScript 脚本语言，其中 JavaScript 脚本语言中的 DOM 技术为选讲内容	3	2
第3章	搭建JSP网站开发环境，包括JSP概述、JDK的安装与配置、Tomcat的安装与配置、MySQL数据库的安装与使用、Eclipse开发工具的安装与使用、综合实例——使用Eclipse开发一个JSP网站	2	2
第4章	Java 语言基础，包括面向对象程序设计、数据类型、常量与变量、运算符的应用、流程控制语句、字符串处理、数组的创建与使用、集合类的应用、综合实例——在控制台上输出九九乘法表（选讲）	4	1
第5章	JSP 基本语法，包括 JSP 页面的基本构成、指令标识、脚本标识、注释、动作标识、综合实例——包含需要传递参数的文件	3	2
第6章	JSP 的内置对象，包括 request 对象、response 响应对象、out 输出对象、session 会话对象、application 应用对象、其他内置对象、综合实例——应用 session 实现用户登录	4	2

续表

章	主 要 内 容	课堂学时	实验学时
第 7 章	JavaBean 技术，包括 JavaBean 技术简介、JavaBean 的应用、综合实例——应用 JavaBean 解决中文乱码	3	2
第 8 章	Servlet 技术，包括 Servlet 基础、Servlet 开发、Servlet 过滤器、Servlet 监听器、综合实例——应用监听器统计在线用户	4	3
第 9 章	数据库应用开发，包括 JDBC 简介、JDBC API、连接数据库、JDBC 操作数据库、综合实例——分页查询	4	3
第 10 章	EL 表达式，包括表达式语言（EL）概述、EL 保留的关键字、EL 的运算符及优先级、EL 的隐含对象、定义和使用 EL 的函数、综合实例——通过 EL 显示投票结果	2	1
第 11 章	JSTL 核心标签库，包括 JSTL 标签库简介、JSTL 的下载与配置、表达式标签、URL 相关标签、流程控制标签、循环标签、综合实例——JSTL 在电子商城中的应用	3	1
第 12 章	JSP 操作 XML，包括 XML 简介、dom4j 概述、创建 XML 文件、解析 XML 文档、修改 XML 文档、综合实例——保存公告信息到 XML 文件	3	2
第 13 章	JSP 与 Ajax，包括 Ajax 简介、使用 XMLHttpRequest 对象、传统 Ajax 的工作流程、jQuery 实现 Ajax、需要注意的几个问题、综合实例——多级联动下拉列表	可选	可选
第 14 章	综合案例——九宫格日记网，包括需求分析、总体设计、数据库设计、公共模块设计、网站主要模块开发、网站编译与发布	可选	
第 15 章	课程设计——图书馆管理系统，包括课程设计目的、功能描述、总体设计、数据库设计、实现过程、调试运行、课程设计总结	可选	
第 16 章	课程设计——博客网，包括课程设计目的、功能描述、总体设计、数据库设计、实现过程、调试运行、课程设计总结	可选	

本书的第 1 章、第 5 章由刘乃琦编写，第 2 章、第 4 章、第 9 章由王冲编写，第 3 章、第 7 章、第 12 章由李亚娟编写，第 6 章、第 10 章、第 11 章由杨超编写，第 8 章由王虹编写，第 13 章、第 14 章、第 15 章由陆莹编写，第 16 章由张雷蕾编写。全书由刘乃琦统稿。

由于编者水平有限，书中难免存在疏漏和不足之处，敬请广大读者批评指正，使本书得以改进和完善。

编　者

2012 年 10 月

目 录

第 9 章 数据库应用开发 ……201

第 10 章 EL 表达式 ……235

第 11 章　JSTL 核心标签库…………257

第 12 章　JSP 操作 XML…………285

第 1 章 Web 应用开发概述

本章要点：

- 什么是 C/S 结构和 B/S 结构
- C/S 结构和 B/S 结构的比较
- 什么是 Web
- Web 的工作原理
- Web 的发展历程
- Web 开发技术

随着网络技术的迅猛发展，国内外的信息化建设已经进入以 Web 应用为核心的阶段。作为即将进入 Web 应用开发阵营的准程序员，首先需要对网络程序开发的体系结构、Web 以及 Web 开发技术有所了解。本章将对网络程序开发体系结构、什么是 Web、Web 的工作原理、Web 的发展历程和 Web 开发技术进行介绍。

1.1 网络程序开发体系结构

随着网络技术的不断发展，单机的软件程序将难以满足网络计算的需要。为此，各种各样的网络程序开发体系结构应运而生。其中，运用最多的网络应用程序开发体系结构可以分为两种，一种是基于浏览器/服务器的 B/S 结构，另一种是基于客户端/服务器的 C/S 结构。下面进行详细介绍。

1.1.1 C/S 结构介绍

C/S 是 Client/Server 的缩写，即客户端/服务器结构。在这种结构中，服务器通常采用高性能的 PC 或工作站，并采用大型数据库系统（如 Oracle 或 SQL Server），客户端则需要安装专用的客户端软件，如图 1-1 所示。这种结构可以充分利用两端硬件环境的优势，将任务合理地分

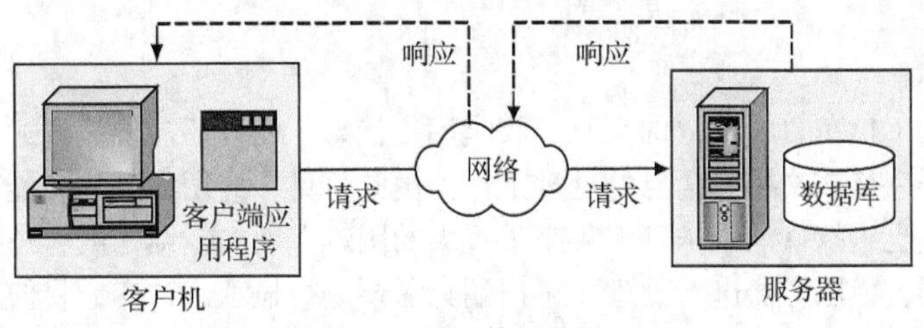

图 1-1 C/S 体系结构

配到客户端和服务器，从而降低了系统的通信开销。在 2000 年以前，C/S 结构是网络程序开发领域的主流。

1.1.2 B/S 结构介绍

B/S 是 Browser/Server 的缩写，即浏览器/服务器结构。在这种结构中，客户端不需要开发任何用户界面，而统一采用如 IE 和火狐等浏览器，通过 Web 浏览器向 Web 服务器发送请求，由 Web 服务器进行处理，并将处理结果逐级传回客户端，如图 1-2 所示。这种结构利用不断成熟和普及的浏览器技术实现原来需要复杂专用软件才能实现的强大功能，从而节约了开发成本，是一种全新的软件体系结构。这种体系结构已经成为当今应用软件的首选体系结构。

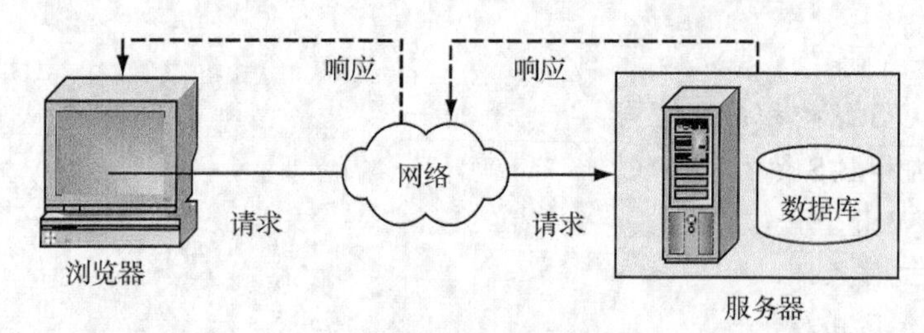

图 1-2 B/S 体系结构

B/S 由美国微软公司研发，C/S 由美国 Borland 公司最早研发。

1.1.3 两种体系结构的比较

C/S 结构和 B/S 结构是当今世界网络程序开发体系结构的两大主流。目前，这两种结构都有自己的市场份额和客户群。但是，这两种体系结构又各有各的优点和缺点，下面将从以下 3 个方面进行比较说明。

1. 开发和维护成本方面

C/S 结构的开发和维护成本都比 B/S 高。采用 C/S 结构时，对于不同客户端要开发不同的程序，而且软件的安装、调试和升级均需要在所有的客户机上进行。例如，如果一个企业共有 10 个客户站点使用一套 C/S 结构的软件，则这 10 个客户站点都需要安装客户端程序。当这套软件进行了哪怕很微小的改动后，系统维护员都必须将客户端原有的软件卸载，再安装新的版本并进行配置，最可怕的是客户端的维护工作必须不折不扣地进行 10 次。若某个客户端忘记进行这样的更新，则该客户端将会因软件版本不一致而无法工作。而 B/S 结构的软件，则不必在客户端进行安装及维护。如果我们将前面企业的 C/S 结构的软件换成 B/S 结构的，这样在软件升级后，系统维护员只需要将服务器的软件升级到最新版本，对于其他客户端，只要重新登录系统就可以使用最新版本的软件了。

2. 客户端负载

C/S 的客户端不仅负责与用户的交互，收集用户信息，而且还需要完成通过网络向服务器请求对数据库、电子表格或文档等信息的处理工作。由此可见，应用程序的功能越复杂，客户端程序也就越庞大，这也给软件的维护工作带来了很大的困难。而 B/S 结构的客户端把事务处理逻辑部分交给了服务器，由服务器进行处理，客户端只需要进行显示，这样，将使应用程序服务器的运行数据负荷较重，一旦发生服务器“崩溃”等问题，后果不堪设想。因此，许多单位都备有数据库存储服务器，以防万一。

3. 安全性

C/S 结构适用于专人使用的系统，可以通过严格的管理派发软件，达到保证系统安全的目的，这样的软件相对来说安全性比较高。而对于 B/S 结构的软件，由于使用的人数较多，且不固定，相对来说安全性就会低些。

由此可见，B/S 相对于 C/S 具有更多的优势，现今大量的应用程序开始转移到应用 B/S 结构，许多软件公司也争相开发 B/S 版的软件，也就是 Web 应用程序。随着 Internet 的发展，基于 HTTP 和 HTML 标准的 Web 应用呈几何数量级地增长，而这些 Web 应用又是由各种 Web 技术所开发的。下一节将对 Web 进行简要的介绍。

1.2　Web 简介

Web 是 WWW（World Wide Web）的简称，引申为“环球网”，在不同的领域，有不同的含义。针对普通的用户，Web 仅仅只是一种环境——互联网的使用环境；而针对网站制作或设计者，它是一系列技术的总称（包括网站的页面布局、后台程序、美工、数据库领域等）。下面将对什么是 Web 和 Web 的工作原理进行详细介绍。

1.2.1　什么是 Web

Web 的本意是网和网状物，现在在网络领域则被广泛译作网络、万维网或互联网等。它是一种基于超文本方式工作的信息系统。作为一个能够处理文字、图像、声音和视频等多媒体信息的综合系统，它提供了丰富的信息资源，这些信息资源通常表现为以下 3 种形式。

- 超文本（hypertext）

超文本是一种全局性的信息结构，它将文档中的不同部分通过关键字建立链接，使信息得以用交互方式搜索。

- 超媒体（hypermedia）

超媒体是超文本（hypertext）和多媒体在信息浏览环境下的结合，有了超媒体，用户不仅能从一个文本跳到另一个文本，而且可以显示图像，播放动画、音频和视频等。

- 超文本传输协议（HTTP）

超文本传输协议是超文本在互联网上的传输协议。

1.2.2　Web 的工作原理

在 Web 中，信息资源以 Web 页面的形式被分别存放在各个 Web 服务器上，用户可以通过浏览器选择并浏览所需的信息。Web 的具体工作流程如图 1-3 所示。

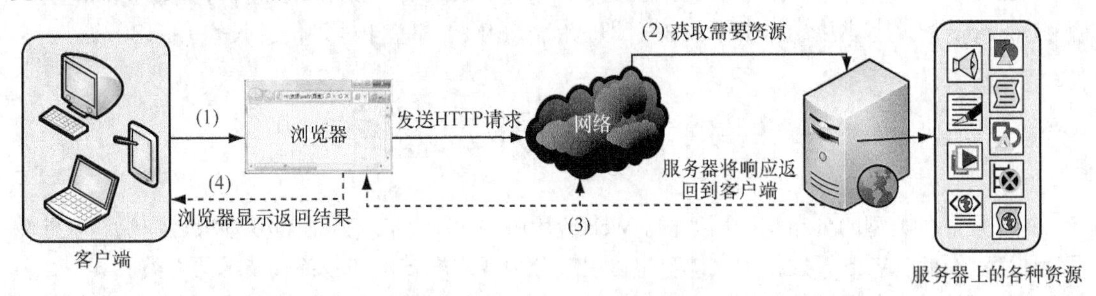

图 1-3　Web 的工作流程图

从图 1.3 中可以看出，Web 的工作流程大致可以分为以下 4 个步骤。

（1）用户在浏览器中输入 URL 地址（即统一资源定位符），或者通过超链接方式链接到一个网页或者网络资源后，浏览器将该信息转换成标准的 HTTP 请求发送给 Web 服务器。

（2）当 Web 服务器接收到 HTTP 请求后，根据请求内容查找所需信息资源。

（3）找到相应资源后，Web 服务器将该部分资源通过标准的 HTTP 响应发送回浏览器。

（4）浏览器将经服务器转换后的 HTML 代码显示给客户端用户。

1.2.3 Web 的发展历程

自从 1989 年 Tim Berners-Lee（蒂姆·伯纳斯·李）发明了 World Wide Web 以来，Web 的发展主要经历了 3 个阶段，分别是静态文档阶段（指代 Web 1.0）、动态网页阶段（指代 Web 1.5）和 Web 2.0 阶段。下面将对这 3 个阶段进行介绍。

1. 静态文档阶段

处理静态文档阶段的 Web，主要是用于静态 Web 页面的浏览。用户通过客户端的 Web 浏览器，可以访问 Internet 上的各个 Web 站点。在每个 Web 站点上，保存着提前编写好的 HTML 格式的 Web 页，以及各 Web 页之间可以实现跳转的超文本链接。通常情况下，这些 Web 页都是通过 HTML 编写的。由于受低版本 HTML 和旧式浏览器的制约，Web 页面只能包括单纯的文本内容，浏览器也只能显示呆板的文字信息，不过这已经基本满足了建立 Web 站点的初衷，实现了信息资源共享。

随着互联网技术的不断发展以及网上信息呈几何级数的增加，人们逐渐发现手工编写包含所有信息和内容的页面对人力和物力都是一种极大地浪费，而且几乎变得难以实现。另外，这样的页面也无法实现各种动态的交互功能。这就促使 Web 技术进入了发展的第二阶段——动态网页阶段。

2. 动态网页阶段

为了克服静态页面的不足，人们将传统单机环境下的编程技术与 Web 技术相结合，从而形成新的网络编程技术。网络编程是通过在传统的静态页面中加入各种程序和逻辑控制，从而实现动态和个性化的交流与互动。我们将这种使用网络编程技术创建的页面称为动态页面，动态页面的后缀通常是.jsp、.php 和.asp 等，而静态页面的后缀通常是.htm、.html 和.shtml 等。

这里说的动态网页，与网页上的各种动画、滚动字幕等视觉上的“动态效果”没有直接关系，动态网页也可以是纯文字内容的，这些“动态效果”只是网页具体内容的表现形式，无论网页是否具有动态效果，采用动态网络编程技术生成的网页都称为动态网页。

3. Web 2.0 阶段

随着互联网技术的不断发展，又诞生了一种新的互联网模式——Web 2.0。这种模式更加以用户为中心，通过网络应用 (Web Applications）促进网络上人与人之间的信息交换和协同合作。

Web 2.0 技术主要包括：博客（BLOG）、微博（Twitter）、RSS、Wiki 百科全书（Wiki）、网摘（Delicious）、社会网络（SNS）、P2P、即时信息（IM）和基于地理信息服务（LBS）等。

1.3 Web 开发技术

Web 是一种典型的分布式应用架构。Web 应用中的每一次信息交换都要涉及客户端和服务端两个层面。因此，Web 开发技术大体上也可以被分为客户端技术和服务端技术两大类。其中，客户端应用的技术主要用于展现信息内容，而服务器端应用的技术，则主要用于进行业务逻辑的处理和与数据库的交互等。

1.3.1　客户端应用技术

在进行 Web 应用开发时，离不开客户端技术的支持。目前，比较常用的客户端技术包括 HTML、CSS 样式、Flash 和客户端脚本技术。

1．HTML

HTML 是客户端技术的基础，主要用于显示网页信息，它不需要编译，由浏览器解释执行。HTML 简单易用，它在文件中加入标签，使其可以显示各种各样的字体、图形及闪烁效果，还增加了结构和标记，如头元素、文字、列表、表格、表单、框架、图像和多媒体等，并且提供了与 Internet 中其他文档的超链接。例如，在一个 HTML 页中，应用图像标记插入一个图片，可以使用图 1-4 所示的代码，该 HTML 页运行后的效果如图 1-5 所示。

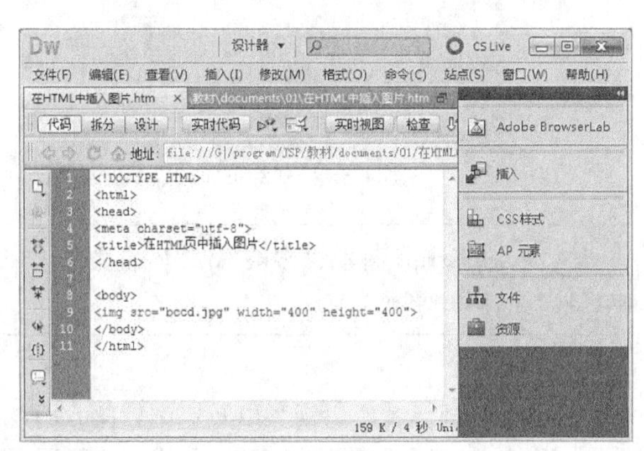

图 1-4　HTML 文件

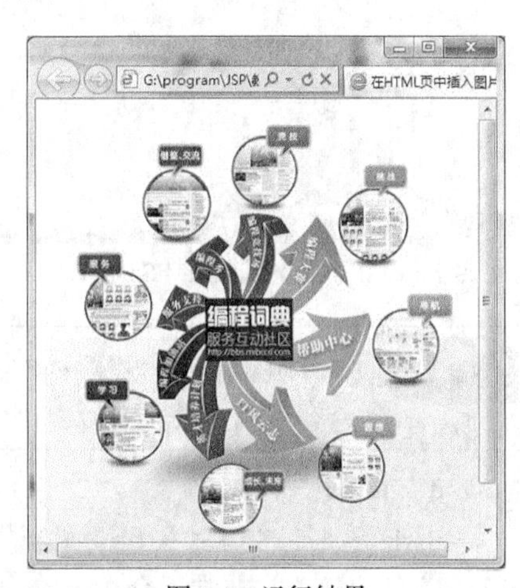

图 1-5　运行结果

HTML 不区分大小写，这一点与 Java 不同。例如，图 1-4 中的 HTML 标记<body></body>标记也可以写为<BODY></BODY>。

2．CSS

CSS 就是一种叫做样式表（style sheet）的技术，也有人称为层叠样式表（Cascading Style Sheet）。在制作网页时采用 CSS 样式，可以有效地对页面的布局、字体、颜色、背景和其他效果实现更加精确的控制。只要对相应的代码做一些简单的修改，就可以改变整个页面的风格。CSS 大大地提高了开发者对信息展现格式的控制能力，特别是在目前比较流行的 CSS+DIV 布局的网站中，CSS 的作用更是重足轻重了。例如，在“心之语许愿墙”网站中，如果将程序中的 CSS 代码删除，将显示如图 1-6 所示的效果，而添加 CSS 代码后，将显示如图 1-7 所示的效果。

在网页中使用 CSS 样式不仅可以美化页面，而且可以优化网页速度。因为 CSS 样式表文件只是简单的文本格式，不需要安装额外的第三方插件。另外，由于 CSS 提供了很多滤镜效果，从而避免使用大量的图片，这样就大大缩小了文件的体积，提高下载速度。

3．客户端脚本技术

客户端脚本技术是指嵌入到 Web 页面中的程序代码，这些程序代码是一种解释性的语言，浏览器可以对客户端脚本进行解释。通过脚本语言可以实现以编程的方式对页面元素进行控制，从而增加页面的灵活性。常用的客户端脚本语言有 JavaScript 和 VBScript。

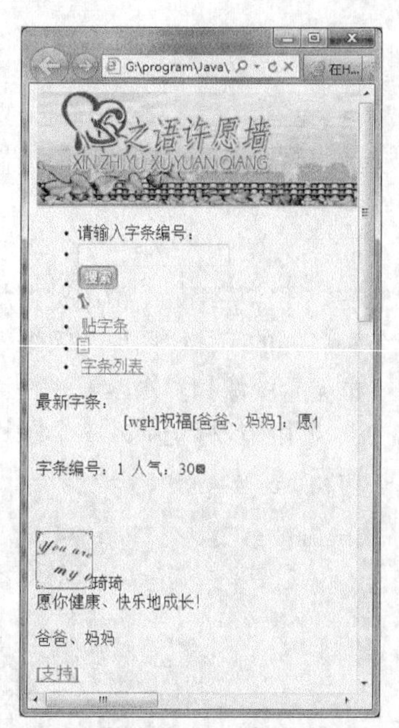

图 1-6　没有添加 CSS 样式的页面效果

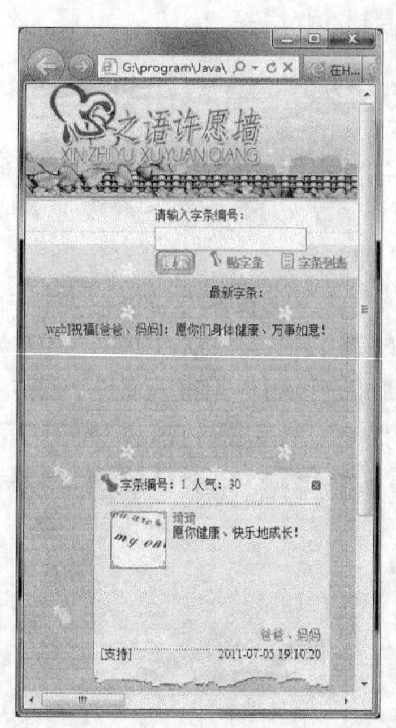

图 1-7　添加 CSS 样式的页面效果

目前，应用最为广泛的客户端脚本语言是 JavaScript 脚本，它是 Ajax 的重要组成部分。在本书的第 2 章将对 JavaScript 脚本语言进行详细介绍。

4．Flash

Flash 是一种交互式矢量动画制作技术，它可以包含动画、音频、视频以及应用程序，而且 Flash 文件比较小，非常适合在 Web 上应用。目前，很多 Web 开发者都将 Flash 技术引入到网页中，使网页更具有表现力。特别是应用 Flash 技术实现动态播放网站广告或新闻图片，并且加入随机的转场效果，如图 1-8 所示。

图 1-8　在网页中插入的 Flash 动画

1.3.2　服务器端应用技术

在开发动态网站时，离不开服务器端技术，目前，比较常用的服务器端技术主要有 CGI、ASP、PHP、ASP.NET 和 JSP。

1．CGI

CGI 是最早用来创建动态网页的一种技术，它可以使浏览器与服务器之间产生互动关系。CGI 的全称是 Common Gateway Interface，即通用网关接口。它允许使用不同的语言来编写适合的 CGI 程序，该程序被放在 Web 服务器上运行。当客户端发出请求给服务器时，服务器根据用户请求建立一个新的进程来执行指定的 CGI 程序，并将执行结果以网页的形式传输到客户端的浏览器上显示。CGI 可以说是当前应用程序的基础技术，但这种技术的编制比较困难，而且效率低下，因为每次页面被请求时，都要求服务器重新将 CGI 程序编译成可执行的代码。在 CGI 中最常使用的语言为 C/C++、Java 和 Perl（Practical Extraction and Report Language，文件分析报告语言）。

2．ASP

ASP（Active Server Page）是一种使用很广泛的开发动态网站的技术。它通过在页面代码中嵌入 VBScript 或 JavaScript 脚本语言，来生成动态的内容。在服务器端必须安装了适当的解释器后，才可以通过调用此解释器来执行脚本程序，然后将执行结果与静态内容部分结合并传送到客户端浏览器上。对于一些复杂的操作，ASP 可以调用存在于后台的 COM 组件来完成，所以说 COM 组件无限地扩充了 ASP 的能力，正因如此依赖本地的 COM 组件，使得它主要用于 Windows NT 平台中，所以 Windows 本身存在的问题都会映射到它的身上。当然该技术也有很多优点，比如，简单易学，并且 ASP 是与微软的 IIS 捆绑在一起，在安装 Windows 操作系统的同时安装上 IIS 就可以运行 ASP 应用程序了。

3．PHP

PHP 来自于 Personal Home Page 一词，但现在的 PHP 已经不再表示名词的缩写，而是一种开发动态网页技术的名称。PHP 语法类似于 C，并且混合了 Perl、C++和 Java 的一些特性。它是一种开源的 Web 服务器脚本语言，与 ASP 一样可以在页面中加入脚本代码来生成动态内容。对于一些复杂的操作可以封装到函数或类中。在 PHP 中提供了许多已经定义好的函数，例如提供的标准的数据库接口，使得数据库连接方便，扩展性强。PHP 可以被多个平台支持，但被应用最广泛的还是 UNIX/Linux 平台。由于 PHP 本身的代码对外开放，经过了许多软件工程师的检测，因此，该技术具有公认的安全性能。

4．ASP.NET

ASP.NET 是一种建立动态 Web 应用程序的技术。它是.NET 框架的一部分，可以使用任何.NET 兼容的语言来编写 ASP.NET 应用程序。使用 Visual Basic .NET，C#，J#，ASP.NET 页面（Web Forms）进行编译可以提供比脚本语言更出色的性能。Web Forms 允许在网页基础上建立强大的窗体。当建立页面时，可以使用 ASP.NET 服务端控件来建立常用的 UI 元素，并对它们编程来完成一般的任务。这些控件允许开发者使用内建可重用的组件和自定义组件来快速建立 Web Forms，使代码简单化。

5．JSP

JSP 是 Java Server Pages 的简称。JSP 是以 Java 为基础开发的，所以它沿用 Java 强大的 API 功能。JSP 页面中的 HTML 代码用来显示静态内容部分；嵌入到页面中的 Java 代码与 JSP 标记来生成动态的内容部分。JSP 允许程序员编写自己的标签库来完成应用程序的特定要求。JSP 可以被预编译，从而提高了程序的运行速度。另外 JSP 开发的应用程序经过一次编译后，便可随时随地地运行。所以在绝大部分系统平台中，代码无需做修改就可以在支持 JSP 的任何服务器中运行。

知识点提炼

（1）C/S 是 Client/Server 的缩写，即客户端/服务器结构。在这种结构中，服务器通常采用高性能的 PC 或工作站，并采用大型数据库系统（如 Oracle 或 SQL Server），客户端则需要安装专用的客户端软件。

（2）B/S 是 Browser/Server 的缩写，即浏览器/服务器结构。在这种结构中，客户端不需要开发任何用户界面，而统一采用如 IE 和火狐等浏览器，通过 Web 浏览器向 Web 服务器发送请求，由 Web 服务器进行处理，并将处理结果逐级传回客户端。

（3）Web 的本意是网和网状物，现在在网络领域被广泛译作网络、万维网或互联网等。它是一种基于超文本方式工作的信息系统。

（4）超文本一种全局性的信息结构，它将文档中的不同部分通过关键字建立链接，使信息得以用交互方式搜索。

（5）超媒体是超文本（hypertext）和多媒体在信息浏览环境下的结合，有了超媒体，用户不仅能从一个文本跳到另一个文本，而且可以显示图像，播放动画、音频和视频等。

（6）超文本传输协议是超文本在互联网上的传输协议。

（7）HTML 是客户端技术的基础，主要用于显示网页信息，它不需要编译，由浏览器解释执行。

（8）CSS 就是一种叫做样式表（style sheet）的技术，也有人称为层叠样式表（Cascading Style Sheet）。

（9）Flash 是一种交互式矢量动画制作技术，它可以包含动画、音频、视频以及应用程序，而且 Flash 文件比较小，非常适合在 Web 上应用。

（10）Java Server Pages 简称 JSP。JSP 是以 Java 为基础开发的，所以它沿用 Java 强大的 API 功能。JSP 页面中的 HTML 代码用来显示静态内容部分；嵌入到页面中的 Java 代码与 JSP 标记来生成动态的内容部分。

习　题

1-1　说明什么是 C/S 和 B/S 结构，以及二者之间的区别。

1-2　简述 Web 的工作原理。

1-3　Web 从提出到现在共经历了哪 3 个阶段？

1-4　简述进行 Web 开发时都需要应用哪些客户端技术。

1-5　简述进行 Web 开发时服务器端应用的技术有哪些，重点说明什么是 JSP。

第2章 客户端应用技术基础

本章要点：

- HTML 5 文档结构
- HTML 的文字排版、图片、超链接和表格标记
- HTML 5 新增的语义元素
- 如何在 HTML 5 文档中实现音频和视频的播放
- 如何添加 HTML 的表单标记
- 如何使用 CSS 样式表
- JavaScript 脚本语言的基本语法
- JavaScript 脚本语言提供的常用对象
- DOM 技术

在进行 Web 应用开发时，通常情况下，我们会应用 HTML 语言来描述页面中要显示的内容，设置了要显示的内容以后，为了美化页面，还需要 CSS 样式表。另外，有时为了增强页面的灵活性，还需要应用 JavaScript 脚本语言。本章将对进行 Web 开发时常用的客户端应用技术中的 HTML 5、CSS 样式表和 JavaScript 脚本语言进行详细介绍。

2.1 HTML 5 标记语言

HTML 5 是下一代的 HTML，它将会取代 HTML 4.0 和 XHTML 1.1，成为新一代的 Web 语言。HTML 5 自从 2010 年正式推出以来，就以一种惊人的速度被迅速地推广，世界各知名浏览器厂商也对 HTML 5 有很好的支持。例如，微软就对下一代 IE 9 做了标准上的改进，使其能够支持 HTML 5。而且 HTML 5 还有一个特点，就是在老版本的浏览器上也可以正常运行。

2.1.1 HTML 5 文档结构

在介绍 HTML 5 文档结构以前，我们先来看一个基本的 HTML 5 文档，具体代码如图 2-1 所示。

在图 2-1 所示的代码中，第 1 行代码用于指定的是文档的类型；第 2 行和第 11 行，为 HTML 5 文档的根元素，也就是<html>标记；第 3 行和第 6 行为头元素，也就是<head>标记；第 8 行和第 10 行为主体元素，也就是<body>标记。

图 2-1 所示代码的运行结果如图 2-2 所示。

在对 HTML 5 文档有了一个基本的了解以后，我们再来看一看组成 HTML 5 文档的各元素。

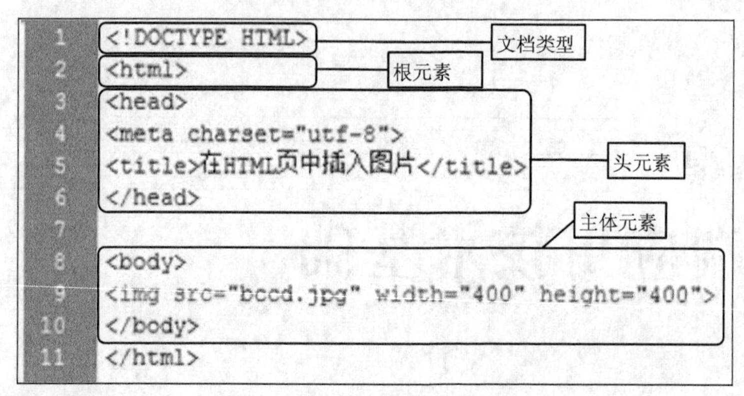

图 2-1　一个基本的 HTML 5 文档

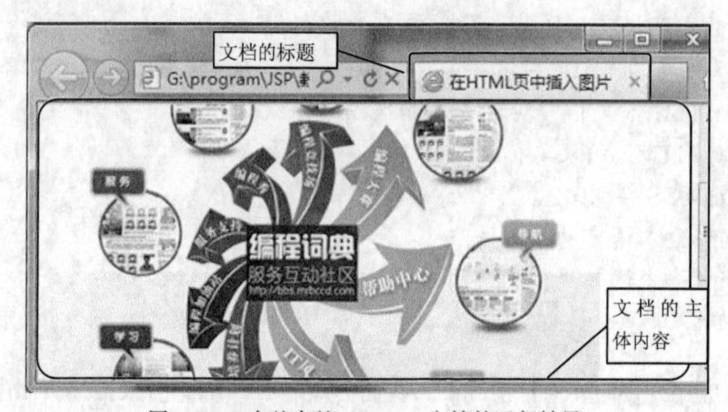

图 2-2　一个基本的 HTML 5 文档的运行结果

1. 文档类型

一个标准的 HTML 文档，它的起始元素为指定文档类型的标记。在 HTML 5 以前的 HTML 文档中，用于指定文档类型的标记代码如下：

```
<!DOCTYPE html PUBLIC "-//W3C//DTD XHTML 1.0 Transitional//EN" "http://www.w3.org/TR/xhtml1/DTD/xhtml1-transitional.dtd">
```

而在 HTML 5 的文档中，指定文档类型的代码则更加简短和美观，仅仅使用下面的 15 个字符就可以实现了。

```
<!DOCTYPE HTML>
```

在 HTML 5 文档中，如果您喜欢使用以前版本中提供的指定文档类型的代码，也是可以的。

2. 根元素

HTML 文档的根元素是<html>标记。所有 HTML 文件都是以<html>标记开头，以</html>标记结束。HTML 页面的所有标记都要放置在<html>与</html>标记中。虽然<html>标记并没有实质性的功能，但却是 HTML 文件不可缺少的内容。

HTML 标记是不区分大小写的。

3. 头元素

HTML 文件的头元素是<head>标记，作用是放置 HTML 文档的信息。在<head>标记中，可以使用<title>标记来指定文档的标题，也可以使用<meta>标记来指定字符编码。例如，在 HTML 5 的文档中，我们可以在<head>标记中使用下面的代码的指定字符编码为 UTF-8。

```
<meta charset="UTF-8">
```

4. 主体元素

HTML 页面的主体元素为<body>标记。<body>标记也是成对使用的。以<body>标记开头，</body>标记结束。页面中的所有内容都定义在<body>标记中。

2.1.2　HTML 文字排版标记

对于 HTML 页面，文字排版标记必不可少，一个美观大方的文字页面能够确切地传达出页面的主要信息。常用的文字排版标记主要包括以下几个。

1. 文字与特殊符号

在 HTML 文档中，要显示普通文字，只需要在<body>主体标记中，或者其他子标记中直接输入所需文字就可以了。不过，对于空格和一些特殊符号就不能直接输入了，而是需要通过一个以“&”符号开头，以“;”符号结束的实体名称来代替。常用的特殊符号及其对应的实体名称如表 2-1 所示。

表 2-1　特殊符号及其对应的实体名称

特殊符号	实体名称	特殊符号	实体名称
空格		×	×
"	"	§	§
&	&	¢	¢
<	<	¥	¥
>	>	·	·
©	©	€	€
®	®	£	£
+	±	™	™

【例 2-1】 在 HTML 文档上输出版权信息。（实例位置：光盘\MR\源码\第 2 章\2-1）

```
CopyRight &copy; 2012 www.mrbccd.com 吉林省明日科技有限公司
   本站请使用 IE 9.0 或以上版本 1280&times;1024 为最佳显示效果
```

上面这段代码运行后，将显示如图 2-3 所示的运行结果。

```
CopyRight © 2012 www.mrbccd.com 吉林省明日科技有限公司
   本站请使用IE 9.0或以上版本  1280×1024为最佳显示效果
```

图 2-3　在 HTML 文档上输出版权符号和空格等文字信息

2. 段落标记

HTML 中的段落标记也是一个很重要的标记，段落标记以<p>标记开头，以</p>标记结束。段落标记在段前和段后各添加一个空行，而定义在段落标记中的内容，不受该标记的影响。

3. 换行标记

段落与段落之间是隔行换行的，使得文字的行间距过大。可以使用换行标记
来完成文字的换行显示。如果直接在 HTML 文档中输入类似于 Word 等文本编辑软件中常用的换行符（〈Enter〉键）是没有用的。

4．标题标记

在 Word 文档中，可以很轻松地实现不同级别的标题。如果要在 HTML 页面中创建不同级别的标题，可以使用 HTML 语言中的标题标记。在 HTML 标记中，设定了 6 个标题标记，分别为<h1>至<h6>，其中<h1>代表 1 级标题，<h2>代表 2 级标题，<h6>代表 6 级标题等。数字越小，表示级别越高，文字的字体也就越大。

【例 2-2】 在 HTML 文档上输出 1～6 级标题，并设置不同的对齐方式。（实例位置：光盘\MR\源码\第 2 章\2-2）

```
<h1>1 级标题—HTML 5 标记语言</h1>
<h2>2 级标题—文字排版标记</h2>
<h3>3 级标题—标题标记</h3>
<h4 align="left">4 级标题—居左对齐</h4>
<h5 align="center">5 级标题—居中对齐</h5>
<h6 align="right">6 级标题—居右对齐</h6>
```

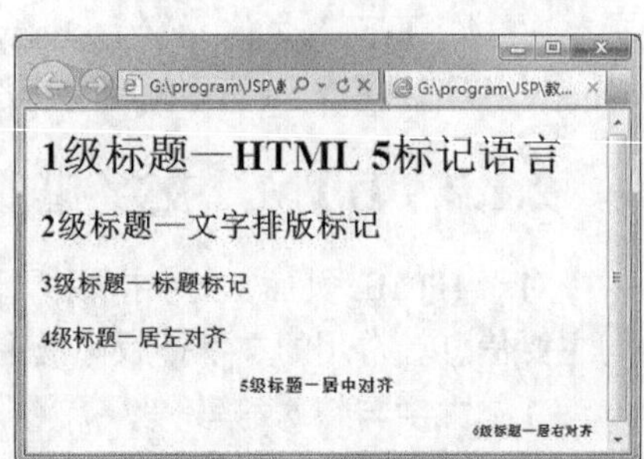

图 2-4　标题标记

运行本实例将显示如图 2-4 所示的运行结果。

5．文字列表标记

HTML 语言中提供了文字列表标记，文字列表标记可以将文字以列表的形式依次排列。通过这种形式可以更加地方便网页的访问者。HTML 中的列表标记主要有无序的列表和有序的列表两种。

- 无序列表

无序列表是在每个列表项的前面添加一个圆点符号。通过<ul>标记可以创建一组无序列表，其中每一个列表项以<li>标记表示。

【例 2-3】 使用无序列表在页面中显示文字列表。（实例位置：光盘\MR\源码\第 2 章\2-3）

```
编程词典现有品种如下：
<br>
<ul>
  <li>Java 编程词典
  <li>Java Web 编程词典
  <li>VC 编程词典
  <li>ASP.net 编程词典
  <li>C#编程词典
</ul>
```

编程词典现有品种如下：

- Java编程词典
- Java Web编程词典
- VC编程词典
- ASP.net编程词典
- C#编程词典

图 2-5　在页面中使用无序列表

本实例的运行结果如图 2-5 所示。

- 有序列表

有序列表和无序列表的区别是，使用有序列表标记可以将列表项进行排号。有序列表的标记为<ol>，每一个列表项前使用<li>标记。有序列表的列表项是有一定的顺序的。下面将对【例 2-3】进行修改，使用有序列表进行编号。

【例 2-4】 使用有序列表对页面中的文字列表进行编号。（实例位置：光盘\MR\源码\第 2 章\2-4）

```
编程词典现有品种如下：
<br>
```

```
<ol>
  <li>Java 编程词典
  <li>Java Web 编程词典
  <li>VC 编程词典
  <li>ASP.net 编程词典
  <li>C#编程词典
</ol>
```

运行本实例，结果如图 2-6 所示。

编程词典现有品种如下：

1. Java编程词典
2. Java Web编程词典
3. VC编程词典
4. ASP.net编程词典
5. C#编程词典

图 2-6　在页面中使用有序列表

2.1.3　图片与超链接标记

在网页中，经常需要插入图片和超链接。在 HTML 页面中，可以使用图片标记来插入图片，使用超链接标记来插入超链接。下面将分别进行介绍。

1．图片标记

在网页设计时，经常需要插入图片。例如，电子商务网站中对商品进行展示，网络相册中对相片进行展示等。另外，在网页中插入图片也可以起到美化页面的作用。在 HTML 页面中可以使用<img>标记插入图片。<img>标记的语法格式如下：

```
<img src="uri" width="value" height="value" border="value" alt="提示文字">
```

<img>标记的属性说明如表 2-2 所示。

表 2-2　超链接标记的属性说明

属　　性	说　　明
src	用于指定图片的来源
width	用于指定图片的宽度
height	用于指定图片的高度
border	用于指定图片外边框的宽度，默认值为 0
alt	用于指定当图片无法显示时显示的文字

【例 2-5】 在 HTML 文档中，插入一个图片标记用于显示一幅图片，关键代码如下：

```
<img src="mrlogo.jpg">
```

运行上面的代码，将显示如图 2-7 所示的图片。

图 2-7　应用<img>标记显示一张图片

2．超链接标记

超链接是网页页面中最重要的元素之一。一个网站是由多个页面组成的，页面之间是根据链接确定相互的导航关系。单击网页上的链接文字或者图像后，就可以跳转到另一个网页。每一个网页都有唯一的地址，在英文中被称做 URL（Uniform Resource Locator，统一资源定位符）。在 HTML 文档中，使用<a>标记来定义超链接。超链接标记的基本语法格式如下：

```
<a href="url" hreflang="language" name="bookmarkName" type="mimeType" charset="code" shape="area" coords="coordinate" target="target" tabindex="value"  accesskey="key">
Linkcontent
</a>
```

属性说明如表 2-3 所示。

表 2-3　　超链接标记的属性说明

属　性	说　　明
href	用于指定超链接地址，可以是绝对路径（需要提供完全的路径，包括适用的协议，如 http 或 ftp 等），也可以是相对路径（只要属于同一网站之下就可以，可以不在同一个目录下）
hreflang	用于指定超链接位置所使用的语言
name	用于指定超链接的标识名
type	用于指定超链接位置所使用的 MIME 类型
charset	用于指定超链接位置所使用的编码方式
target	用于指定超链接的目标窗口，可选值如表 2-4 所示
tabindex	用于指定按下〈Tab〉键时移动的顺序，从属性值最小的开始移动，其取值范围为 0～32767
linkcontent	用于指定设置超链接的内容，可以是文字，也可以是图片
accesskey	用于为超链接设置快捷键

表 2-4　　链接的目标窗口属性

属性值	说　　明
_parent	在上一级窗口中打开。一般使用框架页时经常使用
_blank	在新窗口中打开
_self	在同一个窗口中打开，这项一般不用设置
_top	在浏览器的整个窗口中打开，忽略任何框架

说明

IE 浏览器中，按住〈Alt〉，再按下 accesskey 属性定义的快捷键（焦点将移动到该超链接），再按 Enter 键即可执行该超链接；在火狐浏览器中，按住〈Alt+Shift〉组合键，再按下 accesskey 属性定义的快捷键即可执行该超链接。

例如，在 HTML 文档中，添加一个链接到明日图书网的超链接的代码如下：

```
<a href="http://www.mingribook.com">明日图书网</a>
```

2.1.4　HTML 5 新增的语义元素

在 HTML 5 中，为了使文档的结构更加清晰明确，追加了几个与页眉、页脚、内容区块等文档结构相关联的语义元素，下面将分别进行介绍。

1．<header>元素

<header>元素表示页面中一个内容区域或整个页面的标题。通常情况下，它可能是一个页面中（指主体标记中）的第一个元素，可以包含站点的标题、Logo 和旗帜广告等。

【例 2-6】 应用<header>标记定义页面的页眉，包括网站的 Logo 和标题。（实例位置：光盘\MR\源码\第 2 章\2-6）

```
<header>
    <img src="mrlogo.jpg">
    <h1>吉林省明日科技有限公司</h1>
</header>
```

上面这段代码运行后，将显示如图 2-8 所示的运行结果。

图 2-8　应用<header>标记定义的页眉

2．<footer>元素

<footer>元素表示整个页面或页面中一个内容区域块的脚注。脚注中通常包含一些基本信息，例如，日期、作者、相关文档的链接或版权信息等。尽管脚注通常情况下都是放置在页面或者内容区块的最底部，但是它并不是必须放置在最底部，也可以根据实际需要进行合理的放置。

【例 2-7】 应用<footer>标记定义页面的脚注，这里为显示版权信息。（实例位置：光盘\MR\源码\第 2 章\2-7）

```
<footer>
    <ul>
        <li>CopyRight &copy; 2012 www.mrbccd.com 吉林省明日科技有限公司 </li>
        <li>本站请使用 IE 9.0 或以上版本 1280&times;1024 为最佳显示效果</li>
    </ul>
</footer>
```

运行上面的代码，将显示如图 2-9 所示的运行结果。

图 2-9　应用<footer>标记定义页面的脚注

3．<section>元素

<section>元素表示页面中的一个区域。例如，章节、页眉、页脚或页面中的其他部分。可以与 h1、h2、h3、h4 等元素结合起来使用，标识文档结构。

【例 2-8】 应用<section>标记在页面中定义一个区域。（实例位置：光盘\MR\源码\第 2 章\2-8）

```
<section>
    <h2>section 标记的使用</h2>
    <p>编程词典系列软件是为各类爱好编程者和各级程序开发
人员提供了
        学、查、用为一体的数字化编程软件。</p>
    <footer>2012 年 5 月 12 日</footer>
</section>
```

上面这段代码相当于在 HTML 4 中使用<div>标记来在页面中定义一个区域，运行结果如图 2-10 所示。

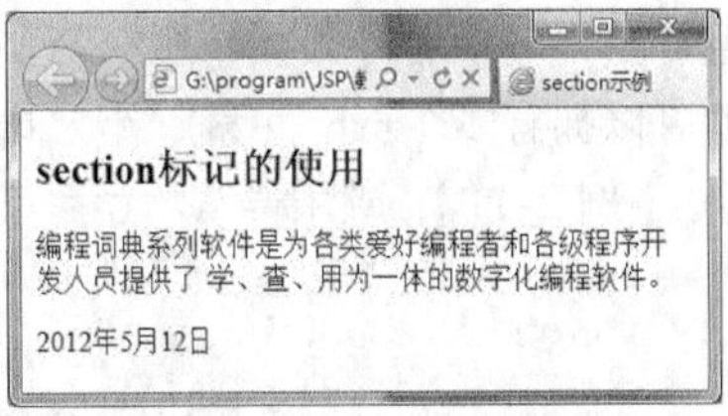

图 2-10　应用<section>标记定义一个区域

4．<article>元素

article 元素代表文档、页面或应用程序中的所有“正文”部分，它所描述的内容应该是独立的，完整的，可以独自被外部引用的，可以是一篇博文、报刊中的一篇文章、一篇论坛帖子、一段用户评论或任何独立于上下文中其他部分的内容。除了内容部分，一个<article>元素通常有自己的标题和脚注等内容。

说明　<article> 标记的内容独立于文档的其余部分。

【例 2-9】 应用<article>元素在页面中定义一篇文章。（实例位置：光盘\MR\源码\第 2 章\2-9）

```
<article>
     <header>
     <h1>苹果美容</h1>
    </header>
    <p>苹果素有"水果之王"的美称，它含有丰富的维生素 C，能让皮肤细嫩、柔滑而白皙。苹果面膜的做法很简单，将苹果去皮去核切块后放入搅拌机中搅成泥状，干性皮肤的美眉在苹果泥中加入新鲜的牛奶或蜂蜜，油性皮肤的美眉则可加入少量蛋清，搅拌均匀后涂在脸上，敷 10~15 分钟后洗净，你会发现肤色有明显变化哦。</p>
    <footer>
     <p>2012-5-12</p>
    </footer>
</article>
```

5．<aside>元素

<aside>元素用来表示当前页面或文章的附属信息部分。可以包含与当前页面或主要内容相关的引用、侧边栏、广告、导航条等信息。

【例 2-10】 应用<aside>元素定义页面侧栏。（实例位置：光盘\MR\源码\第 2 章\2-10）

```
<aside>
  <h2>侧栏</h2>
  <ul>
    <li><a href="http://www.mingribook.com">明日图书
</a> </li>
    <li><a href="http://www.mingrisoft.com">明日软件
</a></li>
    <li><a href="http://www.mrbccd.com">编程词典</a>
</li>
  </ul>
</aside>
```

本实例的运行结果如图 2-11 所示。

侧栏

- 明日图书
- 明日软件
- 编程词典

图 2-11　应用<aside>标记定义侧栏

6．<nav>元素

nav 元素用来表示页面中导航链接的区域，其中包括一个页面中（例如，一篇文章顶端的一个目录，它可以链接到同一页面的锚点）或一个站点内的链接。但是，并不是链接的每一个集合都是一个 nav，只需要将主要的、基本的链接组放进 nav 元素即可。例如，在页脚中通常会有一组链接，包括服务条款、版权声明、联系方式等，对于这些 footer 元素就足够放置了。一个页面中可以拥有多个 nav 元素，作为页面整体或不同部分的导航。

【例 2-11】 应用<nav>元素定义页面的主导航栏。（实例位置：光盘\MR\源码\第 2 章\2-11）

```
<nav>
  <ul>
    <li><a href="#">首页</a></li>
    <li><a href="#">新品上市</a></li>
    <li><a href="#">特价商品</a></li>
    <li><a href="#">畅销商品</a></li>
    <li><a href="#">购物车</a></li>
    <li><a href="#">查看订单</a></li>
    <li><a href="#">会员资料修改</a></li>
```

```
  </ul>
</nav>
```

本实例的运行结果如图 2-12 所示。

图 2-12　应用<nav>标记定义导航区域

2.1.5　制作表格

表格是网页中十分重要的组成元素，用来存储数据。表格通常由标题、表头、行和单元格组成。在 HTML 语言中，表格使用<table>标记来定义。不过定义表格时，只使用<table>标记是不够的，还需要定义表格中的行、列、标题等内容。在 HTML 页面中定义表格，需要使用以下几个标记。

1．表格标记<table>

<table>...</table>标记表示整个表格。<table>标记中有很多属性，例如，width 属性用来设置表格的宽度，border 属性用来设置表格的边框，align 属性用来设置表格的对齐方式，bgcolor 属性用来设置表格的背景色等。

2．标题标记<caption>

标题标记以<caption>开头，以</caption>结束，标题标记也有一些属性，例如，align 和 valign 等。

3．表头标记<th>

表头标记以<th>开头，以</th>结束，也可以通过 align、background、colspan、valign 等属性来设置表头。

4．表格行标记<tr>

表格行标记以<tr>开头，以</tr>结束，一组<tr>标记表示表格中的一行。<tr>标记要嵌套在<table>标记中使用，该标记也具有 align、background 等属性。

5．单元格标记<td>

单元格标记<td>又称为列标记，一个<tr>标记中可以嵌套若干<td>标记。该标记也具有 align、background、valign 等属性。

【例 2-12】 在 HTML 文档中定义学生成绩表。（实例位置：光盘\MR\源码\第 2 章\2-12）

```
<table width="300" height="150" border="1" align="center">
  <caption>学生考试成绩单</caption>
  <tr>
    <td align="center" valign="middle">姓名</td>
    <td align="center" valign="middle">语文</td>
    <td align="center" valign="middle">数学</td>
    <td align="center" valign="middle">英语</td>
  </tr>
  <tr>
    <td align="center" valign="middle">琦琦</td>
    <td align="center" valign="middle">89</td>
    <td align="center" valign="middle">92</td>
    <td align="center" valign="middle">97</td>
```

```
  </tr>
  <tr>
    <td align="center" valign="middle">宁宁</td>
    <td align="center" valign="middle">93</td>
    <td align="center" valign="middle">86</td>
    <td align="center" valign="middle">80</td>
  </tr>
  <tr>
    <td align="center" valign="middle">婷婷</td>
    <td align="center" valign="middle">85</td>
    <td align="center" valign="middle">86</td>
    <td align="center" valign="middle">90</td>
  </tr>
</table>
```

运行本实例，将显示如图 2-13 所示的运行结果。

学生考试成绩单

姓名	语文	数学	英语
琦琦	89	92	97
宁宁	93	86	80
婷婷	85	86	90

图 2-13　在 HTML 文档中显示学生成绩单

2.1.6　播放音频和视频

在 HTML 5 出现以前，如果开发者想要在 Web 页面中包含视频，可以使用<object>和<embed>元素，而这两个元素使用起来需要指定很多参数，比较麻烦。现在 HTML 5 提供了两个用来播放音频和视频的标记<audio>和<video>，使用起来比较简单。下面将对这两个标记进行介绍。

到目前为止，还不是所有浏览器都支持<audio>和<video>标记，不过在新版本的浏览器中将对该标记提供支持。其中，IE 9、Firefox 3.5、Safari 3.2、Chrome 3.0 和 Opera10.5 浏览器都已经开始支持<audio>和<video>标记了。

1．播放音频标记<audio>

<audio>标记专门用来播放音频数据。它的使用方法比较简单，例如，要播放网络中的一首 MP3 音乐，那么可以使用下面的代码。

```
<audio src="http://www.mingrisoft.com/temp/cuckoo.mp3" autoplay>您的浏览器不支持&lt;audio&gt;标记! </audio>
```

<audio>标记可以支持多种音频格式，包括 Ogg、MP3、AAC 和 WAV 等，不同浏览器支持的音频格式也不尽相同。例如，IE 9 支持 MP3 和 ACC；Firefox 3.6+支持 Ogg 和 WAV；Chrome 10+支持 Ogg、MP3、AAC 和 WAV；Opera 11+支持 Ogg 和 WAV。

由于各个浏览器支持的音频格式不尽相同，所以在应用<audio>标记在页面中播放音频时，需要根据不同的浏览器提供不同格式的音频文件，这样才能让要播放的音频数据在不同的浏览器上都能播放。例如，要播放一首萨克斯曲茉莉花，那么，我们需要使用下面的代码。

```
<audio  autoplay>您的浏览器不支持&lt;audio&gt;标记!
   <source src="jasmine.ogg" type="audio/ogg">
   <source src="jasmine.mp3" type="audio/mpeg">
</audio>
```

这样就可以做到，在 IE 9 浏览器中能播放这首音乐，而在 Firefox 3.6+中也能播放这首音乐了。

2．播放视频标记<video>

〈video〉标记用于播放视频数据。它的语法格式如下：

```
<video  src="url"  width="value"  height="value"  autoplay="true|false" controls="true|false" >
您的浏览器不支持&lt;video&gt;标记!
</video>
```

- src 属性：用于指定要播放的视频，它的属性值为视频的 URL 地址。
- width 属性：用于指定播放器的宽度。
- height 属性：用于指定播放器的高度。
- autoplay 属性：用于指定是否自动播放视频，属性值为 true 或 false。为 true 时表示自动播放，否则为不自动播放。
- controls 属性：用于指定是否显示播放控制组件，属性值为 true 或 false。为 true 时表示显示播放控制组件，否则为不显示播放控制组件。

【例 2-13】 在 HTML 文档中播放 MP4 视频。（实例位置：光盘\MR\源码\第 2 章\2-13）

```
<video src="mingrisoft.mp4" autoplay="true" controls="true" >
    您的浏览器不支持&lt;audio&gt;标记!
</video>
```

运行本实例，将显示如图 2-14 所示的运行结果。

图 2-14　在 IE 9 中播放 MP4 视频

<video>标记可以支持多种视频格式，包括 Ogg、MP4、WebM 等，不同浏览器支持的视频格式也不尽相同。例如，IE 9 支持 MP4；Firefox 3.6+支持 Ogg；Chrome 11+支持 Ogg、MP4、WebM 和 WAV；Opera 11+支持 Ogg 和 WebM。

由于各个浏览器支持的音频格式不尽相同，所以在应用<video>标记在页面中播放视频时，需要根据不同的浏览器提供不同格式的视频文件，这样才能让要播放的视频数据在不同的浏览器上都能播放。例如，要播放一个宣传视频，那么，我们需要使用下面的代码。

```
<video width="720" height="576" autoplay="true" controls="true" >
    您的浏览器不支持&lt;audio&gt;标记!
    <source src="mingrisoft.mp4" type='video/mp4; codecs="avc1.42E01E, mp4a.40.2"'/>
    <source src="Big.ogv" type='video/ogg; codecs="theora, vorbis"'/>
</video>
```

这样就可以做到，在 IE 9 浏览器中能播放这段视频，而在 Firefox 3.6+中也能播放这段视频了。

2.1.7　表单标记

通过 HTML 表单，可以将用户输入的信息提交到服务器中，经服务器处理后，再回传给客户端的浏览器，从而实现网站与用户之间的交互。所以说 HTML 表单是进行动态网站开发必不可少的内容。下面将对 HTML 中的表单标记进行介绍。

1. <from>标记

<form>标记用于在页面中插入表单，在该标记中可以定义处理表单数据程序的 URL 地址等信息。<form>标记的语法格式如下：

```
<form name="form name" method="method" action="url" enctype="value" target="target_win">
...
</form>
```

- name 属性：用于指定表单的名称。
- method 属性：用于指定表单的提交方式，其可选项包括 POST 和 GET。
- action 属性：用于指定表单提交的 URL 地址（相对地址和绝对地址），也就是表单的处理页。
- enctype 属性：用于设置表单内容的编码方式。其可选值包括以下 3 个：
  - text/plain：以纯文本形式传送信息。
  - application/x-www-form-urlencoded：默认的编码形式。
  - multipart/form-data：使用 MINE 编码。
- target 属性：用于指定返回信息的显示方式，其可选值如表 2-5 所示。

表 2-5 target 属性的可选值

值	说　明
_blank	将返回信息显示在新的窗口中
_parent	将返回信息显示在父级窗口中
_self	将返回信息显示在当前窗口中
_top	将返回信息显示在顶级窗口中

例如，在 HTML 文档中插入一个表单标记，设置表单名称为 form，当用户提交表单时，提交至 action.html 页面进行处理。

```
<form id="form1" name="form" method="post" action="action.html" target="_blank">
</form>
```

2. <input>表单输入标记

表单输入标记是使用最频繁的表单标记，通过这个标记可以向页面中添加单行文本、多行文本、按钮等。<input>标记的语法格式如下：

```
<input type="image" disabled="disabled" checked="checked" width="digit" height="digit" maxlength="digit" readonly="" size="digit" src="uri" usemap="uri" alt="" name="checkbox" value="checkbox">
```

<input>标记的属性如表 2-6 所示。

表 2-6 <input>标记的属性

属性值	说　明
type	用于指定添加的是哪种类型的输入字段，共有 9 个可选值，如表 2-7 所示
disabled	用于指定输入字段不可用，即字段变成灰色。其属性值可以为空值，也可以指定为 disabled
checked	用于指定输入字段是否处于被选中状态，用于 type 属性值为 radio 和 checkbox 的情况下。其属性值可以为空值，也可以指定为 checked

续表

属性值	说　明
width	用于指定输入字段的宽度，用于 type 属性值为 image 的情况下
height	用于指定输入字段的高度，用于 type 属性值为 image 的情况下
maxlength	用于指定输入字段可输入文字的个数，用于 type 属性值为 text 和 password 的情况下，默认没有字数限制
readonly	用于指定输入字段是否为只读。其属性值可以为空值，也可以指定为 readonly
size	用于指定输入字段的宽度，当 type 属性为 text 和 password 时，以文字个数为单位；当 type 属性为其他值时，以像素为单位
src	用于指定图片的来源，只有当 type 属性为 image 时有效
usemap	为图片设置热点地图，只有当 type 属性为 image 时有效。属性值为 URI，URI 格式为"#+<map>标记的 name 属性值"。例如，<map>标记的 name 属性值为 Map，该 URI 为#Map
alt	用于指定当图片无法显示时，显示的文字，只有当 type 属性为 image 时有效
name	用于指定输入字段的名称
value	用于指定输入字段默认数据值，当 type 属性为 checkbox 和 radio 时，不可省略此属性，为其他值时，可以省略。当 type 属性为 button、reset 和 submit 时，指定的是按钮上的显示文字；当 type 属性为 checkbox 和 radio 时，指定的是数据项选定时的值

type 属性是<input>标记中非常重要的内容，决定了输入数据的类型。该属性值的可选项如表 2-7 所示。

表 2-7　type 属性的属性值

属性值	说　明	示　例	属性值	说　明	示　例
text	文本框	请输入用户名	submit	提交按钮	提交
password	密码域	•••••••	reset	重置按钮	重置
file	文件域	"H:\图片\apple.jpg" 选择...	button	普通按钮	按钮
url	* URL 地址		hidden	隐藏域	
email	* E-mail 地址		image	图像域	登录
color	* 颜色选择器	#000000 其它……	radio	单选按钮	男 女
datetime	* 日期时间选择器	2012-05-14 12:06 UTC	date	*日期选择器	2012-05-14
number	* 数字选择器	6	checkbox	复选按钮	音乐 美术
range	* 滑块				

说明

在表 2-7 中所列出的属性值中，说明栏目中被标记为*号的属性值为 HTML 5 新增加的功能，在 Opera 11 浏览器中，可以看到表 2-7 所示的效果。

在HTML 5中，还提供了两个有用的属性，即placeholder（占位文本）属性和autofocus（自动聚焦）属性。使用placeholder属性，可以为输入框设置占位文本；使用autofocus属性时，当页面载入后，该输入框将自动获得焦点。不过，到目前为止，IE 9还不支持这两个属性。

当输入框为空，并且失去焦点时，使用placeholder设置的占位文本就会显示出来，而一旦用户输入了实际内容，或者该输入框获得了焦点，这个占位文本就会消失。

3. <select>…</select>下拉菜单标记

<select>标记可以在页面中创建下拉列表，此时的下拉列表是一个空的列表，要使用<option>标记向列表中添加内容。<select>标记的语法格式如下：

```
<select name="name" size="digit" multiple="multiple" disabled="disabled">
</select>
```

- name属性：用于指定列表框的名称。
- size 属性：用于指定列表框中显示的选项数量，超出该数量的选项可以通过拖动滚动条查看。
- disabled 属性：用于指定当前列表框不可使用（变成灰色）。
- multiple 属性：用于让多行列表框支持多选。

例如，在 HTML 文档中插入一个表单标记，设置表单名称为 form，当用户提交表单时，提交至 action.html 页面进行处理。

```
<select name="zone" >
    <option value="1">吉林省</option>
    <option value="2">辽宁省</option>
    <option value="3">黑龙江省</option>
    <option value="4">河北省</option>
    <option value="5">河南省</option>
    <option value="6">山西省</option>
</select>
```

图 2-15　下拉列表框

运行上面这段代码，将显示如图 2-15 所示的运行结果。

4. <textarea>多行文本标记

<textarea>为多行文本标记。与单行文本相比，多行文本可以输入更多的内容。通常情况下，<textarea>标记出现在<form>标记的标记内容中。<textarea>标记的语法格式如下：

```
<textarea    cols="digit"    rows="digit"    name="name"    disabled="disabled"
readonly="readonly" wrap="value">默认值</textarea>
```

<textarea>标记的属性说明如表 2-8 所示。

表 2-8　<textarea>标记的属性说明

属　性	说　明
name	用于指定多行文本框的名称，当表单提交后，在服务器端获取表单数据时应用
cols	用于指定多行文本框显示的列数（宽度）
rows	用于指定多行文本框显示的行数（高度）
disabled	用于指定当前多行文本框不可使用（变成灰色）
readonly	用于指定当前多行文本框为只读

续表

属　性	说　　明
wrap	用于设置多行文本中的文字是否自动换行，可选值有 hard（默认值，表示自动换行，如果文字超过 cols 属性所指的列数就自动换行，并且提交到服务器时，换行符同时被提交）、soft（表示自动换行，如果文字超过 cols 属性所指的列数就自动换行，但提交到服务器时，换行符不被提交）和 off（表示不自动换行，如果想让文字换行，只能按下〈Enter〉键强制换行）

例如，在表单中添加一个编辑框，名称为 content，5 行 30 列，文字换行方式为 hard，具体代码如下：

```
<textarea name="content" cols="30" rows="5" wrap="hard">默认值</textarea>
```

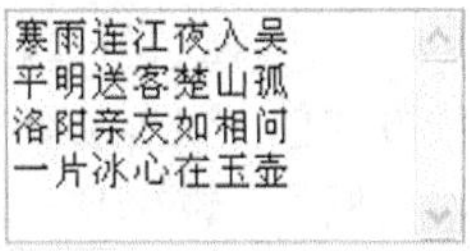

运行上面的代码，将显示如图 2-16 所示的运行结果。

图 2-16　编辑框

2.2　CSS 样式表

CSS 是 W3C 协会为弥补 HTML 在显示属性设定上的不足而制定的一套扩展样式标准，它的全称是 Cascading Style Sheet。CSS 标准中重新定义了 HTML 中原来的文字显示样式，增加了一些新概念，如类、层等，可以对文字进行重叠、定位等操作。CSS 样式表的特点如下。

1．灵活的 CSS 样式管理模式

HTML 语言定义文档的结构和各网页元素，CSS 在这些网页元素上定义了各种样式属性，而样式的具体属性定义可以分离到可以集中管理的样式文件中，例如，style.css。这就能够实现对页面布局的灵活控制。

因为 Java 是区分字母大小写的，所以在 JSP 页面中要注意 CSS 样式文件名称的字母大小写顺序，否则无法装载 CSS 样式文件。

2．对 HTML 语言处理样式的最好补充

HTML 语言控制页面布局的能力很有限，如精确定位、行间距或者字间距等；CSS 样式表可以控制页面中的每一个元素，从而实现精确定位，CSS 样式表控制页面布局的能力逐步增强。

3．优化网页速度

样式表的代码只是简单的文本格式，它不需要安装额外的第三方插件。另外，如今网页制作都采用了大量的图片文件取代按钮、标签上的文字，来达到更加美化的页面效果，使用 CSS 样式表，不但可以实现多种文字的显示效果，还可以使用滤镜定制各种视觉效果，从而避免使用大量的图片，页面文件的体积变小了，网页的下载数度自然也就提升了不少。

对于重复区域较多的大图片，可以使用小图片重复拼接以缩小图片体积减少数据流量。

4．实现动态更新，减少工作量

定义样式表，可以将站点上的所有网页指向一个独立的 CSS 样式表文件，只要修改 CSS 样式表文件的内容，整个站点相关文件的文本就会随之更新，从而减轻了工作负担。

5．支持 CSS 的浏览器增多

样式表的代码有很好的兼容性，只要是识别串接样式表的浏览器就可以应用 CSS 样式表。当

用户丢失了某个插件时不会发生中断；使用老版本的浏览器代码不会出现乱码的情况。

2.2.1 样式表的定义与引用

CSS 样式表有 4 种定义与引用方式，分别为行内样式、内嵌式、链接式和导入式，我们可以根据实际情况选择合适的定义方式。

1. 行内样式

行内样式是比较直接的一种样式，直接定义在 HTML 标记之内，通过 style 属性来实现。这种方式也比较容易令初学者接受，但是灵活性不强。

例如，要在 HTML 文档中定义一个段落，并为其使用行内样式设置该段落中的文字颜色为蓝色，可以使用下面的代码。

```
<p style="color:blue">文字</p>
```

2. 内嵌式

内嵌式样式表就是在页面中使用<style></style>标记将 CSS 样式包含在页面中。例如，在 HTML 文档中，定义一段设置段落文字颜色的内嵌样式表，可以使用下面的代码。

```
<style>
    p{
        color:red;    /*设置文字颜色*/
    }
</style>
```

内嵌式样式表的形式没有行内标记表现得直接，但是能够使页面更加的规整。

与行内样式相比，内嵌式样式表更加的便于维护，但是如果每个网站都不可能由一个页面构成，而每个页面中相同的 HTML 标记都要求有相同的样式，此时使用内嵌式样式表就显得比较笨重，而使用链接式样式表就解决了这一问题。

3. 链接式

链接外部 CSS 样式表是最常用的一种引用样式表的方式，将 CSS 样式定义在一个单独的文件中，然后在 HTML 页面中通过<link>标记引用。这是一种最为有效的使用 CSS 样式表的方式。

<link>标记的语法结构如下：

```
<link rel='stylesheet' href='path' type='text/css'>
```

- ❑ rel：定义外部文档和调用文档间的关系。
- ❑ href：CSS 文档的绝对或相对路径。
- ❑ type：指的是外部文件的 MIME 类型。

例如，我们创建一个名称为 mystyle.css 的外部样式表文件，在 HTML 文档中，就可以通过下面的代码来引用该外部样式表文件。

```
<link rel="stylesheet" href="mystyle.css" type="text/css"/>
```

4. 导入式

导入式是指在内部样式表的<style>标记里导入一个外部样式表，导入时使用@import 实现。例如，已经创建了一个名称为 mystyle.css 的外部样式表文件，要将该样式表文件导入到当前的内部样式表中，可以使用下面的代码。

```
<style>
    @import "mystyle.css";
</style>
```

当一个 HTML 文档中，同时存在以上 4 种形式定义的样式时，它们的优先级从先到后依次是行内样式>内嵌式|链接式>导入式。其中，当内嵌式与链接式同时存在时，哪个在文档的后面，哪个优先。

2.2.2　CSS 规则

在 CSS 样式表中包括 3 部分内容：选择符、属性和属性值。语法格式为：

```
选择符{属性：属性值；}
```

- 选择符：又称选择器，是 CSS 中很重要的概念，所有 HTML 语言中的标记都是通过不同的 CSS 选择器进行控制的。本章将在 5.4 节中详细向大家介绍。
- 属性：主要包括字体属性、文本属性、背景属性、布局属性、边界属性、列表项目属性、表格属性等内容。其中一些属性只有部分浏览器支持，因此使 CSS 属性的使用变得更加的复杂。
- 属性值：为某属性的有效值。属性与属性值之间以“:”号分隔。当有多个属性时，使用“;”分隔。图 2-17 为大家标注了 CSS 语法中的选择器、属性与属性值。

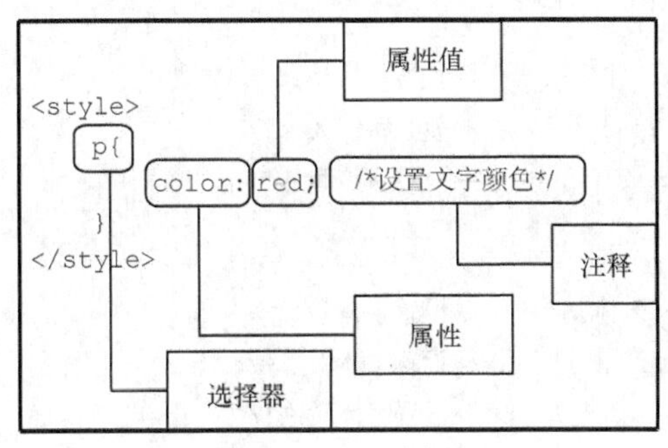

图 2-17　CSS 语法

2.2.3　CSS 选择器

CSS 选择器常用的是标记选择器、类选择器、包含选择器、ID 选择器、类选择器等。使用选择器即可对不同的 HTML 标签进行控制，来实现各种效果。下面对各种选择器进行详细的介绍。

1．标记选择器

大家知道 HTML 页面是由很多标记组成的，例如，图片标记<img>、超链接标记<a>、表格标记<table>等。而 CSS 标记选择器就是声明页面中哪些标记采用哪些 CSS 样式。例如，a 选择器，就是用于声明页面中所有<a>标记的样式风格。

例如，定义 a 标记选择器，在该标记选择器中定义超链接的字体大小与颜色。

```
<style>
    a{
        font-size:9pt;
        color:red;
    }
</style>
```

在 CSS 样式中，使用起始标记“/*”和结束标记“*/”来定义注释。例如，在添加注释信息“设置文字大小”可以使用代码“/*设置文字大小*/”。

2. 类别选择器

使用标记选择器非常的快捷，但是会有一定的局限性，页面如果声明标记选择器，那么页面中所有该标记内容会有相应的变化。假如页面中有 3 个<h2>标记，如果想要每个<h2>的显示效果都不一样，使用标记选择器就无法实现了，这时就需要引入类别选择器。

类别选择器的名称由用户自己定义，并以“.”号开头，定义的属性与属性值也要遵循 CSS 规范。要应用类别选择器的 HTML 标记，只需使用 class 属性来声明即可。

【例 2-14】使用类别选择器控制页面中字体的样式。（实例位置：光盘\MR\源码\第 2 章\2-19）

```
<head>
<meta charset="utf-8">
<title>类别选择器示例</title>
<!--以下为定义的 CSS 样式-->
<style>
   .one{              /*定义类名为 one 的类别选择器*/
       font-family:宋体;         /*设置字体*/
       font-size:24px;          /*设置字体大小*/
       color:red;               /*设置字体颜色*/
     }
    .two{
       font-family:宋体;         /*设置字体*/
       font-size:18px;          /*设置字体大小*/
       color:red;               /*设置字体颜色*/
     }
    .three{
       font-family:宋体;         /*设置字体*/
       font-size:12px;          /*设置字体大小*/
       color:red;               /*设置字体颜色*/
     }
</style>
</head>
<body>
   <h2 class="one"> 应用了选择器 one </h2><!--定义样式后页面会自动加载样式-->
   <p> 正文内容 1 </p>
    <h2 class="two">应用了选择器 two</h2>
   <p>正文内容 2 </p>
   <h2 class="three">应用了选择器 three </h2>
   <p>正文内容 3 </p>
</body>
```

图 2-18　应用类别选择器控制页面文字样式

在上面的代码中，页面中的第一个<h2>标记应用了 one 选择器，第二个<h2>标记应用了 two 选择器，第 3 个<h2>标记应用了 three 选择器，运行结果如图 2-18 所示。

在 HTML 标记中，不仅可以应用一种类别选择器，也可以应用多种类别选择器，这样可使 HTML 标记同时加载多个类别选择器的样式。在使用多种类别选择器时，两个类别选择器之间使用空格进行分割。例如“<h2 class="size color">”。

3. ID 选择器

ID 选择器是通过 HTML 页面中的 ID 属性来进行选择增添样式，与类别选择器的使用基本相同，但需要注意的是由于 HTML 页面中不能包含有两个相同的 id 标记，因此定义的 ID 选择器也就只能被使用一次。

命名 ID 选择器要以“#”号开始，后加 HTML 标记中的 ID 属性值。

【例 2-15】 使用 ID 选择器控制页面中字体的样式。（实例位置：光盘\MR\源码\第 2 章\2-15）

```
<style>           <!--定义 id 选择器-->
#one{
      font-size:18px;
}
#two{
      font-size:24px;
}
#three{
      font-size:36px;
}
</style>
<body>
<p id="one">ID 选择器</p>                <!--在页面定义标记，则自动应用样式-->
<p id="two">ID 选择器 2</p>
<p id="three">ID 选择器 3</p>
</body>
```

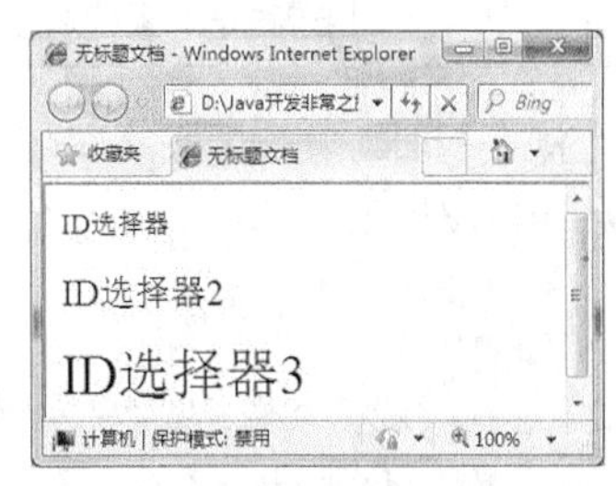

图 2-19　使用 ID 选择器控制页面文字大小

运行本段代码，结果如图 2-19 所示。

2.2.4　CSS 常用属性

通过 CSS 可以美化页面，这当然离不开 CSS 提供的常用属性。下面将通过一个表格给出 Web 页面设计时，常用的一些 CSS 属性，如表 2-9 所示。

表 2-9　CSS 常用属性

属性名称	功能描述
background	用于设置背景颜色、背景图片、背景图片的排列方式、是否固定背景图片和背景图片的位置。该属性可指定多个属性值，各属性值以空格分隔，没有先后顺序
border	用于设置边框的宽度、边框的样式和边框的颜色。该属性可指定多个属性值，各属性值以空格分隔，没有先后顺序
clear	用于指定不允许有浮动对象的边，通常用于清除浮动的影响
color	用于指定文本的颜色
display	用于指定对象是否及如何显示，也就是对象的显示形式
float	用于指定对象是否及如何浮动。在默认情况下，一个块级元素在水平方向会自动伸展，直到包含它的元素的边界，而在竖直方向和兄弟元素依次排列，不能并排。这时就可以应用 float 属性进行设置，使其可以并排显示
font	用于设置字体样式、小型的大写字体、字体粗细、文字的大小、行高和文字的字体
height	用于指定对象的高度
list-style	用于指定项目符号的种类、指定图片作为项目符号和项目符号排列的位置
margin	用于指定对象的外边距，也就是对象与对象之间的距离。该属性可指定 1~4 个属性值，各属性值以空格分隔
padding	用于指定对象的内边距，也就是对象的内容与对象边框之间的距离。该属性可指定 1~4 个属性值，各属性值以空格分隔
text-align	用于指定文本的对齐方式

续表

属性名称	功能描述
position	用于指定对象的定位方式
width	用于指定对象的宽度

【例 2-16】 为一个段落标记添加内嵌式 CSS 样式，设置它的外边框和内边距。（实例位置：光盘\MR\源码\第 2 章\2-16）

```
<style>
    p{
        border:1px #000 solid;      /*设置 1 像素的黑色实线的外边框*/
        padding:5px;                /*设置内边距为 5 像素*/
    }
</style>
```

如果在定义该内嵌式 CSS 样式的 HTML 文档上定义一个<p>标记，那么将显示如图 2-20 所示的运行结果。

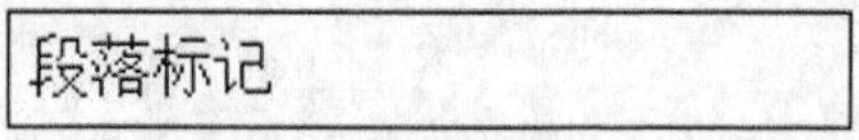

段落标记

图 2-20　为段落标记设置外边框和内边距

2.3　JavaScript 脚本语言

JavaScript 是 Web 页面中的一种脚本编程语言，它是基于对象和事件驱动并具有安全性能的解释型语言。JavaScript 可以直接嵌入在 HTTP 页面中，把静态页面转变成支持用户交互并响应应用事件的动态页面。在 JSP 程序中，经常应用 JavaScript 进行数据验证，控制浏览器，以及生成时钟，日历和时间戳文档等。

JavaScript 并不是编程语言 Java 的简化版。

2.3.1　JavaScript 的语言基础

JavaScript 与其他语言一样，有其自己的基本语法、数据类型、运算符和流程控制语句，这些都是学习 JavaScript 的语言基础。下面将对 JavaScript 的语言基础进行详细介绍。

1. 基本语法

- JavaScript 的语法比较简单，在编写时，只需要注意以下事项就可以了。
- JavaScript 区分大小写。例如，变量 goodsName 与变量 goodsname 是两个不同的变量。
- 每行结尾可以加分号表示语句结束，也可以不加分号。如果不加结尾处的分号，JavaScript 会自动将该行代码的结尾作为语句的结尾。
- 变量是弱类型的，因此在定义变量时，只使用 var 运算符就可以将变量初始化为任意的值。
- 使用大括号标记代码段，被封装在大括号内的语句将按顺序执行。
- JavaScript 提供了两种注释，即使用双斜线“//”开头的单行注释，和以“/*”开头，以“*/”结尾的多行注释。

2. 数据类型

JavaStript 有 6 种数据类型，如表 2-10 所示。

表 2-10　JavaScript 提供的数据类型

类　型	含　义		说　明	示　例
int	数值	整型	整数，可以为正数、负数或 0	17，-80，0
float		浮点型	浮点数，可以使用实数的普通形式或科学计数法表示	3.14159.27，6.16e4
string	字符串类型		字符串，是用单引号或双引号括起来的一个或多个字符	'qq'，"一片冰心在玉壶"
boolean	布尔型		只有 true 或 false 两个值	true，false
object	对象类型			
null	空类型		没有任何值	
undefined	未定义类型		指变量被创建，但未赋值时所具有的值	

3. 变量

变量是指程序中一个已经命名的存储单元，它的主要作用就是为数据操作提供存放信息的容器。在 JavaScript 中，可以使用命令 var 声明变量，语法格式如下：

```
var number;
```

在声明变量的同时也可以对变量进行赋值：

```
var number=100;
```

由于 JavaScript 采用弱类型的形式，所以在声明变量时，不需要指定变量的类型，而变量的类型将根据其变量赋值来确定。例如：

```
var number=17;                    //数值型
var str="爱护地球";               //字符型
```

但是变量命名必须遵循以下规则。

- 必须以字母或下划线开头，中间可以是数字、字母或下划线，但是不能有空格或加号、减号等符号。

虽然 JavaScript 的变量可以任意命名，但是在实际编程时，最好使用便于记忆、且有意义的变量名称，以增加程序的可读性。

- 不能使用 JavaScript 中的关键字。JavaScript 的关键字如表 2-11 所示。

表 2-11　JavaScript 的关键字

abstract	continue	finally	instanceof	private	this
boolean	default	float	int	public	throw
break	do	for	interface	return	typeof
byte	double	function	long	short	true
case	else	goto	native	static	var
catch	extends	implements	new	super	void
char	false	import	null	switch	while
class	final	in	package	synchronized	with

注意

关键字同样不可用作函数名、对象名及自定义的方法名等。

4. 运算符

在 JavaScript 中提供了赋值运算符、算术运算符、关系运算符、逻辑运算符、条件运算符和字符串运算符 6 种常用的运算符。下面进行详细介绍。

- 赋值运算符

最基本的赋值运算符是等号“=”，用于对变量进行赋值，而其他运算符可以和赋值运算符“=”联合使用，构成组合赋值运算符。JavaScript 支持的常用赋值运算符如表 2-12 所示。

表 2-12　JavaScript 常用的赋值运算符

运算符	描　述	示　例
=	将右边表达式的值赋给左边的变量	username="mr"
+=	将运算符左边的变量加上右边表达式的值赋给左边的变量	a+=b //相当于 a=a+b
-=	将运算符左边的变量减去右边表达式的值赋给左边的变量	a-=b //相当于 a=a-b
*=	将运算符左边的变量乘以右边表达式的值赋给左边的变量	a*=b //相当于 a=a*b
/=	将运算符左边的变量除以右边表达式的值赋给左边的变量	a/=b //相当于 a=a/b
%=	将运算符左边的变量用右边表达式的值求模，并将结果赋给左边的变量	a%=b //相当于 a=a%b
&=	将运算符左边的变量与右边表达式的值进行逻辑与运算，并将结果赋给左边的变量	a&=b //相当于 a=a&b
|=	将运算符左边的变量与右边表达式的值进行逻辑或运算，并将结果赋给左边的变量	a|=b //相当于 a=a|b
^=	将运算符左边的变量与右边表达式的值进行异或运算，并将结果赋给左边的变量	a^=b //相当于 a=a^b

- 算术运算符

算术运算符等同于数学运算，即在程序中进行加、减、乘、除等运算。在 JavaScript 中常用的算术运算符如表 2-13 所示。

表 2-13　JavaScript 常用的算术运算符

运算符	描　述	示　例
+	加运算符	1+7 //返回值为 8
–	减运算符	9-2 //返回值为 7
*	乘运算符	4*9 //返回值为 36
/	除运算符	6/3 返回值为 2
%	求模运算符	9%4 返回值为 1

++	自增运算符。该运算符有两种情况：i++（在使用 i 之后，使 i 的值加 1）；++i（在使用 i 之前，先使 i 的值加 1）	i=1; j=i++ //j 的值为 1，i 的值为 2
		i=1; j=++i //j 的值为 2，i 的值为 2

--	自减运算符。该运算符有两种情况：i--（在使用 i 之后，使 i 的值减 1）；--i（在使用 i 之前，先使 i 的值减 1）	i=7; j=i-- //j 的值为 7，i 的值为 6
		i=7; j=--i //j 的值为 6，i 的值为 6

执行除法运算时，0 不能作除数。如果 0 作除数，返回结果则为 Infinity。

【例 2-17】 编写 JavaScript 代码，应用算术运算符计算商品金额。（实例位置：光盘\MR\源码\第 2 章\2-17）

```
<script language="javascript">
    var price=19.7;            //定义商品单价
    var number=100;            //定义商品数量
    var sum=price*number;      //计算商品金额
    alert(sum);                //显示商品金额
</script>
```

图 2-21　弹出对话框显示商品金额

运行结果如图 2-21 所示。

❑　关系运算符

关系运算符的基本操作过程是：首先对操作数进行比较，这个操作数可以是数字也可以是字符串，然后返回一个布尔值 true 或 false。JavaScript 支持的常用关系运算符如表 2-14 所示。

表 2-14　JavaScript 常用的关系运算符

运算符	描　述	示　例
<	小于	1<6　//返回值为 true
>	大于	7>10　//返回值为 false
<=	小于等于	10<=10　//返回值为 true
>=	大于等于	3>=6　//返回值为 false
==	等于。只根据表面值进行判断，不涉及数据类型	"17"==17　//返回值为 true
===	绝对等于。根据表面值和数据类型同时进行判断	"17"===17　//返回值为 false
!=	不等于。只根据表面值进行判断，不涉及数据类型	"17"!=17　//返回值为 false

❑　逻辑运算符

逻辑运算符返回一个布尔值，通常和比较运算符一起使用，用来表示复杂的比较运算，常用于 if、while 和 for 语句中。JavaScript 中常用的逻辑运算符如表 2-15 所示。

表 2-15　JavaScript 常用的逻辑运算符

运算符	描　述	示　例
!	逻辑非。否定条件，即!假 = 真，!真 = 假	!true　　//值为 false
&&	逻辑与。只有当两个操作数的值都为 true 时，值才为 true	true && flase　//值为 false
||	逻辑或。只要两个操作数其中之一为 true，值就为 true	true || false　//值为 true

❑　条件运算符

条件运算符是 JavaScript 支持的一种特殊的 3 目运算符，同 Java 中的 3 目运算符类似，其语法格式如下：

```
操作数?结果 1:结果 2
```

如果“操作数”的值为 true，则整个表达式的结果为“结果 1”，否则为“结果 2”。

❑　字符串运算符

字符串运算符是用于两个字符型数据之间的运算符，除了比较运算符外，还可以是+和+=运算符。其中，+运算符用于连接两个字符串，而+=运算符则连接两个字符串，并将结果赋给第一个字符串。

【例 2-18】在网页中弹出一个提示对话框，显示进行字符串运算后变量 a 的值。代码如下：（实例位置：光盘\MR\源码\第 2 章\2-18）

```
var a="One "+"world ";   //将两个字符串连接后的值赋值给变量 a
a+="One Dream";          //连接两个字符串，并将结果赋给第一个字符串
alert(a);
```

图 2-22　弹出提示对话框

上述代码的执行结果如图 2-22 所示。

2.3.2　JavaScript 的流程控制语句

流程控制语句对于任何一门编程语言都是至关重要的，JavaScript 也不例外。在 JavaScript 中提供了 if 条件判断语句、for 循环语句、while 循环语句、do…while 循环语句、break 语句、continue 语句和 switch 多分支语句 7 种流程控制语句。

1. if 条件判断语句

对变量或表达式进行判定并根据判定结果进行相应的处理，可以使用 if 语句。if 语句的语法格式如下：

```
if(条件表达式){
    语句序列 1   //条件满足时执行
}else{
    语句序列 2   //条件不满足时执行
}
```

执行上述 if 语句时，首先计算“条件表达式（任意的逻辑表达式）”的值，如果为 true，就执行“语句序列 1”，执行完毕后结束该 if 语句；否则执行“语句序列 2”，执行后同样结束该 if 语句。

上述 if 语句是典型的二路分支结构。其中 else 部分可以省略，而且“语句序列”为单一语句时，其两边的大括号可以省略。

2. for 循环语句

for 语句是 JavaScript 语言中应用比较广泛的条件语句。通常 for 语句使用一个变量作为计数器来执行循环的次数，这个变量就称为循环变量。for 语句的语法格式如下：

```
for(循环变量赋初值;循环条件;循环变量增值){
    循环体;
}
```

- ❑ 循环变量赋初值：是一条初始化语句，用来对循环变量进行初始化赋值
- ❑ 循环条件：是一个包含比较运算符的表达式，用来限定循环变量的边限。如果循环变量超过了该边限，则停止该循环语句的执行
- ❑ 循环变量增值：用来指定循环变量的步幅

for 语句可以使用 break 语句来中止循环语句的执行。break 语句默认情况下是终止当前的循环语句。

3. while 循环语句

while 语句是另一种基本的循环语句，其结构和 for 语句有些类似，但是 while 语句不包含循环变量的初始化及循环变量的步幅。其语法格式如下：

```
while (条件表达式){
    循环体
}
```

使用 while 语句时，必须先声明循环变量并且在循环体中指定循环变量的步幅，否则 while 语句将成为一个死循环。

4. do…while 循环语句

do…while 语句和 while 语句非常相似，所不同的是它是在循环底部检测循环表达式，而不是像 while 语句那样在循环顶部进行检测。这就保证了循环体至少被执行一次。do…while 语句的语法格式如下：

```
do{
    循环体
} while (条件表达式);
```

【例 2-19】 分别利用 for、while 和 do…while 循环语句将数字 9 格式化为 00009，并输出到页面上的代码如下。（实例位置：光盘\MR\源码\第 2 章\2-19）

```
var str="9";
for(i=0;i<4;i++ ){
    str="0"+str;
}
document.write(str+" ");
```

```
var i=0;
var str="9";
while(i<4){
  str="0"+str;
  i++;
}
document.write(str+" ");
```

```
var i=0;
var str="9";
do{
  str="0"+str;
  i++;
} while(i<4);
document.write(str);
```

运行结果如图 2-23 所示。

00009 00009 00009

图 2-23　在页面中输出格式化后的结果

5. break 语句

break 语句用于退出包含在最内层的循环或者退出一个 switch 语句。break 语句的语法格式如下：

```
break;
```

break 语句通常用在 for、while、do…while 或 switch 语句中。

6. continue 语句

continue 语句和 break 语句类似，所不同的是，continue 语句用于中止本次循环，并开始下一次循环。其语法格式如下：

```
continue;
```

continue 语句只能应用在 while、for 或 do…while 语句中。

7. switch 语句

switch 是典型的多路分支语句，其作用与嵌套使用 if 语句基本相同，但 switch 语句比 if 语句更具有可读性，而且 switch 语句允许在找不到一个匹配条件的情况下执行默认的一组语句。switch 语句的语法格式如下：

```
switch (expression){
    case judgement1:
         statement1;
         break;
    case judgement2:
         statement2;
         break;
     …
    default:
        defaultstatement;
         break;
}
```

- expression：为任意的表达式或变量
- judgement：为任意的常数表达式。当 expression 的值与某个 judgement 的值相等时，就执行此 case 后的 statement 语句；如果 expression 的值与所有的 judgement 的值都不相等时，则执行 default 后面的 defaultstatement 语句
- break：用于结束 switch 语句，从而使 JavaScript 只执行匹配的分支。如果没有了 break 语句，则该 switch 语句的所有分支都将被执行，switch 语句也就失去了使用的意义

【例 2-20】 应用 switch 语句输出今天是星期几。（实例位置：光盘\MR\源码\第 2 章\2-20）

```
<script language="javascript">
var now=new Date();             //获取系统日期
var day=now.getDay();           //获取星期
var week;
switch (day){
   case 1:
      week="星期一";
        break;
    case 2:
      week="星期二";
        break;
    case 3:
      week="星期三";
        break;
    case 4:
      week="星期四";
        break;
    case 5:
      week="星期五";
        break;
    case 6:
      week="星期六";
        break;
    default:
      week="星期日";
      break;
}
document.write("今天是"+week); //输出中文的星期
</script>
```

图 2-24　实例运行结果

程序的运行结果如图 2-24 所示。

2.3.3　JavaScript 函数的定义及调用

在 JavaScript 中，函数可以分为定义和调用两部分。下面分别进行介绍。

1. 函数的定义

在 JavaScript 中，定义函数最常的方法是通过 function 语句实现，其语法格式如下：

```
function functionName([parameter1, parameter2,……]){
    statements;
    [return expression;]
}
```

- functionName：必选，用于指定函数名。在同一个页面中，函数名必须是唯一的，并且区分大小写。
- parameter1, parameter2,……：可选，用于指定参数列表。当使用多个参数时，参数间使用逗号进行分隔。一个函数最多可以有 255 个参数。
- statements：必选，是函数体，用于实现函数功能的语句。
- return expression;：可选，用于返回函数值。expression 为任意的表达式、变量或常量。

2. 函数的调用

函数的调用比较简单，如果要调用不带参数的函数，则使用函数名加上括号即可；如果要调用的函数带参数，则在括号中加上需要传递的参数，如果包含多个参数，各参数间用逗号分隔。

如果函数有返回值，那么可以使用赋值语句将函数值赋给一个变量。

在 JavaScript 中，由于函数名区分大小写，所以，在调用函数时，也需要注意函数名的大小写。

2.3.4　事件处理

JavaScript 可以以事件驱动的方式直接对客户端的输入做出响应，无须经过服务器端程序，也就是说，JavaScript 是事件驱动的。它可以使在图形界面环境下的一切操作变得简单化。下面将对事件及事件处理程序进行详细介绍。

1. 什么是事件处理程序

JavaScript 与 Web 页面之间的交互是通过用户操作浏览器页面时触发相关事件来实现的。例如，在页面载入完毕时将触发 onload（载入）事件，当用户单击按钮时将触发按钮的 onclick 事件等。事件处理程序则是用于响应某个事件而执行的处理程序。事件处理程序可以是任意 JavaScript 语句，但通常使用特定的自定义函数（Function）来对事件进行处理。

2. 事件类型

多数浏览器内部对象都拥有很多事件，下面将以表格的形式给出常用的事件及何时触发这些事件。JavaScript 的常用事件如表 2-16 所示。

表 2-16　　JavaScript 的常用事件

事　件	何时触发
onabort	对象载入被中断时触发
onblur	元素或窗口本身失去焦点时触发
onchange	改变<select>元素中的选项或其他表单元素失去焦点，并且在其获取焦点后内容发生过改变时触发

续表

事　　件	何时触发
onclick	单击鼠标左键时触发。当光标的焦点在按钮上，并按下回车键时，也会触发该事件
ondblclick	双击鼠标左键时触发
onerror	出现错误时触发
onfocus	任何元素或窗口本身获得焦点时触发
onkeydown	键盘上的按键（包括〈Shift〉或〈Alt〉等键）被按下时触发，如果一直按着某键，则会不断触发。当返回 false 时，取消默认动作
onkeypress	键盘上的按键被按下，并产生一个字符时发生。也就是说，当按下 Shift 或 Alt 等键时不触发。如果一直按下某键时，会不断触发。当返回 false 时，取消默认动作
onkeyup	释放键盘上的按键时触发
onload	页面完全载入后，在 Window 对象上触发；所有框架都载入后，在框架集上触发；<img>标记指定的图像完全载入后，在其上触发；或<object>标记指定的对象完全载入后，在其上触发
onmousedown	单击任何一个鼠标按键时触发
onmousemove	鼠标在某个元素上移动时持续触发
onmouseout	将鼠标从指定的元素上移开时触发
onmouseover	鼠标移到某个元素上时触发
onmouseup	释放任意一个鼠标按键时触发
onreset	单击重置按钮时，在<form>上触发
onresize	窗口或框架的大小发生改变时触发
onscroll	在任何带滚动条的元素或窗口上滚动时触发
onselect	选中文本时触发
onsubmit	单击提交按钮时，在<form>上触发
onunload	页面完全卸载后，在 Window 对象上触发；或者所有框架都卸载后，在框架集上触发

3. 事件处理程序的调用

在使用事件处理程序对页面进行操作时，最主要的是如何通过对象的事件来指定事件处理程序。指定方式主要有以下两种。

- 在 JavaScript 中

在 JavaScript 中分配事件处理程序，首先需要获得要处理对象的引用，然后将要执行的处理函数赋值给对应的事件处理程序。例如：

```
<img src="images/download.GIF" id="img_download">
<script language="javascript">
var img=document.getElementById("img_download");
img.onclick=function(){
    alert("单击了图片");
}
</script>
```

在页面中加入上面的代码，并运行，当单击图片 img_download 时，将弹出“您单击了图片”对话框。

注意

在 JavaScript 中分配事件处理程序时，事件处理程序名称必须小写，才能正确响应事件。

❑ 在 HTML 中

在 HTML 中分配事件处理程序，只需要在 HTML 标记中添加相应的事件处理程序的属性，并在其中指定作为属性值的代码或是函数名称即可。例如：

```
<img src="images/download.GIF" onClick="alert('您单击了图片');">
```

在页面中加入上面的代码，并运行，当单击图片 img_download 时，将弹出"您单击了图片"对话框。

2.3.5 常用对象

JavaScript 提供了一些内部对象，下面将介绍最常用的 String、Date 和 window 这 3 种对象。

1. String 对象

String 对象是动态对象，需要创建对象实例后才能引用它的属性和方法。在创建一个 String 对象变量时，可以使用 new 运算符来创建，也可以直接将字符串赋给变量。例如，strValue="hello" 与 strVal=new String("hello")是等价的。String 对象的常用属性和方法如表 2-17 所示。

表 2-17　String 对象的常用属性和方法

属性/方法	说　明
length	用于返回 String 对象的长度
split(separator,limit)	用 separator 分隔符将字符串划分成子串并将其存储到数组中，如果指定了 limit，则数组限定为 limit 给定的数，separator 分隔符可以是多个字符或一个正则表达式，它不作为任何数组元素的一部分返回
substr(start,length)	返回字符串中从 startIndex 开始的 length 个字符的子字符串
substring(from,to)	返回以 from 开始、以 to 结束的子字符串
replace(searchValue,replaceValue)	将 searchValue 换成 replaceValue 并返回结果
charAt(index)	返回字符串对象中的指定索引号的字符组成的字符串，位置的有效值为 0 到字符串长度减 1 的数值。一个字符串的第一个字符的索引位置为 0，第二个字符位于索引位置 1，依次类推。当指定的索引位置超出有效范围时，charAt 方法返回一个空字符串
toLowerCase()	返回一个字符串，该字符串中的所有字母都被转换为小写字母
toUpperCase()	返回一个字符串，该字符串中的所有字母都被转换为大写字母

由于在 JavaScript 中可以将用单引号或双引号括起来的一个字符串当做一个字符串对象的实例，所以可以直接在某个字符串后面加上"."去掉用 String 对象的属性和方法。

2. Date 对象

Date 对象是一个有关日期和时间的对象。它具有动态性，即必须使用 new 运算符创建一个实例。例如：

```
mydate=new Date();
```

Date 对象没有提供直接访问的属性，只具有获取和设置日期和时间的方法。Date 对象的方法如表 2-18 所示。

3. window 对象

window 对象是浏览器（网页）的文档对象模型结构中最高级的对象，它处于对象层次的顶端，提供了用于控制浏览器窗口的属性和方法。由于 window 对象使用十分频繁，又是其他对象的父对象，所以在使用 window 对象的属性和方法时，JavaScript 允许省略 window 对象的名称。

表 2-18　　Date 对象的方法

获取日期和时间的方法	说　明	设置日期和时间的方法	说　明
getFullYear()	返回用 4 位数表示的年份	setFullYear()	设置年份，用 4 位数表示
getMonth()	返回月份（0～11）	setMonth()	设置月份（0～11）
getDate()	返回日数（1～31）	setDate()	设置日数（1～31）
getDay()	返回星期（0～6）	setDay()	设置星期（0～6）
getHours()	返回小时数（0～23）	setHours()	设置小时数（0～23）
getMinutes()	返回分钟数（0～59）	setMinutes()	设置分钟数（0～59）
getSeconds()	返回秒数（0～59）	setSeconds()	设置秒数（0～59）
getTime()	返回 Date 对象的内部毫秒表示	setTime()	使用毫秒形式设置 Date 对象

window 对象的常用属性如表 2-19 所示。

表 2-19　　window 对象的常用属性

属　性	描　述
frames	表示当前窗口中所有 frame 对象的集合
location	用于代表窗口或框架的 Location 对象。如果将一个 RUL 赋予给该属性，那浏览器将加载并显示该 URL 指定的文档
length	窗口或框架包含的框架个数
history	对窗口或框架的 History 对象的只读引用
name	用于存放窗口的名字
status	一个可读写的字符，用于指定状态栏中的当前信息
parent	表示包含当前窗口的父窗口
opener	表示打开当前窗口的父窗口
closed	一个只读的布尔值，表示当前窗口是否关闭。当浏览器窗口关闭时，表示该窗口的 Window 对象并不会消失，不过它的 closed 属性被设置为 true

window 对象的常用方法如表 2-20 所示。

表 2-20　　window 对象的常用方法

方　法	描　述
alert()	弹出一个警告对话框
confirm()	显示一个确认对话框，单击“确认”按钮时返回 true，否则返回 false
prompt()	弹出一个提示对话框，并要求输入一个简单的字符串
close()	关闭窗口
focus()	把键盘的焦点赋予给顶层浏览器窗口。在多数平台上，这将使用窗口移到最前边
open()	打开一个新窗口
setTimeout(timer)	在经过指定的时间后执行代码
clearTimeout()	取消对指定代码的延迟执行
resizeBy(offsetx,offsety)	按照指定的位移量设置窗口的大小

续表

方　法	描　述
print()	相当于浏览器工具栏中的“打印”按钮
setInterval()	周期执行指定的代码
clearInterval()	停止周期性地执行代码

【例 2-21】 通过按钮打开一个新窗口，并在新窗口的状态栏中显示当前年份。（实例位置：光盘\MR\源码\第 2 章\2-21）

（1）在主窗口中应用以下代码添加一个用于打开一个新窗口的按钮。

```
<input name="button" value="打开新窗口" type="button"
onclick="window.open('newWindow.html','','width=360,height=100,status=yes')">
```

（2）创建一个新的 JSP 文件，名称为 newWindow.jsp，在该文件中添加以下用于在状态栏中显示当前年份的代码。

```
<script language="javascript">
var mydate=new Date();
//创建当前时间所对应的日期时间对象
window.status="现在是："+mydate.getFullYear()+"年!";
//设置状态栏显示文本
</script>
```

运行结果如图 2-25 所示。

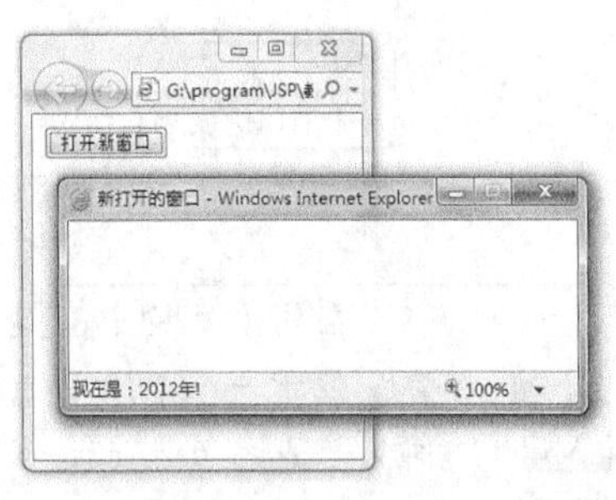

图 2-25　运行结果

2.3.6　DOM 技术

DOM 是 Document Object Model（文档对象模型）的简称，是表示文档（如 HTML 文档）和访问、操作构成文档的各种元素（如 HTML 标记和文本串）的应用程序接口（API）。它提供了文档中独立元素的结构化、面向对象的表示方法，并允许通过对象的属性和方法访问这些对象。另外，文档对象模型还提供了添加和删除文档对象的方法，这样能够创建动态的文档内容。DOM 也提供了处理事件的接口，它允许捕获和响应用户以及浏览器的动作。下面将对其进行详细介绍。

1. DOM 的分层结构

在 DOM 中，文档的层次结构以树形表示。树是倒立的，树根在上，枝叶在下，树的节点表示文档中的内容。DOM 树的根节点是个 Document 对象，该对象的 documentElement 属性引用表示文档根元素的 Element 对象。对于 HTML 文档，表示文档根元素的 Element 对象是<html>标记，<head>和<body>元素是树的枝干。下面以一个简单的 HTML 文档说明 DOM 的分层结构。

```
<html>
    <head>
        <title>一个 HTML 文档</title>
    </head>
    <body>
        欢迎访问明日科技网站!
        <br>
        <a href="http://www.mingribook.com"> http://www.mingribook.com</a>
    </body>
</html>
```

上面的 HTML 文档对应的 Document 对象的层次结构如图 2-26 所示。

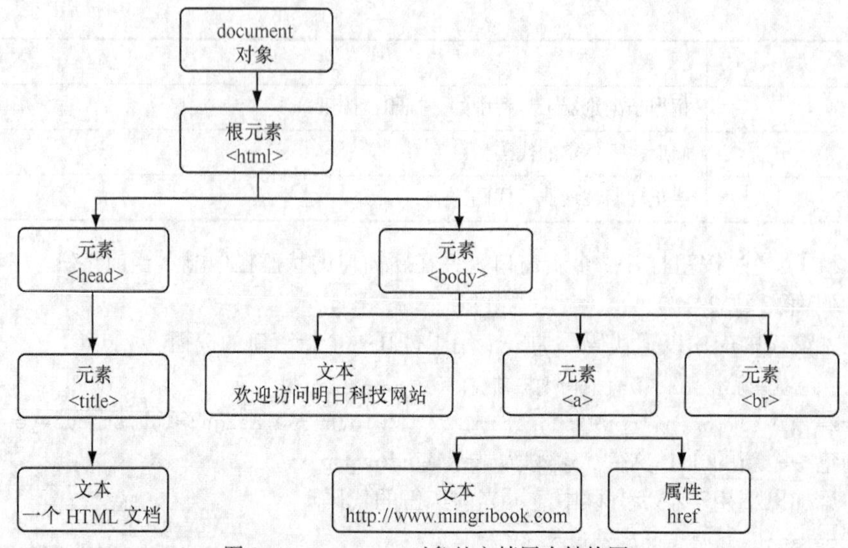

图 2-26　Document 对象的文档层次结构图

在树形结构中，直接位于一个节点之下的节点被称为该节点的子节点（children）；直接位于一个节点之上的节点被称为该节点的父节点（parent）；位于同一层次，具有相同父节点的节点是兄弟节点（sibling）；一个节点的下一个层次的节点集合是该节点的后代（descendant）；一个节点的父节点、祖父节点及其他所有位于它之上的节点都是该节点的祖先（ancestor）。

2. 遍历文档

在 DOM 中，HTML 文档各个节点被视为各种类型的 Node 对象，并且将 HTML 文档表示为 Node 对象的树。对于任何一个树形结构来说，最常做的就是遍历树。在 DOM 中，可以通过 Node 对象的 parentNode、firstChild、nextChild、lastChild、previousSibling 等属性来遍历文档树。Node 对象的常用属性如表 2-21 所示。

表 2-21　Node 对象的属性

属　性	类　型	描　述
parentNode	Node	节点的父节点，没有父节点时为 null
childNodes	NodeList	节点的所有子节点的 NodeList
firstChild	Node	节点的第一个子节点，没有则为 null
lastChild	Node	节点的最后一个子节点，没有则为 null
previousSibling	Node	节点的上一个节点，没有则为 null
nextChild	Node	节点的下一个节点，没有则为 null
nodeName	String	节点名
nodeValue	String	节点值
nodeType	short	表示节点类型的整型常量（如表 2-22 所示）

由于 HTML 文档的复杂性，DOM 定义了 nodeType 来表示节点的类型。下面以列表的形式给出 Node 对象的节点类型、节点名、节点值及节点类型常量，如表 2-22 所示。

表 2-22　　　　Node 对象的节点类型、节点名、节点值及节点类型常量

节点类型	节　点　名	节　点　值	节点类型常量
Attr	属性名	属性值	ATTRIBUTE_NODE（2）
CDATASection	#cdata-section	CDATA 段内容	CDATA_SECTION_NODE（4）
Comment	#comment	注释的内容	COMMENT_NODE（8）
Document	#document	null	DOCUMENT_NODE（9）
DocumentFragment	#document-fragment	null	DOCUMENT_FRAGMENT_NODE（11）
DocumentType	文档类型名	null	DOCUMENT_TYPE_NODE（10）
Element	标记名	null	ELEMENT_NODE（1）
Entity	实体名	null	ENTITY_NODE（6）
EntityReference	引用实体名	null	ENTITY_REFERENCE_NODE（5）
Notation	符号名	null	NOTATION_NODE（12）
ProcessionInstruction	目标	除目标以外的所有内容	PROCESSIONG_INSTRUCTION_NODE（7）
Text	#text	文本节点内容	TEXT_NODE（3）

3. 获取文档中的指定元素

虽然通过遍历文档树中全部节点的方法，可以找到文档中指定的元素，但是这种方法比较麻烦，下面我们介绍两种直接搜索文档中指定元素的方法。

❑　通过元素的 ID 属性获取元素

使用 document 对象的 getElementById()方法可以通过元素的 ID 属性获取元素。例如，获取文档中 id 属性为 userId 的节点的代码如下：

```
document.getElementById("userId");
```

❑　通过元素的 name 属性获取元素

使用 document 对象的 getElementsByName()方法可以通过元素的 name 属性获取元素。与 getElementsById()方法不同的是，使用该方法的返回值为一个数组，而不是一个元素。如果想通过 name 属性获取页面中唯一的元素，可以通过获取返回数组中下标值为 0 的元素进行获取。例如，获取 name 属性为 userName 的节点的代码如下：

```
document.getElementsByName("userName")[0];
```

2.4　综合实例——应用 DIV+CSS 布局许愿墙主界面

许愿墙网站通常是用于发送并显示许愿、祝福的网站。通过该网站用户可以许下心中的愿望，并将愿望随机显示到字条墙上。在许愿墙网站中，最能体现布局效果的功能就是实现许愿墙的首页，而贴字条页面主要由表单组成，布局比较简单，还需要操作数据库保存字条内容，所以在本实例中，我们并没有实现许愿功能，只是实现了许愿墙网站的首页。许愿墙网站的首页如图 2-27 所示。

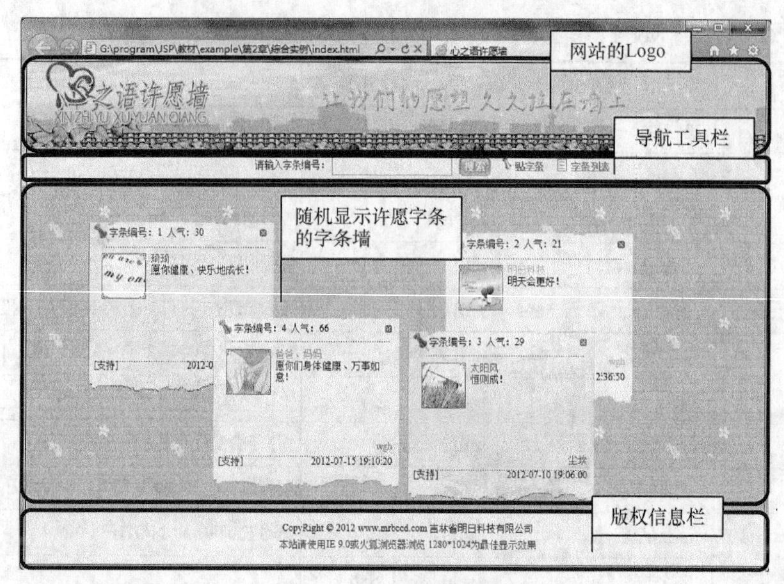

图 2-27　许愿墙网站的首页

1．整体样式设计

为了规范页面代码，我们将控制许愿墙首页的 CSS 代码保存在一个单独的.css 文件中，并命名为 index.css，然后在许愿墙的首页中，应用下面的代码将其链接到页面中。

```
<link href="CSS/index.css" rel="stylesheet"/>
```

接下来，就可以编写控制整体样式的 CSS 代码了。在许愿墙的首页中，我们要设计的整体样式包括控制<body>标记的公共样式、控制超级链接的样式和一个用于取消元素边框的 CSS 类，具体代码如下：

```
body{
    margin:0px;              /*设置外边距，也就是页面内容与浏览器窗口内边框的间隙*/
    font-size: 12px;         /*文字的大小为 12 像素*/
}
a:hover {
    color: #FF4400;          /*设置鼠标移动到超级链接上的文字颜色*/
}
a {
    color: #3C404D;          /*设置超级链接文字的颜色*/
    text-decoration:none; /*无下划线*/
}
.noborder{
    border:0px;              /*无边框*/
}
```

在这里之所以要定义一个取消元素边框的 CSS 类.noborder，因为在后面的实现过程中，我们会采用标记选择器来设置<input>标记的边框样式，这样代表搜索按钮的图像域就会被添加边框，这时就需要使用.noborder 来取消其边框。

2．网站 Logo 栏设计

在许愿墙网站首页的 index.html 文件的<body>标记中，添加一个<header>标记，用于显示网站 Logo 栏。关键代码为：

```
<header></header>
```

在 index.css 文件中，编写控制<header>标记的样式，这里采用标记选择器实现。该<header>的高度是固定的，而宽度是自动延伸为 100%的，所以在为其设置背景图时，只需要让其在 x 轴重复即可。具体的代码如下：

```
header{
    background:url(../images/bg_top.jpg) repeat-x;  /*设置背景图片，并且在x轴重复*/
    height:112px;                                   /*设置高度*/
}
```

由于在设计网站 Logo 时，将网站 Logo 和 Banner 信息设计为一张图片，所以还需要将该图片插入到该<div>标记中，关键代码如下：

```
<img src="images/banner.jpg" width="832" height="112" />
```

这样就完成了网站 Logo 栏的设计。

3．导航工具栏设计

在 index.html 文件的 id 为 header 的<div>标记的下方，添加一个<nav>导航标记，用于显示网站导航工具栏。关键代码为：

```
<nav></nav>
```

在 index.css 文件中，编写控制<nav>标记的样式，这里采用标记选择器实现。该<nav>的高度是固定的，而宽度是自动延伸为 100%的，所以在为其设置背景图时，只需要让其在 x 轴重复即可。具体的代码如下：

```
nav{
    /*设置背景图片，并且在x轴重复*/
    background:url(../images/bg_navigation.gif) repeat-x;
    height:35px;                                    /*设置高度*/
    line-height:35px;                               /*设置行高*/
    padding-top:4px;                                /*设置顶内边距*/
    padding-left:27%;                               /*设置左内边距*/
}
```

由于在添加导航超级链接和搜索表单时，需要使用浮动在左边的列表，所以，在设置内容居中时，不能使用 text-align:center;实现，而需要将左内边距设置为指定的百分比实现。这样，就可达到居中效果了。

添加一个表单，并在该表单中应用<ul>和<li>标记显示搜索输入框、搜索按钮、贴字条超级链接和字条列表超级链接等内容，关键代码如下：

```
<form id="form1" name="form1" method="post" action="">
<ul>
  <li>请输入字条编号：</li><li><input type="text" name="keyID" id="keyID" class=
"navigation_input" />  </li>
  <li><input  type="image"  name="imageField"  src="images/btn_search.gif"
class="noborder" /></li>
  <li><img src="images/addScript_ico.gif" width="12" height="18" /></li><li> <a
href="#">贴字条</a></li><li><img src="images/listScript_ico.gif" width="12" height="17"
/></li><li> <a href="#">字条列表</a></li>
  </ul>
</form>
```

在 index.css 文件中，编写控制导航工具栏中各元素样式的 CSS 代码。这里采用了后代选择器，添加仅对导航工具栏中的<ul>标记、<li>标记和超级链接起作用的样式。具体代码如下：

```
nav ul{
    list-style-type:none;
    margin:0px;                     /*设置外边距*/
```

```
}
nav li{
    float:left;
    padding:0px 2px 0px 0px;        /*设置内边距*/
    line-height:22px;               /*设置行高*/
}
nav  a{
    text-decoration:underline;
    font-weight:bold;               /*文字加粗*/
    color: #F54292;                 /*设置超级链接文字的颜色*/
}
nav  a:hover{
    text-decoration:underline;      /*文字加粗*/
    font-weight:bold;               /*文字加粗*/
    color: #FF6600;                 /*设置当鼠标移动一超级链接上时文字的颜色*/
}
.navigation_input{
    color: #333333;                 /*设置文字的颜色*/
    border: 1px solid #7B98B1;      /*设置边框的样式*/
    height:19px;                    /*设置输入框的高度*/
}
```

这样就完成了导航工具栏的设计。

4．字条墙设计

在许愿墙首页的 index.html 文件的 id 为 scrollScrip 的<div>标记的下方，添加一个<div>标记，并设置 ID 属性为 main，用于提供显示字条的位置，即字条墙。关键代码为：

```
<div id="main"></div>
```

在 index.css 文件中，编写控制 ID 为 main 的<div>标记的样式，这里采用 ID 选择器实现。控制字条墙样式的代码比较简单，只要实现为其设置背景和高度就可以，具体的代码如下：

```
#main{
    background:url(../images/bg_main.jpg);      /*设置背景图片*/
    height:400px;                               /*设置度度*/
}
```

这样就完成了字条墙的设计。

5．版权信息栏设计

在许愿墙首页的 index.html 文件的 id 为 main 的<div>标记的下方，添加一个<div>标记，并设置 ID 属性为 copyright，用于显示版权等信息。关键代码为：

```
<footer></footer>
```

在 index.css 文件中，编写控制<footer>标记的样式，这里采用标记选择器实现。该<footer>的高度是固定的，而宽度是自动延伸为 100%的，所以在为其设置背景图时，只需要让其在 x 轴重复即可。具体的代码如下：

```
footer{
    /*设置背景图片，并且在 x 轴重复*/
    background:url(../images/bg_copyright.jpg) repeat-x;
    text-align:center;                                      /*设置为居中显示*/
    padding-top:1px;                                    /*设置顶内边距*/
    padding-bottom:1px;                                 /*设置底内边距*/
}
```

由于本网站的版权信息由两行组成，所以这里需要添加一个<ul>标记，并且在该标记中添加两个<li>标记，分别用于显示每行的内容，关键代码如下：

```
<ul>
    <li>CopyRight &copy; 2012 www.mrbccd.com 吉林省明日科技有限公司 </li>
    <li>本站请使用 IE 9.0 或火狐浏览器浏览 1280*1024 为最佳显示效果</li>
</ul>
```

在 index.css 文件中，编写控制版权信息栏中<ul>标记样式的 CSS 代码。这里采用了后代选择器，实现仅对版权信息栏中的<ul>标记起作用的样式。具体代码如下：

```
footer ul{
    list-style:none;                          /*设置为无项目符号*/
    line-height:20px;                         /*设置行高*/
}
```

这样就完成了版权信息栏的设计。

6. 许愿字条设计

在许愿墙中，可以有多个许愿字条，它将以随机的位置显示到字条墙上。这些字条虽然颜色样式可能不同，但基本形式是相同的，所以实现的方法也基本相同。下面我们就以 ID 为 scrip1 的字条为例介绍许愿字条的设计过程。

添加一个 id 属性为 scrip1 的<div>标记，并设置其样式。此处需要采用两种方法为其设置样式，一种是采用行内样式设置字条显示的位置和层叠次序，另一种是采用类选择器，用于设置字条背景、定位方式、宽度、高度以及不透明度等样式。关键代码为：

```
<div id='scrip1' class='Style3' style='left:200px;top:200px; z-index:1'>
</div>
```

创建一个 scrip.css 文件，用于保存字条相关的 CSS 样式代码。在该文件中创建名称为 Style3 的 CSS 类，用于控制字条背景、定位方式、宽度、高度以及不透明度等样式，具体代码如下：

```
.Style3{
    /*设置背景图片，并且背景图片不重复*/
    background:url(../images/bg/style3.gif) no-repeat;
    position:absolute;                        /*设置绝对布局*/
    cursor:move;                              /*设置鼠标指针的样式*/
    width:240px;                              /*设置宽度*/
    height:210px;                             /*设置高度*/
    filter:alpha(opacity=90);                 /*设置不透明度*/
}
```

由于在许愿墙网站中，需要有多种颜色方案的字条，所以还需要按照该方式，再编写名称为 Style0、Style1、Style2、Style4、Style5、Style6 和 Style7 的 CSS 类。详细代码请参见光盘中的源代码。

在 id 属性为 scrip1 的<div>标记中，添加显示字条详细内容的段落和图片标记，具体代码如下：

```
    <p class='Num'>字条编号：1  人气：<span id='hitsValue1'>30</span><img
src='images/close.gif' alt='关闭'></p>
    <br />
    <p class='Detail'>
    <img src='images/face/face_1.gif'>
    <span class='wishMan'>琦琦</span>
    <br />
    愿你健康、快乐地成长！</p>
    <p class='wellWisher'>爸爸、妈妈</p>
```

```
<p class='comment'><a href='#'>[支持]</a></p>
<p class='Date'>2012-07-05 19:10:20</p>
```

编写控制被祝福人和许愿人文字颜色的 CSS 代码，这里采用后代选择器的形式，添加只对应用了 Style3 类的<div>标记下的祝福人和许愿人文字起作用的样式，关键代码为：

```
.Style3 .wishMan{color:#9733BE;}                    /*设置被祝福人文字颜色的样式*/
.Style3 .wellWisher{color:#9733BE;}                 /*设置许愿人文字颜色的样式*/
```

另外上面的代码，也可以写成并集选择器的形式，达到的效果是一样的，具体代码如下：

```
.Style3 .wishMan,.wellWisher{color:#9733BE;}
```

由于在许愿墙网站中，需要有多种颜色方案的字条，所以还需要按照该方式，再编写对应于 Style0、Style1、Style2、Style4、Style5、Style6 和 Style7 的 CSS 类的 wishMan 和 wellWisher 类。详细代码请参见光盘中的源代码。

编写控制字条其他内容的 CSS 样式，主要包括设置字条编号、关闭按钮、字条详细内容区域、表情图片、许愿人位置、“支持”超级链接和许愿时间的样式，具体代码如下：

```
.Num{margin:6px 0 0 30px;}                                      /*设置字条编号的样式*/
.Num img{float:right;cursor:pointer;margin:2px 10px 0 0;}       /*设置关闭按钮的样式*/
/*设置字条详细内容区域的样式*/
.Detail{margin:5px 10px 0 20px;height:113px;overflow:hidden;word-wrap:break-word;}
.Detail Img{float:left;margin-right:6px;}                       /*设置表情图片的样式*/
.wellWisher{margin:0 10px 0 0;text-align:right;}                /*设置许愿人位置的样式*/
.comment{margin:5px 0px 0px 10px;font-size:9pt; float:left;} /*设置“支持”的样式*/
.Date{margin:5px 10px 0 0;text-align:right;font-size:9pt;}      /*设置许愿时间的样式*/
```

这样就完成了 ID 为 scrip1 的字条的设计。

7. 实现随机显示许愿字条

创建一个名称为 index.js 的文件，用于保存许愿墙首页中涉及的 JavaScript 代码。在该文件中编写名称为 outScrip 的自定义 JavaScript 函数，用于将生成许愿字条的代码连接成一个字符串，并且在连接的过程中，将字条位置指定为一个随机数。在该函数中，包括 8 个入口参数，分别是 id（用于指定字条 ID，需要一个唯一的值）、face（用于指定表情图片）、color（用于指定字条采用的颜色，这里为 0～7 的数值）、wishMan（用于指定被祝福的人）、wellWisher（用于指定许愿人）、content（用于指定许愿内容）、date（用于指定许愿的时间）和 hits（用于指定支持数）。outScrip 函数的具体代码如下：

```
function outScrip(id,face,color,wishMan,wellWisher,content,date,hits){
    var leftDistance=parseInt(Math.random()*(920-5+1)+5);           //左边的距离
    var topDistance=parseInt(Math.random()*(376-184+1)+184);        //顶边的距离
    var scrip ="<div id='scrip"+id+"' class='Style"+color+"' style='left:"+leftDistance+"px;top:"+topDistance+"px; z-index:"+id+"' onmousedown='Move(this,event)' ondblclick=\"Show("+id+",'shadeDiv')\">";
    scrip += "<p class='Num'>字条编号: "+id+"  人气: <span id='hitsValue"+id+" '>"+hits+"</span><img src='images/close.gif' alt='关闭' onClick='myClose("+id+")'></p>";
    scrip += "<br />";
    scrip += "<p class='Detail'>";
    scrip += "<img src='images/face/face_"+face+".gif'>";
    scrip += "<span class='wishMan'>"+wishMan+"</span>";
    scrip += "<br />";
    scrip += content+"</p>";
    scrip += "<p class='wellWisher'>"+wellWisher+"</p>";
    scrip += "<p class='comment'><a href='#'>[支持]</a></p>";
```

```
        scrip += "<p class='Date'>"+date+"</p>";
        scrip +="</div>";
        return scrip;
    }
```

在上面的代码中，首先定义两个随机数，用于生成左边和顶边的距离，然后将步骤 6 中布局的许愿字条的代码以字符串的形式连接在一起，在连接的过程中需要将入口参数所指的内容替换为相应的变量，以及左边的距离和顶边的距离也需要替换为相应的随机数。

在页面的载入事件中，调用自定义的 JavaScript 函数生成字条，并添加到 id 为 main 的<div>标记中，具体代码如下：

```
<script type="text/javascript">
    window.onload=function(){
        var scrip=outScrip(1,1,3,"琦琦","爸爸、妈妈","愿你健康、快乐地成长！",
            "2012-07-05 19:10:20",30)
        +outScrip(2,0,1,"明日科技","wgh","明天会更好！","2012-07-10 12:36:50",21)
        +outScrip(3,3,0,"太阳风","尘埃","恒则成！","2012-07-10 19:06:00",29)
        +outScrip(4,2,2,"爸爸、妈妈","wgh","愿你们身体健康、万事如意！",
            "2012-07-15 19:10:20",66);
        document.getElementById("main").innerHTML=scrip;
    }
</script>
```

这样就实例了应用 DIV+CSS 布局许愿墙的主界面。在这个实例中，还添加了拖动许愿字条，以及单击指定字条时该字条置顶显示的功能，限于篇幅，这里就不进行介绍了，具体代码请参见光盘。

知识点提炼

（1）HTML 5 是下一代的 HTML，它将会取代 HTML 4.0 和 XHTML 1.1，成为新一代的 Web 语言。HTML 5 自从 2010 年正式推出以来，就以一种惊人的速度被迅速地推广，世界各知名浏览器厂商也对 HTML 5 有很好的支持。

（2）CSS 是 W3C 协会为弥补 HTML 在显示属性设定上的不足而制定的一套扩展样式标准，它的全称是“Cascading Style Sheet”。CSS 标准中重新定义了 HTML 中原来的文字显示样式，增加了一些新概念，如类、层等，可以对文字进行重叠、定位等操作。

（3）CSS 选择器常用的是标记选择器、类选择器、包含选择器、ID 选择器、类选择器等。使用选择器即可对不同的 HTML 标签进行控制，来实现各种效果。

（4）JavaScript 是 Web 页面中的一种脚本编程语言，它是基于对象和事件驱动并具有安全性能的解释型语言。JavaScript 可以直接嵌入在 HTTP 页面中，把静态页面转变成支持用户交互并响应应用事件的动态页面。

（5）String 对象是动态对象，需要创建对象实例后才能引用它的属性和方法。在创建一个 String 对象变量时，可以使用 new 运算符来创建，也可以直接将字符串赋给变量。

（6）Date 对象是一个有关日期和时间的对象。它具有动态性，即必须使用 new 运算符创建一个实例。

（7）window 对象是浏览器（网页）的文档对象模型结构中最高级的对象，它处于对象层次的顶端，提供了用于控制浏览器窗口的属性和方法。

（8）DOM是Document Object Model（文档对象模型）的简称，是表示文档（如HTML文档）和访问、操作构成文档的各种元素（如HTML标记和文本串）的应用程序接口（API）。它提供了文档中独立元素的结构化、面向对象的表示方法，并允许通过对象的属性和方法访问这些对象。

习　题

2-1　一个标记的HTML 5文档的文档结构是什么？
2-2　CSS提供了几种定义和引用样式表的方式，它们的优先级依次是什么？
2-3　CSS提供了哪几种选择器？
2-4　在JavaScript中如何定义并调用函数？
2-5　应用JavaScript如何打开一个新的窗口？

实验：验证用户注册信息的合法性

实验目的

（1）熟悉DIV+CSS布局。
（2）掌握应用JavaScript验证表单数据的合法性。

实验内容

应用DIV+CSS设计用户注册界面，并应用JavaScript验证输入数据的合法性。

实验步骤

（1）应用文本编辑器（Dreamweaver或者记事本都可以）创建一个名称为index.html的文件。
（2）在该文件中创建标准的HTML 5文档结构，具体代码如下：

```
<!DOCTYPE HTML>
<html>
<head>
<meta charset="utf-8">
<title>用户注册页面</title>
</head>
<body>
</body>
</html>
```

（3）在<body></body>标记间编写设计用户注册界面的HTML代码，具体代码如下：

```
<section>
  <header></header>
  <div id="left"> <img src="images/02.gif" width="35" height="89"> </div>
  <aside> <img src="Images/reg.gif" width="84" height="54"><b>注册帮助</b>
    <ul>
      <li> 会员名：为会员登录网站的通行证，长度控制在3-20个字符之内。<br><br>
      </li>
      <li>密码：请设定在6-20位之间。<br><br>
```

```
            </li>
            <li>确认密码：确认密码必须与密码一致。<br><br>
            </li>
            <li>Email：请填写有效的 Email 地址，以便于与您联系。</li>
          </ul>
        </aside>
        <div id="main">
          <form name="form1" method="post" action="" onSubmit="return check(this)">
            <ul>
              <li>用 户 名:
                <input type="text" name="username" id="username"
                placeholder="长度控制在 3-20 个字符之内" autofocus size="23" title="用户名">
              </li>
              <li>密    码:
                <input name="pwd" type="password" id="pwd"
                placeholder="请设定在 6-20 位之间" size="23" title="密码">
              </li>
              <li>确认密码:
                <input type="password" name="repwd" id="repwd" size="23" title="确认密码">
              </li>
              <li>性    别:
                <input name="sex" type="radio" id="sex_0" form="form1" value="男" checked>
                男
                <input type="radio" name="sex" value="女" id="sex_1">
                女 </li>
              <li>E-mail:
                <input type="email" name="email" id="email" size="40" title="E-mail 地址">
              </li>
              <li>
                <input type="submit" name="submit" id="submit" value="提交">
                <input type="reset" name="reset" id="reset" value="重置">
              </li>
            </ul>
          </form>
        </div>
        <div id="right"> <img src="images/04.gif" width="44" height="89"> </div>
      </section>
```

（4）在<head>标记中编写内嵌式 CSS 代码，用于对 HTML 标记的样式进行控制，具体代码如下：

```
<style>
#main ul {
    list-style:none;                          /*不显示列表项的项目符号*/
}
#main li {
    padding:5px;                              /*设置列表项的内边距*/
}
body {
    margin:0px;                               /*设置外边距*/
    padding:0px;                              /*设置内边距*/
    font-size: 9pt;                           /*设置字体大小*/
```

```
}
header {
    background-image:url(images/01.gif);    /*设置背景*/
    height:168px;
}
section {
    margin:0 auto auto auto;              /*设置外边距*/
    width:694px;                          /*设置页面宽度*/
    clear:both;                           /*设置两侧均不可以有浮动内容*/
    background-color: #FFFFFF;            /*设置背景颜色*/
    border:1px solid #407D2A;             /*设置显示 1 像素的外边框*/
    height:445px;                         /*设置高度*/
}
aside {
    width:170px;                          /*设置宽度*/
    float:left;                           /*设置浮动在左侧*/
    border-right:1px solid #407D2A;       /*设置右侧显边框*/
    padding-right:5px;
}
#left {
    float:left;                           /*设置浮动在左侧*/
}
#right {
    float:right;                          /*设置浮动在右侧*/
}
#main {
    float:left;                           /*设置浮动在左侧*/
}
</style>
```

（5）在<head>标记中编写以下 JavaScript 代码，用于验证用户注册信息是否合法。

```
<script language="javascript">
//检测全部表单元素是否为空
function checkBlank(Form){
    var v=true;
    for(i=0;i<Form.length;i++){
        if(Form.elements[i].value == ""){          //Form 的属性 elements 的首字 e 要小写
            alert(Form.elements[i].title + "不能为空!");
            Form.elements[i].focus();           //指定表单元素获取焦点
            v=false;
            return false;
        }
    }
    return v;
}
//验证用户名是否合法
function checkusername(username){
    var str=username;
    //在 JavaScript 中，正则表达式只能使用"/"开头和结束，不能使用双引号
    var Expression=/^(\w){3,20}$/;
    var objExp=new RegExp(Expression);              //创建正则表达式对象
```

```
    return objExp.test(str)                          //通过正则表达式验证
}
//验证密码是否合法
function checkPWD(PWD){
    var str=PWD;
     //在 JavaScript 中，正则表达式只能使用"/"开头和结束，不能使用双引号
    var Expression=/^[A-Za-z]{1}([A-Za-z0-9]|[._]){5,19}$/;
    var objExp=new RegExp(Expression);               //创建正则表达式对象
    return objExp.test(str)                          //通过正则表达式验证
}
//验证 E-mail 地址是否合法
function checkemail(email){
    var str=email;
     //在 JavaScript 中，正则表达式只能使用"/"开头和结束，不能使用双引号
    var Expression=/\w+([-+.']\w+)*@\w+([-.]\w+)*\.\w+([-.]\w+)*/;
    var objExp=new RegExp(Expression);               //创建正则表达式对象
    return objExp.test(str)                          //通过正则表达式进行验证
}
    function check(Form){
        if(checkBlank(Form)){ //验证表单元素是否为空
            if(checkusername(Form.username.value)){           //验证用户名
                if(checkPWD(Form.pwd.value)){                 //验证密码
                    if(Form.pwd.value==Form.repwd.value){//验证两次输入的密码是否一致
                        if(checkemail(Form.email.value)){ //验证 E-mail 地址
                            return true;
                        }else{
                            alert("请输入正确的 E-mail 地址！");
                            Form.email.focus();          //让 E-mail 文本框获得焦点
                            return false;
                        }
                    }else {
                        alert("您两次输入的密码不一致，请重新输入！");
                        return false;
                    }
                }else{
                    alert("您输入的密码不合法！");
                    Form.pwd.focus();                     //让密码文本框获得焦点
                    return false;
                }
            }else {
                alert("您输入的用户名不合法！");
                Form.username.focus();                    //让用户名文本框获得焦点
                return false;
            }
        }else{
            return false;
        }
    }
</script>
```

在 HTML 5 中，可以在每个<input>元素上添加 required 属性，来控制这个表单元素不允许为空。不过，目前 IE 9 还不支持这个属性，但是火狐浏览器和 Google Chrome 浏览器都支持这个属性。

运行本实例，将显示如图 2-28 所示的运行结果。

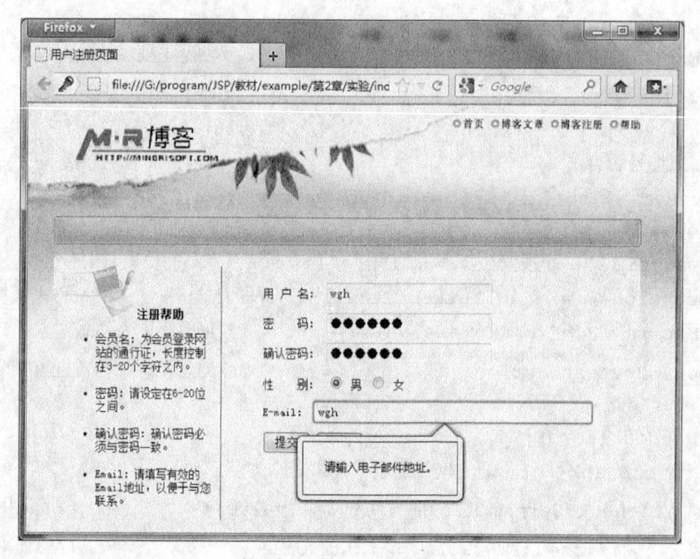

图 2-28　用户注册页面

第 3 章 搭建 JSP 开发环境

本章要点：

- 什么是 JSP，以及 JSP 的技术特征
- JSP 网站的执行过程
- JDK 的安装与配置
- Tomcat 的安装与配置
- MySQL 数据库的安装与使用
- Eclipse 开发工具的安装与使用
- 使用 Eclipse 开发 JSP 网站的基本步骤

所谓“工欲善其事，必先利其器”，在进行 JSP 网站开发前，需要把整个开发环境搭建好。开发 JSP 网站时，通常需要安装 Java 开发工具包 JDK、Web 服务器（通常使用 Tomcat）、数据库（本书中使用的是 MySQL）和 IDE 开发工具（本书中使用的是 Eclipse IDE for Java EE）。本章将对如何构建 JSP 网站的开发环境进行介绍。

3.1 JSP 概述

JSP 是 Java Server Page 的简称，它是由 Sun 公司倡导，与多个公司共同建立的一种技术标准，它建立在 Servlet 之上，用来开发动态网页。应用 JSP，程序员或非程序员可以高效率地创建 Web 应用，并使得开发的 Web 应用具有安全性高、跨平台等优点。

3.1.1 Java 的体系结构

Java 发展至今，按应用范围可以分为 3 个方面，即 Java SE、Java EE 和 Java ME，也就是 Sun ONE（Open Net Environment）体系。下面将分别介绍这 3 个方面。

1. Java SE

Java SE 就是 Java 的标准版，主要用于桌面应用程序的开发，同时也是 Java 的基础，它包含 Java 语言基础、JDBC（Java 数据库连接性）操作、I/O（输入输出）、网络通信、多线程等技术。Java SE 的结构如图 3-1 所示。

2. Java EE

Java EE 是 Java2 的企业版，主要用于开发企业级分布式的网络程序，如电子商务网站和 ERP（企业资源规划）系统，其核心为 EJB（企业 Java 组件模型）。Java EE 的结构如图 3-2 所示。

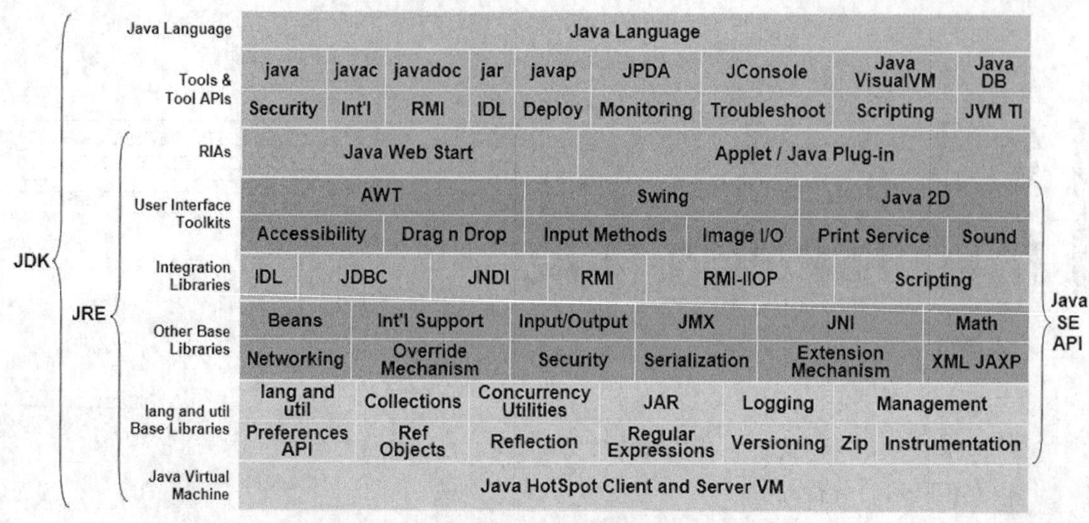

图 3-1　Java SE 的结构

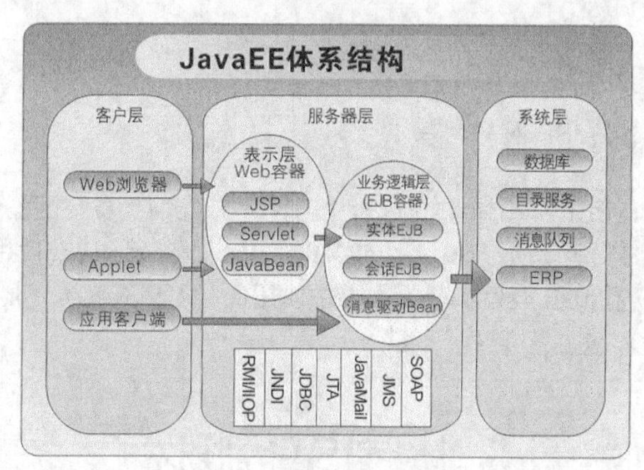

图 3-2　Java EE 的结构

3. Java ME

Java ME 主要应用于嵌入式系统开发，如掌上电脑、手机等移动通信电子设备使用的嵌入式系统，现在大部分手机厂商所生产的手机都支持 Java 技术。Java ME 的结构如图 3-3 所示。

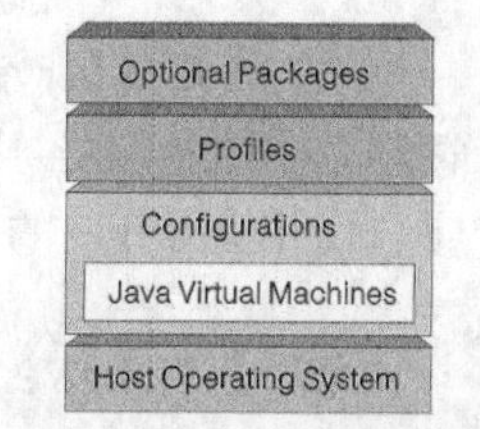

图 3-3　Java ME 的结构

3.1.2　JSP 技术特征

JSP 技术所开发的 Web 应用程序是基于 Java 的，它拥有 Java 语言跨平台的特性，以及业务代码分离、组件重用、基于 Java Servlet 功能、预编译等特征。下面分别向读者介绍 JSP 所具有的这些特性。

1. 跨平台

既然 JSP 是基于 Java 语言的，那么它就可以使用 Java API，所以它也是跨平台的，可以应用在不同的系统中，例如 Windows、Linux、MAC、Solaris 等。这同时也拓宽了 JSP 可以使用的 Web 服务器的范围。另外应用于不同的操作系统的数据库，也可以为 JSP 服务，JSP 使用 JDBC 技术去操作数据库，从而避免代码移植导致更换数据库时的代码修改问题。

正是因为跨平台的特性，使应用 JSP 技术开发的项目可以不加修改地应用到任何不同的平台上，这也应验了 Java 语言的“一次编写，到处运行”的特点。

2. 业务代码分离

JSP 技术开发的项目，使用 HTML 语言来设计和格式化静态页面的内容；使用 JSP 标签和 Java 代码片段来实现动态部分。程序开发人员可以将业务处理代码全部放到 JavaBean 中，或者把业务处理代码交给 Servlet、Struts 等其他业务控制层来处理，从而实现业务代码从视图层分离，这样 JSP 页面只负责显示数据便可。当需要修改业务代码时，不会影响 JSP 页面的代码。

3. 组件重用

JSP 中可以使用 JavaBean 编写业务组件，也就是使用一个 JavaBean 类封装业务处理代码，或者作为一个数据存储模型，在 JSP 页面甚至整个项目中都可以重复使用这个 JavaBean。JavaBean 也可以应用到其他 Java 应用程序中，包括桌面应用程序。

4. 基于 Java Servlet 功能

Servlet 是 JSP 出现以前的主要 JavaWeb 处理技术，它接受用户请求，在 Servlet 类中编写所有 Java 和 Html 代码，然后通过输出流把结果页面返回给浏览器。在类中编写 HTML 代码非常不利于阅读和编写，使用 JSP 技术之后，开发 Web 应用更加简单易用了，并且 JSP 最终要编译成 Servlet 才能处理用户请求，所以 JSP 拥有 Servlet 的所有功能和特性。

5. 预编译

预编译就是在用户第一次通过浏览器访问 JSP 页面时，服务器将对 JSP 页面代码进行编译，并且仅执行一次编译，编译好的代码被保存，在用户下一次访问时，直接执行编译好的代码。这样不仅节约了服务器的 CPU 资源，还大大地提升了客户端的访问速度。

3.1.3 JSP 页面的执行过程

当客户端浏览器向服务器发出访问一个 JSP 页面的请求时，服务器根据该请求加载相应的 JSP 页面，并对该页面进行编译，然后执行。JSP 页面的执行过程如图 3-4 所示。

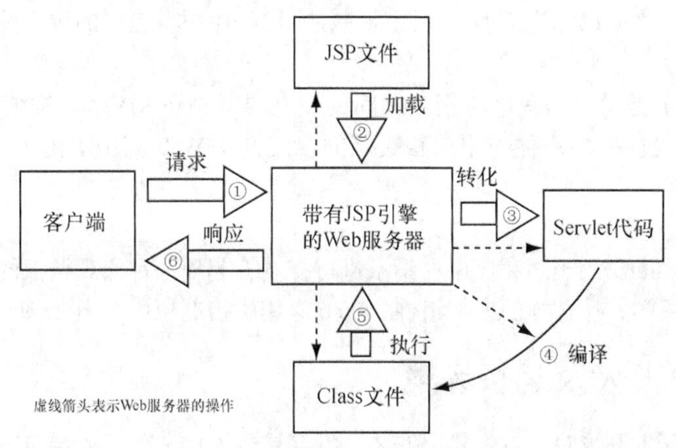

图 3-4　JSP 页面的执行过程

（1）客户端通过浏览器向服务器发出请求，在该请求中包含了请求的资源的路径，这样当服务器接收到该请求后就可以知道被请求的资源。

（2）服务器根据接收到的客户端的请求来加载被请求的 JSP 文件。

（3）Web 服务器中的 JSP 引擎会将被加载的 JSP 文件转化为 Servlet。

（4）JSP 引擎将生成的 Servlet 代码编译成 Class 文件。

（5）服务器执行这个 Class 文件。

（6）最后服务器将执行结果发送给浏览器进行显示。

从上面的介绍中可以看到，JSP 文件被 JSP 引擎转换后，又被编译成了 Class 文件，最终由服务器通过执行这个 Class 文件来对客户端的请求进行响应。其中第 3 步和第 4 步构成了 JSP 处理过程中的翻译阶段，而第 5 步为请求处理阶段。

但并不是每次请求都需要重复进行这样的处理。当服务器第一次接收到对某个页面的请求时，JSP 引擎就开始按照上述的处理过程来将被请求的 JSP 文件编译成 Class 文件。当对该页面进行再次请求时，若页面没有进行任何改动，服务器只需直接调用 Class 文件执行即可。所以当某个 JSP 页面第一次被请求时，会有一些延迟，而再次访问时会感觉快了很多。如果被请求的页面经过修改，服务器将会重新编译这个文件，然后执行。

3.1.4 JSP 中应用 MVC 架构

MVC 是一种经典的程序设计理念，此模式将应用程序分成 3 个部分，分别为：模型层（Model）、视图层（View）、控制层（Controller），MVC 是这 3 个部分英文字母的缩写。在 JSP 开发中，其应用如图 3-5 所示。

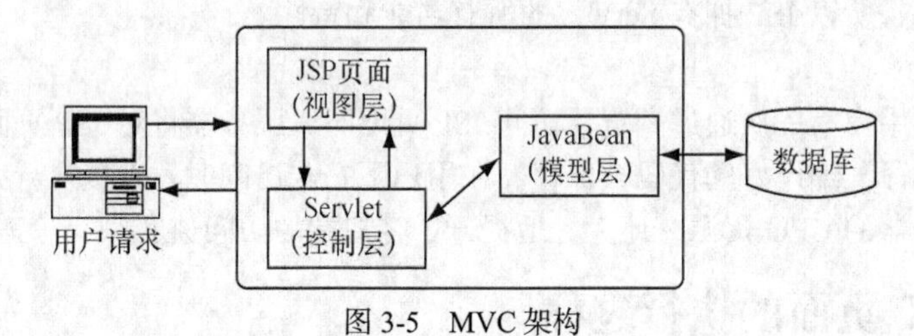

图 3-5　MVC 架构

1. 模型层

模型层（Model）是应用程序的核心部分，主要由 JavaBean 组件来充当，可以是一个实体对象或一种业务逻辑。之所以称为模型，是因为它在应用程序中有更好的重用性和扩展性。

2. 视图层

视图层（View）提供应用程序与用户之间的交互界面，在 MVC 架构中，这一层并不包含任何的业务逻辑，仅仅提供一种与用户相交互的视图，在 Web 应用中由 JSP 或者 HTML 界面充当。

3. 控制层

控制层（Controller）用于对程序中的请求进行控制，起到一种宏观调控的作用，它可以通知容器选择什么样的视图，什么样的模型组件。Web 应用中控制层由 Servlet 充当。

3.1.5 JSP 开发及运行环境

在搭建 JSP 的开发环境时，首先需要安装开发工具包 JDK，然后安装 Web 服务器和数据库，这时 Java Web 应用的开发环境就搭建完成了。为了提高开发效率，通常还需要安装 IDE（集成开发环境）工具。

1. 开发工具包 JDK

JDK 是 Java Develop Kit 的简称，即 Java 开发工具包，包括运行 Java 程序所必须的 JRE 环境及开发过程中常用的库文件。在开发 JSP 网站之前，必须安装 JDK。

JDK 里面包括很多用 Java 编写的开发工具（如 javac.exe、jar.exe 等），另外，JDK 还包括一个 JRE。如果计算机中安装了 JDK，它会有两套 JRE，一套位于\jre 目录下，另一套位于 Java 目录下，后面这套比前面那套少了服务器端的 Java 虚拟机，不过直接将前面的那套的服务器端 Java 虚拟机复制过来就行了。

JRE 是 Java Runtime Environment 的简称，即 Java 运行环境，Java 程序则必须有 JRE 才能运行。JRE 是面向 Java 程序的使用者，而不是开发者。

JVM 是 Java Virtual Machine 的简称，即 Java 虚拟机。在 JRE 的 bin 目录下有两个子目录（server 和 client），这就是真正的 jvm.dll 所在。jvm.dll 无法单独工作，当 jvm.dll 启动后，会使用 explicit 的方法，而这些辅助用的动态链接库（.dll）都必须位于 jvm.dll 所在目录的父目录中。因此想使用哪个 JVM，只需要在环境变量中设置 path 参数指向 JRE 所在目录下的 jvm.dll 即可。

现在我们可以看出这样一个关系，JDK 包含 JRE，而 JRE 包含 JVM。

2. Web 服务器

Web 服务器是运行及发布 Web 应用的大容器，只有将开发的 Web 项目放置到该容器中，才能使网络中的所有用户通过浏览器进行访问。开发 Web 应用所采用的服务器主要是 Servlet 兼容的 Web 服务器，比较常用的有 BEA WebLogic、IBM WebSphere、Apache Tomcat 等。下面对这几个服务器分别进行介绍。

- BEA WebLogic 服务器

Weblogic 是 BEA 公司的产品，它又分为 WebLogic Server、WebLogic Enterprise 和 WebLogic Portal 系列，其中 WebLogic Server 的功能特别强大，它支持企业级的、多层次的和完全分布式的 Web 应用，并且服务器的配置简单、界面友好，对于那些正在寻求能够提供 Java 平台所拥有的一切的应用服务器的用户来说，WebLogic 是一个十分理想的选择。

- IBM WebSphere 应用服务器

IBM WebSphere 应用服务器即 IBM WebSphere Application Server，简称 WAS，是 IBM WebSphere 软件平台的基础和面向服务的体系结构的关键构件。WebSphere 应用服务器提供了一个丰富的应用程序部署环境，包括用于事务管理、安全性、群集、性能、可用性、连接性、可伸缩性等全套的应用程序服务。它与 Java EE 兼容，并为可与数据库交互并提供动态 Web 内容的 Java 组件、XML 和 Web 服务提供了可移植的 Web 部署平台。

目前，IBM 推出了 WebSphere Application Server V8，该产品是基于 Java EE 6 认证的，支持 EJB 3.0 技术的应用程序平台，它提供了安全、可伸缩、高性能的应用程序基础架构，这些基础架构是实现 SOA（面向服务的体系结构）所需要的，从而提高了业务灵活性。

- Tomcat 服务器

Tomcat 是目前最为流行的 Web 服务器，它是 Apache-Jarkarta 开源项目中的一个子项目，是一个小型的轻量级的支持 JSP 和 Servlet 技术的 Web 服务器，它已经成为学习开发 Java Web 应用的首选，本书将以 Tomcat 作为 Web 服务器。

3. 数据库

开发动态网站时，数据库是必不可少的。数据库主要用来保存网站中需要的信息。根据网站的规模，应采用合适的数据库。如大型网站可采用 Oracle 数据库，中型网站可采用 Microsoft SQL Server 或 MySQL 数据库，小型网站则可以采用 Microsoft Access 数据库。Microsoft Access 数据库的功能远比不上 Microsoft SQL Server 和 MySQL 强大，但它具有方便、灵活的特点，对于一些小型网站来说是比较理想的选择。

4. Web 浏览器

浏览器主要用于客户端用户访问 Web 应用，与开发 Web 应用不存在很大的关系，所以开发 Web 程序对浏览器的要求并不是很高，任何支持 HTML 的浏览器都可以。目前比较流行的 Web 浏览器是 IE 浏览器和火狐浏览器。

3.2 JDK 的安装与配置

在使用 JSP 开发网站之前，需要先安装和配置 JDK，下面将具体介绍下载并安装 JDK 和配置环境变量的方法。

3.2.1 JDK 的下载与安装

由于推出 JDK 的 Sun 公司已经被 Oracle 公司收购了，所以 JDK 可以到 Oracle 官方网站（http://www.oracle.com/index.html）中下载。目前，最新的版本是 JDK 7 Update 3，如果是 32 位的 Windows 操作系统，下载后得到的安装文件是 jdk-7u3-windows-i586.exe。

JDK 的安装文件下载后，就可以安装 JDK 了，具体的安装步骤如下。

（1）双击安装文件，将弹出如图 3-6 所示的欢迎对话框。

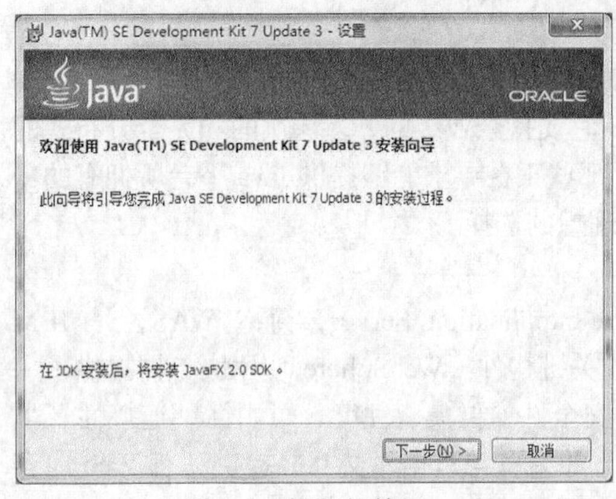

图 3-6 欢迎对话框

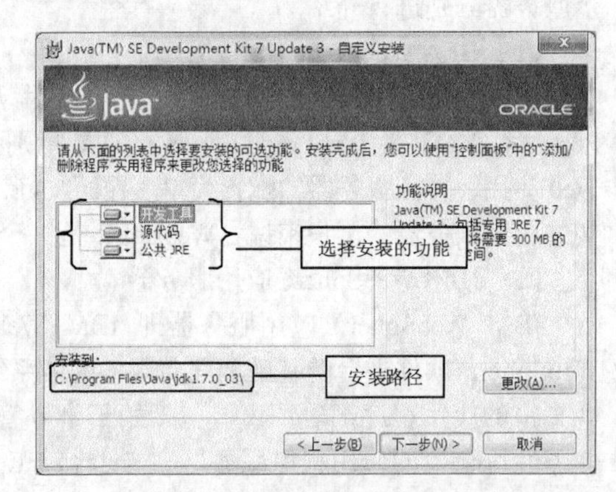

图 3-7 JDK“自定义安装”对话框

（2）单击“下一步”按钮，将弹出“自定义安装”对话框，在该对话框中，可以选择安装的功能组件，这里选择默认设置，如图 3-7 所示。

（3）单击“更改”按钮，将弹出更改文件夹的对话框，在该对话框中将 JDK 的安装路径更改为 C:\Java\jdk1.7.0_03\，如图 3-8 所示。单击“确定”按钮，将返回到自定义安装对话框中。

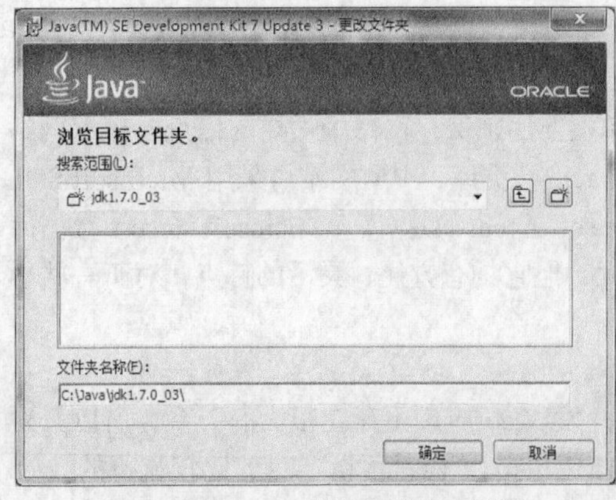

图 3-8 更改 JDK 的安装路径对话框

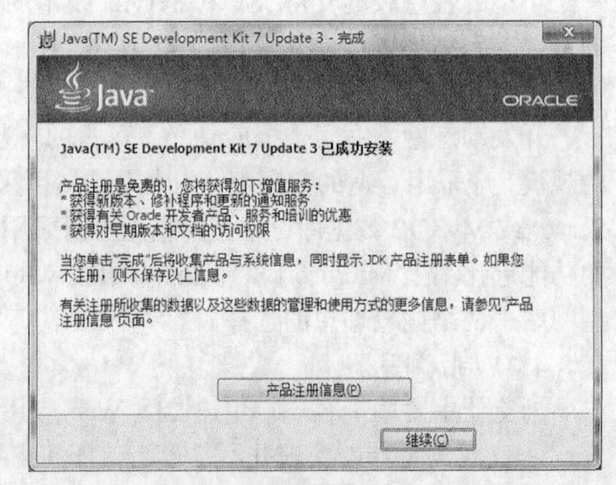

图 3-9 完成对话框

（4）单击“下一步”按钮，开始安装 JDK。在安装过程中会弹出 JRE 的“目标文件夹”对话框，这里更改 JRE 的安装路径为 C:\Java\jre7\，然后单击“下一步”按钮，安装向导会继续完成安装进程。

说明　JRE 主要负责 Java 程序的运行，而 JDK 包含了 Java 程序开发所需要的编译、调试等工具，另外还包含了 JDK 的源代码。

（5）安装完成后，将弹出如图 3-9 所示的对话框，单击“继续”按钮，将安装 JavaFX SDK。如果不想安装，可以单击“取消”按钮，取消 JavaFX 的安装。

说明　JavaFX 2.0 是由 Oracle 公司推出的，一款为企业业务应用提供的先进 Java 用户界面（UI）平台，它能帮助开发人员无缝地实现与本地 Java 功能及 Web 技术动态能力的混合与匹配。

3.2.2　Windows 系统下配置和测试 JDK

JDK 安装完成后，还需要在系统的环境变量中进行配置，下面将以在 Windows 7 系统中配置环境变量为例来介绍 JDK 的配置和测试。具体步骤如下。

（1）在“开始”菜单的“计算机”图标上单击鼠标右键，在弹出的快捷菜单中选择“属性”命令，在弹出的“属性”对话框左侧单击“高级系统设置”超链接，将出现如图 3-10 所示的“系统属性”对话框。

（2）单击“环境变量”按钮，将弹出“环境变量”对话框，如图 3-11 所示，单击“系统变量”栏中的“新建”按钮，创建新的系统变量。

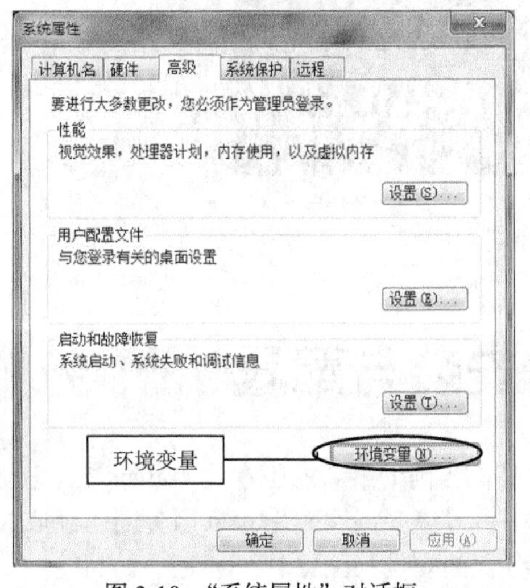

图 3-10　“系统属性”对话框

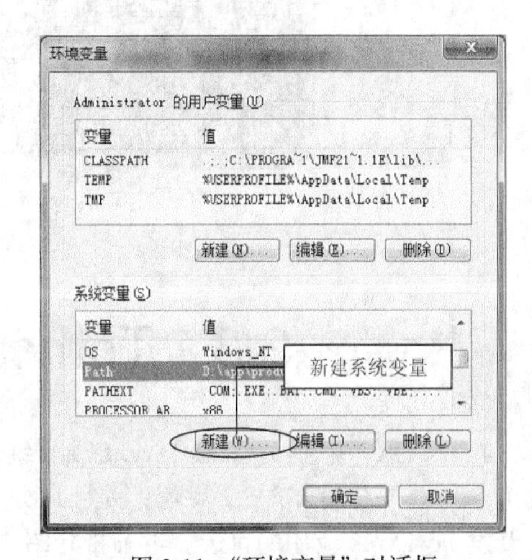

图 3-11　“环境变量”对话框

（3）弹出“新建系统变量”对话框，分别输入变量名“JAVA_HOME”和变量值（即 JDK 的安装路径），其中变量值是笔者的 JDK 安装路径，读者需要根据自己的计算机环境进行修改，如图 3-12 所示。单击“确定”按钮，关闭“新建系统变量”对话框。

（4）在图 3-11 所示的“环境变量”对话框中双击 Path 变量对其进行修改，在原变量值最前端添加“.;%JAVA_ HOME%\bin;”变量值（注意：最后的“;”不要丢掉，它用于分割不同的变量值），如图 3-13 所示。单击“确定”按钮完成环境变量的设置。

图 3-12 “新建系统变量”对话框

图 3-13 设置 Path 环境变量值

（5）JDK 安装成功之后必须确认环境配置是否正确。在 Windows 系统中测试 JDK 环境需要选择“开始” / “运行” 命令（没有“运行” 命令可以按〈Windows+R〉组合键），然后在“运行” 对话框中输入“cmd” 并单击“确定” 按钮启动控制台。在控制台中输入“javac” 命令，按〈Enter〉键，将输出如图 3-14 所示的 JDK 的编译器信息，其中包括修改命令的语法和参数选项等信息。这说明 JDK 环境搭建成功。

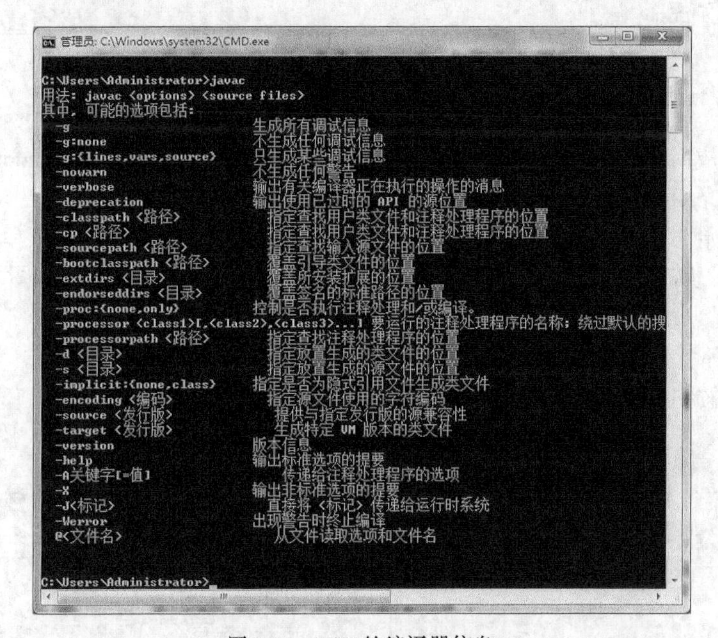

图 3-14 JDK 的编译器信息

3.3 Tomcat 的安装与配置

Tomcat 服务器是 Apache-Jakarta 项目组开发的产品。当前的最新的版本是 Tomcat 7，它能够支持 Servlet 3.0 和 JSP 2.2 规范，并且具有免费和跨平台等诸多特性。Tomcat 服务器已经成为学习开发 Java Web 应用的首选。本书将介绍 Tomcat 服务器的安装与配置。

3.3.1 下载和安装 Tomcat 服务器

我们可以到 Tomcat 官方网站（http://tomcat.apache.org）中下载最新版本的 Tomcat 服务器，在 Tomcat 的官方网站中提供了两种安装方式，一种是通过安装向导进行安装，另一种是直接解压缩安装。这里，我们以通过安装向导进行安装为例来介绍 Tomcat 服务器的安装步骤。首先，我们从 Tomcat 的官方网站中下载最新的安装文件。目前最新的版本是 Tomcat 7.0.27，所以我们下载到的安装文件为 apache-tomcat-7.0.27.exe。具体的安装步骤如下。

（1）双击 apache-tomcat-7.0.27.exe 文件，打开安装向导对话框，单击“Next”按钮后，将打开“许可协议”对话框。

（2）单击“I Agree”按钮，接受许可协议，将打开“Choose Components”对话框，在该对话框中选择需要安装的组件，通常保留其默认选项，如图 3-15 所示。

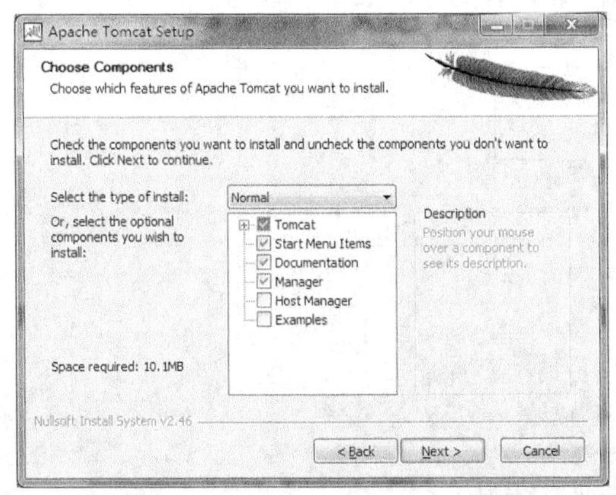

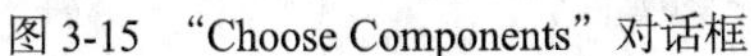
图 3-15　“Choose Components”对话框

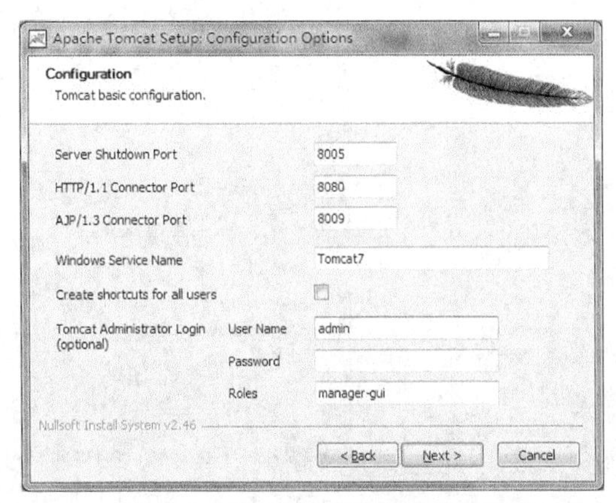

图 3-16　设置端口号和用户名及密码

（3）单击“Next”按钮，在打开的对话框中设置访问 Tomcat 服务器的端口及用户名和密码，通常保留默认配置，即端口为 8080、用户名为 admin、密码为空，如图 3-16 所示。

一般情况下，不要修改默认的端口号，除非 8080 端口已经被占用。

（4）单击“Next”按钮，在打开的“Java Virtual Machine”对话框中选择 Java 虚拟机路径，这里选择 JDK 的安装路径，如图 3-17 所示。

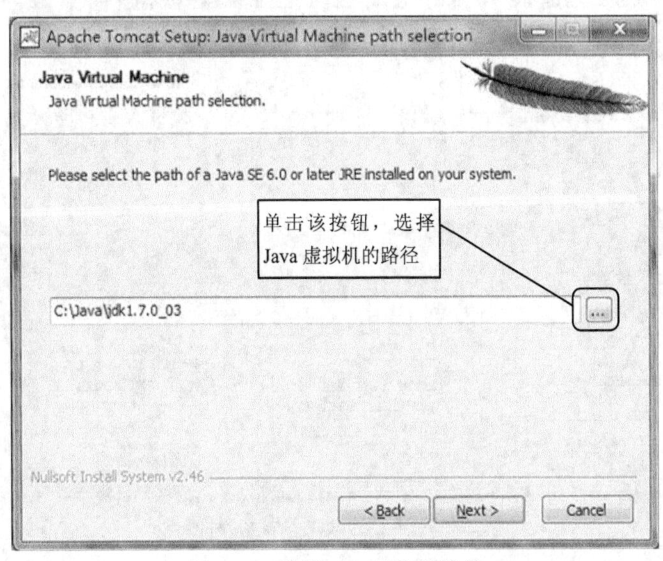

图 3-17　选择 Java 虚拟机路径

（5）单击“Next”按钮，将打开“Choose Install Location”对话框。在该对话框中可通过单击“Browse”按钮更改 Tomcat 的安装路径，这里将其更改为 K:\Program Files\Tomcat 7.0 目录下，如图 3-18 所示。

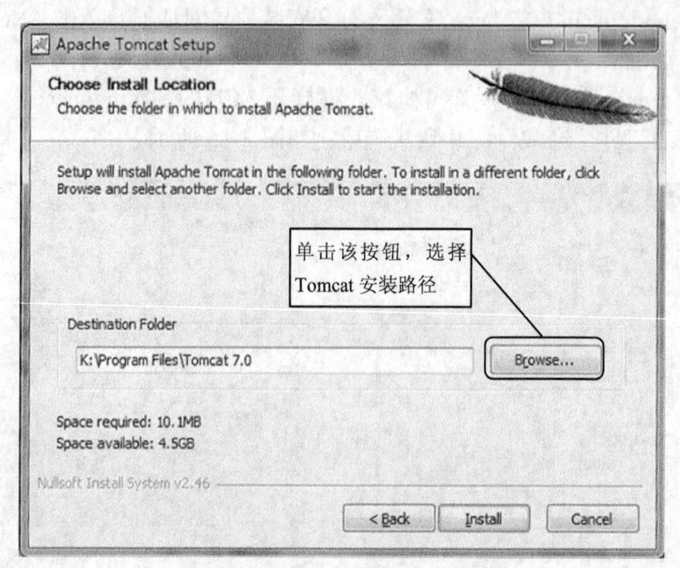

图 3-18　更改 Tomcat 的安装路径

（6）单击 Install 按钮，开始安装 Tomcat。在打开安装完成的提示对话框中，取消“Run Apache Tomcat”和“Show Readme”两个复选框的选中，单击“Finish”按钮，即可完成 Tomcat 的安装。

（7）启动 Tomcat。选择“开始”/“所有程序”/“Apache Tomcat 7.0 Tomcat 7”/“Monitor Tomcat”命令，在任务栏右侧的系统托盘中将出现图标，在该图标上单击鼠标右键，在打开的快捷菜单中选择“Start service”菜单项，启动 Tomcat。

（8）打开 IE 浏览器，在地址栏中输入地址“http://localhost:8080”访问 Tomcat 服务器，若出现图 3-19 所示的页面，则表示 Tomcat 安装成功。

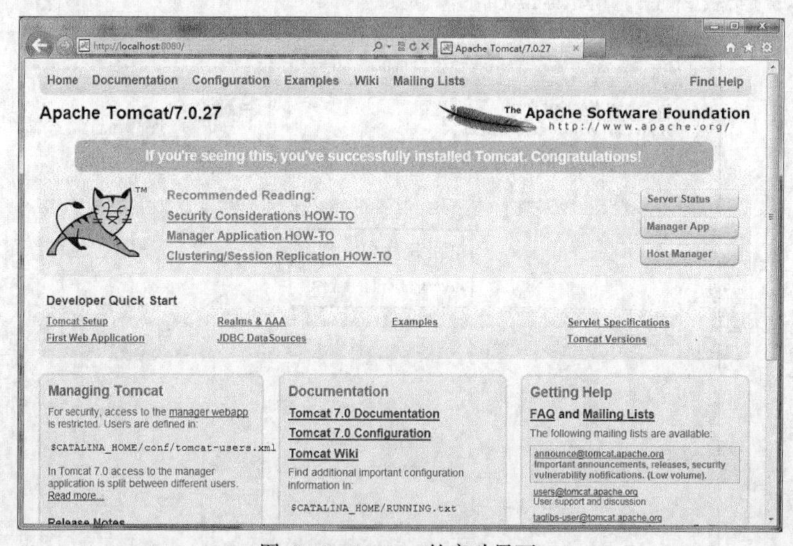

图 3-19　Tomcat 的启动界面

3.3.2　Tomcat 的目录结构

Tomcat 服务器安装成功后，在 Tomcat 的安装目录下，将会出现 7 个文件夹及 4 个文件，如图 3-20 所示。

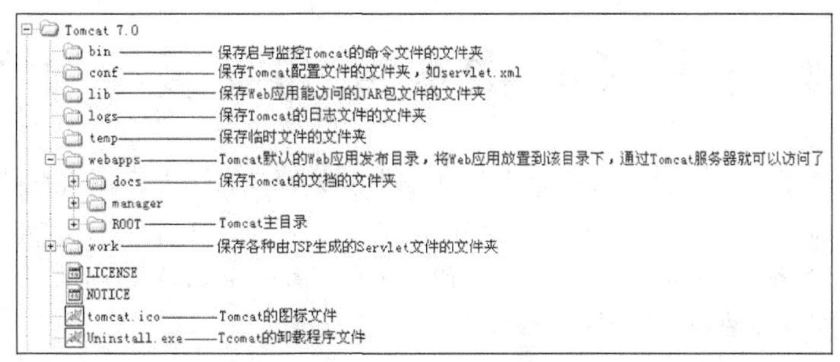

图 3-20　Tomcat 的目录结构

3.3.3　修改 Tomcat 的默认端口

Tomcat 默认的服务端口为 8080，但该端口不是 Tomcat 唯一的端口，可以通过在安装过程中进行修改，如果在安装过程中没有进行修改，还可以通过修改 Tomcat 的配置文件进行修改。下面将介绍通过修改 Tomcat 的配置文件修改其默认端口的步骤。

（1）采用记事本打开 Tomcat 安装目录下的 conf 文件夹下的 servlet.xml 文件。

（2）在 servlet.xml 文件中找到以下代码：

```
<Connector port="8080" protocol="HTTP/1.1"
           connectionTimeout="20000"
           redirectPort="8443" />
```

（3）将上面代码中的 port="8080"修改为 port="8081"，即可将 Tomcat 的默认端口设置为 8081。

在修改端口时，应避免与公用端口冲突。建议采用默认的 8080 端口，不要修改，除非 8080 端口被其他程序所占用。

（4）修改成功后，为了使新设置的端口生效，还需要重新启动 Tomcat 服务器。

3.3.4　部署 Web 应用

将开发完成的 Java Web 应用程序部署到 Tomcat 服务器上，可以通过以下两种方法实现。

1. 通过复制 Web 应用到 Tomcat 中实现

通过复制 Web 应用到 Tomcat 中实现时，首先需要将 Web 应用文件夹复制到 Tomcat 安装目录下的 webapps 文件夹中，然后启动 Tomcat 服务器，再打开 IE 浏览器，最后在 IE 浏览器的地址栏中输入“http://服务器 IP:端口/应用程序名称”形式的 URL 地址（例如 http://127.0.0.1:8080/firstProject），就可以运行 Java Web 应用程序了。

2. 通过在 server.xml 文件中配置<Context>元素实现

通过在 server.xml 文件中配置<Context>元素实现时，首先打开 Tomcat 安装路径下的 conf 文件夹下的 server.xml 文件，然后在<Host></Host>元素中间添加<Context>元素，例如，要配置 D:\JSP\文件夹下的 Web 应用 test01 可以使用以下代码：

```
<Context path="/01" docBase="D:/JSP/test01"/>
```

最后保存修改的 server.xml 文件，并重启 Tomcat 服务器，在 IE 地址栏中输入 URL 地址 http://localhost:8080/01/访问 Web 应用 test01。

在设置<Context>元素的 docBase 属性值时，路径中的斜杠“\”应该使用反斜杠“/”代替。

3.4 MySQL 数据库的安装与使用

MySQL 数据库管理系统，可以用来存储项目中的数据。实际上，用来存储数据的数据库管理系统并不止 MySQL 一个，例如 SQL Server 也是一个很好的数据库管理系统。但是，MySQL 以其短小精悍、功能齐全、运行极快、完全免费等优点，备受 Java Web 程序员所喜爱。本节将对 MySQL 的下载、安装和使用进行详细介绍。

3.4.1 MySQL 数据库概述

MySQL 是目前最为流行的开放源码的数据库，是完全网络化的跨平台的关系型数据库系统，它是由 MySQL AB 公司开发、发布并支持的，目前属于 Oracle 公司。任何人都能从 Internet 上下载 MySQL 软件，而无需支付任何费用，并且“开放源码”意味着任何人都可以使用和修改该软件，如果愿意，用户也可以研究源码并进行恰当的修改，以满足自己的需求，不过需要注意的是，这种“自由”是有范围的。

3.4.2 下载和安装 MySQL 数据库

MySQL 可以到 MySQL 的官方网站（http://www.mysql.com）中下载。目前最新的版本是 MySQL 5.5.24，下载后将得到名称为 mysql-installer-5.5.24.0.msi 的安装包文件。

MySQL 安装包下载完毕后，就可以通过该文件安装 MySQL 数据库了，具体的安装过程如下。

（1）双击下载后的 mysql-installer-5.5.24.0.msi 文件，打开安装向导对话框，如果没有打开安装向导对话框，而是弹出如图 3-21 所示的对话，那么还需要安装.NET 4.0 框架，然后再双击下载后的安装文件，打开安装向导对话框。

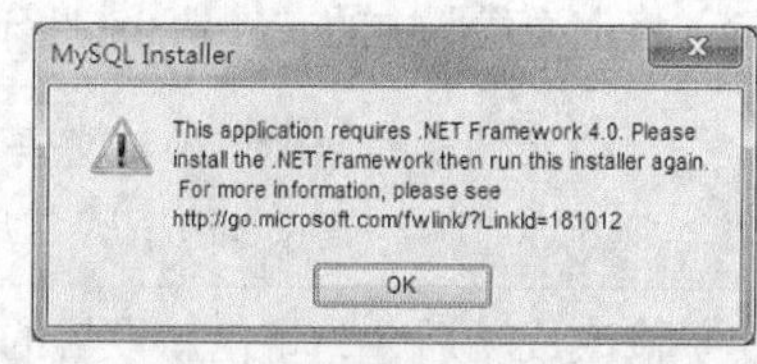

图 3-21　打开需要安装.NET 4.0 框架的提示对话框

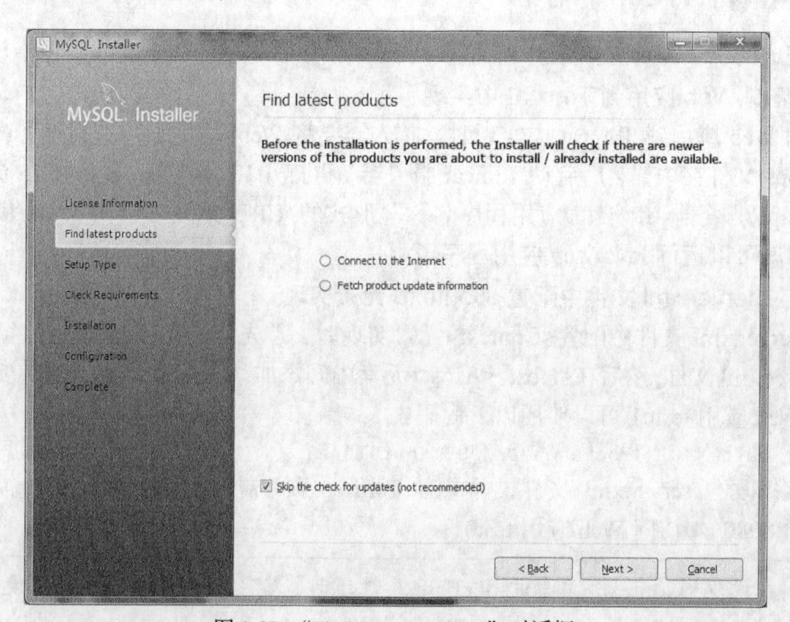

图 3-22　“Find latest products”对话框

（2）在打开的安装向导对话框中，单击“Install MySQL Products”超链接，将打开“License Agreement”对话框，询问是否接受协议，选中“I accept the license terms”复选框，接受协议后，单击“Next”按钮，将打开“Find latest products”对话框。在该对话框中，选中“Skip the check for updates(not recommended)”复选框，这时，原来的“Execute”按钮，将转换为“Next”按钮，如图 3-22 所示。

（3）单击“Next”按钮，将打开“Choosing a Setup Type”对话框，在该对话框中，共包括 Developer Default（开发者默认）、Server Only（仅服务器）、Client only（仅客户端）、Full（完全）和 Custom（自定义）5 种安装类型，这里选择开发者默认，并且将安装路径修改为“K:\Program Files\MySQL\”，数据存放路径修改为“K:\ProgramData\MySQL\MySQL Server 5.5”，如图 3-23 所示。

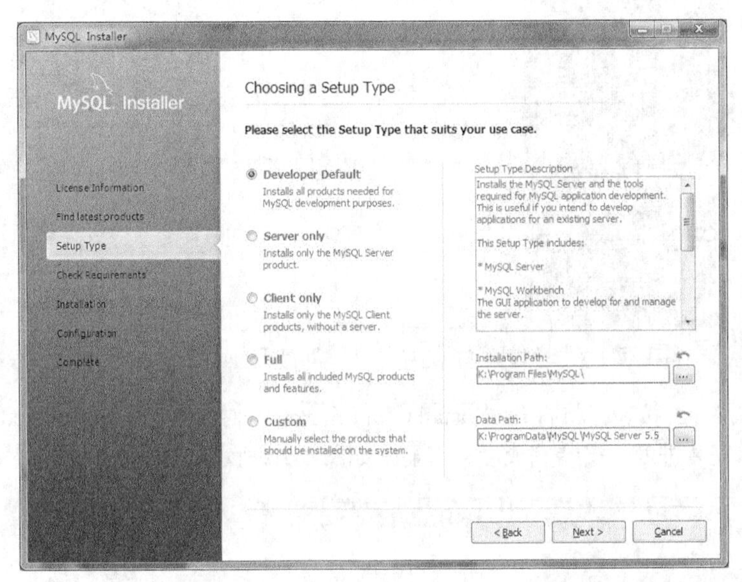

图 3-23　“Choosing a Setup Type”对话框

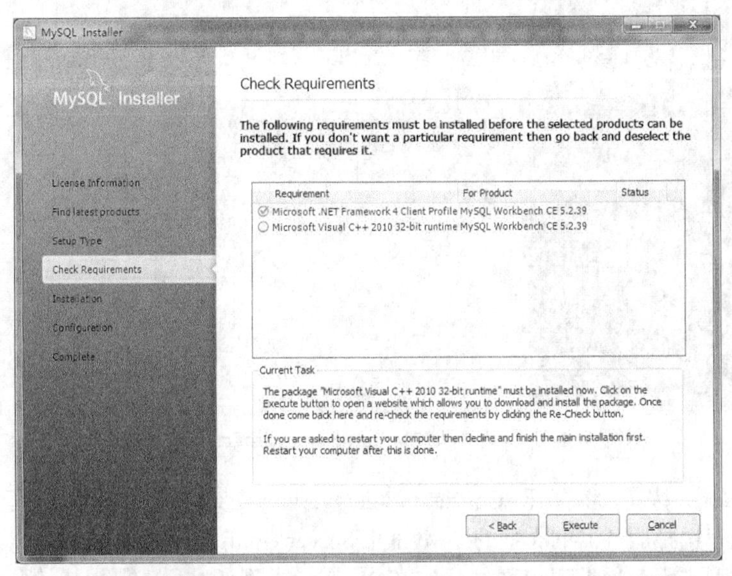

图 3-24　未满足全部安装条件时的“Check Requirements”对话框

（4）单击“Next”按钮，将打开如图 3-24 所示的“Check Requirements”对话框，在该对话框中检查系统是否具备安装所必须的.Net 4.0 框架和 Microsoft Visual C++ 2010 32-bit runtime，如果不存在，单击“Execute”按钮，将在线安装所需插件，安装完成后，将显示如图 3-25 所示的对话框。

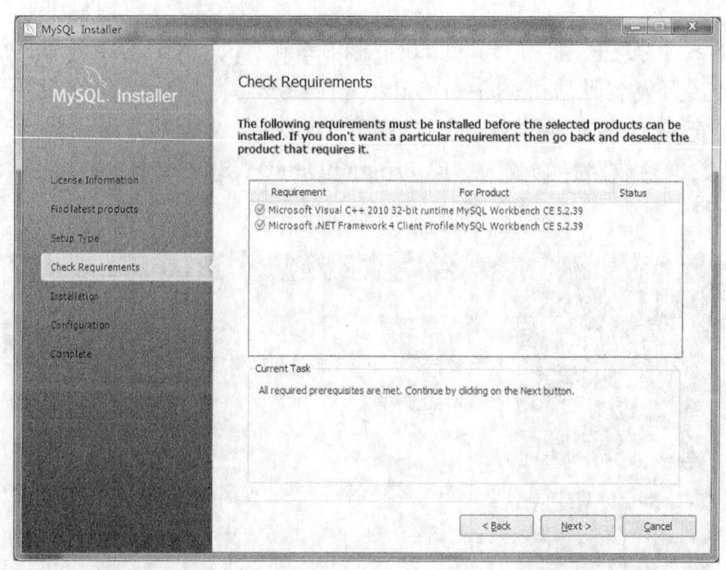

图 3-25　安装条件已全部满足时的“Check Requirements”对话框

（5）单击“Next”按钮，将打开“Installation Progress”对话框，单击“Execute”按钮，将开始安装，并显示安装进度。安装完成后，将显示如图 3-26 所示的对话框。

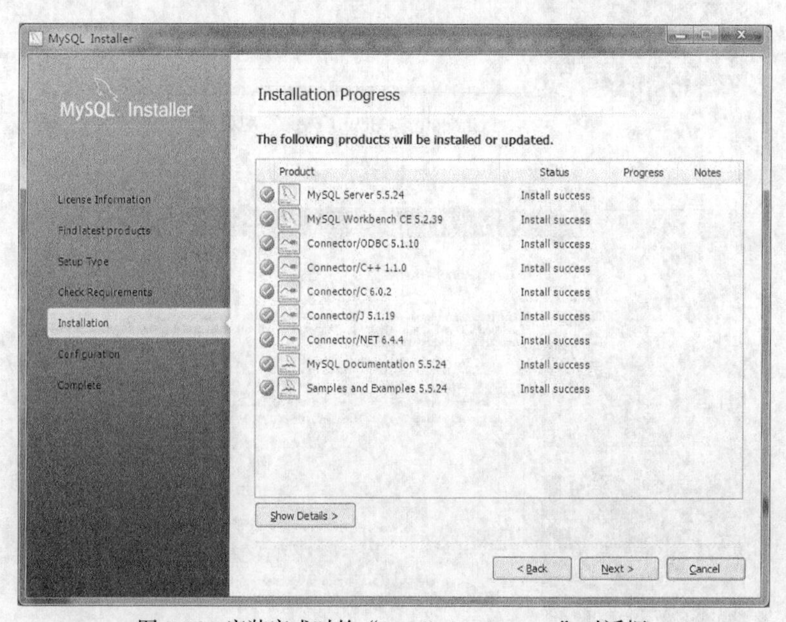

图 3-26　安装完成时的“Installation Progress”对话框

（6）单击“Next”按钮，将打开“Configuration Overview”对话框，在该对话框中，单击“Next”按钮，将打开用于选择服务器的类型的“MySQL Server Configuration”对话框，在该对话框中共提供了开发者类型、服务器类型和致力于 MySQL 服务类型。这里选择默认的开发者类型。单击

"Next"按钮，将打开用于设置网络选项和安全的"MySQL Server Configuration"对话框，在这个对话框中，设置 root 用户的登录密码为"root"，其他采用默认，如图 3-27 所示。

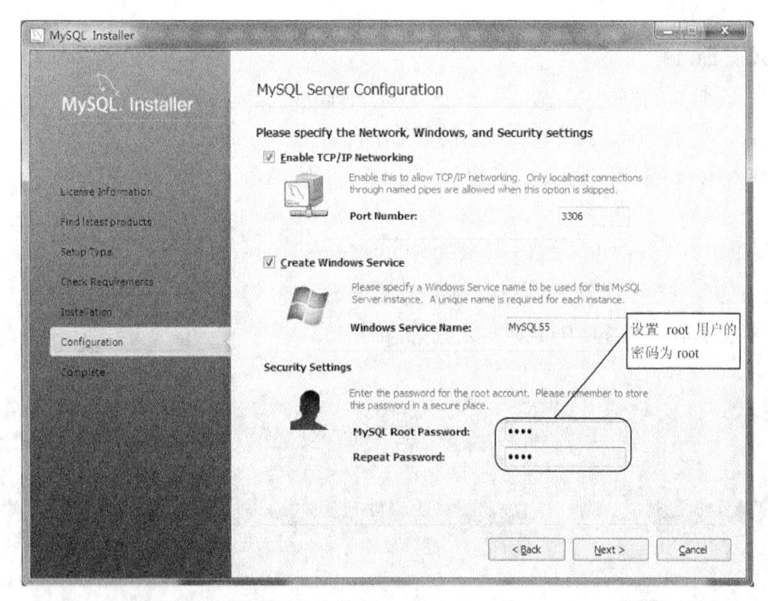

图 3-27　设置网络选项和安全的"MySQL Server Configuration"对话框

MySQL 使用的默认端口是 3306，在安装时，可以修改为其他的，例如 3307。但是一般情况下，不要修改默认的端口号，除非 3306 端口已经被占用。

（7）单击"Next"按钮，将打开"Configuration Overview"对话框，开始配置 MySQL 服务器，配置完成后，单击"Next"按钮，继续配置，直到全部配置完成，然后，单击"Finish"按钮，完成 MySQL 的安装。

3.4.3　使用 MySQL 的图形化工具

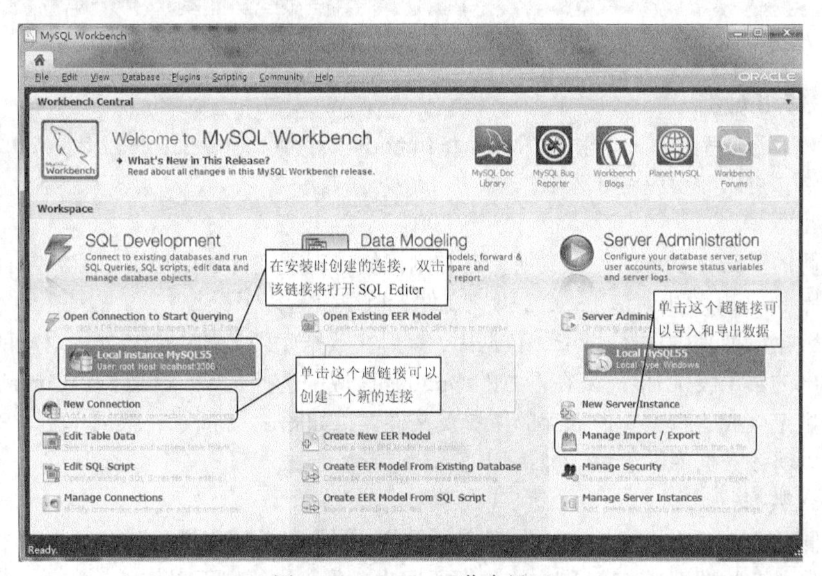

图 3-28　MySQL 工作台界面

MySQL 数据库安装完成后，将自动安装一个图形化工具，用于创建并管理数据库。在开始菜单中选择“所有程序”/“MySQL”/“MySQL Workbench 5.2 CE”菜单项，将打开如图 3-28 所示的 MySQL 工作台界面。

1. 打开 SQL Editer

在 MySQL 工作台界面中，双击“Local instance MySQL 55”超链接，将打开一个输入用户密码的对话框，在该对话框中输入 root 用户的密码，这里为“root”，如图 3-29 所示。

图 3-29　输入用户密码对话框

单击“OK”按钮，将打开如图 3-30 所示的 SQL Editer 选项卡。在 SQL Editer 选项卡中，可以创建/管理数据库、创建/管理数据表、编辑表数据和查询表数据等操作。

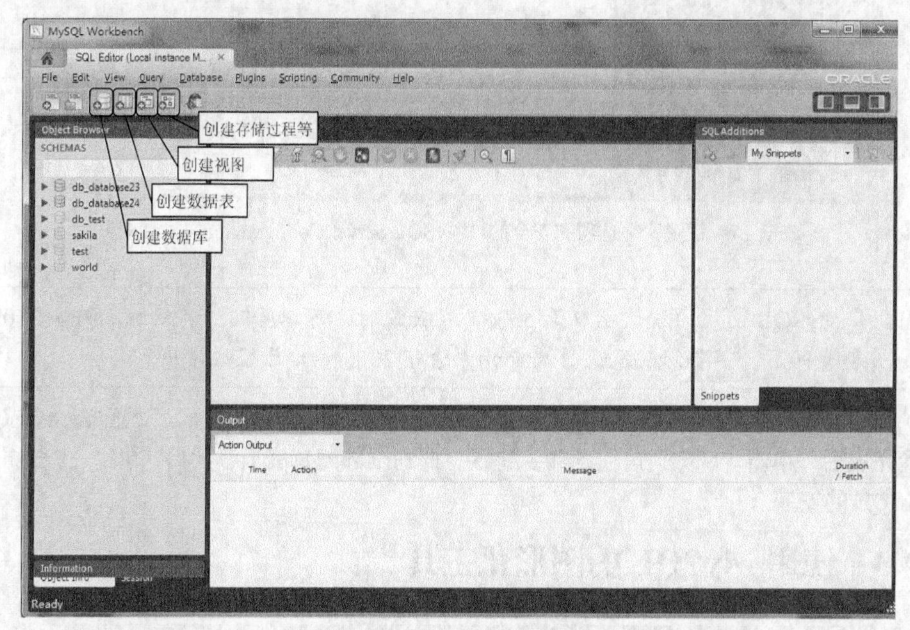

图 3-30　SQL Editer 选项卡

2. 导入/导出数据

在 MySQL 工作台界面中，单击“Manage Import / Export”超链接，将打开“Admin”选项卡，在该选择卡中，可以导出或者导入数据。

- 导出数据

单击左侧的“Data Export”列表项，在右侧将显示用于进行数据导出的相关内容。例如，我们要为数据库 db_test 导出对应的 SQL 脚本文件，可以进行以下操作。

首先在数据库列表中选择 db_test 数据库，然后在数据库列表的右侧将显示对应的数据表（可以选择要导出的数据表），接下来在下方的 Options 区域中选择“Export to Self-Contained File”单选按钮，并指定生成的脚本文件保存的位置及文件名，如图 3-31 所示，最后单击“Start Export”按钮，就可以将该数据库导出为 SQL 脚本了。

- 导入数据

单击左侧的“Data Import/Restore”列表项，在右侧将显示用于进行数据导入的相关内容。例如，我们要将一个数据库从 SQL 脚本文件还原回来，可以进行以下操作。

首先在 Options 区域中选择“Import from Self-Contained File”单选按钮，并单击“...”按钮选择要使用的 SQL 脚本文件，如图 3-32 所示，然后单击“Start Import”按钮，就可以将该数据库还原回来。

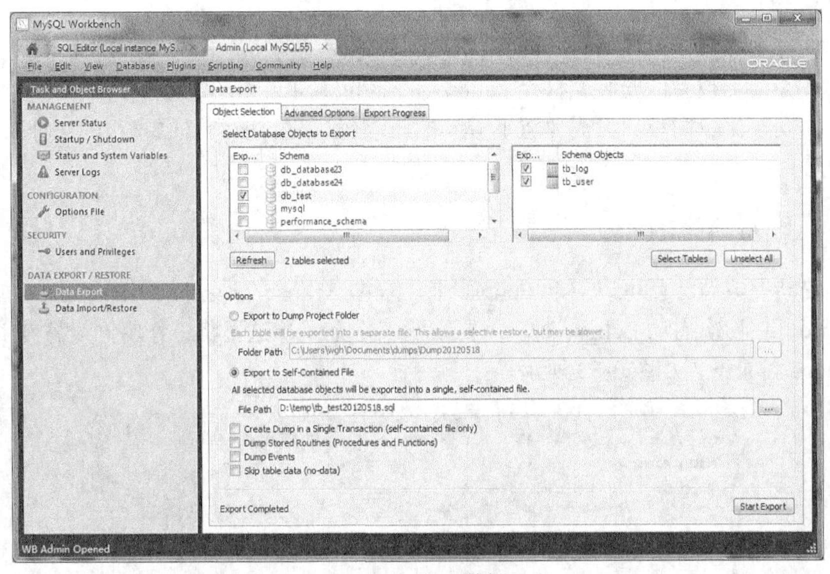

图 3-31　导出数据

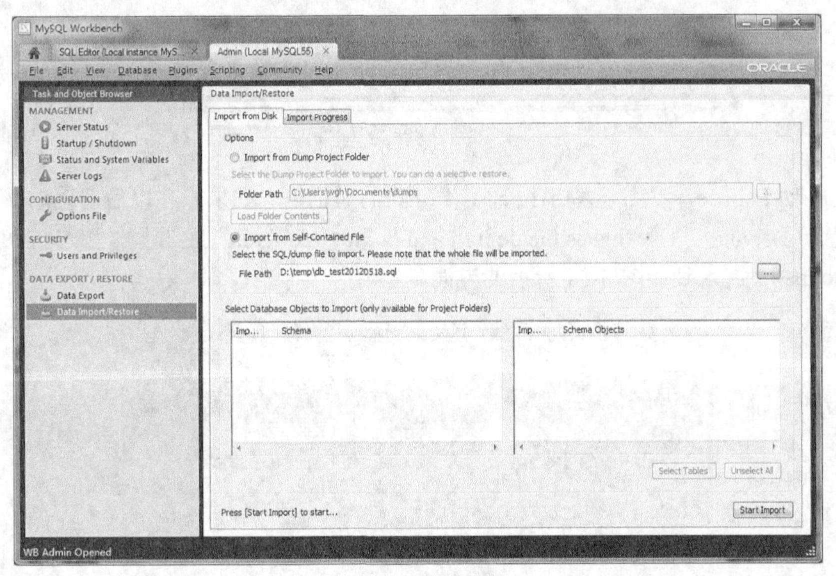

图 3-32　导入数据

3.5　Eclipse 开发工具的安装与使用

Eclipse 是一个基于 Java 的、开放源码的、可扩展的应用开发平台，它为编程人员提供了一流的 Java 集成开发环境（Integrated Development Environment，IDE）。它是一个可以用于构建集成 Web 和应用程序开发工具的平台，其本身并不会提供大量的功能，而是通过插件来实现程序的快速开发功能。但是，在 Eclipse 的官方网站中提供了一个 Java EE 版的 Eclipse IDE。应用 Eclipse IDE for Java EE，可以在不需要安装其他插件的情况下创建动态 Web 项目。

3.5.1 Eclipse 的下载与安装

最新版本的 Eclipse 可以从其官方网站下载，具体网址为 http://www.eclipse.org。目前最新版本为 Eclipse3.7.2，下载后的安装文件是 eclipse-jee-indigo-SR2-win32.zip。

Eclipse 的安装比较简单，只需要将下载到的压缩包，解压缩到自己喜欢的文件夹中，即可完成 Eclipse 的安装。

3.5.2 启动 Eclipse

Eclipse 安装完成后，就可以启动 Eclipse 了。双击 Eclipse 安装目录下的 eclipse.exe 文件，即可启动 Eclipse，在初次启动 Eclipse 时，需要设置工作空间，这里将工作空间设置在 Eclipse 根目录的 workspace 目录下，如图 3-33 所示。

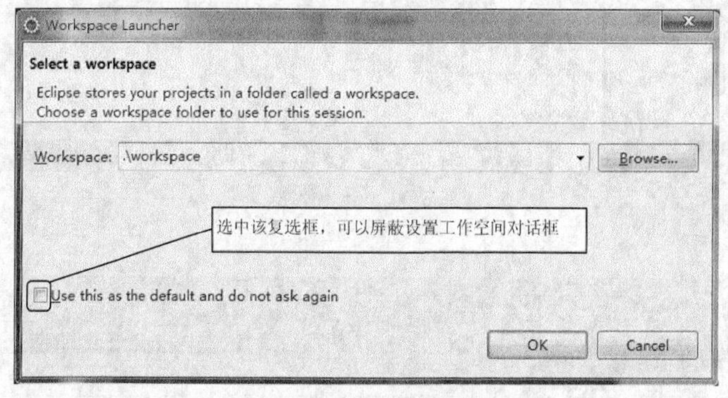

图 3-33　设置工作空间

在每次启动 Eclipse 时，都会弹出设置工作空间的对话框，如果想在以后启动时，不再进行工作空间设置，可以勾选“Use this as the default and do not ask again”复选框。单击“OK”按钮后，即可启动 Eclipse，进入到如图 3-34 所示的界面。

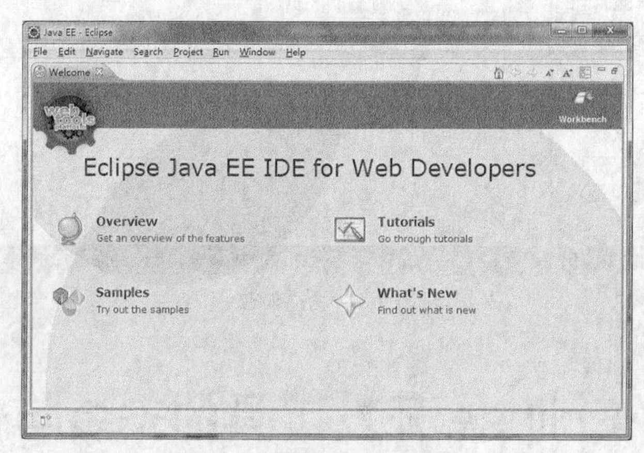

图 3-34　Eclipse 的欢迎界面

3.5.3 安装 Eclipse 中文语言包

直接解压完的 Eclipse 是英文版的，为了适应国际化，Eclipse 提供了多国语言包，我们只需要下载对应语言环境的语言包，就可以实现 Eclipse 的本地化。例如，我们当前的语言环境为简体中文，就可以下载 Eclipse 提供的中文语言名。Eclipse 提供的多国语言包。可以到 http://www.eclipse.org/babel/中下载。在该网站中，可以找到所用 Eclipse 版本对应的中文语言包。例如，Eclipse 3.7 所对应的中文语言包的下载页面如图 3-35 所示。

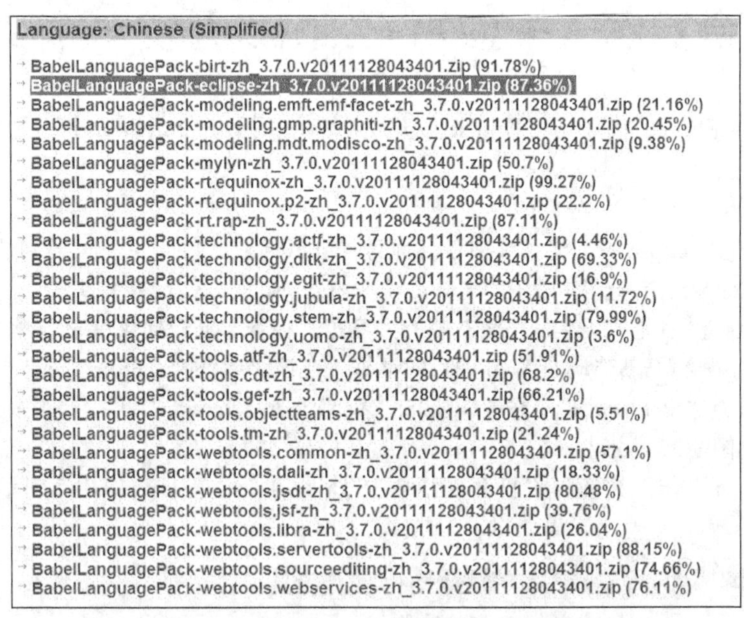

图 3-35　Eclipse 3.7 的中文语言包下载页面

单击图 3-35 所示的各个超链接，即可以下载对应的中文语言包。我们可以下载全部的中文语言包，也可以根据需要下载一部分。中文语言包下载后，将下载的所有语言包解压缩并覆盖 Eclipse 文件夹中同名的两个文件夹：features 和 plugins，这样在启动 Eclipse 时便会自动加载这些语言包。

3.5.4　Eclipse 工作台

启动 Eclipse 后，关闭欢迎界面，将进入 Eclipse 的主界面，即 Eclipse 的工作台。Eclipse 的工作台主要由菜单栏、工具栏、透视图工具栏、透视图、项目资源管理器视图、大纲视图、编辑器和其他视图组成。Eclipse 的工作台如图 3-36 所示。

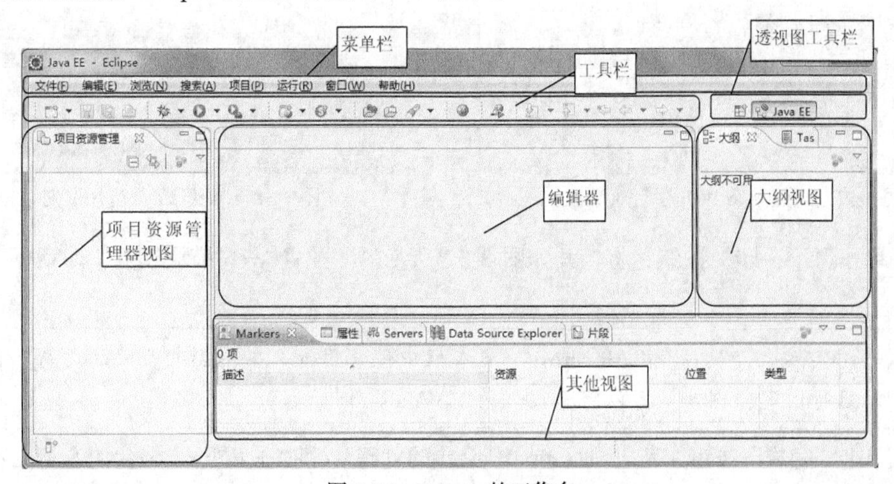

图 3-36　Eclipse 的工作台

在应用 Eclipse 时，各视图的内容会有所改变，例如，打开一个 JSP 文件后，在大纲视图中将显示该 JSP 文件的节点树。

3.6 综合实例——使用 Eclipse 开发一个 JSP 网站

Eclipse 安装完成后，就可以在 Eclipse 中开发 Web 应用了。在 Eclipse 中开发 JSP 网站的基本步骤如下。

1. 创建项目

下面将介绍在 Eclipse 中创建一个项目名称为“firstProject”的项目的实现过程。

（1）启动 Eclipse，并选择一个工作空间，进入 Eclipse 的工作台界面。

（2）单击工具栏中的“新建”按钮右侧的黑三角，在弹出的快捷菜单中选择“Dynamic Web Project”菜单项，将打开新建动态 Web 项目对话框，在该对话框的“Project name”文本框中输入项目名称，这里为“firstProject”，在“Dynamic Web module version”下拉列表中选择“3.0”，其他采用默认，如图 3-37 所示。

（3）单击“下一步”按钮，将打开如图 3-38 所示的“配置 Java 应用”对话框，这里采用默认。

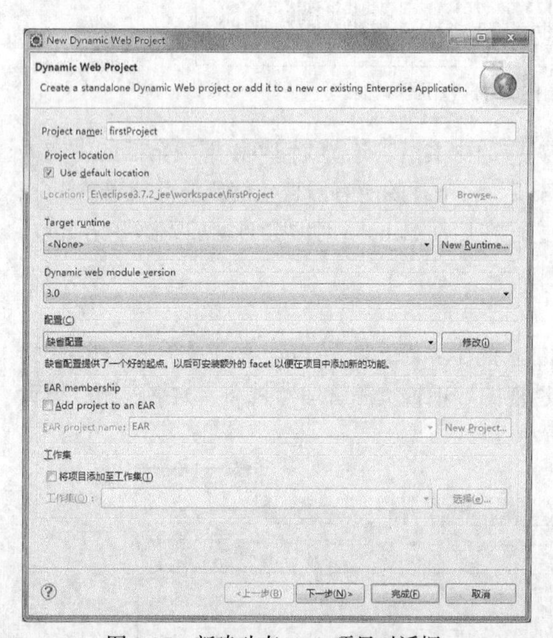

图 3-37 新建动态 Web 项目对话框

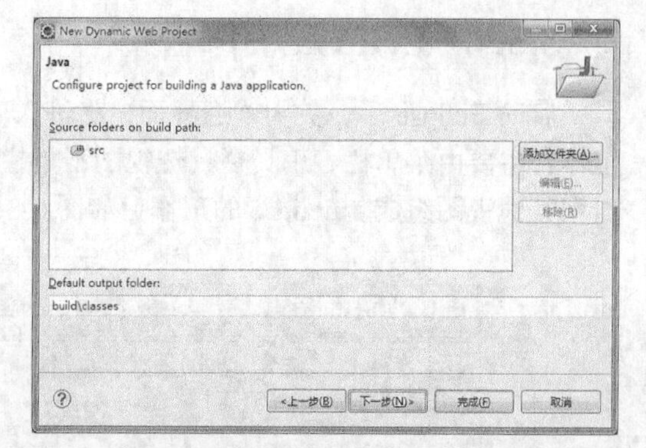

图 3-38 “配置 Java 应用”对话框

（4）单击“下一步”按钮，将打开如图 3-39 所示的“配置 Web 模块设置”对话框，这里采用默认。

实际上，“Content directory”文本框中值采用什么并不影响程序的运行，读者也可以自行设定，例如，可以将其设置为“WebRoot”。

（5）单击“完成”按钮，完成项目 firstProject 的创建。此时在 Eclipse 平台的左侧的项目资源管理器中，将显示项目“firstProject”，依次展开各节点，可显示如图 3-40 所示的目录结构。

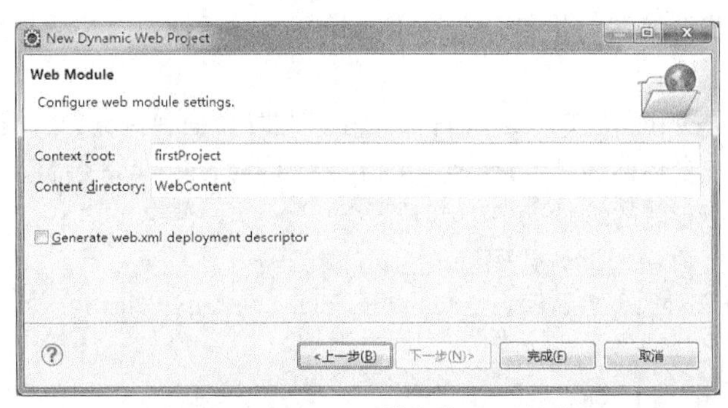

图 3-39　“配置 Web 模块设置”对话框

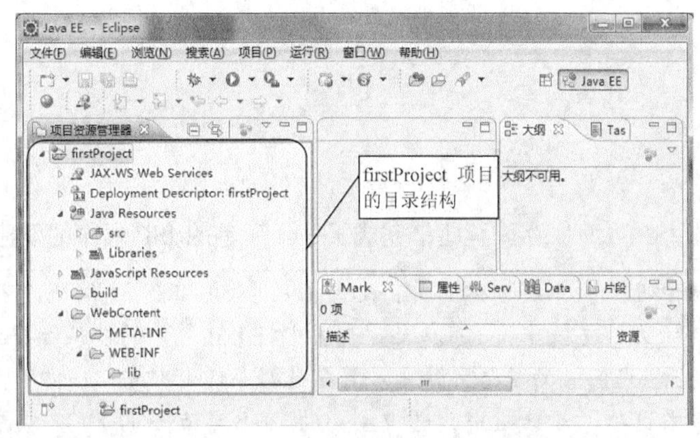

图 3-40　项目“firstProject”的目录结构

2. 创建 JSP 文件

项目创建完成后，就可以根据实际需要创建类文件、JSP 文件或是其他文件了。下面将创建一个名称为 index.jsp 的 JSP 文件。

（1）在 Eclipse 的“项目资源管理器”中，选中“firstProject”节点下的“WebContent”节点，并单击鼠标右键，在打开的快捷菜单中，选择“新建”/“JSP File 菜单项”，打开“New JSP File”对话框，在该对话框的“文件名”文本框中输入文件名“index.jsp”，其他采用默认，如图 3-41 所示。

图 3-41　“New JSP File”对话框

图 3-42　“选择 JSP 模板”对话框

（2）单击“下一步”按钮，将打开选择 JSP 模板的对话框，这里采用默认即可，如图 3-42 所示。

（3）单击“完成”按钮，完成 JSP 文件的创建。此时，在项目资源管理器的“WebContent”节点下，将自动添加一个名称为“index.jsp”的节点，同时，Eclipse 会自动以默认的与 JSP 文件关联的编辑器将文件在右侧的编辑窗口中打开。

（4）将 index.jsp 文件中的默认代码修改为以下代码：

```
<%@ page language="java" contentType="text/html; charset=UTF-8"
    pageEncoding="UTF-8"%>
<!DOCTYPE HTML>
<html>
<head>
<meta charset="utf-8">
<title>使用 Eclipse 开发一个 JSP 网站</title>
</head>
<body>
保护环境，从自我作起...
</body>
</html>
```

（5）将编辑好的 JSP 页面保存。至此，完成了一个简单的 JSP 程序的创建。

说明

在默认情况下，系统创建的 JSP 文件采用 ISO-8859-1 编码，不支持中文。为了让 Eclipse 创建的文件支持中文，可以在首选项中将 JSP 文件的默认编码设置为 UTF-8 或者 GBK。设置为 UTF-8 的具体方法是：首先选择菜单栏中的“窗口”/“首选项”菜单项，在打开的“首选项”对话框中，选中左侧的 Web 节点下的“JSP 文件”子节点，然后在右侧“编码”下拉列表中选择“ISO 10646 、Unicode(UTF-8)”列表项，最后单击“确定”按钮完成编码的设置。

3. 配置 Web 服务器

在发布和运行项目前，需要先配置 Web 服务器，如果已经配置好 Web 服务器，就不需要再重新配置了。也就是说，本节的内容不是每个项目开发时所必须经过的步骤。配置 Web 服务器的具体步骤如下。

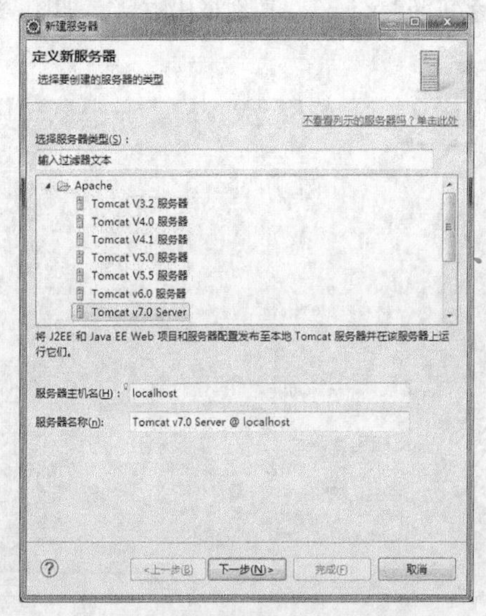

图 3-43 “新建服务器”对话框

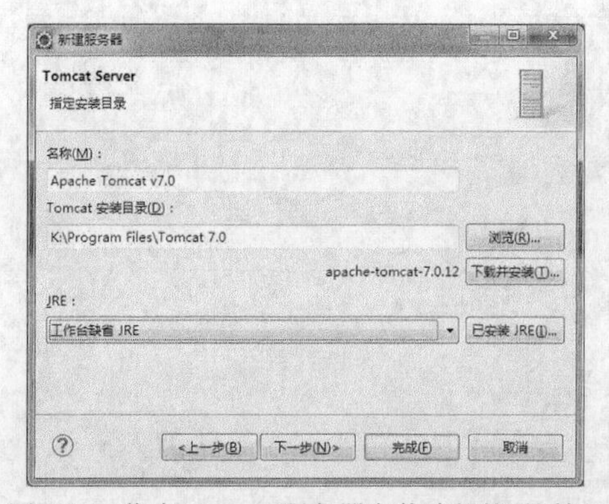

图 3-44 指定 Tomcat 服务器安装路径的对话框

（1）在 Eclipse 工作台的其他视图中，选中“服务器”视图，在该视图的空白区域单击鼠标右键，在弹出的快捷菜单中选择“新建”/“服务器”菜单项，将打开“新建服务器”对话框，在该对话框中，展开 Apache 节点，选中该节点下的“Tomcat v7.0 Server”子节点，其他采用默认，如图 3-43 所示。

（2）单击“下一步”按钮，将打开指定 Tomcat 服务器安装路径的对话框，单击“浏览”按钮，选择 Tomcat 的安装路径，这里为 K:\Program Files\Tomcat 7.0，其他采用默认，如图 3-44 所示。

（3）单击“完成”按钮，完成 Tomcat 服务器的配置。这时在“服务器”视图中，将显示一个“Tomcat v7.0 Server @ localhost [已停止]”节点。这时表示 Tomcat 服务器没有启动。

说明　在“服务器”视图中，选中服务器节点，单击“▶”按钮，可以启动服务器。服务器启动后，还可以单击“■”按钮，停止服务器。

4. 发布项目到 Tomcat 并运行

动态 Web 项目创建完成后，就可以将项目发布到 Tomcat 并运行该项目了。下面将介绍具体方法。

（1）在“项目资源管理器”中选择项目名称节点，在工具栏上单击“▶ ▾”按钮中的黑三角，在弹出的快捷菜单中选择“运行方式”/“在服务器上运行”菜单项，将打开“在服务器上运行”对话框，在该对话框中，选中“将服务器设置为项目缺省值（请不要再询问）”复选框，其他采用默认，如图 3-45 所示。

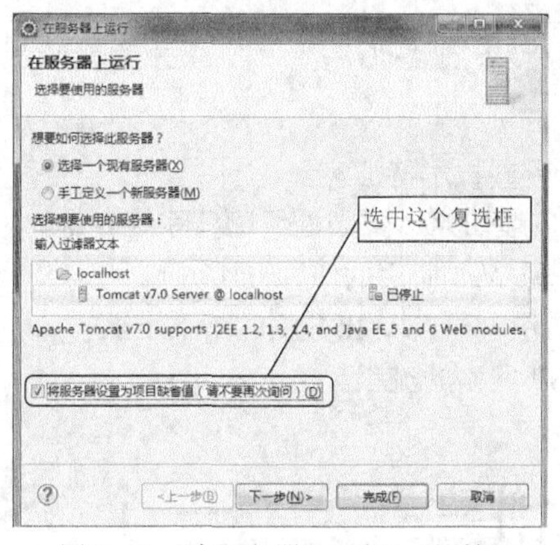

图 3-45　“在服务器上运行”对话框

（2）单击“完成”按钮，即可通过 Tomcat 运行该项目，运行后的效果如图 3-46 所示。

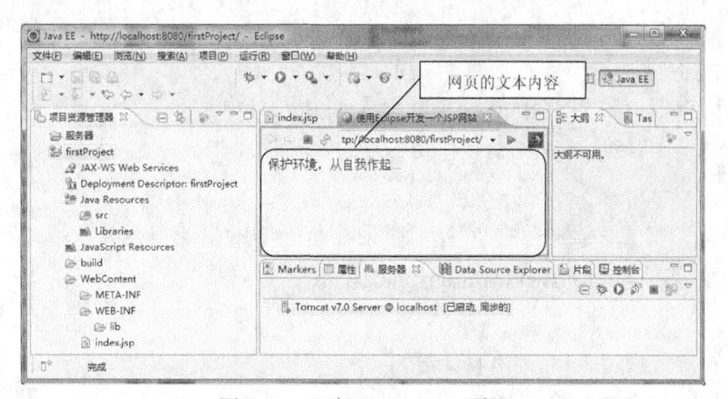

图 3-46　运行 firstProject 项目

知识点提炼

（1）JSP 是 Java Server Page 的简称，它是由 Sun 公司倡导，与多个公司共同建立的一种技术标准，它建立在 Servlet 之上，用来开发动态网页。

（2）JSP 技术所开发的 Web 应用程序是基于 Java 的，它拥有 Java 语言跨平台的特性，以及业务代码分离、组件重用、基于 Java Servlet 功能和预编译等特征。

（3）JDK 是 Java Develop Kit 的简称，即 Java 开发工具包，包括运行 Java 程序所必须的 JRE 环境及开发过程中常用的库文件。在开发 JSP 网站之前，必须安装 JDK。

（4）Tomcat 服务器是 Apache-Jakarta 项目组开发的产品。当前的最新的版本是 Tomcat 7，它能够支持 Servlet 3.0 和 JSP 2.2 规范，并且具有免费和跨平台等诸多特性。

（5）MySQL 是目前最为流行的开放源码的数据库，是完全网络化的跨平台的关系型数据库系统，它是由 MySQL AB 公司开发、发布并支持的。MySQL 以其短小精悍、功能齐全、运行极快和完全免费等优点，备受 Java Web 程序员所喜爱。

（6）Eclipse 是一个基于 Java 的、开放源码的、可扩展的应用开发平台，它为编程人员提供了一流的 Java 集成开发环境。

习　题

3-1　什么是 JSP？JSP 有哪些技术特征？

3-2　在 Windows 系统下安装 JDK，需要配置哪些系统变量？

3-3　简述应用 Tomcat 部署 Web 应用的两种方法。

3-4　简述使用 MySQL 工作台导入/导出数据的基本步骤。

3-5　简述 Eclipse 开发 JSP 网站的流程。

实验：创建并发布一个 JSP 网站

实验目的

（1）熟悉 Eclipse。

（2）掌握在 Eclipse 中创建 JSP 网站，并发布的基本过程。

实验内容

在 Eclipse 中创建并发布一个 JSP 网站。要求在页面中输出两行文字，第 1 行的文字是“明日图书网”，第 2 行文字是“http://www.mingribook.com”。

实验步骤

（1）打开 Eclipse，创建一个名称为 myProject 的动态 Web 项目。

（2）在 myProject 项目的 WebContent 节点下创建一个 JSP 名称为 index.jsp 的 JSP 文件，并设置页面采用 UTF-8 编码。

（3）修改 index.jsp 文件的代码为以下内容。

```
<%@ page language="java" contentType="text/html; charset=UTF-8"
   pageEncoding="UTF-8"%>
<!DOCTYPE HTML>
<html>
<head>
<meta charset="utf-8">
<title>创建并发布一个 JSP 网站</title>
</head>
<body>
明日图书网<br>
http://www.mingribook.com
</body>
</html>
```

运行本实例，将显示如图 3-47 所示的运行结果。

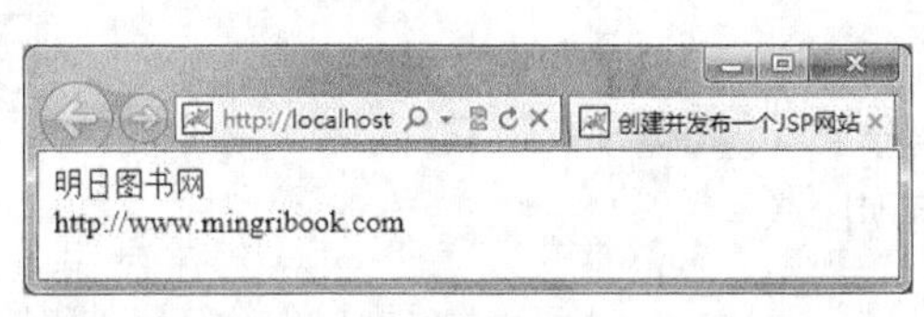

图 3-47　在 IE 浏览器中的显示结果

第 4 章 Java 语言基础

本章要点：

- 面向对象程序设计中的类和对象
- Java 的数据类型
- 如何定义常量和变量
- 运算符的应用
- 流程控制语句
- 字符串处理
- 数组和集合类的应用

Java 语言是由 Sun 公司于 1995 年推出的新一代编程语言。Java 语言一经推出，便受到了业界的广泛关注，现已成为一种在 Internet 应用中被广泛使用的网络编程语言。它具有简单、面向对象、可移植、分布性、解释器通用性、稳健、多线程、安全、高性能等语言特性。另外，Java 语言还提供了丰富的类库，方便用户进行自定义操作。Java 语言基础是进行 JSP 开发必备的知识基础。本章将对 JSP 开发常用的 Java 语言的基础知识进行介绍。

4.1 面向对象程序设计

面向对象程序设计是软件设计和实现的有效方法，这种方法可以提供软件的可扩充性和可重用性。客观世界中的一个事物就是一个对象，每个客观事物都有自己的特征和行为。从程序设计的角度来看，事物的特性就是属性，行为就是方法。一个事物的特性和行为可以传给另一个事物，这样就可以重复使用已有的特性或行为。当某一个事物得到了其他事物传给它的特性和行为，再添加上自己的特性和行为，就形成了一种特有的事物。例如，小猫继承了动物的行为——叫，但它也对该行为进行了扩充，成为自己特有的行为——喵喵叫。面向对象的程序设计方法就是利用客观事物的这种特点，将客观事物抽象成为“类”，并通过类的“继承”实现软件的可扩充性和可重用性。

4.1.1 什么是类和对象

在面向对象程序设计前，首先要了解什么是类和对象，以及类与对象的关系。实际上，对象就是客观世界中存在的人、物体等实体。在现实世界中，对象随处可见，例如，路边生长的树、天上飞的鸟、水里游的鱼、路上跑的车等。不过这里说的树、鸟、鱼和车都是对同一类事物的总称，这就是面向对象中的类（class）。这时读者可能要问，那么对象和类之间的关系是什么呢？实际上，对象就是符合某种类定义所产生出来的实例（instance），虽然在日常生活中我们习惯用类名称呼这些对象，但是实际上看到的还是对象的实例，而不是一个类。例如，你看见树上结了一个苹果，这里的“树”和“苹果”虽然都是一个类名，但实际上你看见的是树类和苹果类的一个实例对象，而不是树类和苹果类。由此可见，类只是个抽象的称呼，而对象则是与现实生活中的事物相对应的实体。类与对象的关系如图 4-1 所示。

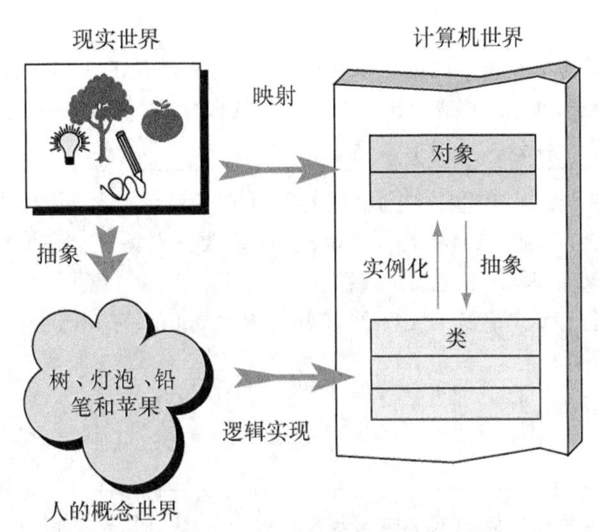

图 4-1　类与对象的关系

4.1.2　定义类

在 Java 中，类的定义主要分为类的声明和类体两部分。在类声明中，可以指定类的名称、类的访问权限或者与其他类的关系，而在类体中，主要用于定义成员和成员方法。定义类的语法格式如下：

```
[修饰符] class <类名> [extends 父类名] {
    类体
}
```

- 修饰符：可选参数，用于指定类的访问权限，可选值为 public（公共的）、protected（受保护的）或 private（私有的）。

在 class 关键字前除了可以加权限修饰符外，还可以加其他关键字，如 static、abstract 等。其中，加上 static 关键字，则表示该类为静态类；加上 abstract 关键字，则表示该为抽象类。

- 类名：必选参数，用于指定类的名称，类名必须是合法的 Java 标识符。一般情况下，要求首字母大写。
- extends 父类名：可选参数，用于指定要定义的类继承于哪个父类。当使用 extends 关键字时，父类名为必选参数。

参数“extends 父类名”在 Servlet 技术一章中会应用到，所以这里先不进行详细介绍。

- 类体：放在两个大括号之间的内容为类体，由成员变量和成员方法组成。

【例 4-1】 定义一个 Orchard 类，该类的访问权限是 public。（实例位置：光盘\MR\源码\第 4 章\4-1）

（1）启动 Eclipse，在菜单栏中选择“文件”/“新建”/“项目”菜单项，将打开“新建项目”对话框，在该对话框的列表框中选中“Java 项目”节点，单击“下一步”按钮，将打开“新建 Java 项目”对话框，在该对话框的“项目名”文本框中输入项目名称“4-1”，单击“完成”按钮，完成项目的创建。

如果在创建项目前，Eclipse 采用的是 Java EE 透视图，那么在单击“完成”按钮时，将打开“要打开相关联的透视图吗？”对话框，询问是否应用 Java 透视图打开的对话框，这里单击“是”按钮，采用 Java 透视图打开。

（2）在“包资源管理器”中选中刚刚创建的项目名称节点，单击鼠标右键，在弹出的快捷菜单中选择“新建”/“类”菜单项，将打开“新建 Java 类”对话框，在该对话框的“名称”文本框中输入类名“Orchard”，单击“完成”按钮。

（3）这时 Eclipse 将在缺省包中创建一个访问权限为 public 的 Java 类 Orchard，并且该类被自动打开，具体代码如下：

```
public class Orchard {

}
```

Java 类文件的扩展名为.java，类文件的名称必须与类名相同，即类文件名称为类名+.java 组成。例如，有一个 Java 类文件 MyTools.java，则其类名为 MyTools。

4.1.3 定义成员方法

在 Java 中，可以通过类的成员方法来实现类的行为。类的成员方法由方法声明和方法体两部分组成，其一般格式如下：

```
[修饰符] <方法返回值的类型> <方法名>([参数列表]) {
    [方法体]
}
```

- 修饰符：可选参数，用于指定方法的被访问权限，可选值为 public、protected 和 private。
- 方法返回值的类型：必选参数，用于指定方法的返回值类型，如果该方法没有返回值，可以使用关键字 void 进行标识。方法返回值的类型可以是任何 Java 数据类型。关于数据类型的介绍请参见 4.2 节。
- 方法名：必选参数，用于指定成员方法的名称，方法名必须是合法的 Java 标识符。
- 参数列表：可选参数，用于指定方法中所需的参数。当存在多个参数时，各参数之间应使用逗号分隔。方法的参数可以是任何 Java 数据类型。
- 方法体：可选参数，方法体是方法的实现部分，在方法体中可以定义局部变量。需要注意的是，当方法体省略时，其外面的大括号一定不能省略。

【例 4-2】 定义一个 Orchard 类，在该类中，定义 3 个成员方法 grow()、ripe()和 harvest()，其中，grow()方法没有返回值和参数，ripe()方法有一个 String 类型的返回值，harvest()方法有一个 String 类型的参数和 String 类型的返回值。（实例位置：光盘\MR\源码\第 4 章\4-2）

Orchard 类的具体代码如下：

```
public class Orchard {
    public void grow() {                        // 无返回值的方法
```

```
            System.out.println("果树正在生长……");
        }

        public String ripe() {                          // 带返回值的方法
            System.out.println("果实已经成熟……");
            return "成熟";
        }

        public String harvest(String type) {            // 带参数和返回值的方法
            System.out.println("水果已经收获……");
            String crop = "27个" + type;                 // 定义一个变量
            return crop;                                // 返回值
        }
    }
```

在上面的代码中，return 关键字用于将变量 crop 的值返回给调用该方法的语句。

System.out 对象的 println()方法，用于在控制台上输出提示信息。

4.1.4　定义成员变量与局部变量

在类体中变量定义部分所声明的变量为类的成员变量，而在方法体中声明的变量为局部变量。成员变量和局部变量的区别在于其有效范围不同。成员变量在整个类内都有效，而局部变量只在定义它的成员方法内才有效。

1. 声明成员变量

Java 用成员变量来表示类的状态和属性，声明成员变量的基本语法格式如下：

```
[修饰符] [static] [final] <变量类型> <变量名>;
```

- 修饰符：可选参数，用于指定变量的被访问权限，可选值为 public、protected 和 private。
- static：可选，用于指定该成员变量为静态变量。静态变量可以直接通过类名访问。如果省略该关键字，则表示该成员变量为实例变量。
- final：可选，用于指定该成员变量为取值不会改变的常量。
- 变量类型：必选参数，用于指定变量的数据类型，其值为 Java 中的任何一种数据类型。关于数据类型的介绍请参见 4.2 节。
- 变量名：必选参数，用于指定成员变量的名称，变量名必须是合法的 Java 标识符。

【例 4-3】 在 Orchard 类中，声明 3 个成员变量，分别为公共变量、静态变量和常量。

```
public class Orchard {
    public String color;            //声明公共变量
    static String corp;             //声明静态变量
    final boolean STATE=false;      //声明常量并赋值
}
```

2. 声明局部变量

定义局部变量的基本语法格式同定义成员变量类似，所不同的是不能使用 public、protected、private 和 static 关键字对局部变量进行修饰，但可以使用 final 关键字。语法格式如下：

```
[final] <变量类型> <变量名>;
```

- final：可选，用于指定该局部变量为常量。

- 变量类型：必选参数：用于指定变量的数据类型，其值为 Java 中的任何一种数据类型。关于数据类型的介绍请参见 4.2 节。
- 变量名：必选参数，用于指定局部变量的名称，变量名必须是合法的 Java 标识符。

【例 4-4】 声明一个局部变量和一个常量。

```
public void harvest() {
    int crop = 0;           // 定义一个局部变量
    final String TYPE;      //定义一个常量
    TYPE="苹果";            //为常量赋值
}
```

声明成员常量和声明局部常量，虽然都是使用 final 关键字，但是这二者之间有一点不同，那就是声明成员常量时，必须为该常量赋值，而声明局部变量时，可以先不为其赋值。

成员方法的参数也称为局部变量。

当局部变量与成员变量名字相同时，成员变量就会被隐藏，这时如果想使用成员变量，就必须使用关键字 this。

【例 4-5】 定义一个 Orchard 类，在该类中，定义两个同名的成员变量和局部变量，并输出它们的值。（实例位置：光盘\MR\源码\第 4 章\4-5）

```
public class Orchard {
    public String color = "绿色的";                           // 定义成员变量

    public void harvest() {
        String color = "橙色";                                // 定义局部变量
        System.out.println("水果是：" + color);                // 输出局部变量
        System.out.println("水果已经收获……");
        System.out.println("水果原来是：" + this.color); // 输出成员变量
    }
}
```

上面 harvest()方法执行后，将显示如图 4-2 所示的运行结果。

图 4-2 分别输出同名的成员变量和局部变量的值

4.1.5 构造方法的使用

构造方法（constructor）是一种特殊的方法，它的名字必须与它所在类的名字完全相同，并且没有返回值，也不需要使用关键字 void 进行标识。构造方法用于对对象中的所有成员变量进行初始化，在创建对象时立即被调用，从而保证初始化动作一定被执行。需要注意的是，如果用户没有定义构造方法，Java 会自动提供一个默认的构造方法，用来实现成员变量的初始化。

在 Java 的编码风格中有一条是：方法名的首字母为小写。对于这个编码风格，不适用于构造方法。因为构造方法的名称必须与类名相同。

【例 4-6】 定义一个 Orchard 类，在该类中，定义一个成员变量 color，并在构造方法中对该变量进行初始化，然后在 main()方法中，实例化 Orchard 类的对象，并输出成员变量的值。（实例位置：光盘\MR\源码\第 4 章\4-6）

```
public class Orchard {
    public String color;                              // 定义一个成员变量

    public Orchard() {
        color = "绿色";                                // 初始化成员变量
    }
    //main()方法
    public static void main(String[] args) {
        Orchard orchard = new Orchard();              // 实例化Orchard类的对象
        System.out.println("颜色是：" + orchard.color);  // 输出成员变量的值
    }
}
```

按下“Ctrl+F11”组合键运行程序，将显示如图 4-3 所示的运行结果。

图 4-3　运行结果

在没有创建类的对象时，类的构造方法不会被执行。

4.1.6　Java 对象的创建与使用

在 Java 中，可以使用 new 关键字创建对象，其语法格式如下：

```
类名 对象名=new 类构造方法();
```

- ❑ 类名：用于指定要创建实例对象的类的名称。
- ❑ 对象名：可以看做是一个变量，这个变量名就是创建的实例对象的名称。对象名必须是合法的 Java 标识符。
- ❑ 构造方法：是类创建对象时必须执行的方法，用于构造一个新的对象并初始化对象属性。

例如，创建 Orchard 类的对象，可以使用下的代码：

```
Orchard orchard = new Orchard(); // 创建Orchard类的对象
```

创建对象后，就可以通过对象来引用其成员变量，并改变成员变量的值，而且还可以通过对象来调用其成员方法。通过使用运算符“.”实现对成员变量的访问和成员方法的调用。

【例 4-7】 定义一个 Circle 类，在该类中，首先定义一个常量 PI、一个成员变量 r 和一个成员方法 getArea()，然后在 main()方法中，创建 Circle 类的对象，最后调用类中的成员方法和成员变量计算圆的面积。（实例位置：光盘\MR\源码\第 4 章\4-7）

```
public class Circle {
    final float PI = 3.14159f;                              // 定义常量
    public float r = 0.0f;                                  // 定义成员变量

    public Circle() {                                       // 构造方法
        r = 10;                                             // 指定圆的半径
    }

    public float getArea() {
        float area = PI * r * r;                            // 计算圆面积
        return area;                                        // 返回计算后的圆面积
    }
    //main()方法
    public static void main(String[] args) {
        Circle c = new Circle();                            // 创建 Circle 的对象
        float area = c.getArea();                           // 调用成员方法
        float r = c.r;                                      // 调用成员变量
        System.out.println("半径为 " + r + " 的圆的面积为: " + area);
    }
}
```

按下“Ctrl+F11”组合键运行程序，将显示如图 4-4 所示的运行结果。

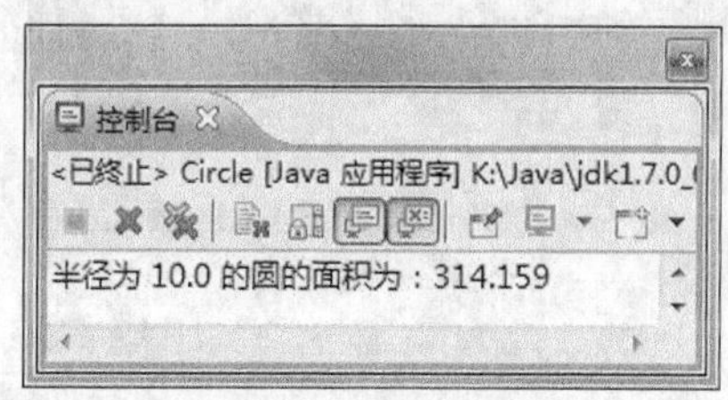

图 4-4　运行结果

4.1.7　包的使用

为了更好的组织类，Java 提供了 package（包）机制。通过包可以很好地将功能相近的类组织到一起，从而方便查找和使用。实际上，包在计算机的磁盘上将被转换为文件夹，操作系统通过文件夹来管理各个类。

1. 创建包

创建包可以通过在类或接口的源文件中使用 package 关键字实现，package 关键字的语法格式如下：

```
package 包名;
```

- ❑ 包名：必选，用于指定包的名称，包的名称为合法的 Java 标识符。当包中还有包时，可以使用“包 1.包 2……包 n”进行指定，其中，包 1 为最外层的包，而包 n 则为最内层的包。

package 语句通常位于类或接口源文件的第一行。例如，定义一个类 User，将其放入 com.wgh

包中的代码如下：

```
package com.wgh;
public class User {
    …    //此处省略了类体的代码
}
```

2. 包的引用

在 Java 中，可以使用 import 关键字来引用包，其语法格式如下：

```
import 包名1[.包名2.…].类名|*;
```

- "*" 表示包中所有的类。

当存在多个包名时，各个包名之间使用 "." 分隔，同时包名与类名之间也使用 "." 分隔。

例如，引入 com.wgh 包中的 User 类的代码如下：

```
import com.wgh.User;
```

如果 com.wgh 包中包含多个类，也可以使用以下语句引入该包下的全部类：

```
import com.wgh.*;
```

在 Java 中，还提供了一种引用包中类的方法，那就是通过长名引用包中的类，也就是在使用类时，在每个类名前加上完整的包名。例如，要创建 com.wgh 包中的 User 类的对象，可以使用下面的代码。

```
com.wgh.User user=new com.wgh.User();
```

4.2　数据类型

在 Java 语言中，数据类型分为基本数据类型和复合数据类型两大类。其中基本数据类型包括整数类型、浮点类型、字符类型和布尔类型。复合数据类型包括对象和数组等。本节将介绍数据类型中的基本数据类型及基本数据类型间的转换。

4.2.1　基本数据类型

Java 的基本数据类型主要包括整数类型、浮点类型、字符类型和布尔类型。其中整数类型又分为字节型（byte）、短整型（short）、整型（int）和长整型（long）。它们都用来定义一个整数，唯一的区别就是它们所定义的整数所占用内存的空间不同，因此整数的取值范围也不同。Java 中的浮点类型又包括单精度类型（float）和双精度类型（double），在程序中使用这两种类型来存储小数。

Java 的各种基本数据类型及其取值范围、占用的内存大小和默认值，如表 4-1 所示。

表 4-1　　各种基本数据类型的取值范围、占用的内存大小及默认值

数据类型		关键字	占用内存	取值范围	默认值
整数类型	字节型	byte	8 位	–128～127	0
	短整型	short	16 位	–32 768～32 767	0
	整型	int	32 位	–2 147 483 648～2 147 483 647	0
	长整型	long	64 位	–9 223 372 036 854 775 808～9 223 372 036 854 775 807	0
浮点类型	单精度型	float	32 位	1.4E-45～3.4028235E38	0.0f
	双精度型	double	64 位	4.9E-324～1.7976931348623157E308	0.0d

续表

数据类型		关键字	占用内存	取值范围	默认值
字符型	字符型	char	16 位	16 位的 Unicode 字符，可容纳各国的字符集。若以 Unicode 来看，就是'\u0000'到'\uufff'；若以整数来看，范围在 0～65535，例如，65 代表'A'	'\u0000'
布尔型	布尔型	boolean	8 位	true 和 false	false

4.2.2 基本数据类型之间的转换

在 Java 语言中，当多个不同基本数据类型的数据进行混合运算时，如整型、浮点型和字符型进行混合运算，需要先将它们转换为统一的类型，然后再进行计算。在 Java 中，基本数据类型之间的转换可分为自动类型转换和强制类型转换两种，下面进行详细介绍。

1. 自动类型转换

从低级类型向高级类型的转换为自动类型转换，这种转换将由系统按照各数据类型的级别从低到高自动完成，Java 编程人员无需进行任何操作。在 Java 中各基本数据类型间的级别如图 4-5 所示。

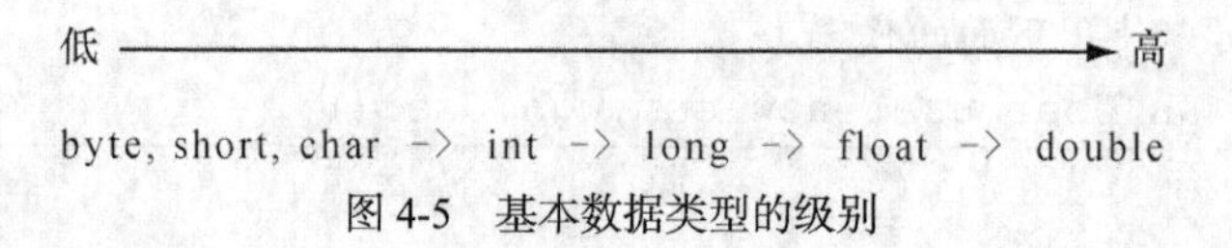

图 4-5 基本数据类型的级别

2. 强制类型转换

如果把高级数据类型数据赋值给低级类型变量，就必须进行强制类型转换，否则将编译出错。强制类型转换格式如下：

```
(欲转换成的数据类型)值
```

其中“值”可以是字面量常数也可以是变量，例如：

```
int i1 = 261;
long l1 = 2205;
float f1 = 3.14f;
double d1 = 8.7706;
short s1 = 66;
char c1 = 'a';
short s2 = (short) c1;          // 将 char 型强制转换为 short 型，s2 值为：97
char c2 = (char) s1;            // 将 short 型强制转换为 char 型，c2 值为：B
byte b = (byte) i1;             // 将 int 型强制转换为 byte 型，b 值为：5
int i2 = (int) l1;              // 将 long 型强制转换为 int 型，i2 值为：2205
long l2 = (long) f1;            // 将 float 型强制转换为 long 型，l2 值为：3
float f2 = (float) d1;          // 将 double 型强制转换为 float 型，f2 值为：8.7706
byte bb = (byte) 777;           // 强制转换 int 型字面常数 777 为 byte 类型，bb 值为：9
int ii = (int) 9.0696;          // 强制转换 double 型字面常数 9.0696 为 int 类型，ii 值为：9
```

4.3 常量与变量

常量是指在程序执行过程中，其值不可改变的量，而变量是指在程序执行过程中，其值可以动态改变的量。常量与变量在程序开发中非常重要，下面将详细介绍如何定义常量和变量。

4.3.1　定义常量

在 Java 中，可以使用 final 关键字来定义常量，其语法格式如下：

```
final 类型 标识符=值;
```

- 类型：用于指定常量的类型，其值为任意 Java 数据类型。
- 标识符：用于指定常量名，通常情况下常量名用大写表示，而且要符合“见名知意”的规则。
- 值：用于指定常量的值。对于一个常量，只能赋一次值，否则将出错。

例如，定义表示 PI 的常量，值为 3.14159，可以使用以下的代码：

```
final float PI = 3.14159f; // 定义常量
```

4.3.2　定义变量

程序开发时常常用到变量，变量被用来存储特定类型的数据，开发人员可以根据需要随时改变变量中所存储的数据值。在 Java 中，定义变量可以使用下面的语法格式：

```
类型 标识符
```

- 类型：用于指定变量的类型，其值为任意 Java 数据类型。
- 标识符：用于指定变量的名，标识名必须是合法的 Java 标识符。

变量名应是字母、数字、下画线或美元符“$”的序列，Java 对变量名区分大小写，变量名不能以数字开头，而且不能为关键字。合法的变量名如 username、object_1、price$ 等。非法的变量名如 3Three、house#、final（关键字）。

例如，定义一个 int 型的变量 number、一个 float 型的变量 price 和一个 double 型的变量 money 的代码如下：

```
int number = 0;             // 定义 int 型的变量
float price = 0.0f;         // 定义 float 型的变量
double money = 0;           // 定义 double 型的变量
```

在同一作用域中，不能出现同名的变量，但是不同的作用域可以。例如，可以声明一个名称为 state 的成员变量，还可以声明一个名称为 state 的局部变量。

4.4　运算符的应用

运算符就是用来表示各种运算的符号。例如，日常生活中进行算术运算时，应用的加号（+）、减号（–）、乘号（×）和除号（/）都是运算符。Java 中的运算符包括赋值运算符、算术运算符、关系运算符、逻辑运算符、位运算符、条件运算符和自增自减运算符。

4.4.1　赋值运算符

Java 中的赋值运算符可以分为简单赋值运算和复合赋值运算。简单赋值运算是将赋值运算符（=）右边的表达式的值保存到赋值运算符左边的变量中，复合赋值运算混合了其他操作（算术运算操作、位操作等）和赋值操作，如：

```
sum+=i;              //将 sum 的值与 i 的值相加再赋给 sum，等同于 sum=sum+i;
sum-=i;              //用 sum 的值减去 i 的值将结果赋给 sum，等同于 sum=sum-i;
```

【例 4-8】 使用赋值运算符为变量赋值。

```
int money=2700;              //定义变量 money，并将 2700 赋值给该变量
int sum=3690;                //定义变量 sum，并将 3690 赋值给该变量
sum+=money;                  //将变量 sum 与 money 相加，并将结果赋值给变量 sum
System.out.println(sum);     //输出变量 sum 的值 6390
```

4.4.2 算术运算符

Java 中的算术运算符包括：+（加号）、-（减号）、*（乘号）、/（除号）和%（求余）。算术运算符支持整型和浮点型数据的运算，当整型与浮点型数据进行算术运算时，会进行自动类型转换，结果为浮点型。

Java 中算术运算符的功能及使用方式如表 4-2 所示。

表 4-2　　Java 中的算术运算符

运算符	说　明	举　例	结果及类型	
+	加法	1.07f+10	结果：11.07	类型：float
–	减法	4.56-0.5f	结果：4.06	类型：double
*	乘法	4*9L	结果：36	类型：long
/	除法	7/3	结果：2	类型：int
%	求余数	10%3	结果：1	类型：int

注意

在整型数据的算术运算中，0 不可以作为除数，如果 0 作除数，将抛出 java.lang.ArithmeticException 异常。而在浮点型数据的算术运算中，若进行一个浮点型数据除以 0 或除以 0 求余的运算，在运行时并不会抛出异常，而会得到表示无穷大、无穷小或为 NaN 的特殊值：正浮点数除以 0，结果为 Infinity，表示无穷大；负浮点数除以 0，结果为-Infinity，表示无穷小；浮点数除以 0 求余，结果为 NaN。

4.4.3 比较运算符

比较运算符用于实现数学中的比较运算，例如，大于、等于或小于等。比较运算符的运算结果为 boolean 类型，当运算符对应的关系成立时，结果为 true（真），否则结果为 false（假）。Java 中提供的比较运算符包括：>（大于）、<（小于）、>=（大于或等于）、<=（小于或等于）、==（等于）和!=（不等于）等 6 个，如表 4-3 所示。

表 4-3　　Java 中的比较运算符

运算符	说 明	举 例	结 果	运算符	说 明	举 例	结 果
>	大于	'a'>'b'	false	<=	小于或等于	6.67f<=6.67f	true
<	小于	100<200	true	==	等于	1.0==1	true
>=	大于或等于	11.11>=10	true	!=	不等于	'明'!='明'	false

4.4.4 逻辑运算符

在进行比较运算时，如果涉及到两个或两个以上的条件判断时（例如，要判断变量 a 是否大于等于 60，并且小于等于 70），就需要应用逻辑运算符了。逻辑运算符的条件表达式的值必须是 boolean 型，并且返回的结果也是 boolean。Java 中的逻辑运算符包括&&（逻辑与）、||（逻辑或）和!（逻辑非）3 种。下面将以表格的形式给出使用这 3 种逻辑运算符进行逻辑运算的结果，如表 4-4 所示。

表 4-4 使用逻辑运算符进行逻辑运算的结果

表达式 1	表达式 2	&&运算	||运算	!表达式 1	!表达式 2
true	true	true	ture	false	false
true	false	false	true	false	true
false	false	false	false	true	true
false	true	false	true	true	false

【例 4-9】 定义一个 Operate 类，在该类的 main()方法中，首先定义变量 number，并赋初值 60，然后分别执行逻辑与、逻辑或和逻辑非运算，并将运算结果保存到 3 个变量中，最后输出运算结果。（实例位置：光盘\MR\源码\第 4 章\4-9）

```
public class Operate {
    public static void main(String[] args) {
        int number = 60;                                        // 定义变量 number,并赋初值 60
        boolean result1 = number > 60 && number < 90;                  // 执行逻辑与运算
        boolean result2 = number > 90 || number <= 60;                 // 执行逻辑或运算
        boolean result3 = !(number > 60);                              // 执行逻辑非运算
        System.out.println(result1 + "\r" + result2 + "\r" + result3);//输出运算结果
    }
}
```

按下“Ctrl+F11”组合键运行程序，将显示如图 4-6 所示的运行结果。

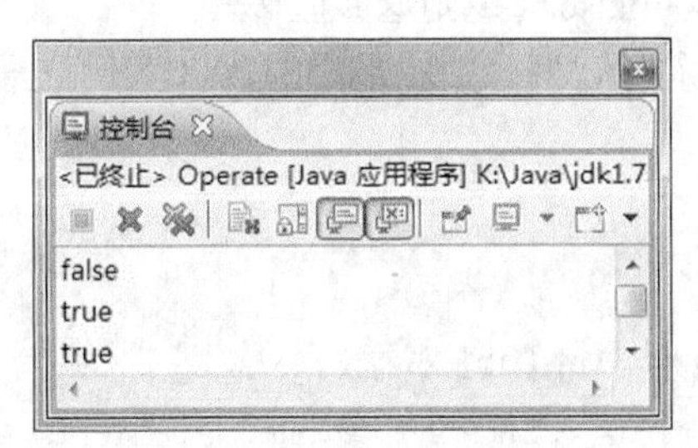

图 4-6 使用逻辑运算符进行逻辑运算的结果

在执行逻辑与（&&）运算时，当遇到一个表达式的值为 false 时，将停止判断，直接输出结果 false；而在执行逻辑或（||）运算时，当遇到一个表达式的值为 true 时，将停止判断，直接输出结果 true。

4.4.5 位运算符

位运算符用于处理整型和字符型的操作数。位运算是完全针对二进制位（bit 单位）进行操作的，其具体说明如表 4-5 所示。

表 4-5　　位运算符

运算符	说　明	实　例
&	转换为二进制数据进行与运算	1&1=1，1&0=0，0&1=0，0&0=0
|	转换为二进制数据进行或运算	1|1=1，1|0=1，0|1=1，0|0=0
^	转换为二进制数据进行异或运算	1^1=0，1^0=1，0^1=1，0^0=0
~	进行数值的相反数减 1 运算	~50= -50-1= -51
>>	向右移位	15 >> 1 = 7
<<	向左移位	15 << 1 = 30
>>>	向右移位	15 >>> 1 = 7
<<=	左移赋值运算符	n << 3 等价于 n = n << 3
>>=	右移赋值运算符	n >> 3 等价于 n = n >> 3
>>>=	无符号右移赋值运算符	n >>> 3 等价于 n = n >>> 3

对于位移运算符“>>”与“<<”，例如：数 15，其二进制值为 1111，向右移动后形式为 0111，故转换为十进制数为 7；向左移动后形式为 11110，因此转换为十进制数为 30。这种移位方式被称为算术位移运算符。而“>>>”则被称为逻辑无符号右移运算符，它只对位进行操作，而没有算术含义。

4.4.6 条件运算符

条件运算符是三元运算符，其语法格式如下：

```
<表达式> ? 值1 : 值2
```

- 表达式：用于指定条件表达式，其值的类型为 boolean 型。
- 值 1：当表达式的值为 true 时，则返回值 1。
- 值 2：当表达式的值为 false 时，则返回值 2。

【例 4-10】应用条件运算符输出两个数中最小的数。（实例位置：光盘\MR\源码\第 4 章\4-10）

```
public class Operate {
    public static void main(String[] args) {
        int x = 20;                                      // 定义变量 x，并赋初值为 20
        int y = 160;                                     // 定义变量 y，并赋初值为 160
        // 应用条件表达式输出两个数中最小的数
        System.out.println(x+"和"+y+" 最小的数是: " + (x > y ? y : x));
    }
}
```

按下“Ctrl+F11”组合键运行程序，将显示如图 4-7 所示的运行结果。

图 4-7　输出两个数中最小的数

4.4.7　自增自减运算符

为了简化代码，并提高程序的执行效率，Java 提供了自增和自减运算符，使用自增和自减运算符可以使变量值加 1 或减 1。它既可以放在操作元的前面，也可以放在操作元的后面，根据运算符位置的不同，最终得到的结果也是不同的。放在操作元前面的自动递增、递减运算符，会先将变量的值加 1，然后再使该变量参与表达式的运算；放在操作元后面的递增、递减运算符，会先使变量参与表达式的运算，然后再将该变量加 1。例如，

++i 或 --i 表示在使用 i 之前，先使 i 的值加 1 或减 1。

i++ 或 i-- 表示在使用 i 之后，再使 i 的值加 1 或减 1。

【例 4-11】 自增、自减运算符的应用。（实例位置：光盘\MR\源码\第 4 章\4-11）

```
public class Operate {
    public static void main(String[] args) {
        int i=0;
        System.out.println("使用 i++的结果：");
        System.out.println(i++);
        System.out.println(i);
        i=0;
        System.out.println("使用++i 的结果：");
        System.out.println(++i);
        System.out.println(i);
        i=1;
        System.out.println("使用 i--的结果：");
        System.out.println(i--);
        System.out.println(i);
        i=1;
        System.out.println("使用--i 的结果：");
        System.out.println(--i);
        System.out.println(i);
    }
}
```

按下“Ctrl+F11”组合键运行程序，将显示如图 4-8 所示的运行结果。

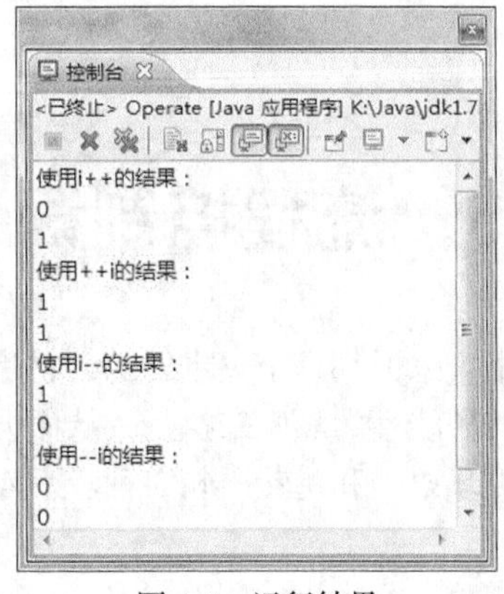

图 4-8　运行结果

自动递增、递减运算符的操作元只能为变量，不能为字面常数和表达式，且该变量类型必须为整型、浮点型或 Java 包装类型。例如，++1、(n+2)++都是不合法的。

4.4.8　运算符的优先级

我们知道在进行数字运算时，当一个算式中包括多个运算符时，就需要根据各个运算符的优先级进行运算。在 Java 中也是如此，在一个存在多个运算符的混合运算中，Java 会根据运算符的优先级来决定执行的顺序。Java 中各运算符的优先级如表 4-6 所示。

表 4-6　　Java 中各运算符的优先级

优先级	描　述	运算符
高	括号	()
	正负号	+ -
	一元运算符	++ -- !
	乘除、求余	* / %
	加减	+ -
	移位运算	<< >> >>>
	比较大小	< > >= <=
	比较是否相等	== !=
	按位与运算	&
	按位异或运算	^
	按位或运算	|
	逻辑与运算	&&
	逻辑或运算	||
低	条件运算符	?:
	赋值运算符	= += -= *= /= %=

对于处在同一层级的运算符，采用“先左后右”的原则。赋值运算符除外，它采用“先右后左”的原则。

4.5　流程控制语句

流程控制语句对于任何一门语言来说都是至关重要的，它是控制程序步骤的基本手段。如果没有流程控制语句，整个程序将按照线性的顺序来执行，从而失去了程序的意义。Java 语言中，流程控制语句主要有分支语句、循环语句和跳转语句 3 种。下面进行详细介绍。

4.5.1　分支语句

所谓分支语句，就是对语句中指定的条件进行判断，并根据不同的条件执行不同的语句。在分支语句中主要有两种，一种是 if 条件语句，另一种是 switch 多分支语句。下面对这两种语句进行详细介绍。

1. if...else 条件语句

if...else 语句是条件语句中最常用的一种形式，它针对某种条件有选择地作出处理。通常表现为“如果满足某种条件，就进行某种处理，否则进行另一种处理”。其语法格式如下：

```
if(条件表达式){
    语句序列 1
}else{
    语句序列 2
}
```

- 条件表达式：必要参数。其值可以由多个表达式组成，但是其最后结果一定是 boolean 类型，也就是其结果只能是 true 或 false。
- 语句序列 1：可选参数。一条或多条语句，当表达式的值为 true 时执行这些语句。
- 语句序列 2：可选参数。一条或多条语句，当表达式的值为 false 时执行这些语句。

if...else 条件语句的执行过程如图 4-9 所示。

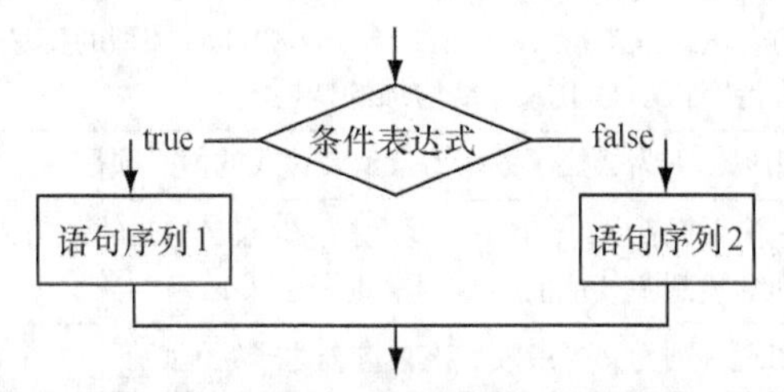

图 4-9　if...else 条件语句的执行过程

【例 4-12】 应用 if...else 条件语句判断某一年是否为闰年。（实例位置：光盘\MR\源码\第 4 章\4-12）

```
public class Statement {

    public static void main(String[] args) {
        int year = 2012;                                          // 定义保存年份的变量
        if (year % 4 == 0 && year % 100 != 0 || year % 400 == 0) {   // 是闰年
            System.out.println(year + "年是闰年！");
        } else {                                                  // 不是闰年
            System.out.println(year + "年不是闰年！");
        }
    }
}
```

按下“Ctrl+F11”组合键运行程序，将显示如图 4-10 所示的运行结果。

图 4-10　运行结果

2. switch 多分支语句

switch 语句是多分支选择语句，常用来根据表达式的值选择要执行的语句。switch 语句的基本语法格式如下：

```
switch(表达式){
```

```
    case 常量表达式 1: 语句序列 1
        [break;]
    case 常量表达式 2: 语句序列 2
        [break;]
    ......
    case 常量表达式 n: 语句序列 n
        [break;]
    default: 语句序列 n+1
        [break;]
}
```

switch 语句的参数说明如表 4-7 所示。

表 4-7　　switch 语句的参数说明

参　数	说　明
表达式	必要参数。可以是任何 byte、short、int、char 和字符串类型的变量。在 JDK 7 以前的版本中，switch 语句的表达式只支持 byte、short、int 和 char 类型的变量，并不支持字符串，switch 语句的表达式支持字符串是 JDK 7 新增加的特性
常量表达式 1	如果有 case 出现，则为必要参数。该常量表达式的值必须是一个与表达式数据类型相兼容的值
语句序列 1	可选参数。一条或多条语句，但不需要大括号。当表达式的值与常量表达式 1 的值匹配时执行；如果不匹配则继续判断其他值，直到常量表达式 n
常量表达式 n	如果有 case 出现，则为必要参数。该常量表达式的值必须是一个与表达式数据类型相兼容的值
语句序列 n	可选参数。一条或多条语句，但不需要大括号。当表达式的值与常量表达式 n 的值匹配时执行
break;	可选参数。用于跳出 switch 语句
default	可选参数。如果没有该参数，则当所有匹配不成功时，将不会执行任何操作
语句序列 n+1	可选参数。如果没有与表达式的值相匹配的 case 常量时，将执行语句序列 n+1

同一个 switch 语句，case 的常量值必须互不相同。

switch 语句的执行流程如图 4-11 所示。

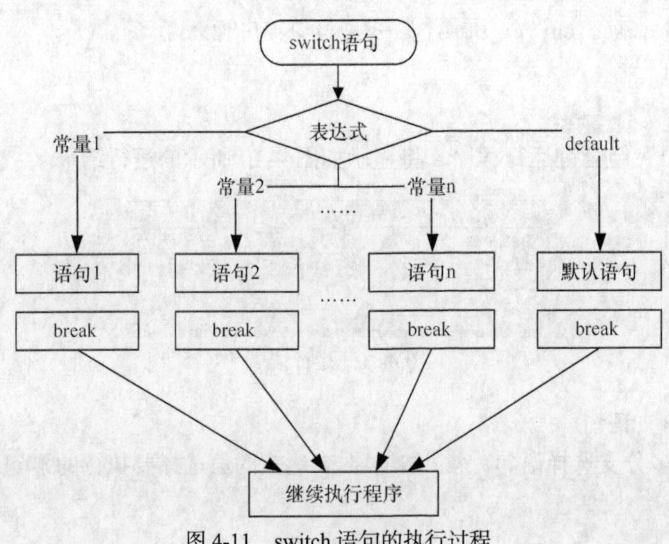

图 4-11　switch 语句的执行过程

【例 4-13】应用 switch 语句将用 1～7 表示的星期，转换为中文表示的星期，并输出。（实例位置：光盘\MR\源码\第 4 章\4-13）

```
public class Statement {

    public static void main(String[] args) {
        int week = 1;                              // 定义表示数字星期的变量
        switch (week) {                            // 指定 switch 语句的表达式为变量 week
        case 1:                                    // 常量值为 1
            System.out.println("星期日");
            break;                                 // 跳出 switch 语句
        case 2:                                    // 常量值为 2
            System.out.println("星期一");
            break;
        case 3:                                    // 常量值为 3
            System.out.println("星期二");
            break;
        case 4:                                    // 常量值为 4
            System.out.println("星期三");
            break;
        case 5:                                    // 常量值为 5
            System.out.println("星期四");
            break;
        case 6:                                    // 常量值为 6
            System.out.println("星期五");
            break;
        default:                                   // 默认语句
            System.out.println("星期六");
        }
    }
}
```

按下“Ctrl+F11”组合键运行程序，将显示如图 4-12 所示的运行结果。

图 4-12　运行结果

在 switch 语句中，case 语句后的常量表达式的值可以为整数，但绝不可以是实数，例如下面的代码就是不合法的：

```
case 1.1;
```

4.5.2　循环语句

所谓循环语句，主要就是在满足条件的情况下反复执行某一个操作。在 Java 中，提供了 3 种常用的循环语句，分别是：for 循环语句、while 循环语句和 do...while 循环语句。下面分别对这 3

种循环语句进行介绍。

1. for 循环语句

for 循环语句也称为计次循环语句，一般用于循环次数已知的情况。for 循环语句的基本语法格式如下：

```
for(初始化语句;循环条件;迭代语句){
    语句序列
}
```

- 初始化语句：为循环变量赋初始值的语句，该语句在整个循环语句中只执行一次。
- 循环条件：决定是否进行循环的表达式，其结果为 boolean 类型，也就是其结果只能是 true 或 false。
- 迭代语句：用于改变循环变量的值的语句。
- 语句序列：也就是循环体，在循环条件的结果为 true 时，重复执行。

for 循环语句执行的过程是：先执行为循环变量赋初始值的语句，然后判断循环条件，如果循环条件的结果为 true，则执行一次循环体，否则直接退出循环，最后执行迭代语句，改变循环变量的值，至此完成一次循环，接下来将进行下一次循环，直到循环条件的结果为 false，才结束循环。for 循环语句的执行流程如图 4-13 所示。

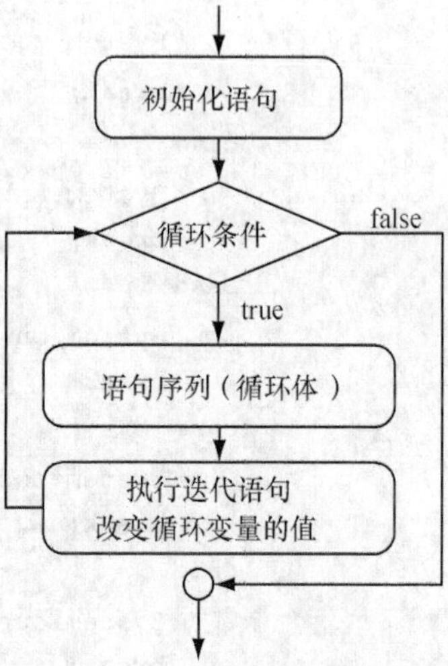

图 4-13　for 循环语句的执行流程

【例 4-14】 应用 for 循环语句计算 1～100 所有整数的和，不包括 100。（实例位置：光盘\MR\源码\第 4 章\4-14）

```
public class Statement {

    public static void main(String[] args) {
        int sum = 0;                                              // 定义保存计算结果的变量
        for (int i = 1; i < 100; i++) {
            sum += i;                                              // 累加 i 的值
        }
        System.out.println("1 到 100 之间所有整数的和是: " + sum);     //输出计算结果
    }
}
```

按下“Ctrl+F11”组合键运行程序，将显示如图 4-14 所示的运行结果。

图 4-14　运行结果

2. while 循环语句

while 循环语句也称为前测试循环语句，它的循环重复执行方式，是利用一个条件来控制是否要继续重复执行这个语句。while 循环语句与 for 循环语句相比，无论是语法还是执行的流程，都较为简明易懂。while 循环语句的基本语法格式如下：

```
while(条件表达式){
```

```
    语句序列
}
```

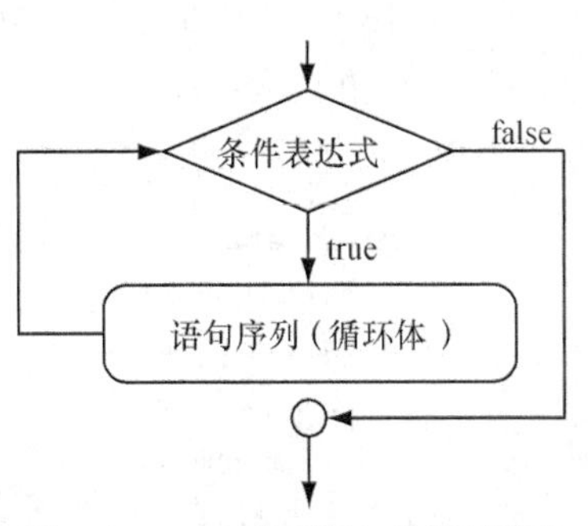

图 4-15　while 循环语句的执行流程

- 条件表达式：决定是否进行循环的表达式，其结果为 boolean 类型，也就是其结果只能是 true 或 false。
- 语句序列：也就是循环体，在条件表达式的结果为 true 时，重复执行。

while 循环语句执行的过程是：先判断条件表达式，如果条件表达式的值为 true，则执行循环体，并且在循环体执行完毕后，进入下一次循环，否则退出循环。while 循环语句的执行流程如图 4-15 所示。

【例 4-15】 应用 while 循环语句计算 1～100 所有整数的和，不包括 100。（实例位置：光盘\MR\源码\第 4 章\4-15）

```
public class Statement {

    public static void main(String[] args) {
        int i = 1;                                         // 定义循环增量 i
        int sum = 0;                                       // 定义保存计算结果的变量
        while (i < 100) {
            sum += i;                                      // 累加 i 的值
            i++;                                           // 将 i 的值加 1
        }
        System.out.println("1～100 所有整数的和是： " + sum); // 输出计算结果
    }
}
```

在上面的语句中，“i++;”语句一定不要忘记，否则将产生死循环，而不能得到想要的结果。

按下“Ctrl+F11”组合键运行程序，将得到与【例 4-14】相同的运行结果，即显示如图 4-14 所示的运行结果。

3. do...while 循环语句

do…while 循环语句也称为后测试循环语句，它的循环重复执行方式，也是利用一个条件来控制是否要继续重复执行这个语句。与 while 循环所不同的是，do...while 语句先执行一次循环语句，然后再去判断是否继续执行。do...while 循环语句的基本语法格式如下：

```
do{
    语句序列
} while(条件表达式);        //注意！语句结尾处的分号“;”
一定不能少
```

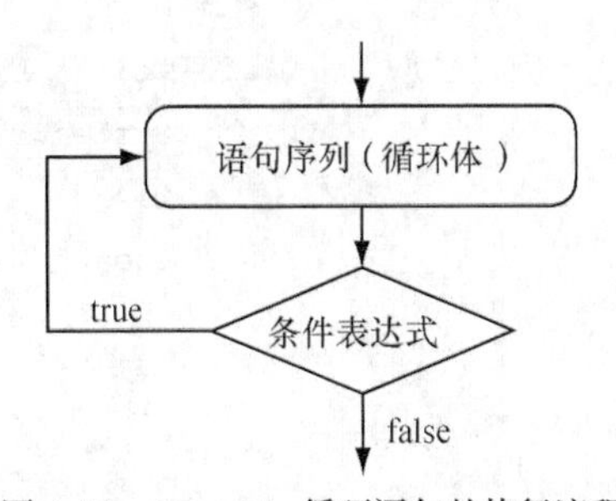

图 4-16　do...while 循环语句的执行流程

- 语句序列：也就是循环体，循环开始时首先被执行一次，然后在条件表达式的结果为 true 时，重复执行。
- 条件表达式：决定是否进行循环的表达式，其结果为 boolean 类型，也就是其结果只能是 true 或 false。

do...while 循环语句的执行流程如图 4-16 所示。

【例 4-16】应用 do...while 循环语句计算 1～100 所有整数的和，不包括 100。（实例位置：光盘\MR\源码\第 4 章\4-16）

```
public class Statement {

    public static void main(String[] args) {
        int i = 1;                                                   // 定义循环增量 i
        int sum = 0;                                                 // 定义保存计算结果的变量
        do {
            sum += i;                                                // 累加 i 的值
            i++;                                                     // 将 i 的值加 1
        } while (i < 100);
        System.out.println("1～100 所有整数的和是: " + sum);          // 输出计算结果
    }
}
```

在上面的语句中，"i++;"语句一定不要忘记，否则将产生死循环，而不能得到想要的结果。

按下"Ctrl+F11"组合键运行程序，将得到与【例 4-14】相同的运行结果，即显示如图 4-14 所示的运行结果。

4.5.3 使用 break、continue 语句实现程序的跳转

在 Java 中提供了 break 和 continue 语句，用于实现程序的跳转。下面将对这两条语句进行详细介绍。

1. break 跳转语句

break 语句大家应该不会陌生，在介绍 switch 语句时，我们已经应用过了。在 switch 语句中，break 语句用于中止下一个 case 的比较。实际上，break 语句还可以应用在 for、while 和 do...while 循环语句中，用于强行退出循环，也就是忽略循环体中任何其他语句和循环条件的限制。

【例 4-17】通过循环语句输出 100 以内累加和不大于 100 的连续整数。（实例位置：光盘\MR\源码\第 4 章\4-17）

```
public class Statement {

    public static void main(String[] args) {
        int sum = 0;                                  // 定义保存计算结果的变量
        for (int i = 1; i < 100; i++) {
            sum += i;                                 // 累加 i 的值
            if (sum <= 100) {                         // 当累加和小于等于 100 时
                System.out.print(i + "  ");           // 输出 i 的值
            } else {                                  // 当累加和大于 100 时
                break;                                // 跳出 for 循环
            }
        }
    }
}
```

按下"Ctrl+F11"组合键运行程序，将显示如图 4-17 所示的运行结果。

图 4-17　运行结果

2. continue 跳转语句

continue 语句只能应用在 for、while 和 do...while 循环语句中，用于让程序直接跳过其后面的语句，进行下一次循环。

【例 4-18】 输出 10 以内的全部奇数。（实例位置：光盘\MR\源码\第 4 章\4-18）

```
public class Statement {

    public static void main(String[] args) {
        int i = 0;                              // 定义循环增量
        while (i < 10) {
            i++;                                // 累加 i 的值
            if (i % 2 == 0) {                   // 当 i 的值能被 2 整除，表示该数不是奇数
                continue;                       // 进行下一次循环
            }
            System.out.print(i + "  ");         // 输出 i 的值
        }
    }
}
```

按下“Ctrl+F11”组合键运行程序，将显示如图 4-18 所示的运行结果。

图 4-18　运行结果

4.6　字符串处理

字符串由一连串字符组成，它可以包含字母、数字、特殊符号、空格或中文汉字，只要是键盘能输入的文字都可以。但是，这些字符必须包含在""（双引号）之内，这是 Java 语言中表示字符串的方法。例如，"明日科技"和"world"等都是合法的字符串。

多字符串必须由英文半角的双引号括起来，而不能用中文全角或是英文全角的双引号括起来。

4.6.1　创建字符串对象

在 Java 中，对于字符串的处理，均由 java.lang 包中的 String 类完成。String 类提供了多种创建字符串的方法，下面将对几种常用的语法进行介绍。

❑ 创建空字符串对象

```
String str=new String();
```

通过这种方法创建的空字符串不等于 null（空值）。空字符串和 null（空值）是两个概念，空字符串是由空的""符号定义的，它是实例化之后的字符串对象，只是不包含任何字符；而 null 是一个空对象，在内存中是不存在的。

❑ 创建带初始值的字符串对象

```
String str=初始字符串;
```

或

```
String str=new String(初始字符串);
```

初始字符串：用于指定字符串对象的初始值，该参数是由双引号括起来的一组字符组成。

例如，创建一个初始值为“明日科技”的字符串对象 str 可以使用下面的代码：

```
String str="明日科技";
```

或

```
String str=new String("明日科技");
```

采用这两种方法都可以创建一个带初始值的字符串变量，而且内容均为“明日科技”，然而通过这两种方法创建的字符串却是不同的。第一种方法是先创建一个字符串常量，并将其赋值给变量 str，而第二种方法则是先创建一个字符串常量，再创建一个对象，该对象的内容指向这个字符串常量。

字符串变量创建完成后，可以通过输出语句将其输出。例如，定义一个字符串变量，内容为“编程词典”，并输出该字符串变量可以使用下面的代码：

```
String str="编程词典";
System.out.println(str);
```

4.6.2 连接字符串

字符串连接操作在实际编程时使用得非常普遍。在 Java 中可以使用“+”运算符完成两个字符串的连接，也可以使用多个“+”运算符连接更多的字符串。

字符串连接的一个典型的使用方式，是创建一个很长的字符串时，可以将它分行拆分成多个字符串，并使用“+”运算符将它们连接起来，增加代码的可读性。

例如，首先定义一个保存用户名的字符串变量 username，初始值为“明日科技”，然后将字符串“您好，[”和“] 欢迎访问我公司网站!”与 username 中保存的字符串连接为一个字符串，并保存到另一个字符串变量 message 中，最后输出 message 的值，可以使用下面的代码：

```
String username = "明日科技";                                    // 定义保存用户名的变量
String message = "您好，[ " + username + " ] 欢迎访问我公司网站！";    // 连接字符串
System.out.println(message);                                   // 输出连接后的字符串
```

字符串连接中的“+”运算符不要和数学运算中的加法运算符混淆，和字符串关联的“+”运算符是连接另外的字符串或者其他类型数据成为一个整体的字符串，而不是加法运算。

4.6.3 判断字符串对象是否相等

我们知道，使用比较运算符中的==（双等号）可以比较两个字符串是否相等，但是不能应用它判断两个字符串对象是否相等。因为使用比较运算符比较的是两个字符串对象的地址，即使两

个字符串对象的内容完全相同，它们的内存地址也是不同的，所以不能采用这种方法进行比较。在 Java 中，String 对象提供了两个判断字符串对象是否相等的方法，下面分别进行介绍。

1. equals()方法

使用 String 对象提供的 equals()方法可以比较两个字符串对象的内容是否相等。equals()方法的语法格式如下：

```
string.equals(String otherString)
```

string 和 otherString 均为 String，用于指定要进行比较的两个字符串。

使用 equals()方法比较两个字符串对象时，比较的是对象的内容，区分字母的大小写。

2. equalsIgnoreCase()方法

equalsIgnoreCase()方法与 equals()方法类似，也是用于比较两个字符串对象的内容是否相等。所不同的是，equalsIgnoreCase()方法不区分比较对象的字母的大小写。equalsIgnoreCase()方法的语法格式如下：

```
string.equalsIgnoreCase(String otherString)
```

string 和 otherString 均为 String，用于指定要进行比较的两个字符串。

【例 4-19】采用不同方法判断字符串对象是否相等。（实例位置：光盘\MR\源码\第 4 章\4-19）

```
public class StringEquals {

    public static void main(String[] args) {
        String str1 = "mr";
        String str2 = new String("mr");
        String str3 = new String("MR");
        String str4 = new String("mr");
        System.out.println(str1 == str2);                    // 返回值为 false
        System.out.println(str2.equals(str3));               // 返回值为 false
        System.out.println(str2.equals(str4));               // 返回值为 true
        System.out.println(str2.equalsIgnoreCase(str3));     // 返回值为 true
        System.out.println(str2.equals(str1));               // 返回值为 true
    }
}
```

按下“Ctrl+F11”组合键运行程序，将显示如图 4-19 所示的运行结果。

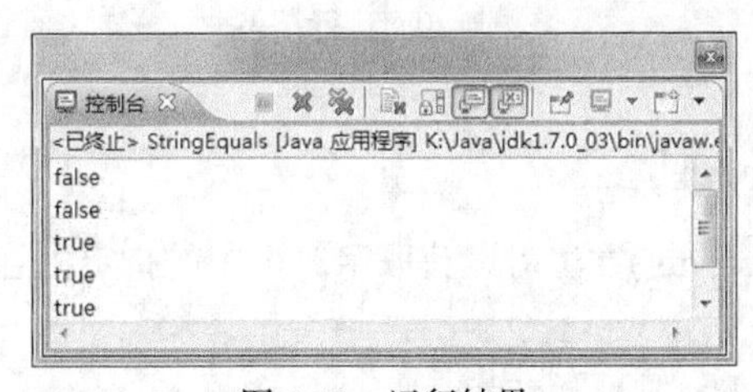

图 4-19　运行结果

在上面的代码中，由于 str1 和 str2 是不同的对象，所以在使用==判断它们是否相等时，返回值为 false；由于 str2 与 str3 的内容只是字母的大小写不同，所以应用 equals()方法时，比较的结果为 false，而应用 equalsIgnoreCase()方法时，比较的结果则为 true；由于使用 equals()方法比较的是两个字符串对象的内容，所以 str2 与 str1 应用 equals()方法比较的结果为 true。

4.6.4 字符串替换

字符串替换功能在项目开发时经常被应用。例如，在开发 JSP 网站时，经常需要对输入字符串中的回车换行或是空格符进行处理，如果不进行处理，在网页中显示时将不会正常显示这些符号。这就需要应用字符串替换功能，将这些符号替换成网页中可以正常显示的符号。

String 对象提供了 replace()方法，用于使用新的字符串替换原有字符串中的指定内容，其语法格式如下：

```
replace(char oldChar,char newChar)
```

或

```
replace(CharSequence target,CharSequence replacement)
```

- oldChar：用于指定被替换的字符。
- newChar：用于指定替换后的字符。
- target：用于指定被替换的字符序列，可以是字符串。
- replacement：用于指定替换后的字符序列，可以是字符串。

【例 4-20】 替换字符串的字符或字符串。（实例位置：光盘\MR\源码\第 4 章\4-20）

```
public class StringReplace {

    public static void main(String[] args) {
        String str="javaScript and java";          //定义字符串
        str=str.replace("ja","Ja");                //替换字符串中的字符串 ja 为 Ja
        System.out.println(str);                   //输出替换后的字符串
        str=str.replace('J','j');                  //替换字符串中的字符 J 为 j
        System.out.println(str);                   //输出替换后的字符串
    }
}
```

按下“Ctrl+F11”组合键运行程序，将显示如图 4-20 所示的运行结果。

图 4-20 运行结果

4.6.5 获取子字符串

通过 String 对象的 substring()方法可以获取字符串中的指定内容（即子字符串）。substring()方法的语法格式如下：

```
substring(int beginIndex,int endIndex)
```

- beginIndex：必选参数，用于指定子字符串在整体字符串中的开始索引位置。
- endIndex：可选参数，用于指定子字符串在整体字符串的结束索引位置，如果省略，则截取从开始位置到字符串结尾位置的子串。

字符串的索引位置从 0 开始。

【例 4-21】 获取字符串中的前 10 个字符，并添加省略号。（实例位置：光盘\MR\源码\第 4 章\4-21）

```
public class SubString {

    public static void main(String[] args) {
        String str = "相识，总是美丽；分别，总是优雅不起。";          // 定义字符串
        System.out.println(str);                                      // 输出原字符串
        // 截取字符串中索引位置从 0 到 10（不包括 10）所指定的子字符串
        String str1 = str.substring(0, 10);
        System.out.println(str1 + "……");  // 输出截取的子字符串，并添加省略号
    }
}
```

按下“Ctrl+F11”组合键运行程序，将显示如图 4-21 所示的运行结果。

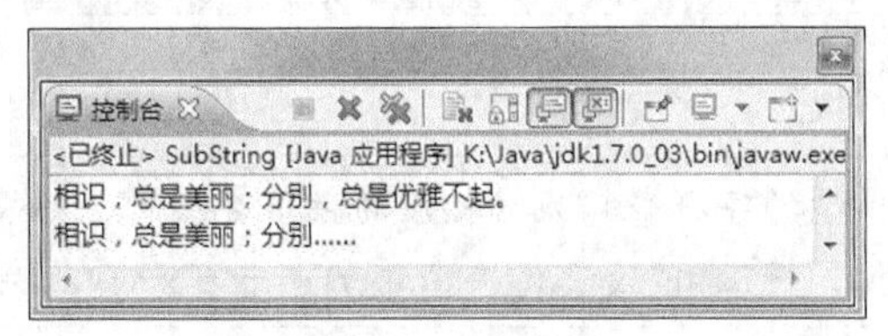

图 4-21 运行结果

在应用 substring()方法获取字符串的子字符串时，不包括 endIndex 参数所指定位置的字符。

4.6.6 将字符串转换为数值类型

在开发 JSP 网站时，经常需要将数值型的字符串转换为相应的数值类型。在 Java 中，将字符串转换为数值类型的方法如表 4-8 所示。

表 4-8 将字符串转换为数值类型

方 法	说 明
Byte.parseByte(String str)	将 str 转换为 byte 型的整数
Short.parseShort(String str)	将 str 转换为 short 型的整数
Integer.parseInt(String str)	将 str 转换为 int 型的整数
Long.parseLong(String str)	将 str 转换为 long 型的整数
Float.parseFloat(String str)	将 str 转换为 float 型的浮点数
Double.parseDouble(String str)	将 str 转换为 double 型的浮点数

【例 4-22】 创建一个 Java 类，并在 main()方法中，首先定义一个字符串变量，内容为 3，然后将该变量转换为不同的整型并输出，最后再将该变量重新赋值，并将其转换为浮点型输出。（实例位置：光盘\MR\源码\第 4 章\4-22）

```
String str="3";                                          //定义字符型变量 str,初始值为 3
System.out.println("byte: "+Byte.parseByte(str));        //转换为 byte 型
System.out.println("short: "+Short.parseShort(str));     //转换为 short 型
System.out.println("int: "+Integer.parseInt(str));       //转换为 int 型
```

```
System.out.println("long: "+Long.parseLong(str));          //转换为 long 型
str="3.14159265358979323846 26";                            //重新为 str 赋值
System.out.println("float: "+Float.parseFloat(str));       //转换为 float 型
System.out.println("double: "+Double.parseDouble(str));    //转换为 double 型
```

运行程序，将显示如图 4-22 所示的运行结果。

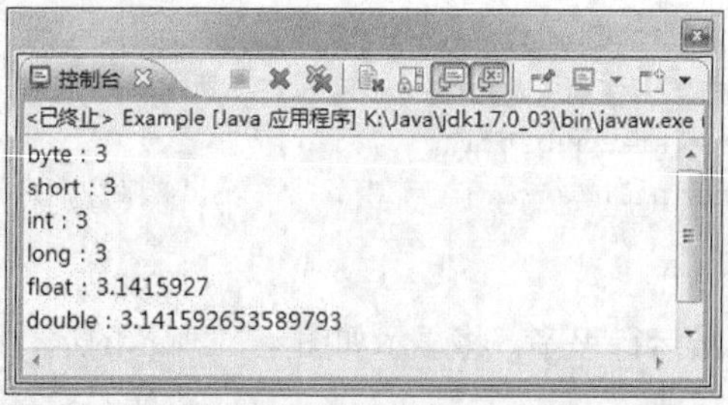

```
控制台
<已终止> Example [Java 应用程序] K:\Java\jdk1.7.0_03\bin\javaw.exe
byte : 3
short : 3
int : 3
long : 3
float : 3.1415927
double : 3.141592653589793
```

图 4-22 运行结果

注意

在进行将数值型的字符串转换为相应的数值类型时，如果指定的字符串不能被成功转换为相应的数值，将抛出 java.lang.NumberFormatException 异常。

4.7 数组的创建与使用

数组是程序开发中一项非常重要的内容。本节将对什么是数组，数组的应用范围，以及一维数组和二维数组的创建及使用进行详细介绍。

4.7.1 什么是数组及数组的应用

数组实际上是一组数据的集合，这组数据具有相同的数据类型，而且每个数据又都有一个索引值，我们可以通过索引值获取对应的数据。例如，定义一个字符串数组，名称为 week，该数组中保存着中文星期名称（如星期日、星期一、星期二等）的字符串，如图 4-23 所示。这时，如果想获取第 2 个数组元素对应的内容，可以通过 week[1]获取。

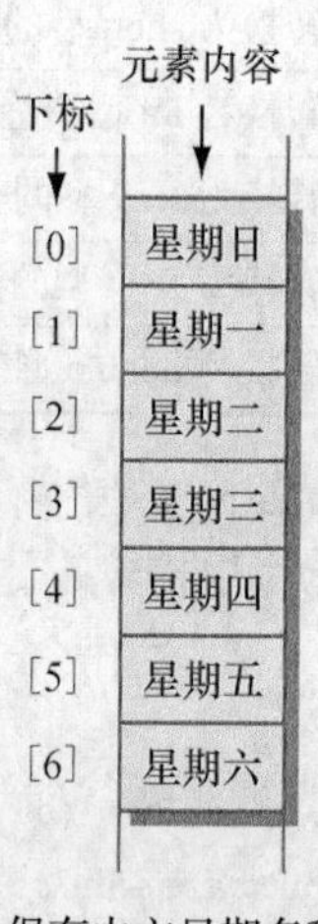

图 4-23 保存中文星期名称的数组

一个数组在内存中，将占用一块连续的存储空间。

在开发 JSP 网站时，经常使用数组保存复选框组的值。当用户通过前台表单将复选框组的值提交到服务器端时，将以数组的形式保存。

4.7.2　一维数组的创建及遍历

一维数组实质上是一组相同类型的线性集合，当程序中碰到需要处理一组数据，或者传递一组数据的情况时，可以应用到这种类型的数组。

Java 中的数组必须先声明，然后才能使用。声明一维数组有以下两种格式：

```
数据类型　数组名[] = new 数据类型[个数];
数据类型[]　数组名 = new 数据类型[个数];
```

当按照上述格式声明数组后，系统会分配一块连续的内存空间供该数组使用，例如，下面的两行代码都是正确的：

```
String any[] = new String[10];
String[] any = new String[10];
```

这两个语句实现的功能都是创建了一个新的字符串数组，它有 10 个元素可以用来容纳 String 对象，当用关键字 new 来创建一个数组对象时，则必须指定这个数组能容纳多少个元素。

在 Java 中，还可以在声明一维数组时直接为其赋值，语法格式如下：

```
数据类型 数组名[] = {数值 1,数值 2,…,数值 n};
数据类型[] 数组名= {数值 1,数值 2,…,数值 n};
```

括号内的数值将依次赋值给数组中的第 1 到 n 个元素。另外，在赋值声明时，不需要给出数组的长度，编译器会按所给的数值个数来决定数组的长度，例如下面的代码：

```
String color[] = {"红色","蓝色","绿色","黄色","黑色","灰色"};
```

在上面的语句中，声明了一个数组 color，虽然没有特别指名 color 的长度，但由于括号里的数值有 6 个，编译器会分别依次为各元素指定存放位置，例如，color[0] ="红色"，color[1] =" 蓝色"。

【例 4-23】 定义一个 String 型的数组，用来存储花名，并通过循环语句遍历该数组。（实例位置：光盘\MR\源码\第 4 章\4-23）

```
public class Flower {

    public static void main(String[] args) {
        String[] flower = { "太阳花","玫瑰花","康乃馨" };//定义一个包括 3 个元素的一维数组
        // 通过 for 循环遍历该数组
        for (int i = 0; i < flower.length; i++) {
            System.out.println("数组元素" + i + ": " + flower[i]);
        }
    }
}
```

按下“Ctrl+F11”组合键运行程序，将显示如图 4-24 所示的运行结果。

通过数组的 length 属性，可以获取到数组的长度，也就是数组元素的个数。数组的最大下标是数组长度-1。

图 4-24　运行结果

4.7.3　二维数组的创建及遍历

二维数组在编程中应用广泛，常用于表示表，表中的信息以行和列的形式组织，第一个下标代表元素所在的行，第二个下标代表元素所在的列。在 Java 语言中，实际上并不存在称为“二维数组”的明确结构，而二维数组实际上是指数组元素为一维数组的一维数组。声明二维数组语法格式如下：

```
数据类型 数组名[][] = new 数据类型[个数] [个数];
```

例如下面的代码：

```
int arry[][] = new int [2][3];
```

上述语句声明了一个二维数组，其中[2]表示该数组有（0～1）2 行，[3]表示每行有（0～2）3 个元素，因此该数组有 6 个元素。

对于二维数组元素的赋值，同样可以在声明时进行，例如：

```
String[][] flower = {{"黄色的太阳花","蓝色的太阳花","白色的太阳花"},
                     {"红色的玫瑰花","粉色的玫瑰花","黄色的玫瑰花"}};
```

在上面的语句中，声明了一个 2 行 3 列的字符串数组，同时进行赋值。

二维数组创建后，可以通过嵌套的 for 循环进行遍历。例如，遍历上面定义的 2 行 3 列的数组 flower 的代码如下：

```
for(int i=0;i<flower.length;i++){
    for(int j=0;j<flower[0].length;j++){
        System.out.print(flower[i][j]+"  ");                //输出元素内容
    }
    System.out.print("\r\n");                               //输出一个回车换行符
}
```

运行结果如图 4-25 所示。

图 4-25　运行结果

4.8　集合类的应用

集合类的作用和数组类似，也可以保存一系列数据，但是集合类的优点是可以方便地对集合内的数据进行查询、增加、删除和修改等操作。在开发 JSP 网站时，比较常用的集合类是 ArrayList

类和 Vector 类。本节将对这两个类进行详细介绍。

4.8.1 ArrayList 类

ArrayList 类实现了 List 接口。由 ArrayList 类实现的 List 集合，采用数组结构保存对象。ArrayList 类实现的是可变数组，它允许所有元素（包括 NULL）可以根据索引位置对集合进行快速地随机访问。因此，在经常需要根据集合对象的索引位置访问集合时，使用 ArrayList 实现 List 集合的效率较高。ArrayList 类的缺点是向指定的索引位置插入对象或删除对象的速度较慢。原因是向指定索引位置插入对象时，会将指定索引位置及之后的所有对象相应的向后移动一位，如图 4-26 所示。

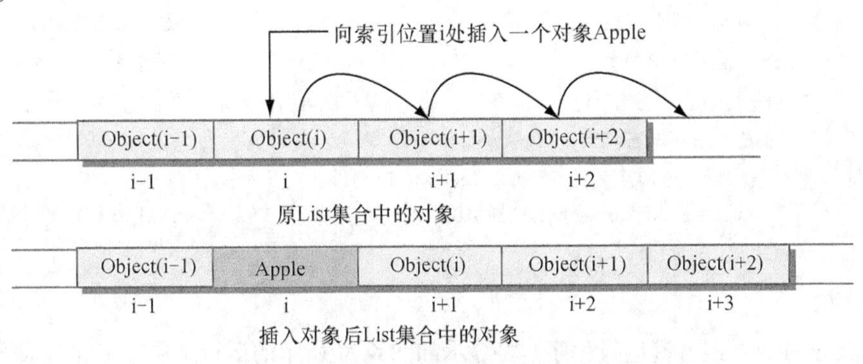

图 4-26　向 List 集合中插入对象示意图

在使用 ArrayList 类时，需要创建该类的对象，具体语法如下：

```
List<E> list=new ArrayList<E>();
```

- list：为创建的 List 集合对象。
- E：用于指定该 List 集合中保存对象的类型，是一个类型的名称。这里采用的是泛型的形式，这是 JDK 1.5 版本提供的概念。

例如，定义一个保存 String 类型对象的 List 集合可以使用以下代码：

```
List<String> list = new ArrayList<String>();
```

ArrayList 类的对象创建后，就可以通过该类提供的方法，操作该集合对象。常用的 ArrayList 类的方法如表 4-9 所示。

表 4-9　ArrayList 类的常用方法

方　法	功　能
add(int index, Object obj)	用来向集合的指定位置添加元素，其他元素的索引位置相对后移一位。索引位置从 0 开始
addAll(int, Collection coll)	用来向集合的指定索引位置添加指定集合中的所有对象
remove(int index)	用来清除集合中指定索引位置的对象
set(int index, Object obj)	用来将集合中指定索引位置的对象修改为指定的对象
get(int index)	用来获得指定索引位置的对象
indexOf(Object obj)	用来获得指定对象的索引位置。当存在多个时，返回第一个的索引位置；当不存在时，返回-1
lastIndexOf(Object obj)	用来获得指定对象的索引位置。当存在多个时，返回最后一个的索引位置；当不存在时，返回 1
size()	返回集合中元素的个数

【例 4-24】 创建一个 List 集合对象，并向该集合对象中添加 4 个元素，其中最后一个元素在添加时，指定其索引位置，最后遍历该 List 集合对象。（实例位置：光盘\MR\源码\第 4 章\4-24）

```
import java.util.ArrayList;
import java.util.List;

public class Nickname {

    public static void main(String[] args) {
        List<String> list = new ArrayList<String>();      // 创建 List 集合对象
        list.add("琦琦");                                   // 添加第 1 个元素
        list.add("明日科技");                               // 添加第 2 个元素
        list.add("无语");                                   // 添加第 3 个元素
        list.add(1, "宁宁");                  // 在索引位置为 1 的位置插入一个元素“宁宁”
        // 遍历 List 集合对象
        for (int i = 0; i < list.size(); i++) {
            System.out.println("索引位置" + i + ":"+list.get(i));//输出当前位置的元素
        }
    }
}
```

按下“Ctrl+F11”组合键运行程序，将显示如图 4-27 所示的运行结果。

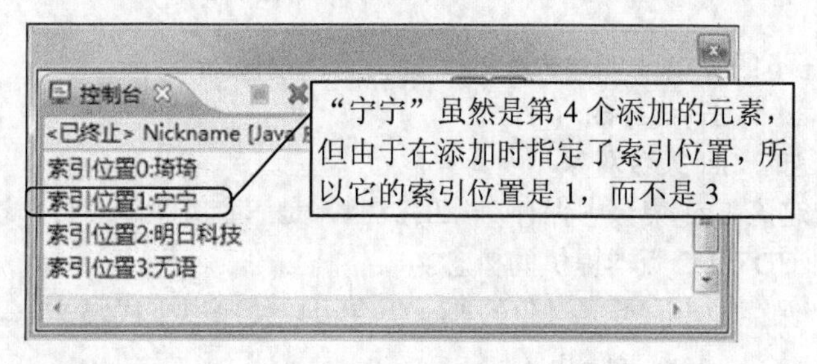

图 4-27　运行结果

在应用 add()方法向 List 集合中添加元素时，如果不指定元素的索引位置，默认情况下，是按顺序进行添加的，也就是说，第 1 个添加的元素，索引位置为 0，第 2 个添加的元素，索引位置为 1，依次类推。

4.8.2 Vector 类

Vector 类是一元集合，可以加入重复数据，它的作用和数组类似，可以保存一系列数据，它的优点是可以很方便地对集合内的数据进行查找、增加、修改和删除等操作。

在使用 Vector 类时，需要创建该类的对象，具体语法如下：

```
Vector v=new Vector();
```

- “v:”为创建的 Vector 向量对象。

Vector 类的对象创建后，就可以通过该类提供的方法，操作该 Vector 对象。Vector 类提供的常用方法如表 4-10 所示。

表 4-10　　Vector 类的常用方法

方　法	功　能
add(int index,Object element)	在指定的位置添加元素
addElementAt(Object obj)	在 Vector 类的结尾添加元素
size()	返回 Verctor 类的元素总数
elementAt(int index)	取得特定位置的元素，返回值为整型
setElementAt(object obj,int index)	重新设定指定位置的元素
removeElementAt(int index)	删除指定位置的元素

【例 4-25】创建一个 Vector 对象，首先向该集合对象中添加 4 个元素，其中最后一个元素在添加时，指定其索引位置，然后遍历该 Vector 对象，再移除索引位置为 2 的元素，最后再次遍历 Vector 对象。（实例位置：光盘\MR\源码\第 4 章\4-25）

```
import java.util.Vector;

public class Nickname {

    public static void main(String[] args) {
        Vector<String> v = new Vector<String>();    // 创建 Vector 对象
        v.add("琦琦");                               // 添加第 1 个元素
        v.add("宁宁");                               // 添加第 2 个元素
        v.add("明日科技");                           // 添加第 3 个元素
        v.add(0, "无语");        // 在索引位置为 0 的位置插入一个元素“无语”
        // 遍历 List 集合对象
        for (int i = 0; i < v.size(); i++) {
            // 输出当前位置的元素
            System.out.print("索引位置" + i + ":" + v.elementAt(i) + "  ");
        }
        v.remove(2);                                 // 移除索引位置为 2 的元素
        System.out.println("\r\n 删除索引位置为 2 的元素后：");
        // 遍历 List 集合对象
        for (int i = 0; i < v.size(); i++) {
            // 输出当前位置的元素
            System.out.print("索引位置" + i + ":" + v.elementAt(i) + "  ");
        }
    }
}
```

按下“Ctrl+F11”组合键运行程序，将显示如图 4-28 所示的运行结果。

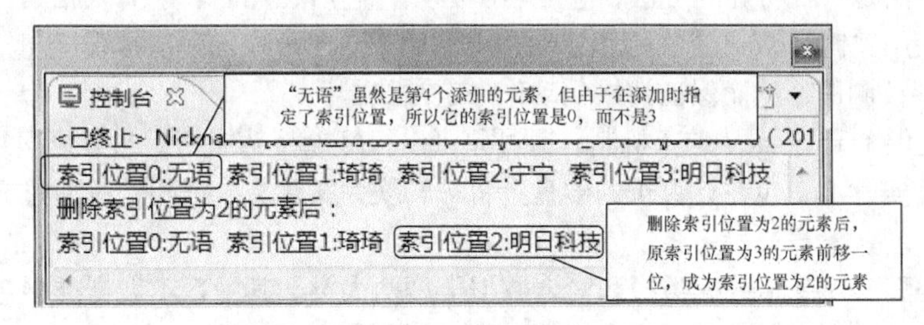

图 4-28　运行结果

4.9 综合实例——在控制台上输出九九乘法表

本实例主要演示如何在 Eclipse 的控制台上输出九九乘法表，具体步骤如下。

（1）在 Eclipse 中创建 Java 项目 example04，并在该项目中创建 com.mingrisoft 包。

（2）在 com.mingrisoft 包中创建类文件，名称为 MultiplicationTable，并在该类的主方法中通过双层 for 循环输出九九乘法表。关键代码如下：

```
public class MultiplicationTable {
    public static void main(String[] args) {
        for(int i=1;i<=9;i++){                          // 循环控制变量从 1 遍历到 9
            for(int j=1;j<=i;j++){                      // 第二层循环控制变量与第一层最大索引相等
                System.out.print(j+"×"+i+"="+i*j+"\t");  // 输出计算结果但不换行
            }
            System.out.println();                       // 在外层循环中换行
        }
    }
}
```

运行本实例，将显示如图 4-29 所示的运行结果。

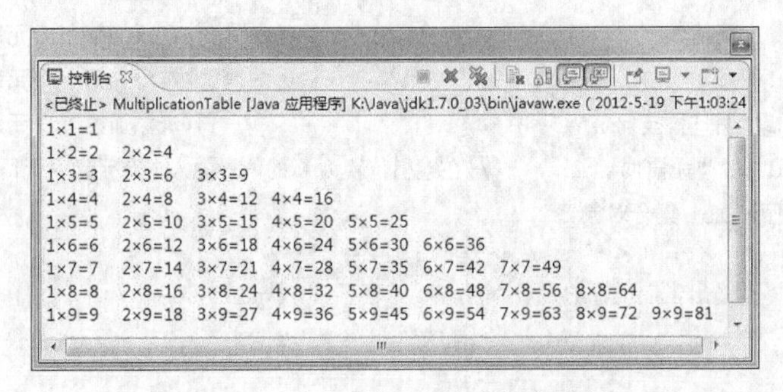

图 4-29 在控制台上输出九九乘法表

知识点提炼

（1）对象就是客观世界中存在的人、物体等实体。

（2）在 Java 中，类的定义主要分为类的声明和类体两部分。在类声明中，可以指定类的名称、类的访问权限或者与其他类的关系，而在类体中，主要用于定义成员和成员方法。

（3）构造方法是一种特殊的方法，它的名字必须与它所在类的名字完全相同，并且没有返回值，也不需要使用关键字 void 进行标识。构造方法用于对对象中的所有成员变量进行初始化，在创建对象时立即被调用，从而保证初始化动作一定被执行。

（4）Java 提供了 package（包）机制。通过包可以很好地将功能相近的类组织到一起，从而方便查找和使用。实际上，包在计算机的磁盘上将被转换为文件夹，操作系统通过文件夹来管理各个类。

（5）数据类型分为基本数据类型和复合数据类型两大类。其中基本数据类型包括整数类型、浮点类型、字符类型和布尔类型。复合数据类型包括对象和数组等。

（6）常量是指在程序执行过程中，其值不可改变的量，而变量是指在程序执行过程中，其值可以动态改变的量。

（7）所谓循环语句，主要就是在满足条件的情况下反复执行某一个操作。在 Java 中，提供了 3 种常用的循环语句，分别是：for 循环语句、while 循环语句和 do...while 循环语句。

（8）字符串由一连串字符组成，它可以包含字母、数字、特殊符号、空格或中文汉字，只要是键盘能输入的文字都可以。但是，这些字符必须包含在一对""（双引号）之内，这是 Java 语言中表示字符串的方法。

（9）数组实际上是一组数据的集合，这组数据具有相同的数据类型，而且每个数据又都有一个索引值，我们可以通过索引值获取对应的数据。

（10）Vector 类是一元集合，可以加入重复数据，它的作用和数组类似，可以保存一系列数据，它的优点是可以很方便地对集合内的数据进行查找、增加、修改和删除等操作。

习　题

4-1　什么是类？如何定义类？类的成员一般由哪两部分组成？
4-2　什么是成员变量和局部变量，它们的区别是什么？
4-3　Java 的基本数据类型有哪些，它们之间如何进行转换？
4-4　Java 提供了几种循环语句？它们的基本语法是什么？
4-5　简述 break 和 continue 跳转语句之间的区别。

实验：输出由*号组成的菱形

实验目的

（1）熟悉 Java 语言的基本语法。
（2）掌握流程控制语句的使用。

实验内容

应用嵌套的 for 循环语句和 if 语句在控制台上输出由*号组成的菱形。

实验步骤

（1）在 Eclipse 中创建 Java 项目 experiment04，并在该项目中创建 com.mingrisoft 包。

（2）在 com.mingrisoft 包中创建类文件，名称为 Diamond，并在该类的主方法中调用 print()方法完成 7 行的空心菱形输出，其中 print()方法是实例中自定义的，该方法使用两个双层 for 循环分别输出菱形的上半部分与下半部分。关键代码如下：

```
public class Diamond {
    public static void main(String[] args) {
        print(7);                                    // 输出 7 行的菱形
    }
    public static void print(int size) {
```

```
        if (size % 2 == 0) {
            size++;                                // 计算菱形大小
        }
        for (int i=0;i<size/2+1; i++) {
            for (int j=size/2+1;j>i+1; j--) {
                System.out.print("  ");            // 输出左上角位置的空白
            }
            for (int j=0;j<2*i+1; j++) {
                System.out.print("* ");            // 输出菱形上半部边缘
            }
            System.out.println("");                // 换行
        }
        for (int i=size/2+1;i<size; i++) {
            for (int j=0;j<i-size/2; j++) {
                System.out.print("  ");            // 输出菱形左下角空白
            }
            for (int j=0;j<2*size-1-2*i; j++) {
                System.out.print("* ");            // 输出菱形下半部边缘
            }
            System.out.println("");                 // 换行
        }
    }
}
```

运行本实例，将显示如图 4-30 所示的运行结果。

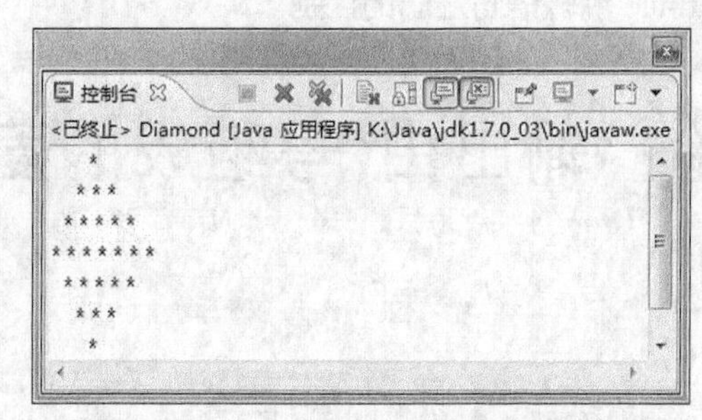

图 4-30　在控制台上输出由*号组成的菱形

第 5 章 JSP 基本语法

本章要点：

- JSP 页面的基本构成元素
- JSP 的 page、include 和 taglib 指令标识
- JSP 的脚本标识
- JSP 文件中可以应用的注释
- JSP 的动作标识

在进行 JSP 网站开发时，必须掌握 JSP 的基本语法。本章将向读者介绍 JSP 语法中的 JSP 页面的基本构成、指令标识、脚本标识、注释以及动作标识等内容。

5.1 JSP 页面的基本构成

JSP 页面是指扩展名为.jsp 的文件。在前面的学习中，虽然已经创建过 JSP 文件，但是，并未对 JSP 文件的页面构成进行详细介绍。下面将详细介绍 JSP 页面的基本构成。

在一个 JSP 页面中，可以包括指令标识、HTML 代码、JavaScript 代码、嵌入的 Java 代码、注释和 JSP 动作标识等内容。但这些内容并不是一个 JSP 页面所必须的。下面将通过一个简单的 JSP 页面说明 JSP 页面的构成。

【例 5-1】 编写一个 JSP 页面，名称为 index.jsp，在该页面中显示当前时间。（实例位置：光盘\MR\源码\第 5 章\5-1）

```
<%@ page language="java" contentType="text/html; charset=UTF-8"
    pageEncoding="UTF-8"%>
<%@ page import="java.util.Date"%>
<%@ page import="java.text.SimpleDateFormat"%>
<!DOCTYPE HTML>
<html>
<head>
<meta charset="utf-8">
<title>一个简单的 JSP 页面——显示系统时间</title>
</head>
<body>
<%
    Date date = new Date();                                    //获取日期对象
    //设置日期时间格式
    SimpleDateFormat df = new SimpleDateFormat("yyyy-MM-dd HH:mm:ss");
```

```
    String today = df.format(date);                         //获取当前系统日期
%>
当前时间：<%=today%>                                         <!-- 输出系统时间 -->
</body>
</html>
```

运行本实例，结果如图 5-1 所示。

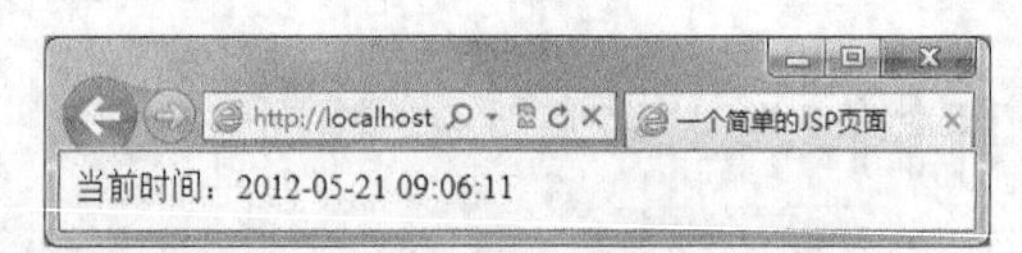

图 5-1　在页面中显示当前时间

下面我们来分析例 5-1 中的 JSP 页面。在该页面中包括了指令标识、HTML 代码、嵌入的 Java 代码和注释等内容。如图 5-2 所示。

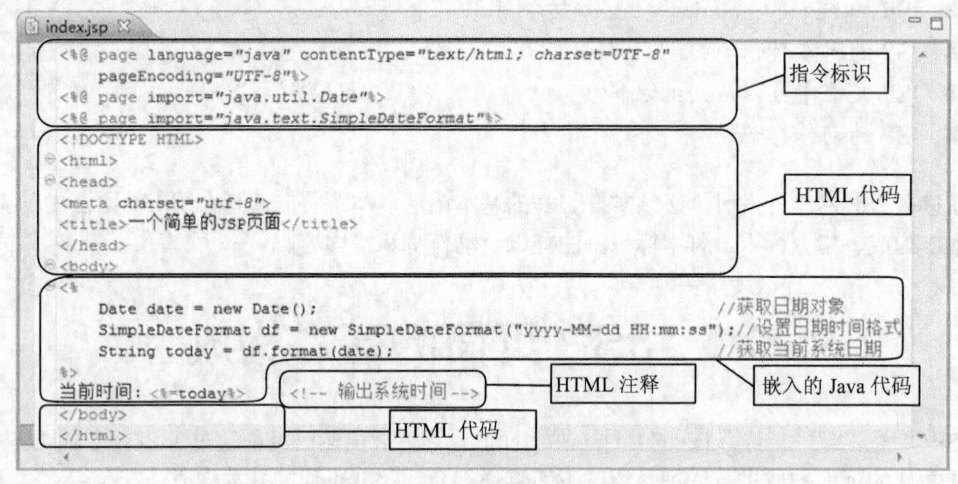

图 5-2　一个简单的 JSP 页面

5.2　脚本标识

在 JSP 页面中，脚本标识使用得最为频繁。因为它们能够很方便、灵活地生成页面中的动态内容，特别是 Scriptlet 脚本程序。JSP 中的脚本标识 JSP 表达式（Expression）、声明标识（Declaration）和脚本程序（Scriptlet）。通过这些标识，在 JSP 页面中可以像编写 Java 程序一样来声明变量、定义函数或进行各种表达式的运算。下面将对这些标识进行详细介绍。

5.2.1　JSP 表达式（Expression）

JSP 表达式用于向页面中输出信息，其语法格式如下：

```
<%= 表达式%>
```

- 表达式：可以是任何 Java 语言的完整表达式。该表达式的最终运算结果将被转换为字符串。

注意

<%与=之间不可以有空格，但是=与其后面的表达式之间可以有空格。

【例 5-2】 使用 JSP 表达式在页面中输出信息，示例代码如下：

```
<%String manager="mr"; %>             <!-- 定义保存管理员名的变量 -->
管理员：<%=manager %>                 <!-- 输出结果为：管理员：mr -->
<%="管理员："+manager %>              <!-- 输出结果为：管理员：mr -->
<%= 7+6 %>                            <!-- 输出结果为：13 -->
<%String url="head01.jpg"; %>         <!-- 定义保存文件名称的变量 -->
<img src="images/<%=url %>">          <!-- 输出结果为：<img src="images/head01.jpg"> -->
```

JSP 表达式不仅可以插入到网页的文本中，用于输出文本内容，也可以插入到 HTML 标记中，用于动态设置属性值。

5.2.2 声明标识（Declaration）

声明标识用于在 JSP 页面中定义全局的变量或方法。通过声明标识定义的变量和方法可以被整个 JSP 页面访问，所以通常使用该标识定义整个 JSP 页面都需要引用的变量或方法。

服务器执行 JSP 页面时，会将 JSP 页面转换为 Servlet 类，在该类中会把使用 JSP 声明标识定义的变量和方法转换为类的成员变量和方法。

声明标识的语法格式如下：

```
<%! 声明变量或方法的代码 %>
```

<%与!之间不可以有空格，但是!与其后面的代码之间可以有空格。另外，<%!与%>可以不在同一行，例如，下面的格式也是正确的。

```
<%!
    声明变量或方法的代码
%>
```

【例 5-3】 通过声明标识声明一个全局变量和全局方法。

```
<%!
    int number = 0;                    //声明全局变量
    int count() {                      //声明全局方法
        number++;                      //累加 number
        return number;                 //返回 number 的值
    }
%>
```

通过上面的代码声明全局变量和全局方法后，在后面如果通过<%=count()%>调用全局方法，则每次刷新页面，都会输出前一次值+1 的值。

5.2.3 代码片段

所谓代码片段就是在 JSP 页面中嵌入的 Java 代码或是脚本代码。代码片段将在页面请求的处理期间被执行，通过 Java 代码可以定义变量或是流程控制语句等；而通过脚本代码可以应用 JSP 的内置对象在页面输出内容、处理请求和响应、访问 session 会话等。代码片段的语法格式如下：

```
<% Java 代码或是脚本代码 %>
```

代码片段的使用比较灵活，它所实现的功能是 JSP 表达式无法实现的。

代码片段与声明标识的区别是，通过声明标识创建的变量和方法，在当前 JSP 页面中有效，它的生命周期是从创建开始到服务器关闭结束；而代码片段创建的变量或方法，也是在当前 JSP 页面中有效，但它的生命周期是页面关闭后，就会被销毁。

【例 5-4】 通过代码片段和 JSP 表达式在 JSP 页面中输出九九乘法表。（实例位置：光盘\MR\源码\第 5 章\5-4）

编写一个名称为 index.jsp 的文件，在该页面中，先通过代码片段将输出九九乘法表的文本连接成一个字符串，然后通过 JSP 表达式输出该字符串。index.jsp 文件的关键代码如下：

```
<body>
    <%
        String str = "";                                //声明保存九九乘法表的字符串变量
        //连接生成九九乘法表的字符串
        for (int i=1;i<=9;i++) {                        // 外循环
            for (int j=1;j<=i;j++) {                    // 内循环
                str +=j+"×"+i+"="+j*i;
                str += " ";                        //加入空格符
            }
            str +="<br>";                               // 加入换行符
        }
    %>
    <div>
        <ul>
            <li id="title">九九乘法表</li>
            <li><%=str%> <!-- 输出九九乘法表 --></li>
        </ul>
    </div>
</body>
```

运行程序，将显示如图 5-3 所示的效果。

九九乘法表

1×1=1
1×2=2 2×2=4
1×3=3 2×3=6 3×3=9
1×4=4 2×4=8 3×4=12 4×4=16
1×5=5 2×5=10 3×5=15 4×5=20 5×5=25
1×6=6 2×6=12 3×6=18 4×6=24 5×6=30 6×6=36
1×7=7 2×7=14 3×7=21 4×7=28 5×7=35 6×7=42 7×7=49
1×8=8 2×8=16 3×8=24 4×8=32 5×8=40 6×8=48 7×8=56 8×8=64
1×9=9 2×9=18 3×9=27 4×9=36 5×9=45 6×9=54 7×9=63 8×9=72 9×9=81

图 5-3 在页面中输出九九乘法表

5.3 注 释

所谓注释就是为了让他人一看就知道代码是做什么用的，而添加的解释或说明性的文字。在程序代码中，合理的添加注释可以增加程序的可读性和可维护性。在 JSP 页面中，支持 HTML 中的注释、隐藏注释和代码片段中的注释等多种注释。不同的注释适用于不同的位置，例如，HTML 注释和隐藏注释只能插入到 HTML 标记和 JSP 脚本标识以外的位置，而代码片段中的注释只能插入到代码片段中。下面将对这些注释进行详细介绍。

5.3.1　HTML 中的注释

HTML 语言的注释不会被显示在网页中，但是在浏览器中选择查看网页源代码时，还是能够看到注释信息的。

HTML 中注释的语法格式如下：

```
<!-- 注释文本 -->
```

【例 5-5】 在 HTML 中添加注释。

```
<!-- 显示数据报表的表格 -->
<table>
    ......
</table>
```

上述代码为 HTML 的一个表格添加了注释信息，其他程序开发人员可以直接从注释中了解表格的用途，无须重新分析代码。在浏览器中查看网页代码时，上述代码将完整地被显示，包括注释信息。

5.3.2　隐藏注释

在文档中添加的 HTML 注释虽然在浏览器中不显示，但是可以通过查看源代码看到这些注释信息。所以严格来说，这种注释是不安全的。不过 JSP 还提供了一种隐藏注释，这种注释不仅在浏览器中看不到，而且在查看 HTML 源代码时也看不到，所以这种注释的安全性比较高。

隐藏注释的语法格式如下：

```
<%-- 注释内容 --%>
```

【例 5-6】 在 JSP 页面中添加隐藏注释。（实例位置：光盘\MR\源码\第 5 章\5-6）

编写一个名称为 index.jsp 的文件，在该页面中，首先定义一个 HTML 注释，内容为“显示用户信息”，然后再定义一下由注释文本和 JSP 表达式组成的 HTML 注释语句，最后再添加文本，用于显示用户信息。index.jsp 文件的代码如下：

```
<%@ page language="java" contentType="text/html; charset=GB18030" pageEncoding="GB18030"%>
<html>
<head>
<meta http-equiv="Content-Type" content="text/html; charset=GB18030">
<title>隐藏注释的应用</title>
</head>
<body>
<%-- 显示用户信息开始 --%>
用户名：无语<br>
部  门：Java 部门 <br>
权  限：系统管理员
<%-- 显示用户信息结束 --%>
</body>
</html>
```

运行程序，将显示如图 5-4 所示的效果。

页面运行后，单击“查看”/“源文件”菜单项，将打开如图 5-5 所示的 HTML 源文件。在该文件中，将看不到添加的注释内容。

图 5-4 页面运行结果

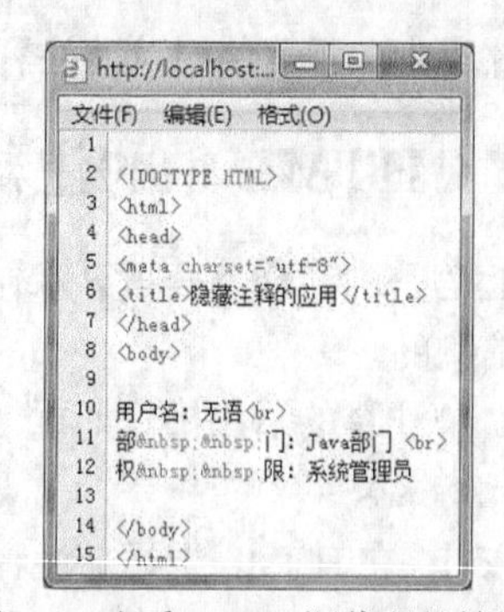

图 5-5 查看 HTML 源代码的效果

5.3.3 动态注释

由于 HTML 注释对 JSP 嵌入的代码不起作用，因此可以利用它们的组合构成动态的 HTML 注释文本。

例如，在 JSP 页面中添加动态注释，代码如下：

```
<!-- <%=new Date()%> -->
```

上述代码将当前日期和时间作为 HTML 注释文本。

5.3.4 代码片段中的注释

在 JSP 页面中可以嵌入代码片段，在代码片段中也可加入注释。在代码片段中加入的注释同 Java 的注释相同，同样也是包括以下 3 种情况。

1. 单行注释

单行注释以“//”开头，后面接注释内容，其语法格式如下：

```
// 注释内容
```

例如，下面的代码演示了在代码片段中加入单行注释的几种情况。

```
<%
    String username = "";             //定义一个保存用户名的变量
    //根据用户名是否为空输出不同的信息
    if ("".equals(username)) {
        System.out.println("用户名为空");
    } else {
        // System.out.println("您好！" + username);
    }
%>
```

在上面的代码中，通过单行注释，可以让语句“System.out.println("您好！" + username);”不执行。

注意

单行注释只对当前行有效，即只有与“//”同一行，并且在其后面的内容会被注释掉，包括代码片段，但是不对其下一行的内容起作用。例如，在下面的代码中，第一行的注释为“定义保存用户名的变量”，其下一行的代码片段“String pwd="";”并没有被注释；第二行的注释内容为“定义保存密码的变量”。

```
<%
String username="";          //定义保存用户名的变量
String pwd="";               //定义保存密码的变量
%>
```

2. 多行注释

多行注释以“/*”开头，以“*/”结束。在这个标识中间的内容为注释内容，并且注释内容可以换行。其语法格式如下：

```
/*
   注释内容 1
   注释内容 2
   …
 */
```

为了程序代码的美观，习惯上在每行注释内容的前面加上一个*号，构成以下的注释格式：

```
/*
 * 注释内容 1
 * 注释内容 2
 * …
 */
```

例如，在代码片段中添加多行注释的代码如下：

```
<%
/*
* function：显示用户信息
* author:wgh
* time:2012-5-21
*/
%>
用户名：无语<br>
部  门：Java 部门 <br>
权  限：系统管理员
```

服务器不会对“/*”与“*/”之间的所有内容进行任何处理，包括 JSP 表达式或其他的脚本程序。并且多行注释的开始标记和结束标记可以不在同一个脚本程序中同时出现。

3. 提示文档注释

提示文档注释会被 Javadoc 文档工具生成文档时所读取，文档是对代码结构和功能的描述。其语法格式如下：

```
/**
   提示信息 1
   提示信息 2
   …
*/
```

同多行注释一样，为了程序代码的美观，也可以在每行注释内容的前面加上一个*号，构成以下的注释格式：

```
/**
   * 提示信息 1
   * 提示信息 2
   * …
*/
```

说明

提示文档注释方法与多行注释很相似，但细心的读者会发现它是以“/**”符号作为注释的开始标记，而不是“/*”。与多行注释一样，被“/**”和“/*”符号注释的所有内容，服务器都不会做任何处理。

提示文档注释也可以应用到声明标识中，例如，下面的代码就是在声明标识中添加了提示文档注释，用于为 count()方法添加提示文档。

```
<%!
int number=0;
/**
* function：计数器
* return:访问次数
*/
int count(){
    number++;
    return number;
}
%>
<%=count() %>
```

图 5-6　显示的提示信息

在 Eclipse 中，将鼠标移动到 count()方法上时，将显示如图 5-6 所示的提示信息。

5.4　指令标识

指令标识主要用于设定整个 JSP 页面范围内都有效的相关信息，它是被服务器解释并执行的，不会产生任何内容输出到网页中。也就是说指令标识对于客户端浏览器是不可见的。JSP 页面的指令标识与我们的身份证类似，虽然公民身份证可以标识公民的身份，但是它并没有对所有见到过我们的人所公开。

JSP 指令标识的语法格式如下：

```
<%@ 指令名 属性1="属性值1" 属性2="属性值2"……%>
```

- 指令名：用于指定指令名称，在 JSP 中包含 page、include 和 taglib3 条指令。
- 属性：用于指定属性名称，不同的指令包含不同的属性。在一个指令中，可以设置多个属性，各属性之间用逗号空格分隔。
- 属性值：用于指定属性值。

例如，在应用 Eclipse 创建 JSP 文件时，在文件的最底端会默认添加一条指令，用于指定 JSP 所使用的语言、编码方式等。这条指令的具体代码如下：

```
<%@    page    language="java"    contentType="text/html;    charset=UTF-8"
pageEncoding="UTF-8"%>
```

注意

指令标识的<%@和%>是完整的标记，不能添加空格，但是标签中定义的属性与指令名之间是有空格的。

5.4.1　page 指令

这是 JSP 页面最常用的指令，用于定义整个 JSP 页面的相关属性，这些属性在 JSP 被服务器解析成 Servlet 时会转换为相应的 Java 程序代码。page 指令的语法格式如下：

```
<%@ page 属性1="属性值1" 属性2="属性值2"……%>
```

page指令提供了language、contentType、pageEncoding、import、autoFlush、buffer、errorPage、extends、info、isELIgnored、isErrorPage、isThreadSafe和session共13个属性。在实际编程过程中，这些属性并不需要一一列出，其中很多属性可以省略，这时，page指令会使用默认值来设置JSP页面。下面将对page指令中常用的属性进行详细介绍。

1. language属性

该属性用于设置JSP页面使用的语言，目前只支持Java语言，以后可能会支持其他语言，如C++、C#等。该属性的默认值是Java。

【例5-7】 设置JSP页面语言属性，代码如下：

```
<%@ page language="java" %>
```

2. extends属性

该属性用于设置JSP页面继承的Java类，所有JSP页面在执行之前都会被服务器解析成Servlet，而Servlet是由Java类定义的，所以JSP和Servlet都可以继承指定的父类。该属性并不常用，而且有可能影响服务器的性能优化。

3. import属性

该属性用于设置JSP导入的类包。JSP页面可以嵌入Java代码片段，这些Java代码在调用API时需要导入相应的类包。

【例5-8】 在JSP页面中导入类包，代码如下：

```
<%@ page import="java.util.*" %>
```

4. pageEncoding属性

该属性用于定义JSP页面的编码格式，也就是指定文件编码。JSP页面中的所有代码都使用该属性指定的字符集，如果该属性值设置为iso-8859-1，那么这个JSP页面就不支持中文字符。通常我们设置编码格式为UTF-8或者GBK。

【例5-9】 设置JSP页面编码格式为UTF-8，代码如下：

```
<%@ page pageEncoding="UTF-8"%>
```

5. contentType属性

该属性用于设置JSP页面的MIME类型和字符编码，浏览器会据此显示网页内容。

【例5-10】 设置JSP页面MIME类型和字符编码，代码如下：

```
<%@ page contentType="text/html; charset=UTF-8"%>
```

JSP页面的默认编码格式为"ISO-8859-1"，该编码格式是不支持中文的，要使页面中支持中文，要将页面的编码格式设置成"UTF-8"或者是"GBK"的形式。

6. session属性

该属性指定JSP页面是否使用HTTP的session会话对象。其属性值是boolean类型，可选值为true和false。默认值是true，可以使用session会话对象；如果设置为false，则当前JSP页面将无法使用session会话对象。

【例5-11】 设置JSP页面是否使用HTTP的session会话对象，代码如下：

```
<%@ page session="false"%>
```

上述代码设置JSP页面不使用session对象，任何对session对象的引用都会发生错误。

session是JSP的内置对象之一，在第6章中将会介绍。

7. buffer 属性

该属性用于设置 JSP 的 out 输出对象使用的缓冲区大小，默认大小是 8KB，且单位只能使用 KB。建议程序开发人员使用 8 的倍数 16、32、64、128 等作为该属性的属性值。

【例 5-12】 设置 JSP 的 out 输出对象使用的缓冲区大小，代码如下：

```
<%@ page buffer="128kb"%>
```

out 对象是 JSP 的内置对象之一，在第 6 章中将会介绍。

8. autoFlush 属性

autoFlush 属性用于指定当缓冲区已满时，自动将缓冲区中的内容输出到客户端。该属性的默认值为 true。如果将其设置为 false，当缓冲区已满时，将抛出“JSP Buffer overflow”异常。

【例 5-13】 设置缓冲区已满时，不自动将其内容输出到客户端，代码如下：

```
<%@ page autoFlush="false"%>
```

如果将 buffer 属性的值设置为 none，则 autoFlush 属性不能被设置为 false。

9. isErrorPage 属性

通过该属性，可以将当前 JSP 页面设置成错误处理页面来处理另一个 JSP 页面的错误，也就是异常处理。这意味着当前 JSP 页面业务的改变。

【例 5-14】 将当前 JSP 页面设置成错误处理页面，代码如下：

```
<%@ page isErrorPage = "true"%>
```

10. errorPage 属性

该属性用于指定处理当前 JSP 页面异常错误的另一个 JSP 页面，指定的 JSP 错误处理页面必须设置 isErrorPage 属性为 true。errorPage 属性的属性值是一个 url 字符串。

【例 5-15】 设置处理 JSP 页面异常错误的页面，代码如下：

```
<%@ page errorPage="error/loginErrorPage.jsp"%>
```

如果设置该属性，那么在 web.xml 文件中定义的任何错误页面都将被忽略，而优先使用该属性定义的错误处理页面。

5.4.2 include 指令

文件包含指令 include 是 JSP 的另一条指令标识。通过该指令可以在一个 JSP 页面中包含另一个 JSP 页面。不过该指令是静态包含，也就是说被包含文件中的所有内容会被原样包含到该 JSP 页面中，即使被包含文件中有 JSP 代码，在包含时也不会被编译执行。使用 include 指令，被包含的和包含的文件最终将生成一个文件，所以在被包含和包含的文件中不能有相同名称的变量。include 指令包含文件的过程如图 5-7 所示。

include 指令的语法格式如下：

```
<%@ include file="path"%>
```

该指令只有一个 file 属性，用于指定要包含文件的路径。该路径可以是相对路径也可以是绝对路径，但是不可以是通过<%=%>表达式所代表的文件。

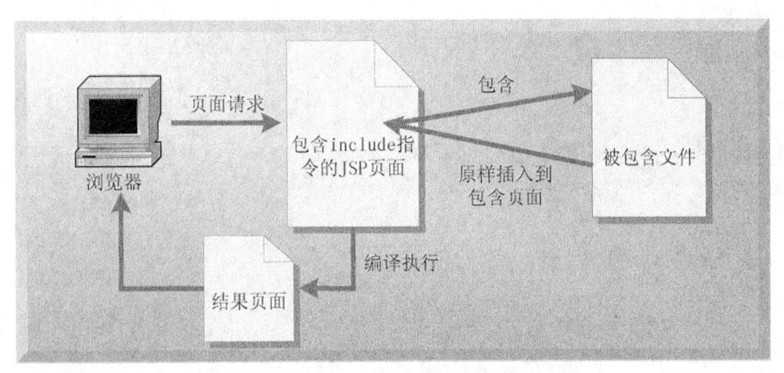

图 5-7　include 指令包含文件的过程

使用 include 指令包含文件可以大大提高代码的重用性，而且也便于以后的维护和升级。

【例 5-16】 应用 include 指令包含网站 Banner 和版权信息栏。（实例位置：光盘\MR\源码\第 5 章\5-16）

（1）编写一个名称为 top.jsp 的文件，用于放置网站的 Banner 信息和导航条。这里将 Banner 信息和导航栏设计为一张图片。这样完成 top.jsp 文件，只需要在该页面通过<img>标记引入图片即可。top.jsp 文件的代码如下：

```
<%@ page pageEncoding="UTF-8"%>
<img src="images/banner.JPG">
```

（2）编写一个名称为 copyright.jsp 文件，用于放置网站的版权信息。copyright.jsp 文件的具体代码如下：

```
<%@ page pageEncoding="UTF-8"%>
<%
String copyright=" All Copyright &copy; 2012 吉林省明日科技有限公司";
%>
<footer>
    <%= copyright %>
</footer>
```

（3）创建一个名称为 index.jsp 的文件，在该页面中包括 top.jsp 和 copyright.jsp 文件，从而实现一个完整的页面。index.jsp 文件的具体代码如下：

```
<%@ page language="java" contentType="text/html; charset=UTF-8"
    pageEncoding="UTF-8"%>
<!DOCTYPE HTML>
<html>
<head>
<meta charset="utf-8">
<style>
section{
    background-image: url(images/center.JPG);          /*设置背景图片*/
    height:279px;                                      /*设置高度*/
    width:781px;                                       /*设置宽度*/
}
footer{
    background-image: url(images/copyright.JPG);       /*设置背景图片*/
    height:41px;                                       /*设置高度*/
```

```
    width:761px;                                    /*设置宽度*/
    padding: 20px 0px 0px 20px;                     /*设置内边距*/
}
</style>
<title>使用文件包含 include 指令</title>
</head>
<body style="margin:0px;">
<%@ include file="top.jsp"%>
<section></section>
<%@ include file="copyright.jsp"%>
</body>
</html>
```

运行程序，将显示如图 5-8 所示的效果。

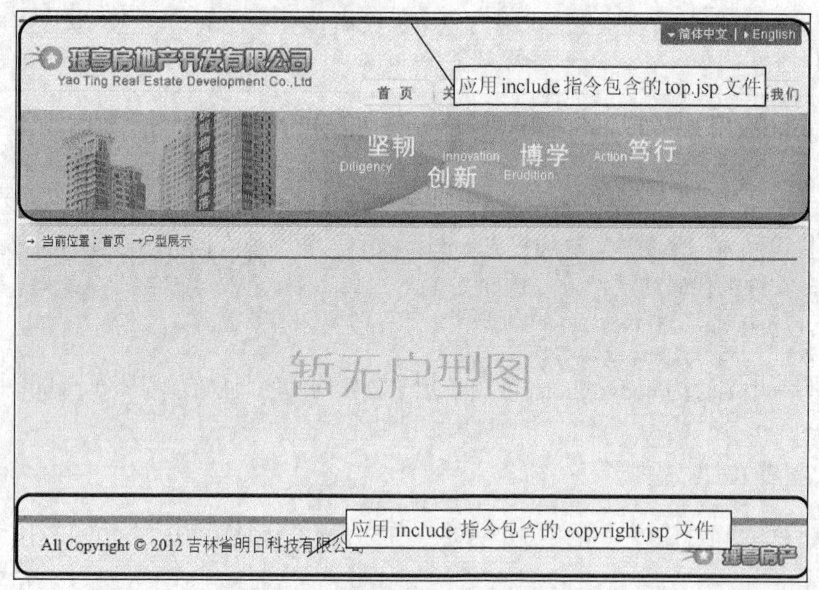

图 5-8　包含版权信息页

在应用 include 指令进行文件包含时，为了使整个页面的层次结构不发生冲突，建议在被包含页面中，将<html>、<body>等标记删除。因为在包含该页面的文件中，已经指定这些标记了。

5.4.3　taglib 指令

在 JSP 文件中，可以通过 taglib 指令标识声明该页面中所使用的标签库，同时引用标签库，并指定标签的前缀。在页面中，引用标签库后，就可以通过前缀来引用标签库中的标签。taglib 指令的语法格式如下：

```
<%@ taglib prefix="tagPrefix" uri="tagURI" %>
```

- prefix 属性：用于指定标签的前缀。该前缀不能命名为 jsp、jspx、java、javax、sun、servlet 和 sunw。
- uri 属性：用于指定标签库文件的存放位置。

【例 5-17】 在页面中引用 JSTL 中的核心标签库，示例代码如下：

```
<%@ taglib prefix="c" uri="http://java.sun.com/jsp/jstl/core" %>
```

关于引用 JSTL 中的核心标签库，以及使用 JSTL 核心标签库中的标签的相关内容，请参见第 11 章，这里不进行详细介绍。

5.5　动作标识

JSP 动作标识是在 JSP 的请求处理阶段按照在页面中出现的顺序被执行的，用于实现某些特殊用途（例如，操作 JavaBean、包含其他文件、执行请求转发等）的标识。下面将对 JSP 网站开发中比较常用的动作标识进行介绍。

5.5.1　操作 JavaBean 的动作标识

在 JSP 的动作标识中，有一组用于操作 JavaBean 的动作标识，它们就是创建 JavaBean 实例的动作标识<jsp:useBean>、读取 JavaBean 属性值的动作标识<jsp:getProperty>和设置 JavaBean 属性值的动作标识<jsp:setProperty>。

<jsp:getProperty>动作标识用于在 JSP 页面中创建一个 JavaBean 的实例，并且通过该标识的属性可以指定实例名、实例的范围。如果在指定的范围内已经存在一个指定的 JavaBean 实例，那么将直接使用该实例，而不会再创建一个新的实例。

操作 JavaBean 的动作标识可以分为以下两种情况。

1. 创建 JavaBean 实例并设置 JavaBean 各属性的值

创建 JavaBean 实例，并设置 JavaBean 各属性值，有以下两种语法格式。

- 不存在 Body 的语法格式：

```
<jsp:useBean id="实例名" scope="范围" class="完整类名" beanName="完整类名" type="数据类型"/>
    <jsp:setProperty name="JavaBean 实例名" property="属性名" value="属性值" param="请求参数"/>
    …  <!-- 多个子动作标识<jsp:setProperty> -->
```

- 存在 Body 的语法格式：

```
<jsp:useBean id="实例名" scope="范围" class="完整类名" beanName="完整类名" type="数据类型">
    <jsp:setProperty name="JavaBean 实例名" property="属性名" value="属性值" param="请求参数"/>
    …  <!-- 多个子动作标识<jsp:setProperty> -->
</jsp:useBean>
```

这两种语法格式的区别是：在页面中应用<jsp:useBean>标识创建一个 JavaBean 实例时，如果该 JavaBean 是第一次被实例化，那么对于第二种语法格式，标识体内的内容会被执行；若已经存在指定的 JavaBean 实例，则标识体内的内容就不再被执行了。而对于第一种语法格式，无论在指定的范围内是否已经存在一个指定的 JavaBean 实例，<jsp:useBean>标识后面的<jsp:setProperty>子标识都会被执行。

<jsp:useBean>标识的属性如表 5-1 所示。

表 5-1　<jsp:useBean>标识的常用属性

属性名称	功能描述
id	用于指定创建的 JavaBean 实例的实例名，其属性值为合法的 Java 标识符
scope	用于指定 JavaBean 实例的有效范围，其值可以是 page（当前页面）、request（当前请求）、session（当前会话）和 application（当前应用）4 个，默认值为 page。这 4 个可选值的说明如表 5-2 所示。

续表

属性名称	功能描述
class	可选属性,用于指定一个完整的类名,包括该类所存在的包路径。例如,要创建一个名称为 UserForm 的 JavaBean 的实例,该 JavaBean 被保存在 com.wgh 包中,那么指定的 class 属性值为"com.wgh.UserForm"。在使用<jsp:useBean>标识时,通常使用 class 属性指定类名
type	用于指定所创建的 JavaBean 实例的类型,可以与 class 属性或 beanName 属性的值完全相同。在通过 class 属性指定类名时,该属性可有可无,但是通过 beanName 属性指定类名时,该属性是必须的
beanName	可选属性,用于指定一个完整的类名,该类名中包括完整的包名。该属性与 type 属性一起使用

表 5-2　　scope 属性的可选值

值	说　明
page	指定所创建的 JavaBean 实例只能在当前的 JSP 文件中使用,包括在通过 include 指令静态包含的页面
request	指定所创建的 JavaBean 实例可以在请求范围内进行存取。一个请求的生命周期是从客户端向服务器发出一个请求开始到服务器响应这个请求给用户结束,所以请求结束后,存储在这个请求中的 JavaBean 实例也就失效了
session	指定所创建的 JavaBean 实例的有效范围为 session。session 是当用户访问 Web 应用时,服务器为用户创建的一个对象,服务器通过 session 的 ID 值来区分用户。针对某一个用户而言,在该范围中的对象可被多个页面共享
application	指定所创建的 JavaBean 实例的有效范围从服务器启动开始到服务器关闭结束。application 对象是在服务器启动时创建,被多个用户所共享,所以该 application 对象的所有用户都可以访问该 JavaBean 实例

<jsp:setProperty>子标识的属性如表 5-3 所示。

表 5-3　　<jsp:setProperty>子标识的常用属性

属性名称	功能描述
name	必要属性,用于指定一个 JSP 范围内的 JavaBean 实例名,该属性的值,通常与<jsp:useBean>的 id 属性相同。指定实例名后,<jsp:setProperty>标识将会按照 page、request、session 和 application 的顺序来查找这个 JavaBean 实例,直到第一个实例被找到。若任何范围内不存在这个 JavaBean 实例,则会抛出异常
property	必要属性,用于指定 JavaBean 中的属性。其值可以是"*"或指定 JavaBean 中的属性。当取值为"*"时,则 request 请求中的所有参数的值将被一一赋给 JavaBean 中与参数具有相同名字的属性;若取值为 JavaBean 中的属性,则只会将 request 请求中与该属性同名的一个参数的值赋给这个 JavaBean 属性,若此时指定了 param 属性,那么请求中参数的名称与 JavaBean 属性名可以不同
value	用于指定具体的属性值,通常与 property 属性一起使用,但是该属性不能与 param 属性一起使用
param	用于指定一个 request 请求中的参数。通过该参数,可以允许将请求中的参数赋值给与 JavaBean 属性不同名的属性

【例 5-18】创建 JavaBean 的实例,并为各属性赋值。(实例位置:光盘\MR\源码\第 5 章\5-18)

(1)创建一个名称为"UserBean"的 JavaBean,并将其保存在 com.wgh 包中。该 JavaBean 存在 name 和 pwd 两个属性,并且为这两个属性添加对应的 setter()和 getter()方法。具体代码如下:

```
package com.wgh;
public class UserBean{
    private String name = "";// 用户名
    private String pwd = "";// 密码
    // name 属性对应的 set 方法
    public void setName(String name) {
        this.name = name;
    }
    // name 属性对应的 get 方法
    public String getName() {
        return name;
    }
    // pwd 属性对应的 set 方法
    public void setPwd(String pwd) {
        this.pwd = pwd;
    }
    // pwd 属性对应的 get 方法
    public String getPwd() {
        return pwd;
    }
}
```

关于 JavaBean 的详细介绍请参见本书的第 7 章。

（2）编写一个名称为 index.jsp 的文件，在该页面中，添加一个用于收集用户名和用户密码的表单及表单元素，并将表单的处理页设置为 deal.jsp 文件。关键代码如下：

```
<form name="form1" method="post" action="deal.jsp">
用户名：<input name="name" type="text" style="width: 120px"> <br>
密  码：<input name="pwd" type="password" style="width: 120px"> <br>
<br>
<input type="submit" name="Submit" value="提交">
</form>
```

表单元素的 name 属性必须与 JavaBean 中定义的属性名相同，否则不能通过<jsp:setProperty>标识的 property 属性为 JavaBean 的各属性统一赋值。

（3）创建一个 deal.jsp 文件，用于接收 Form 表单的值，并将值保存到 JavaBean “UserInfo”中。deal.jsp 文件的具体代码如下：

```
<%@ page language="java" contentType="text/html; charset=UTF-8"
    pageEncoding="UTF-8"%>
<jsp:useBean        id="user"        scope="page"        class="com.wgh.UserBean"
type="com.wgh.UserBean">
    <jsp:setProperty name="user" property="*" />
</jsp:useBean>
…   <!—此处省略了部分 HTML 代码-->
用户名：<%=user.getName() %><br>
密码：<%=user.getPwd() %>
```

运行程序，首先显示“用户登录”页面，在该页面中输入用户名和密码后，如图 5-9 所示，单击“提交”按钮，将进入如图 5-10 所示的页面，显示输入的用户名和密码。

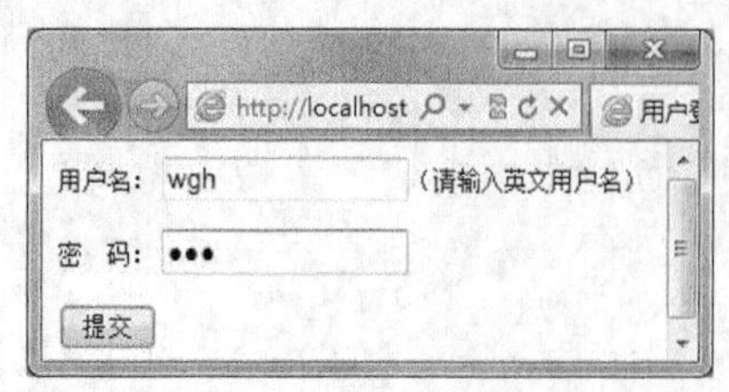

图 5-9 用户登录页面

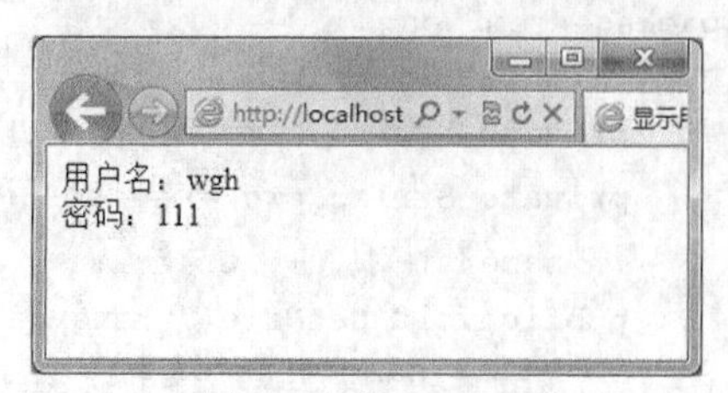

图 5-10 提交后的页面

将上面步骤（3）中创建的 deal.jsp 文件中的<jsp:useBean>动作标识的代码修改为以下内容：

```
<jsp:useBean id="user" scope="page" class="com.wgh.UserBean"
    type="com.wgh.UserBean">
    <jsp:setProperty name="user" property="name" param="name" />
    <jsp:setProperty name="user" property="pwd" param="pwd" />
</jsp:useBean>
```

程序的运行结果不变。

2. 获取 JavaBean 实例各属性的值

获取 JavaBean 实例各属性的值可以通过<jsp:getProperty>标识实现。其语法格式如下：

```
<jsp:getProperty name="JavaBean 实例名" property="属性名"/>
```

- name 属性：必要属性，用于指定一个 JSP 范围内的 JavaBean 实例名，该属性的值，通常与<jsp:useBean>的 id 属性相同。指定实例名后，<jsp:getProperty>标识将会按照 page、request、session 和 application 的顺序来查找这个 JavaBean 实例，直到第一个实例被找到。若任何范围内不存在这个 JavaBean 实例，则会抛出异常。
- property 属性：必要属性，用于指定要获取其属性值的 JavaBean 的属性。如果指定的属性为 name，那么在 JavaBean 中，必须存在一个名称为 getName()的方法，否则会抛出下面的异常。

```
Cannot find any information on property 'name' in a bean of type 'com.wgh.UserInfo'
```

例如，可以将例 5-18 中通过 JSP 表达式获取 JavaBean 实例的属性值的代码，替换成应用<jsp:getProperty>标识获取。修改后的代码如下：

```
用户名：<jsp:getProperty name="user" property="name"/><br>
密码：<jsp:getProperty name="user" property="pwd"/>
```

如果指定 JavaBean 中的属性是一个对象。那么通过<jsp:getProperty>标识获取到该对象后，将调用其 toString()方法，并将执行结果输出。

5.5.2 包含外部文件的动作标识<jsp:include>

通过 JSP 的动作标识<jsp:include>可以向当前页面中包含其他的文件。被包含的文件可以是动态文件，也可以是静态文件。<jsp:include>动作标识包含文件的过程如图 5-11 所示。

<jsp:include>动作标识的语法格式如下：

```
<jsp:include page="url" flush="false|true" />
```

或

```
<jsp:include page="url" flush="false|true" >
    子动作标识<jsp:param>
</jsp:include>
```

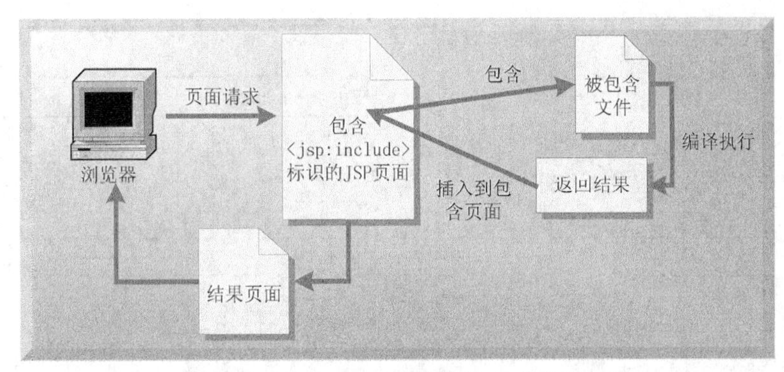

图 5-11　<jsp:include>动作标识包含文件的过程

- page 属性：用于指定被包含文件的相对路径。例如，指定属性值为“top.jsp”，则是表示与当前 JSP 文件相同文件夹中的 top.jsp 文件包含到当前 JSP 页面中。
- flush 属性：可选属性，用于设置是否刷新缓冲区。默认值为 false，如果设置为 true，在当前页面输出使用了缓冲区的情况下，先刷新缓冲区，然后再执行包含工作。
- 子动作标识<jsp:param>：用于向被包含的动态页面中传递参数。关于<jsp:param>标识的详细介绍请参见 5.5.4 节。

说明

<jsp:include>标识对包含的动态文件和静态文件的处理方式是不同的。如果被包含的是静态的文件，则页面执行后，在使用了该标识的位置将会输出这个文件的内容；如果<jsp:include>标识包含的是一个动态文件，那么 JSP 编译器将编译并执行这个文件。<jsp:include>标识会识别出文件的类型，而不是通过文件的名称来判断该文件是静态的还是动态的。

【例 5-19】 应用<jsp:include>标识包含网站 Banner 和版权信息栏。（实例位置：光盘\MR\源码\第 5 章\5-19）

（1）编写一个名称为 top.jsp 的文件，用于放置网站的 Banner 信息和导航条。这里将 Banner 信息和导航栏设计为一张图片。这样完成 top.jsp 文件，只需要在该页面通过<img>标记引入图片即可。top.jsp 文件的代码如下：

```
<%@ page pageEncoding="UTF-8"%>
<img src="images/banner.JPG">
```

（2）编写一个名称为 copyright.jsp 文件，用于放置网站的版权信息。copyright.jsp 文件的具体代码如下：

```
<%@ page pageEncoding="UTF-8"%>
<%String copyright=" All Copyright &copy; 2012 吉林省明日科技有限公司";%>
<footer> <%= copyright %></footer>
```

（3）创建一个名称为 index.jsp 的文件，在该页面中包括 top.jsp 和 copyright.jsp 文件，从而实现一个完整的页面。index.jsp 文件的具体代码如下：

```
<%@ page language="java" contentType="text/html; charset=UTF-8"
    pageEncoding="UTF-8"%>
…   <!—此处省略了部分 HTML 和 CSS 代码-->
<jsp:include page="top.jsp"/>
<section></section>
<jsp:include page="copyright.jsp"/>
```

运行程序，将显示如图 5-12 所示的效果。

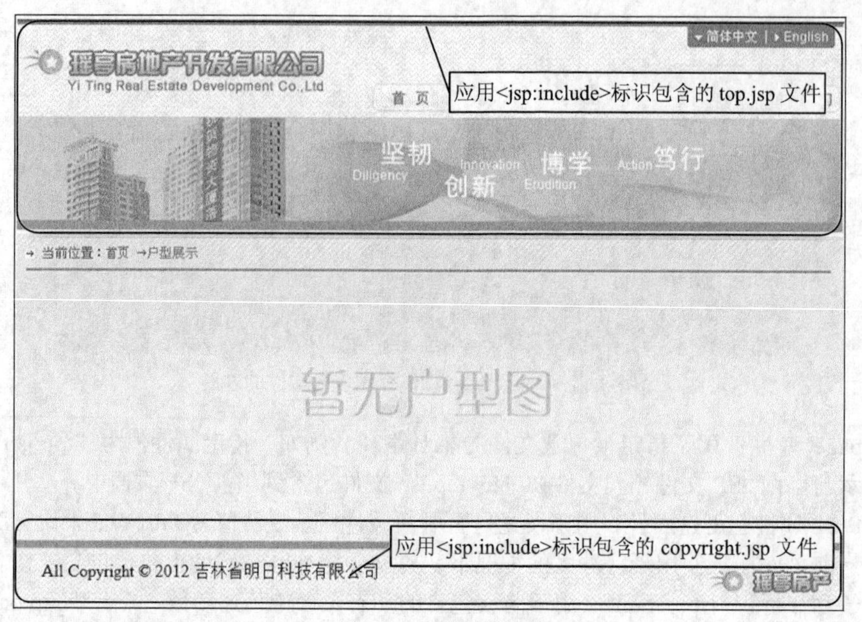

图 5-12　运行结果

通过前面的学习，我们知道 JSP 中提供了两种包含文件的方法，分别是<%@ include%>指令和<jsp:include>动作标识。这二者之间的区别是：使用<%@ include %>指令包含的页面，是在翻译阶段将该页面的代码插入到了主页面的代码中，最终包含页面与被包含页面生成了一个文件。因此，如果被包含页面的内容有改动，需重新编译该文件。而使用<jsp:include>动作标识包含的页面可以是动态改变的，它是在 JSP 文件运行过程中被确定的，程序执行的是两个不同的页面，即在主页面中声明的变量，在被包含的页面中是不可见的。由此可见，当被包含的 JSP 页面中包含动态代码时，为了不和主页面中的代码相冲突，需要使用<jsp:include>动作元素包含文件。

5.5.3　执行请求转发的动作标识<jsp:forward>

通过<jsp:forward>动作标识可以将请求转发到其他的 Web 资源，例如，另一个 JSP 页面、HTML 页面、Servlet 等。执行请求转发后，当前页面将不再被执行，而是去执行该标识指定的目标页面。执行请求转发的基本流程如图 5-13 所示。

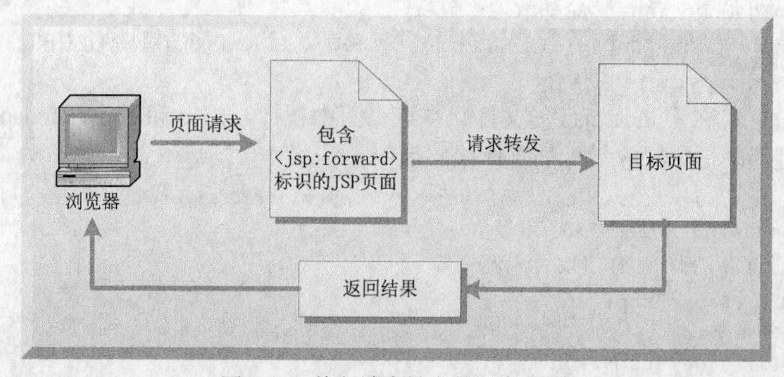

图 5-13　执行请求转发的基本流程

<jsp:forward>动作标识的语法格式如下：

```
<jsp:forward page="url"/>
```

或

```
<jsp:forward page="url">
    子动作标识<jsp:param>
</jsp:forward>
```

- page 属性：用于指定请求转发的目标页面。该属性值可以是一个指定文件路径的字符串，也可以是表示文件路径的 JSP 表达式。但是请求被转向的目标文件必须是内部的资源，即当前应用中的资源。
- 子动作标识<jsp:param>：用于向转向的目标文件中传递参数。关于<jsp:param>标识的详细介绍请参见 5.5.4 节。

【例 5-20】 应用<jsp:forward>标识将页面转发到用户登录页面。（实例位置：光盘\MR\源码\第 5 章\5-20）

（1）创建一个名称为 index.jsp 的文件，该文件为中转页，用于通过<jsp:forward>动作标识将页面转发到用户登录页面（login.jsp）。index.jsp 文件的关键代码如下：

```
<jsp:forward page="login.jsp"/>
```

（2）编写 login.jsp 文件，在该文件中添加用于收集用户登录信息的表单及表单元素，由于此处的代码比较简单，所以这里就不再给出，具体代码请参数光盘。

图 5-14　运行结果

运行实例将显示如图 5-14 所示的用户登录页面。

5.5.4　设置参数的子动作标识<jsp:param>

JSP 的动作标识<jsp:param>可以作为其他标识的子标识，用于为其他标识传递参数。语法格式如下：

```
<jsp:param name="参数名" value="参数值" />
```

- name 属性：用于指定参数名称。
- value 属性：用于设置对应的参数值。

例如，通过<jsp:param>标识为<jsp:forward>标识指定参数，可以使用下面的代码。

```
<jsp:forward page="modify.jsp">
    <jsp:param name="userId" value="7"/>
</jsp:forward>
```

在上面的代码中，实现了在请求转发到 modify.jsp 页面的同时，传递了参数 userId，其参数值为 7。

通过<jsp:param>动作标识指定的参数，将以“参数名=值”的形式加入到请求中。它的功能与在文件名后面直接加“?参数名=参数值”是相同的。

5.6　综合实例——包含需要传递参数的文件

本实例主要演示如何应用动作标识包含需要传递参数的文件，具体实现步骤如下。

（1）在 Eclipse 中，创建 Dynamic Web Project（动态 Web 项目），名称为 example05。

（2）在新建项目的 WebContent 节点下，创建 head.jsp 文件，用于放置网站的 Logo 和搜索工具栏，具体代码请参见光盘中提供的源程序。

（3）在 WebContent 节点下，创建 copyright.jsp 文件，用于放置网站的版权信息，具体代码请参见光盘中提供的源程序。

（4）在 WebContent 节点下，创建 navigation.jsp 文件，用于根据传递的参数动态生成类别超链接，并显示，具体代码如下：

```
<%@ page language="java" contentType="text/html; charset=UTF-8"
pageEncoding="UTF-8"%>
    <ul>
        <li style="float: left; padding: 0px 0px 0px 0px"><a href="#"
            class="navigation">首页</a> |</li>
        <%
            if (request.getParameter("type") != null) {
                //将获取到的字符串分割为数组
                String[] type = request.getParameter("type").split(",");
                //遍历数组并显示数组中的各元素
                for (int i = 0; i < type.length; i++) {
        %>
        <li style="float: left; padding: 0px 5px 0px 5px"><a
            class="navigation" href="#"><%=type[i]%></a> |</li>
        <%
                }
            } else {
        %>
        <li style="float: left; padding: 0px 5px 0px 5px"><a
            class="navigation" href="#">暂无分类</a></li>
        <%}%>
        <li style="float: left; padding: 5px 15px 0px 15px">
        <img src="images/navigateion_oa.gif" /></li>
    </ul>
```

（5）在 WebContent 节点下，创建 index.jsp 文件，在该文件中设计在线音乐网的主界面，应用<jsp:include>指令包含 head.jsp、navigation.jsp 和 copyright.jsp 文件。其中，在包含 navigation.jsp 文件时，需要使用<jsp:param>子指令传递歌典类别。index.jsp 文件的具体代码如下：

```
<%@ page language="java" contentType="text/html; charset=UTF-8"
    pageEncoding="UTF-8"%>
<%
    //此处用于模拟从数据库中查询到的数据
    String type = "流行金曲,经典老歌,热舞 DJ,欧美金曲,少儿歌曲,轻音乐";
%>
<!DOCTYPE HTML>
<html>
<head>
<meta charset="utf-8">
<link href="CSS/style.css" rel="stylesheet" />
<title>主界面</title>
</head>
<body>
    <div id="box">
        <header>
            <jsp:include page="head.jsp" />
        </header>
```

```
        <nav>
            <!-- 动态包含导航条 -->
            <%
                request.setCharacterEncoding("UTF-8"); //不加这句代码会产生中文乱码
            %>
            <jsp:include page="navigation.jsp" flush="truc">
                <jsp:param name="type" value="<%=type%>" />
            </jsp:include>
        </nav>
        <section>
            <img src="images/main.png">
        </section>
        <jsp:include page="copyright.jsp" />
    </div>
</body>
</html>
```

运行本实例，将显示如图 5-15 所示的运行结果。

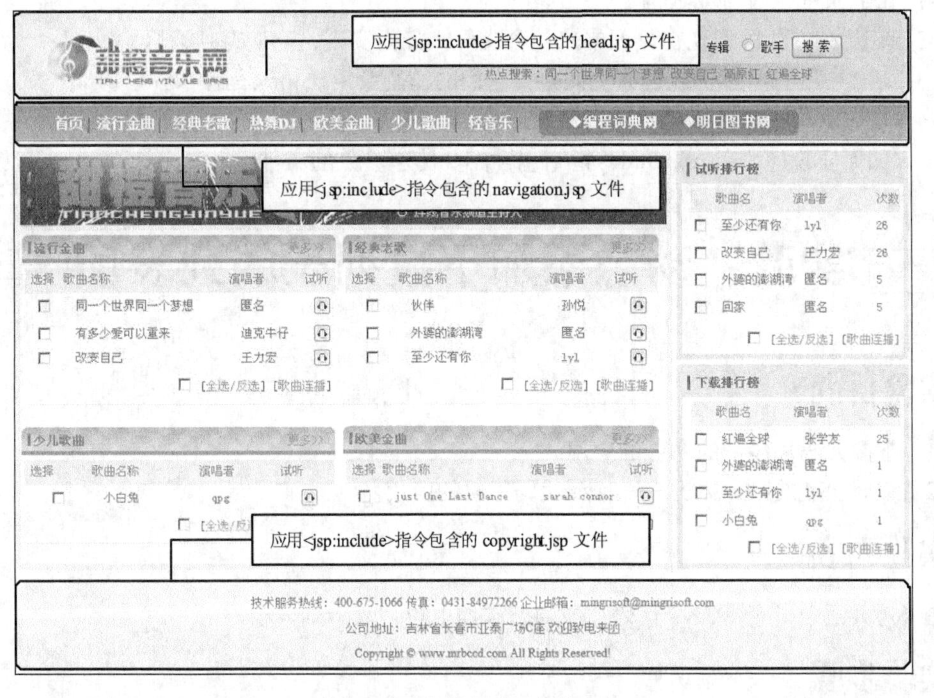

图 5-15　在线音乐网主界面

知识点提炼

（1）JSP 页面是指扩展名为.jsp 的文件。

（2）在一个 JSP 页面中，可以包括指令标识、HTML 代码、JavaScript 代码、嵌入的 Java 代码、注释和 JSP 动作标识等内容。但这些内容并不是一个 JSP 页面所必须的。

（3）page 指令用于定义整个 JSP 页面的相关属性，这些属性在 JSP 被服务器解析成 Servlet 时会转换为相应的 Java 程序代码。

（4）通过文件包含指令 include，可以在一个 JSP 页面中包含另一个 JSP 页面。不过该指令是静态包含。

（5）JSP 表达式用于向页面中输出信息。

（6）声明标识用于在 JSP 页面中定义全局的变量或方法。通过声明标识定义的变量和方法可以被整个 JSP 页面访问，所以通常使用该标识定义整个 JSP 页面都需要引用的变量或方法。

（7）所谓代码片段就是在 JSP 页面中嵌入的 Java 代码或是脚本代码。代码片段将在页面请求的处理期间被执行。

（8）JSP 动作标识是在 JSP 的请求处理阶段按照在页面中出现的顺序被执行的，用于实现某些特殊用途（例如，操作 JavaBean、包含其他文件、执行请求转发等）的标识。

习　题

5-1　JSP 页面由哪些元素构成？

5-2　有几种方法可实现在页面中来包含文件？如何实现？它们有什么区别？

5-3　JSP 中的脚本标识包含哪些元素？它们的作用及语法格式是什么？

5-4　在 JSP 中可以使用哪些注释？它们的语法格式是什么？

5-5　如何实现应用<jsp:include>指令包含需要传递参数的文件？

实验：动态添加下拉列表的列表项

实验目的

（1）掌握代码片段中的注释的应用。

（2）掌握 JSP 的脚本标识——Java 代码片段的应用。

实验内容

在 JSP 页面中，应用 Java 代码片段动态添加下拉列表的列表项。

实验步骤

（1）在 Eclipse 中，创建 Dynamic Web Project（动态 Web 项目），名称为 experiment05。

（2）在新建项目的 WebContent 节点下，创建 index.jsp 文件。在该文件中，首先在文件的顶部应用代码片段声明并初始化一个一维数组，然后在<body>标记中，应用 for 循环语句遍历数组并且将数组元素作为下拉列表的列表项显示。index.jsp 文件的具体代码如下：

```
<%@ page language="java" contentType="text/html; charset=UTF-8"
    pageEncoding="UTF-8"%>
<%
    //声明并初始化保存部门名称的一维数组
    String[] dept = { "策划部", "销售部", "研发部", "人事部", "测试部" };
%>
<!DOCTYPE HTML><html>
```

```
<head>
<meta charset="utf-8">
<title>应用 Java 代码片段动态添加下拉列表的列表项</title>
<style type="text/css">
body{
    font-size: 12px;       /*设置文字大小*/
}
</style>
</head>
<body>
    <h3>员工信息查询</h3>
    员工姓名：<input type="text" name="name" size="10" />
    年龄：<input type="text" name="age" size="3"/>
    所在部门：
    <select>
        <%
            //遍历数组并且将数组元素作为下拉列表的列表项显示
            for (int i = 0; i < dept.length; i++) {
        %>
        <option value="<%=dept[i]%>"><%=dept[i]%></option>
        <%}%>
    </select>
    <input type="button" value="查 询" />
</body>
</html>
```

运行本实例，将显示如图 5-16 所示的运行结果。

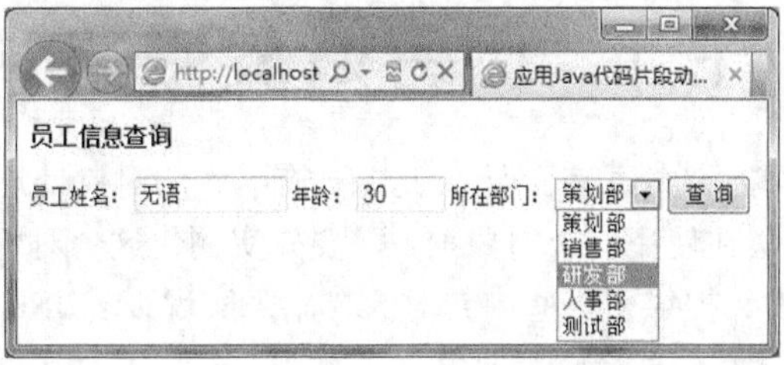

图 5-16　动态添加下拉列表的列表项

第6章 JSP的内置对象

本章要点：

- request 对象的基本应用
- response 对象的基本应用
- out 对象的基本应用
- session 对象的基本应用
- application 对象的基本应用

JSP 提供了由容器（这里的容器是用来容纳其他组件的，这些组件包括 JSP/Servlet，它可以完成对组件的创建、方法的调用以及对象的销毁等。）实现和管理的内置对象，也可以称之为隐含对象。这些内置对象不需要 JSP 页面编写者来实例化，在所有的 JSP 页面中都可以直接使用，它起到了简化页面的作用。JSP 的内置对象被广泛应用于 JSP 的各种操作中。本章将对 JSP 提供的 9 个内置对象进行详细介绍。

6.1 内置对象概述

由于 JSP 使用 Java 作为脚本语言，所以 JSP 具有强大的对象处理能力，并且可以动态创建 Web 页面内容。但 Java 语法在使用一个对象前，需要先实例化这个对象，这其实是一件比较繁琐的事情。JSP 为了简化开发，提供了一些内置对象，用来实现很多 JSP 应用。在使用 JSP 内置对象时，不需要先定义这些对象，直接使用即可。

在 JSP 中一共预先定义了如表 6-1 所示的 9 个内置对象。所有的 JSP 代码都可以直接访问这 9 个内置对象。

表 6-1　　JSP 的内置对象

内置对象名称	所属类型	有效范围	说　明
application	javax.servlet.ServletContext	application	该对象代表应用程序上下文，它允许 JSP 页面与包括在同一应用程序中的任何 Web 组件共享信息
config	javax.servlet.ServletConfig	page	该对象允许将初始化数据传递给一个 JSP 页面
exception	java.lang.Throwable	page	该对象含有只能由指定的 JSP "错误处理页面"访问的异常数据
out	javax.servlet.jsp.JspWriter	page	该对象提供对输出流的访问
page	javax.servlet.jsp.HttpJspPage	page	该对象代表 JSP 页面对应的 Servlet 类实例
pageContext	javax.servlet.jsp.PageContext	page	该对象是 JSP 页面本身的上下文，它提供了唯一一组方法来管理具有不同作用域的属性，这些 API 在实现 JSP 自定义标签处理程序时非常有用

续表

内置对象名称	所属类型	有效范围	说　明
request	javax.servlet.http.HttpServletRequest	request	该对象提供对 HTTP 请求数据的访问，同时还提供用于加入特定请求数据的上下文
responsc	javax.servlet.http.HttpServletResponse	page	该对象允许直接访问 HttpScrvletReponse 对象，可用来向客户端输入数据
session	javax.servlet.http.HttpSession	session	该对象可用来保存在服务器与一个客户端之间需要保存的数据，当客户端关闭网站的所有网页时，session 变量会自动消失

6.2　request 对象

request 对象封装了由客户端生成的 HTTP 请求的所有细节，主要包括 HTTP 头信息、系统信息、请求方式和请求参数等。通过 request 对象提供的相应方法可以处理客户端浏览器提交的 HTTP 请求中的各项参数。

6.2.1　获取访问请求参数

我们知道 request 对象用于处理 HTTP 请求中的各项参数。在这些参数中，最常用的就是获取访问请求参数。当我们通过超链接的形式发送请求时，可以为该请求传递参数，这可以通过在超链接的后面加上问号“?”来实现（注意这个问号为英文半角的符号）。例如，发送一个请求到 delete.jsp 页面，并传递一个名称为 id 的参数，可以通过以下超链接实现。

```
<a href="delete.jsp?id=1">删除</a>
```

在通过问号“?”来指定请求参数时，可以同时指定多个参数，各参数间使用与符号“&”分隔；参数值（包括字符型的参数）不需要使用单引号或双引号括起来。

在 delete.jsp 页面中，可以通过 request 对象的 getParameter()方法获取传递的参数值，具体代码如下：

```
<%
request.getParameter("id");
%>
```

在使用 request 的 getParameter()方法获取传递的参数值时，如果指定的参数不存在，将返回 null，如果指定了参数名，但未指定参数值，将返回空的字符串""。

【例 6-1】 使用 request 对象获取请求参数值。（实例位置：光盘\MR\源码\第 6 章\6-1）

（1）创建 index.jsp 文件，在该文件中，添加一个用于链接到 deal.jsp 页面的超链接，并传递两个参数。index.jsp 文件的关键代码如下：

```
<%@ page language="java" contentType="text/html; charset=UTF-8"
pageEncoding="UTF-8"%>
…  <!-- 此处省略了部分 HTML 代码 -->
<body>
<a href="deal.jsp?id=1&user=">处理页</a>
</body>
</html>
```

（2）创建 deal.jsp 文件，在该文件中通过 request 对象的 getParameter()方法获取请求参数 id、user 和 pwd 的值并输出。deal.jsp 文件的关键代码如下：

```
<%@ page language="java" contentType="text/html; charset=UTF-8"
    pageEncoding="UTF-8"%>
<%
    String id = request.getParameter("id");       //获取 id 参数的值
    String user = request.getParameter("user"); //获取 user 参数的值
    String pwd = request.getParameter("pwd");   //获取 pwd 参数值
%>
… <!-- 此处省略了部分 HTML 代码 -->
<body>
    id参数的值为:<%=id%><br> user参数的值为:<%=user%><br>
pwd 参数的值为: <%=pwd%>
</body>
</html>
```

图 6-1　处理页运行结果

运行本实例，首先进入到 index.jsp 页面，单击“处理页”超链接，将进入到处理页获取请求参数并输出，如图 6-1 所示。

6.2.2　获取表单提交的信息

在 Web 应用程序中，经常还需要完成用户与网站的交互。例如，当用户填写表单后，需要把数据提交给服务器处理，这时服务器就需要获取这些信息。通过 request 对象的 getParameter()方法，也可以获取用户提交的表单信息。例如，存在一个 name 属性为 username 的文本框，在表单提交后，要获取其 value 值，可以通过下面的代码实现。

```
String userName = request.getParameter("username");
```

参数 username 与 HTML 表单的 name 属性对应，如果参数值不存在，则返回一个 null 值，该方法的返回值为 String 类型。

不是所有的表单信息都可以通过 getParameter()方法获取，例如，复选框和多选列表框被选定的内容就需要通过 getParameterValues()方法获取。

6.2.3　解决中文乱码

在通过 request 对象获取请求参数时，如果遇到参数值为中文的情况，如果不进行处理，获取到的参数值将是乱码。在 JSP 中，解决获取到的请求参数是中文乱码的情况，可以分为以下两种。

1. 获取访问请求参数时乱码

当访问请求参数为中文时，通过 request 对象获取到的中文参数值为乱码，这是因为该请求参数采用的是 ISO-8859-1 编码，不支持中文。所以，只有将获取到的数据通过 String 的构造方法使用 UTF-8 或 GBK 编码重新构造一个 String 对象，才可以正确地显示出中文。例如，在获取包括中文信息的参数 user 时，可以使用下面的代码：

```
String user =
new String(request.getParameter("user").getBytes("iso-8859-1"),"utf-8");
```

2. 获取表单提交的信息乱码

当获取表单提交的信息时，通过 request 对象获取到的中文参数值为乱码。这可以通过在 page 指令的下方加上调用 request 对象的 setCharacterEncoding()方法将编码设置为 UTF-8 或是 GBK 解决。例如，在获取包括中文信息的用户名文本框（name 属性为 username）的值时，可以在获取全部表单信息前，加上下面的代码：

```
<%
    request.setCharacterEncoding("UTF-8");
%>
```

这样，再通过下面的代码获取表单的值时，就不会产生中文乱码了。

```
String user = request.getParameter("username");
```

注意

调用 request 对象的 setCharacterEncoding()方法的语句，一定要在页面中没有调用任何 request 对象的方法时才能使用，否则该语句将不起作用。

6.2.4　通过 request 对象进行数据传递

在进行请求转发时，需要把一些数据传递到转发后的页面进行处理。这时，就需要使用 request 对象的 setAttribute()方法将数据保存到 request 范围内的变量中。

request 对象的 setAttribute()方法的语法格式如下：

```
request.setAttribute(String name,Object object);
```

- name：表示变量名，为 String 类型，在转发后的页面获取数据时，就是通过这个变量名来获取的。
- object：用于指定需要在 request 范围内传递的数据，为 Object 类型。

在将数据保存到 request 范围内的变量中后，可以通过 request 对象的 getAttribute()方法获取该变量的值，具体的语法格式如下：

```
request.getAttribute(String name);
```

- name：表示变量名，该变量名在 request 范围内有效。

【例 6-2】 使用 request 对象的 setAttribute()方法保存 request 范围内的变量，并应用 request 对象的 getAttribute()方法读取 request 范围内的变量。（实例位置：光盘\MR\源码\第 6 章\6-2）

（1）创建 index.jsp 文件，在该文件中，首先应用 Java 的 try...catch 语句获取页面中的异常信息，如果没有异常则将运行结果保存到 request 范围内的变量中；如果出现异常，则将错误提示信息保存到 request 范围内的变量中。然后应用<jsp:forward>动作指令将页面转发到 deal.jsp 页面。index.jsp 文件的关键代码如下：

```
<%
try{                                                        //捕获异常信息
    int money=100;
    int number=0;
    request.setAttribute("result",money/number);            //保存执行结果
}catch(Exception e){
    request.setAttribute("result","很抱歉，页面产生错误！");    //保存错误提示信息
}
%>
<jsp:forward page="deal.jsp"/>
```

（2）创建 deal.jsp 文件，在该文件中通过 request 对象的 getAttribute()方法获取保存在 request 范围内的变量 result 并输出。这里需要注意的是，由于 getAttribute()方法的返回值为 Object 类型，所以需要调用其 toString()方法，将其转换为字符串类型。deal.jsp 文件的关键代码如下：

```
<%String message=request.getAttribute("result").toString
(); %>
<%=message %>
```

图 6-2　运行结果

运行本实例，将显示如图 6-2 所示的运行结果。

6.2.5 获取客户端信息

通过 request 对象可以获取到客户端的相关信息。例如，HTTP 报头信息，客户信息提交方式，客户端主机 IP 地址、端口号等。在客户端获取用户请求相关信息的 request 对象的方法如表 6-2 所示。

表 6-2 request 获取客户端信息的常用方法

方　法	说　明
getHeader(String name)	获得 HTTP 协议定义的文件头信息
getHeaders(String name)	返回指定名字的 request Header 的所有值，其结果是一个枚举型的实例
getHeadersNames()	返回所有 request Header 的名字，其结果是一个枚举型的实例
getMethod()	获得客户端向服务器端传送数据的方法，如 get，post，header，trace 等
getProtocol()	获得客户端向服务器端传送数据所依据的协议名称
getRequestURI()	获得发出请求字符串的客户端地址，不包括请求的参数
getRequestURL()	获取发出请求字符串的客户端地址
getRealPath()	返回当前请求文件的绝对路径
getRemoteAddr()	获取客户端的 IP 地址
getRemoteHost()	获取客户端的主机名
getServerName()	获取服务器的名字
getServerPath()	获取客户端所请求的脚本文件的文件路径
getServerPort()	获取服务器的端口号

【例 6-3】 使用 request 对象的相关方法获取客户端信息。（实例位置：光盘\MR\源码\第 6 章\6-3）

创建 index.jsp 文件，在该文件中，调用 request 对象的相关方法获取客户端信息。index.jsp 文件的关键代码如下：

```
<%@ page language="java" contentType="text/html; charset=UTF-8"
pageEncoding="UTF-8"%>
… <!—此处省略了部分 HTML 代码-->
<body>
<br>客户提交信息的方式：<%=request.getMethod()%>
<br>使用的协议：<%=request.getProtocol()%>
<br>获取发出请求字符串的客户端地址：<%=request.getRequestURI()%>
<br>获取发出请求字符串的客户端地址：<%=request.getRequestURL()%>
<br>获取提交数据的客户端 IP 地址：<%=request.getRemoteAddr().intern()%>
<br>获取服务器端口号：<%=request.getServerPort()%>
<br>获取服务器的名称：<%=request.getServerName()%>
<br>获取客户端的主机名：<%=request.getRemoteHost()%>
<br>获取客户端所请求的脚本文件的文件路径:<%=request.getServerPath()%>
<br>获得 Http 协议定义的文件头信息 Host 的值:<%=request.getHeader("host")%>
<br>获得 Http 协议定义的文件头信息 User-Agent 的值:<%=request.getHeader("user-agent")%>
<br>获得 Http 协议定义的文件头信息 accept-language 的值:<%=request.getHeader ("accept-
```

```
language")%>
    <br>获得请求文件的绝对路径:<%=request.getRealPath("index.jsp")%>
    </body>
    </html>
```

运行本实例，将显示如图 6-3 所示的运行结果。

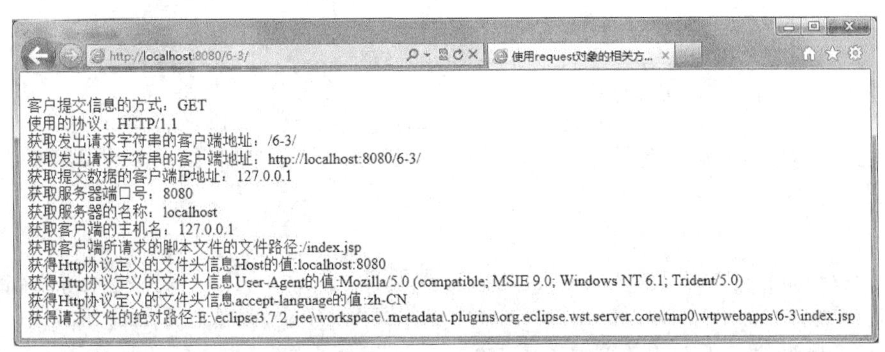

图 6-3　运行结果

默认的情况下，在 Windows 7 系统下，当使用 localhost 进行访问时，应用 request.getRemoteAddr()获取的客户端 IP 地址将是 0:0:0:0:0:0:0:1，这是以 IPv6 的形式显示的 IP 地址。要显示为 127.0.0.1，需要在 C:\Windows\System32\drivers\etc\hosts 文件中，添加“127.0.0.1 localhost”，并保存该文件。

6.2.6　获取 cookie

“cookie”的原意是小甜饼，然而在互联网上的意思就完全不同了。它和食品完全没有关系。在互联网中，cookie 是小段的文本信息，在网络服务器上生成，并发送给浏览器的。通过使用 cookie 可以标识用户身份，记录用户名和密码，跟踪重复用户等。浏览器将 cookie 以 key/value 的形式保存到客户机的某个指定目录中。

通过 cookie 的 getCookies()方法即可获取到所有 cookie 对象的集合；通过 cookie 对象的 getName()方法可以获取到指定名称的 cookie；通过 getValue()方法即可获取到 cookie 对象的值。另外将一个 cookie 对象发送到客户端需要使用 response 对象的 addCookie()方法。

在使用 cookie 时，应保证客户机上允许使用 cookie。这可以通过在 IE 浏览器中选择“工具”/“Internet 选项”菜单项，在打开的对话框中选择“隐私”选项卡，在该选项卡中设置。

【例 6-4】 通过 cookie 保存并读取用户登录信息。（实例位置：光盘\MR\源码\第 6 章\6-4）

（1）创建 index.jsp 文件，在该文件中，首先获取 cookie 对象的集合，如果集合不为空，就通过 for 循环遍历 cookie 集合，从中找出我们设置的 cookie（这里设置为 mrCookie），并从该 cookie 中提取出用户名和注册时间，再根据获取的结果显示不同的提示信息。index.jsp 文件的关键代码如下：

```
<%@ page language="java" contentType="text/html; charset=UTF-8"
pageEncoding="UTF-8"%>
<%@ page import="java.net.URLDecoder" %>
…    <!--此处省略了部分 HTML 代码-->
<body>
<%
```

```
    Cookie[] cookies = request.getCookies();    //从 request 中获得 Cookie 对象的集合
    String user = "";                                          //登录用户
    String date = "";                                          //注册的时间
    if (cookies != null) {
        for (int i = 0; i < cookies.length; i++) {              //遍历 cookie 对象的集合
            //如果 cookie 对象的名称为 mrCookie
            if (cookies[i].getName().equals("mrCookie")) {
                //获取用户名
                user = URLDecoder.decode(cookies[i].getValue().split("#")[0]);
                date = cookies[i].getValue().split("#")[1];       //获取注册时间
            }
        }
    }
    if ("".equals(user) && "".equals(date)) {                  //如果没有注册
%>
        游客您好，欢迎您初次光临！<br><br>
        <form action="deal.jsp" method="post">
            请输入姓名：<input name="user" type="text" value="">
            <input type="submit" value="确定">
        </form>
<%
    } else {                                                    //已经注册
%>
        欢迎[<b><%=user %></b>]再次光临<br>
        您注册的时间是：<%=date %>
<%
    }
%>
</body>
</html>
```

（2）编写 deal.jsp 文件，用于向 cookie 中写入注册信息。deal.jsp 文件的关键代码如下：

```
<%@ page import="java.net.URLEncoder" %>
<%
request.setCharacterEncoding("UTF-8");                      //设置请求的编译为 UTF-8
String user=URLEncoder.encode(request.getParameter("user"),"UTF-8");//获取用户名
Cookie cookie = new Cookie("mrCookie",
user+"#"+new java.util.Date().toLocaleString());            //创建并实例化 cookie 对象
cookie.setMaxAge(60*60*24*30);                              //设置 cookie 有效期 30 天
response.addCookie(cookie);                                 //保存 cookie
%>
<script type="text/javascript">window.location.href="index.jsp"</script>
```

在向 cookie 中保存的信息中，如果包括中文，则需要调用 java.net.URLEncoder 类的 encode()方法将要保存到 cookie 中的信息进行编码；在读取 cookie 的内容时，还需要应用 java.net.URLDecoder 类的 decode()方法，进行解码。这样，就可以成功地向 cookie 中写入中文信息了。

运行本实例，第一次显示的页面如图 6-4 所示，输入姓名“无语”，并单击“确定”按钮后，将显示如图 6-5 所示的运行结果。

图 6-4 第一次运行的结果

图 6-5 第二次运行的结果

6.2.7 显示国际化信息

浏览器可以通过 accept-language 的 HTTP 报头向 Web 服务器指明它所使用的本地语言。request 对象中的 getLocale()和 getLocales()方法允许 JSP 开发人员获取这一信息，获取的信息属于 java.util.Local 类型。java.util.Local 类型的对象封装了一个国家和一种该国家所使用的语言。使用这一信息，JSP 开发者就可以使用对应语言所特有的信息作出响应。使用这个报头的代码如下：

```
<%
java.util.Locale locale=request.getLocale();
String str="";
if(locale.equals(java.util.Locale.US)){
    str="Hello, welcome to access our company's web!";
}
if(locale.equals(java.util.Locale.CHINA)){
    str="您好，欢迎访问我们公司网站！";
}
%>
<%=str %>
```

上面的代码，如果所在区域为中国，将显示“您好，欢迎访问我们公司网站！”，而所在区域为美国，则显示“Hello, welcome to access our company's web!”。

6.3 response 响应对象

response 对象用于响应客户请求，向客户端输出信息。它封装了 JSP 产生的响应，并发送到客户端以响应客户端的请求。请求的数据可以是各种数据类型，甚至是文件。response 对象在 JSP 页面内有效。

6.3.1 实现重定向页面

使用 response 对象提供的 sendRedirect()方法可以将网页重定向到另一个页面。重定向操作支持将地址重定向到不同的主机上，这一点与转发不同。在客户端浏览器上将会得到跳转的地址，并重新发送请求链接。用户可以从浏览器的地址栏中看到跳转后的地址。进行重定向操作后，request 中的属性全部失效，并且开始一个新的 request 对象。

sendRedirect()方法的语法格式如下：

```
response.sendRedirect(String path);
```

path：用于指定目标路径，可以是相对路径，也可以是不同主机的其他 URL 地址。

例如，使用 sendRedirect()方法重定向网页到 login.jsp 页面（与当前网页同级）和明日编程词典网（与该网页不在同一主机）的代码如下：

```
response.sendRedirect("login.jsp");                    //重定向到 login.jsp 页面
```

```
response.sendRedirect("www.mrbccd.com");                    //重定向到明日编程词典网
```

注意

在 JSP 页面中使用该方法时，不要再有 JSP 脚本代码（包括 return 语句），因为重定向之后的代码已经没有意义了，并且还可能产生错误。

【例 6-5】 通过 sendRedirect()方法重定向页面到用户登录页面。（实例位置：光盘\MR\源码\第 6 章\6-5）

（1）创建 index.jsp 文件，在该文件中，调用 response 对象的 sendRedirect()方法重定向页面到用户登录页面 login.jsp。index.jsp 文件的关键代码如下：

```
<%@ page language="java" contentType="text/html; charset=UTF-8"
pageEncoding="UTF-8"%>
<%response.sendRedirect("login.jsp"); %>
```

（2）编写 login.jsp 文件，在该文件中添加用于收集用户登录信息的表单及表单元素。关键代码如下：

```
<form name="form1" method="post" action="">
用户名： <input    name="name" type="text" id="name" style="width: 120px"><br>
密  码： <input name="pwd" type="password" id="pwd" style="width: 120px">
<br>
<br>
<input type="submit" name="Submit" value="提交">
</form>
```

运行本实例，默认执行的是 index.jsp 页面，在该页面中，又执行了重定向页面到 login.jsp 的操作，所以在浏览器中将显示如图 6-6 所示用户登录页面。

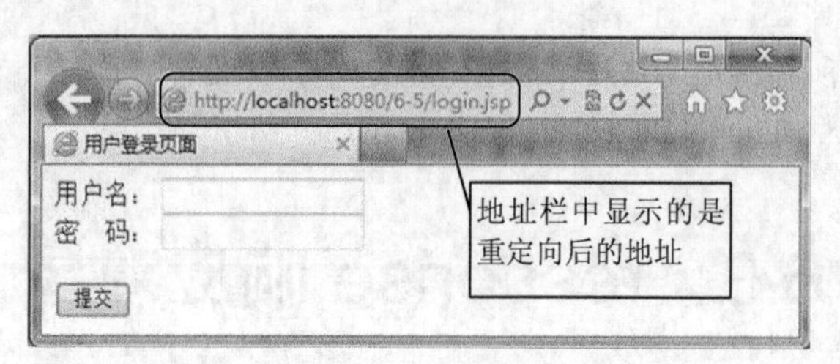

图 6-6　运行结果

6.3.2　处理 HTTP 文件头

通过 response 对象可以设置 HTTP 响应报头，其中，最常用的是设置响应的内容类型、禁用缓存、设置页面自动刷新和定时跳转网页。下面分别进行介绍。

1. 设置响应的内容类型

通过 response 对象的 setContentType()方法可以设置响应的内容类型，默认情况下，采用的内容类型是 text/html。通过指定响应的内容类型可以让网页内容以不同的格式输出到浏览器中。setContentType()方法的语法格式如下：

```
response.setContentType(String type);
```

type：用于指定响应的内容类型，可选值为 text/html、text/plain、application/x_msexcel 和 application/msword 等。

【例 6-6】 将网页保存为 Word 文档。（实例位置：光盘\MR\源码\第 6 章\6-6）

创建 index.jsp 文件，首先在该文件的顶部添加一个 if 语句，用于在提交表单后设置响应的内容类型，然后在页面中添加一个表单及表单元素（可以是任何表单元素），再添加一个提交按钮即可。index.jsp 文件的具体代码如下：

```
<%@ page language="java" contentType="text/html; charset=UTF-8"
pageEncoding="UTF-8"%>
<%
if(request.getParameter("Submit")!=null){
    response.setContentType("application/msword;charset=UTF-8"); //设置响应的内容类型
}
%>
<!DOCTYPE HTML>
<html>
<head>
<meta charset="utf-8">
<title>将网页保存为 Word 文档</title>
</head>
<body>
<form name="form1" method="post" action="">
用户名: <input    name="name" type="text" id="name" style="width: 120px"><br>
密  码: <input name="pwd" type="password" id="pwd" style="width: 120px">
<br>
<br>
<input type="submit" name="Submit" value="保存为 word">
</form>
</body>
</html>
```

运行本实例，将显示如图 6-7 所示的页面，单击“保存为 word”按钮，将显示如图 6-8 所示的页面。

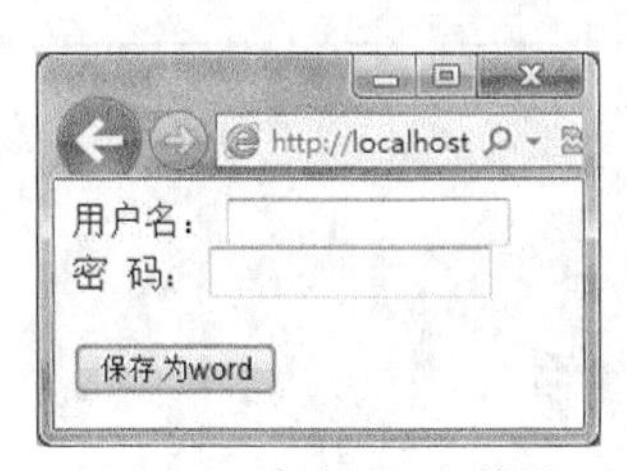

图 6-7　默认的运行结果

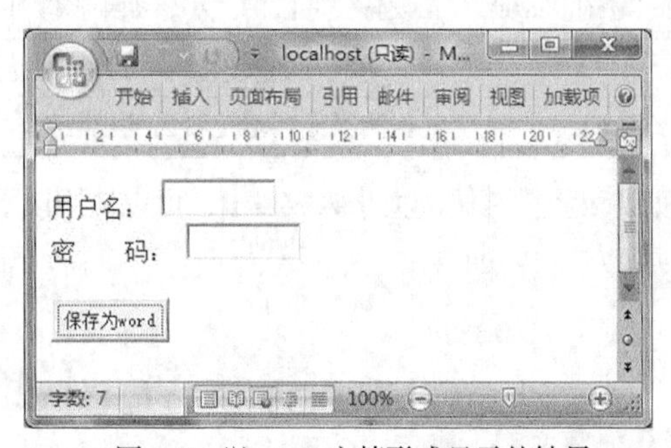

图 6-8　以 word 文档形式显示的结果

2. 禁用缓存

在默认的情况下，浏览器将会对显示的网页内容放入缓存。这样，当用户再次访问相同的网页时，浏览器会判断网页是否有变化，如果没有变化则直接显示缓存中的内容，这样可以提高网页的显示速度。对于一些安全性要求较高的网站，通常需要禁用缓存。通过设置 HTTP 头的方法实现禁用缓存，可以通过以下代码实现：

```
<%
response.setHeader("Cache-Control","no-store");
response.setDateHeader("Expires",0);
%>
```

3. 设置页面自动刷新

通过设置 HTTP 头还可以实现页面的自动刷新。例如，让网页每隔 10 秒自动刷新一次，可以使用下面的代码：

```
<%
response.setHeader("refresh","10");
%>
```

4．定时跳转网页

通过设置 HTTP 头还可以实现定时跳转网页的功能。例如，让网页 5 秒钟后自动跳转到指定的页面，可以使用下面的代码：

```
<%
response.setHeader("refresh","5;URL=login.jsp");
%>
```

6.3.3 设置输出缓冲

通常情况下，服务器要输出到客户端的内容不会直接写到客户端，而是先写到一个输出缓冲区，当满足以下 3 种情况之一，就会把缓冲区的内容写到客户端。

- ❑ JSP 页面的输出信息已经全部写入到了缓冲区。
- ❑ 缓冲区已满。
- ❑ 在 JSP 页面中，调用了 response 对象的 flushbuffer()方法或 out 对象的 flush()方法。

response 对象提供了如表 6-3 所示的对缓冲区进行配置的方法。

表 6-3 对缓冲区进行配置的方法

方 法	说 明
flushBuffer()	强制将缓冲区的内容输出到客户端
getBufferSize()	获取响应所使用的缓冲区的实际大小，如果没有使用缓冲区，则返回 0
setBufferSize(int size)	设置缓冲区的大小，如果将缓冲区的大小设置为 0 KB，则表示不缓冲
reset()	清除缓冲区的内容，同时清除状态码和报头
isCommitted()	检测服务器端是否已经把数据写入到了客户端

例如，设置缓冲区的大小为 32 KB，可以使用以下代码：

```
response.setBufferSize(32);
```

6.4 out 输出对象

通过 out 对象可以向客户端浏览器输出信息，并且管理应用服务器上的输出缓冲区。在使用 out 对象输出数据时，可以对数据缓冲区进行操作，以及时清除缓冲区中的残余数据，为其他的输出让出缓冲空间。待数据输出完毕后，要及时关闭输出流。

6.4.1 向客户端输出数据

out 对象一个最基本的应用就是向客户端浏览器输出信息。out 对象可以输出各种数据类型的数据，在输出非字符串类型的数据时，会自动转换为字符串进行输出。out 对象提供了 print()和 println()两种向页面中输出信息的方法，下面分别进行介绍。

1．print()方法

print()方法用于向客户端浏览器输出信息。通过该方法向客户端浏览器输出信息与使用 JSP 表达式输出信息相同。

例如，下面两行代码都可以向客户端浏览器输出文字“明日科技”。

```
<%out.print("明日科技");%>
<%="明日科技" %>
```

2．println()方法

println()方法也是用于向客户端浏览器输出信息，与 print()方法不同的是，该方法在输出内容后，还输出一个换行符。

例如，通过 println()方法向页面中输出数字 3.14159 的代码如下：

```
<%
out.println(3.14159);
out.println("无语");
%>
```

在使用 print()方法和 println()方法向页面中输出信息时，并不能很好地区分出二者的区别，因为在使用 println()方法向页面中输出的换行符显示在页面中时，您并不能看到其后面的文字是否真的换行了，例如上面的向页面中输出数字 3.14159 的代码在运行后，显示效果如图 6-9 所示。如果想让其显示换行，需要将要输出的文本使用 HTML 的<pre>标记括起来。修改后的代码如下：

```
<pre>
<%
out.println(3.14159);
out.println("无语");
%>
</pre>
```

这段代码在运行后，将显示如图 6-10 所示的效果。

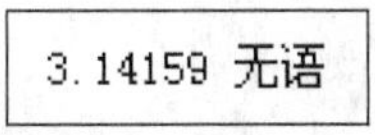

3.14159 无语

图 6-9　未使用<pre>标记的运行结果

3.14159
无语

图 6-10　使用<pre>标记的运行结果

6.4.2　管理相应缓冲区

out 对象的一个比较重要的功能就是对缓冲区进行管理。通过调用 out 对象的 clear()方法可以清除缓冲区的内容。这类似于重置响应流，以便重新开始操作。如果响应已经提交，则会有产生 IOException 异常的负作用。out 对象还提供了另一种清除缓冲区内容的方法，那就是 clearBuffer()方法，通过该方法可以清除缓冲区中“当前”内容，而且即使内容已经提交给客户端，也能够访问该方法。除了这两个方法外，out 对象还提供了其他用于管理缓冲区的方法。out 对象用于管理缓冲区的方法如表 6-4 所示。

表 6-4　管理缓冲区的方法

方　法	说　　明
clear()	清除缓冲区中的内容
clearBuffer()	清除当前缓冲区中的内容
flush()	刷新流
isAutoFlush()	检测当前缓冲区已满时是自动清空，还是抛出异常
getBufferSize()	获取缓冲区的大小

6.5 session 会话对象

session 在网络中被称为“会话”。由于 HTTP 协议是一种无状态协议，也就是当一个客户向服务器发出请求，服务器接收请求，并返回响应后，该连接就结束了，而服务器并不保存相关的信息。为了弥补这一缺点，HTTP 协议提供了 session。通过 session，当用户需要在应用程序的 Web 页间进行跳转时，可以保存用户的状态，使整个用户会话一直存在下去，直到关闭浏览器。但是要注意的是，如果在一个会话中，客户端长时间不向服务器发出请求，session 对象就会自动消失。这个时间取决于服务器的设置，例如，Tomcat 服务器默认为 30 分钟。不过这个时间可以通过编写程序进行修改。

实际上，一次会话的过程也可以理解为一个打电话的过程。通话从拿起电话或开始拨号开始，一直到挂断电话结束，在这过程中，您可以与对方聊很多话题，甚至重复的话题。一个会话也是，您可以重复访问相同的 Web 页。

6.5.1 创建及获取客户的会话

通过 session 对象可以存储或读取客户相关的信息。例如用户名或购物信息等。这可以通过 session 对象的 setAttribute()方法和 getAttribute()方法实现。下面分别进行介绍。

1. setAttribute()方法

用于将信息保存在 session 范围内，其语法格式如下：

```
session.setAttribute(String name,Object obj)
```

- name：用于指定作用域在 session 范围内的变量名。
- obj：保存在 session 范围内的对象。

例如，将用户名“无语”保存到 session 范围内的 username 变量中，可以使用下面的代码：

```
session.setAttribute("username","无语");
```

2. getAttribute()方法

用于获取保存在 session 范围内的信息，其语法格式如下：

```
session.getAttribute(String name)
```

- name：指定保存在 session 范围内的关键字。

例如，读取保存到 session 范围内的 username 变量的值，可以使用下面的代码：

```
session.getAttribute("username");
```

getAttribute()方法的返回值是 Object 类型，如果需要将获取到的信息赋值给 String 类型的变量，需要进行强制类型转换或是调用其 toString()方法，例如，下面的两行代码都是正确的。

```
String user=(String)session.getAttribute("username");       //强制类型转换
String user1=session.getAttribute("username").toString(); //调用 toString()方法
```

6.5.2 从会话中移除指定的对象

对于存储在 session 会话中的对象，如果想将其从 session 会话中移除，可以使用 session 对象的 removeAttribute()方法，该方法的语法格式如下：

```
session.removeAttribute(String name)
```

- name：用于指定作用域在 session 范围内的变量名。一定要保证该变量在 session 范围内有效，否则将抛出异常。

例如，将保存在 session 会话中的 username 对象移除的代码如下：

```
<%
session.removeAttribute("username");
%>
```

6.5.3 设置 session 的有效时间

当用户访问网站时，会产生一个新的会话，这个会话可以记录用户的状态，但这个会话并不是永久存在的。如果在一个会话中，客户端长时间不向服务器发出请求，这个会话将被自动销毁。这个时间取决于服务器的设置，例如，Tomcat 服务器默认为 30 分钟。不过 session 对象提供了一个设置 session 有效时间的方法 setMaxInactiveInterval()，通过这个方法可以设置 session 的有效期。setMaxInactiveInterval()方法的语法格式如下：

```
session.setMaxInactiveInterval(int time);
```

- time：用于指定有效时间，单位为秒。例如要指定有效时间为 1 小时，可以指定 time 为 3600。

将 session 的有效时间设置为 1 小时，可以使用下面的代码：

```
session.setMaxInactiveInterval(3600);
```

在对 session 进行操作时，有时需要获取最后一次与会话相关联的请求时间和两个请求的最大时间间隔。这可以通过 session 对象提供的 getLastAccessedTime()方法和 getMaxInactiveInterval()方法实现。其中，getLastAccessedTime()方法可以返回客户端最后一次与会话相关联的请求时间；getMaxInactiveInterval()方法将返回一个会话内两个请求的最大时间间隔，以秒为单位。

6.5.4 销毁 session

虽然当客户端长时间不向服务器发送请求后，session 对象会自动消失，但对于某些实时统计在线人数的网站（例如，聊天室），每次都等 session 过期后，才能统计出准确的人数，这是远远不能满足需要的，所以还需要手动地销毁 session。通过 session 对象的 invalidate()方法可以销毁 session，其语法格式如下：

```
session.invalidate();
```

session 对象被销毁后，将不可以再使用该 session 对象了，如果在 session 被销毁后，再调用 session 对象的任何方法，都将报出"Session already invalidated"异常。

6.6 application 应用对象

application 对象用于保存所有应用程序中的公有数据。它在服务器启动时自动创建，在服务器停止时销毁。当 application 对象没有被销毁时，所有用户都可以共享该 application 对象。与 session 对象相比，application 对象的生命周期更长，类似于系统的"全局变量"。

6.6.1 访问应用程序初始化参数

application 对象提供了对应用程序初始化参数进行访问的方法。应用程序初始化参数在

web.xml 文件中进行设置，web.xml 文件位于 Web 应用所在目录下的 WEB-INF 子目录中。在 web.xml 文件中通过<context-param>标记配置应用程序初始化参数。例如，在 web.xml 文件中配置连接 MySQL 数据库所需的 url 参数，可以使用下面的代码：

```
…
<context-param>
    <param-name>url</param-name>
    <param-value>jdbc:mysql://127.0.0.1:3306/db_database</param-value>
</context-param>
</web-app>
```

application 对象提供了两种访问应用程序初始化参数的方法，下面分别进行介绍。

1．getInitParameter()方法

该方法用于返回一下已命名的参数值，其语法格式如下：

```
application.getInitParameter(String name);
```

- name：用于指定参数名。

例如，获取上面 web.xml 文件中配置的 url 参数的值，可以使用下面的代码：

```
application.getInitParameter("url");
```

2．getAttributeNames()方法

该方法用于返回所有已定义的应用程序初始化参数名的枚举。其语法格式如下：

```
application.getAttributeNames();
```

例如，应用 getAttributeNames()方法获取 web.xml 中定义的全部应用程序初始化参数名，并通过循环输出，可以使用下面的代码：

```
<%@ page import="java.util.*" %>
<%
Enumeration enema=application.getInitParameterNames();         //获取全部初始化参数
while(enema.hasMoreElements()){
    String name=(String)enema.nextElement();                   //获取参数名
    String value=application.getInitParameter(name);           //获取参数值
    out.println(name+": ");                                    //输出参数名
    out.println(value);                                        //输出参数值
}
%>
```

如果在 web.xml 文件中，只包括一个上面添加的 url 参数，那么执行上面的代码将显示以下内容：

```
url: jdbc:mysql://127.0.0.1:3306/db_database
```

6.6.2 应用程序环境属性管理

通过 application 对象可以存储、读取或移除应用程序环境属性。典型的应用程序环境属性如网站访问次数和聊天信息等。应用程序环境属性在 application 范围内有效。对应用程序环境属性的管理可以通过 application 对象的 setAttribute()方法、getAttribute()方法和 removeAttribute()方法实现。下面分别进行介绍。

1．setAttribute()方法

setAttribute()方法用于保存应用程序环境属性，该属性在 application 范围内有效，其语法格式如下：

```
application.setAttribute(String name,Object obj);
```

- name：用于指定应用程序环境属性的名称。
- obj：用于指定属性值，其值可以是任何 Java 数据类型。

例如，创建一个 application 范围内有效的 number 属性，其属性值为 0，可以使用下面的代码：

```
<%application.setAttribute("number",0); %>
```

2. getAttributeNames()方法

getAttributeNames()方法用于获得所有 application 对象使用的属性名，其语法格式如下：

```
application.getAttributeNames();
```

例如，下面的代码将使用 getAttributeNames()方法获得所有 application 对象使用的属性名及属性值。

```
<%@ page import="java.util.*" %>
<%
application.setAttribute("number",0);
Enumeration enema=application.getAttributeNames();  //获取 application 范围内的全部属性
while(enema.hasMoreElements()){
    String name=(String)enema.nextElement();          //获取属性名
    Object value=application.getAttribute(name);      //获取属性值
    out.print(name+": ");                             //输出属性名
    out.println(value);                               //输出属性值
}
%>
```

上面的代码在运行后，将显示类似图 6-11 所示的信息。

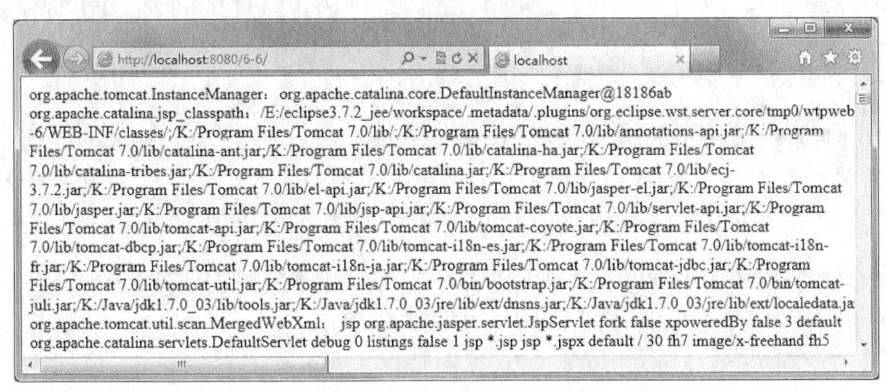

图 6-11　获取的属性名和属性值

3. getAttribute()方法

getAttribute()方法用于获取指定属性的属性值，其语法格式如下：

```
application.getAttribute(String name);
```

- name：用于指定属性名，该属性名在 application 范围内有效。

例如，获取 application 范围内的 number 属性的代码如下：

```
<%application.getAttribute("number");%>
```

4. removeAttribute()方法

removeAttribute()方法用于从 application 对象中去掉指定名称的属性，其语法格式如下：

```
removeAttribute(String name);
```

- name：用于指定属性名，该属性名在 application 范围内有效，否则将抛出异常。

例如，移除 number 属性的代码如下：

```
<%application.removeAttribute("number");%>
```

6.6.3 应用 application 实现网页计数器

在项目开发中，application 对象常用于实现网页计数器或是聊天室。下面将应用 application 对象实现一个简易的网页计数器。

【例 6-7】 应用 application 对象实现网页计数器。（实例位置：光盘\MR\源码\第 6 章\6-7）

创建 index.jsp 文件，在该文件中，首先定义一个保存访问次数的变量 number，并赋初值为 0，然后判断 application 范围内是否存在 number 属性，如果不存在，将变量 number 的值设置为 1，否则，获取 number 属性，并转换为 int 型，再加 1，最后输出当前访问次数，并将新的访问次数保存到 application 范围内的属性中。index.jsp 文件的具体代码如下：

图 6-12 运行结果

```
<%@ page language="java" contentType="text/html; charset=UTF-8"
pageEncoding="UTF-8"%>
<!DOCTYPE HTML>
<html>
<head>
<meta charset="utf-8">
<title>应用 application 对象实现网页计数器</title>
</head>
<body>
<%
int number=0;                                          //定义一个保存访问次数的变量
if(application.getAttribute("number")==null){         //当用户第一次访问时
    number=1;
}else{
    //获取 application 范围内的变量，并转换为 int 型
    number=Integer.parseInt(application.getAttribute("number").toString());
    number=number+1;                                   //让访问次数加 1
}
out.print("您是第"+number+"位访问者！");               //输出当前访问次数
//将新的访问次数保存到 application 范围内的属性中
application.setAttribute("number",number);
%>

</body>
</html>
```

运行本实例，如果您是第 6 位访问该网页的用户，将显示如图 6-12 所示的效果。

6.7 其他内置对象

除了上面介绍的内置对象外，JSP 还提供了 pageContext、config、page 和 exception 对象。下面对这些对象分别进行介绍。

6.7.1 应答与请求的 page 对象

page 对象代表 JSP 本身，只在 JSP 页面内才是合法的。page 对象本质上是包含当前 Servlet

接口引用的变量，可以看做是 this 关键字的别名。page 对象提供的常用方法如表 6-5 所示。

表 6-5　　page 对象的常用方法

方　法	说　明
getClass()	返回当前 Object 的类
hashCode()	返回该 Object 的哈希代码
toString()	把该 Object 类转换成字符串
equals(Object o)	比较该对象和指定的对象是否相等

【例 6-8】 page 对象各方法的应用。（实例位置：光盘\MR\源码\第 6 章\6-8）

创建 index.jsp 文件，在该文件中，调用 page 对象的各方法，并显示返回结果。index.jsp 文件的关键代码如下：

```
<%@ page language="java" contentType="text/html;charset=
UTF-8"
pageEncoding="UTF-8"%>
…  <!-此处省略了部分 HTML 代码-->
<body>
<%! Object object;    //声明一个 Object 型的变量    %>
<ul>
<li>getClass()方法的返回值:<%=page.getClass()%></li>
<li>hashCode()方法的返回值:<%=page.hashCode()%></li>
<li>toString()方法的返回值:<%=page.toString()%></li>
<li>与 Object 对象比较的返回值:<%=page.equals(object)%></li>
<li>与 this 对象比较的返回值:<%=page.equals(this)%></li>
</ul>
</body>
</html>
```

图 6-13　运行结果

运行本实例，将显示如图 6-13 所示的效果。

6.7.2　获取页面上下文的 pageContext 对象

获取页面上下文的 pageContext 对象是一个比较特殊的对象，通过它可以获取 JSP 页面的 request、response、session、application、exception 等对象。pageContext 对象的创建和初始化都是由容器来完成的，JSP 页面里可以直接使用 pageContext 对象。pageContext 对象的常用方法如表 6-6 所示。

表 6-6　　pageContext 对象的常用方法

方　法	说　明
forward(java.lang.String relativeUtlpath)	把页面转发到另一个页面
getAttribute(String name)	获取参数值
getAttributeNamesInScope(int scope)	获取某范围的参数名称的集合，返回值为 java.util.Enumeration 对象
getException()	返回 exception 对象
getRequest()	返回 request 对象
getResponse()	返回 response 对象
getSession()	返回 session 对象

续表

方　法	说　明
getOut()	返回 out 对象
getApplication()	返回 application 对象
setAttribute()	为指定范围内的属性设置属性值
removeAttribute()	删除指定范围内的指定属性

pageContext 对象在实际 JSP 开发过程中很少使用，因为 request 和 response 等对象均为内置对象，都可以直接调用其相关方法实现具体的功能，如果通过 pageContext 来调用这些对象比较麻烦。

6.7.3　获取 web.xml 配置信息的 config 对象

config 对象主要用于取得服务器的配置信息。通过 pageContext 对象的 getServletConfig()方法可以获取一个 config 对象。当一个 Servlet 初始化时，容器把某些信息通过 config 对象传递给这个 Servlet。开发者可以在 web.xml 文件中为应用程序环境中的 servlet 程序和 JSP 页面提供初始化参数。config 对象的常用方法如表 6-7 所示。

表 6-7　config 对象的常用方法

方　法	说　明
getServletContext()	获取 Servlet 上下文
getServletName()	获取 Servlet 服务器名
getInitParameter()	获取服务器所有初始参数名称，返回值为 java.util.Enumeration 对象
getInitParameterNames()	名获取服务器中 name 参数的初始值

6.7.4　获取异常信息的 exception 对象

exception 对象用来处理 JSP 文件执行时发生的所有错误和异常，只有在 page 指令中设置为 isErrorPage 属性值为 true 的页面中才可以被使用，在一般的 JSP 页面中使用该对象将无法编译 JSP 文件。exception 对象几乎定义了所有的异常情况，在 Java 程序中，可以使用 try...catch 关键字来处理异常情况，如果在 JSP 页面中出现没有捕捉到的异常，就会生成 exception 对象，并把 exception 对象传送到在 page 指令中设定的错误页面中，然后在错误页面中处理相应的 exception 对象。exception 对象的常用方法如表 6-8 所示。

表 6-8　exception 对象的常用方法

方　法	说　明
getMessage()	返回 exception 对象的异常信息字符串
getLocalizedmessage()	返回本地化的异常错误
toString()	返回关于异常错误的简单信息描述
fillInStackTrace()	重写异常错误的栈的执行轨迹

【例 6-9】 使用 exception 对象获取异常信息。（实例位置：光盘\MR\源码\第 6 章\6-9）

（1）创建 index.jsp 文件，在该文件中，首先在 page 指令中指定 errorPage 属性值为 error.jsp，

即指定显示异常信息的页面，然后定义保存单价的 request 范围内的变量，并赋值为非数值型，最后获取该变量并转换为 float 型。index.jsp 文件的具体代码如下：

```
<%@ page language="java" contentType="text/html; charset=UTF-8"
pageEncoding="UTF-8" errorPage="error.jsp"%>
<!DOCTYPE HTML>
<html>
<head>
<meta charset="utf-8">
<title>使用 exception 对象获取异常信息</title>
</head>
<body>
<%
request.setAttribute("price","109.6 元");      //保存单价到 request 范围内的变量 price 中
//获取单价，并转换为 float 型
float price=Float.parseFloat(request.getAttribute("price").toString());
%>
</body>
</html>
```

说明　当页面运行时，上面的代码将抛出异常，因为非数值型的字符串不能转换为 float 型。

（2）编写 error.jsp 文件，将该页面的 page 指令的 isErrorPage 属性值设置为 true，并且输出异常信息。具体代码如下：

```
<%@ page language="java" contentType="text/html; charset=
UTF-8"
pageEncoding="UTF-8" isErrorPage="true"%>
<!DOCTYPE HTML>
<html>
<head>
<meta charset="utf-8">
<title>错误提示页</title>
</head>
<body>
错误提示为：<%=exception.getMessage() %>
</body>
</html>
```

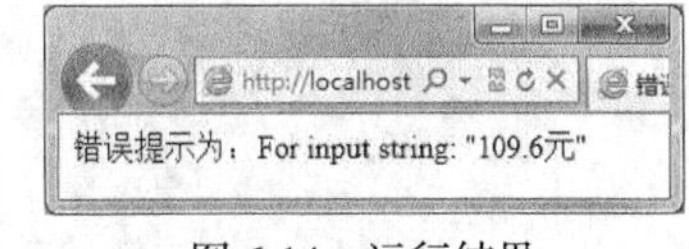

图 6-14　运行结果

运行本实例，将显示如图 6-14 所示的效果。

6.8　综合实例——应用 session 实现用户登录

使用 session 对象一个最常用的功能就是记录用户的状态。下面将通过一个具体的实例介绍如何应用 session 对象实现用户登录。

（1）创建 index.jsp 文件，在该文件中，添加用于收集用户登录信息的表单及表单元素。关键代码如下：

```
<form name="form1" method="post" action="deal.jsp">
用户名： <input    name="username" type="text" id="username" style="width: 120px"><br>
密    码： <input name="pwd" type="password" id="pwd" style="width:
```

```
120px"> <br>
    <br>
    <input type="submit" name="Submit" value="提交">
```

（2）编写 deal.jsp 文件，在该文件中，模拟用户登录（这里将用户信息保存到一个二维数组中），如果用户登录成功，将用户名保存到 session 范围内的变量中，并将页面重定向到 main.jsp 页面，否则，将页面重定向到 index.jsp 页面，重新登录。deal.jsp 文件的具体代码如下：

```
<%@ page language="java" contentType="text/html; charset=UTF-8"
pageEncoding="UTF-8"%>
<%@ page import="java.util.*" %>
<%
//定义一个保存用户列表的二维组
String[][] userList={{"mr","mrsoft"},{"wgh","111"},{"sk","111"}};
boolean flag=false;                                          //登录状态
request.setCharacterEncoding("UTF-8");                       //设置编码
String username=request.getParameter("username");            //获取用户名
String pwd=request.getParameter("pwd");                      //获取密码
for(int i=0;i<userList.length;i++){                          //遍历二维数组
    if(userList[i][0].equals(username)){                     //判断用户名
        if(userList[i][1].equals(pwd)){                      //判断密码
            flag=true;                                       //表示登录成功
            break;                                           //跳出 for 循环
        }
    }
}
if(flag){                                          //如果值为 true，表示登录成功
    session.setAttribute("username",username);     //保存用户名到 session 范围的变量中
    response.sendRedirect("main.jsp");             //跳转到主页
}else{
    response.sendRedirect("index.jsp");            //跳转到用户登录页面
}
%>
```

（3）编写 main.jsp 文件，在该文件中，首先获取并显示保存到 session 范围内的变量，然后添加一个“退出”超链接。main.jsp 文件的具体代码如下：

```
<%@ page language="java" contentType="text/html; charset=UTF-8"
pageEncoding="UTF-8"%>
<%
//获取保存在 session 范围内的用户名
String username=(String)session.getAttribute("username");
%>
<!DOCTYPE HTML>
<html>
<head>
<meta charset="utf-8">
<title>系统主页</title>
</head>
<body>
您好！[<%=username %>]欢迎您访问！<br>
<a href="exit.jsp">[退出]</a>
</body>
```

```
</html>
```

（4）编写 exit.jsp 文件，在该文件中销毁 session，并重定向页面到 index.jsp 页面。exit.jsp 文件的具体代码如下：

```
<%@ page language="java" contentType="text/html; charset=UTF-8"
pageEncoding="UTF-8"%>
<%
session.invalidate();//销毁 session
response.sendRedirect("index.jsp");//重定向页面到 index.jsp
%>
```

运行本实例，首先进入的是用户登录页面，输入用户名（mr）和密码（mrsoft）后，如图 6-15 所示，单击“提交”按钮，将显示如图 6-16 所示的系统主页，如果输入用户名 mr，密码不输入 mrsoft，则重新返回到用户登录页面。在系统主页，单击“退出”超链接，将销毁当前 session，重新返回到用户登录页面。

图 6-15　用户登录页面

图 6-16　系统主页

知识点提炼

（1）JSP 提供了由容器实现和管理的内置对象，也可以称之为隐含对象。这些内置对象不需要 JSP 页面编写者来实例化，在所有的 JSP 页面中都可以直接使用，它起到了简化页面的作用。

（2）request 对象封装了由客户端生成的 HTTP 请求的所有细节，主要包括 HTTP 头信息、系统信息、请求方式和请求参数等。

（3）response 对象用于响应客户请求，向客户端输出信息。它封装了 JSP 产生的响应，并发送到客户端以响应客户端的请求。请求的数据可以是各种数据类型，甚至是文件。

（4）通过 out 对象可以向客户端浏览器输出信息，并且管理应用服务器上的输出缓冲区。

（5）session 在网络中被称为“会话”。通过 session，当用户需要在应用程序的 Web 页间进行跳转时，可以保存用户的状态，使整个用户会话一直存在下去，直到关闭浏览器。

（6）application 对象用于保存所有应用程序中的公有数据。它在服务器启动时自动创建，在服务器停止时销毁。

（7）page 对象代表 JSP 本身，只在 JSP 页面内才是合法的。page 对象本质上是包含当前 Servlet 接口引用的变量，可以看作是 this 关键字的别名。

（8）获取页面上下文的 pageContext 对象是一个比较特殊的对象，通过它可以获取 JSP 页面的 request、response、session、application、exception 等对象。

（9）config 对象主要用于取得服务器的配置信息。

（10）exception 对象用来处理 JSP 文件执行时发生的所有错误和异常，只有在 page 指令中设置为 isErrorPage 属性值为 true 的页面中才可以被使用，在一般的 JSP 页面中使用该对象将无法编译 JSP 文件。

习　题

6-1　JSP 提供的内置对象有哪些？作用分别是什么？

6-2　当表单提交信息中包括汉字时，在获取时应该做怎样的处理？

6-3　如何实现禁用缓存功能？

6-4　如何重定向网页？

6-5　session 对象与 application 对象的区别有哪些？

实验：带验证码的用户登录

实验目的

（1）掌握应用 request 对象获取表单提交的数据。

（2）掌握解决获取表单提交数据产生中文乱码的问题。

实验内容

设计带验证码的用户登录页面，并验证提交数据。

实验步骤

（1）创建 index.jsp 文件，在该文件中添加用于收集用户登录信息的表单及用户名、密码和验证码文本框，并显示 4 张随机的验证码图片。关键代码如下：

```
<form name="form1" method="POST" action="check.jsp">
    用户名: <input name="UserName" type="text"><br><br>  <!-- 设置用户名文本框-->
    密码: <input name="PWD" type="password"><br><br> <!-- 设置密码文本框 -->
    验证码: <input name="yanzheng" type="text" size="8"><!-- 设置验证码文本框 -->
    <%
        int intmethod = (int) (((Math.random()) * 11)) - 1);
        int intmethod2 = (int) (((Math.random()) * 11)) - 1);
        int intmethod3 = (int) (((Math.random()) * 11)) - 1);
        int intmethod4 = (int) (((Math.random()) * 11)) - 1);
        String intsum = intmethod + "" + intmethod2 + intmethod3 + intmethod4;
        //将得到的随机数进行连接
    %>
    <!-- 设置隐藏域,用来做验证比较-->
    <input type="hidden" name="vcode" value="<%=intsum%>">
    <!-- 将图片名称与得到的随机数相同的图片显示在页面上  -->
    <img src="num/<%=intmethod%>.gif"> <img src="num/<%=intmethod2%>.gif">
    <img src="num/<%=intmethod3%>.gif"> <img src="num/<%=intmethod4%>.gif">
    <br><br>
    <!-- 设置提交与重置按钮-->
    <input name="Submit"
        type="button" class="submit1" value="登录" onClick="mycheck()">
```

```
          <input name="Submit2" type="reset" class="submit1" value="重置">
    </form>
```

（2）在 index.jsp 文件中编写自定义的 JavaScript 函数，用于验证表单元素是否空，以及验证码是否正确。代码如下：

```
<script type="text/javascript">
    function mycheck() {
        if (form1.UserName.value == "") {//判断用户名是不为空
            alert("请输入用户名！");
            form1.UserName.focus();
            return;
        }
        if (form1.PWD.value == "") {//判断密码是否为空
            alert("请输入密码！");
            form1.PWD.focus();
            return;
        }
        if (form1.yanzheng.value == "") {//判断验证码是否为空
            alert("请输入验证码!");
            form1.yanzheng.focus();
            return;
        }
        if (form1.yanzheng.value != form1.verifycode2.value) {//判断验证码是否正确
            alert("请输入正确的验证码!!");
            form1.yanzheng.focus();
            return;
        }
        form1.submit();
    }
</script>
```

（3）编写用于验证提交数据的 check.jsp 文件，在该文件中，首先设置请求的编码，并应用 request 对象获取表单数据，然后判断输入的用户名与密码是否合法，并根据判断结果显示相应的提示信息，具体代码如下：

```
<%@ page language="java" contentType="text/html; charset=UTF-8"
    pageEncoding="UTF-8"%>
  <%
   request.setCharacterEncoding("UTF-8");  //设置请求的编码，用于解决中文乱码问题
    String name = request.getParameter("UserName");      //获取用户名参数
    String password = request.getParameter("PWD");       //获取用户输入的密码参数
    String message ;
    if(request.getParameter("vcode").equals(request.getParameter("yanzheng"))){
        message ="您输入的验证码不正确！";
    }else
     if(name.equals("mr")&&(password.equals("mrsoft"))){//判断用户名与密码是否合法
        message ="可以登录系统！";
    }else{
        message ="用户名或密码错误！";
    }
  %>
   <script language="javascript">
```

```
    alert("<%=message%>")
    window.location.href='index.jsp';
</script>
```

运行本实例，将显示带验证码的用户登录页面，在该页面中输入用户名 mr，密码 mrsoft，如图 6-17 所示，单击“登录”按钮，将显示如图 6-18 所示的对话框，单击“确定”按钮，将返回到用户登录页面。如果用户名或者密码错误，将弹出如图 6-19 所示的对话框。

图 6-17　带验证码的用户登录页面

图 6-18　通过验证对话框

图 6-19　未通过验证对话框

第 7 章 JavaBean 技术

本章要点：

- 纯 JSP 和 JSP+JavaBean 开发方式简介
- JavaBean 的种类
- 如何获取 JavaBean 属性
- 如何对 JavaBean 属性赋值
- 在 JSP 页面中应用 JavaBean

JavaBean 的产生，使 JSP 页面中的业务逻辑变得更加清晰，程序之中的实体对象及业务逻辑可以单独封装到 Java 类之中，JSP 页面通过自身操作 JavaBean 的动作标识对其进行操作，改变了 HTML 网页代码与 Java 代码混乱的编写方式，不仅提高了程序的可读性、易维护性，而且还提高了代码的重用性。把 JavaBean 应用到 JSP 编程中，使 JSP 的发展进入了一个崭新的阶段。本章将对 JavaBean 技术进行详细介绍。

7.1 JavaBean 技术简介

在 JSP 网页开发的初级阶段，并没有所谓的框架与逻辑分层的概念，JSP 网页代码是与业务逻辑代码写在一起的。这种零乱的代码书写方式，给程序的调试及维护带来了很大的困难，直至 JavaBean 的出现，这一问题才得到了些许改善。

7.1.1 JavaBean 概述

在 JSP 网页开发的初级阶段，并没有框架与逻辑分层概念的产生，需要将 Java 代码嵌入到网页之中，对 JSP 页面中的一些业务逻辑进行处理，如字符串处理、数据库操作等，其开发流程如图 7-1 所示。

此种开发方式虽然看似流程简单，但如果将大量的 Java 代码嵌入到 JSP 页面之中，必定会给修改及维护带来一定的困难，因为在 JSP 页面中包含 HTML 代码、CSS 代码、JS 代码等，同时再加入业务逻辑处理代码，即不利于页面编程人员的设计，也不利于 Java 程序员对程序的开发，而且将 Java 代码写入在 JSP 页面中，不能体现面向对象的开发模式，达不到代码的重用。

如果使 HTML 代码与 Java 代码相分离，将 Java 代码单独封装成为一个处理某种业务逻辑的类，然后在 JSP 页面中调用此类，则可以降低 HTML 代码与 Java 代码之间的耦合度，简化 JSP 页面，提高 Java 程序代码的重用性及灵活性。这种与 HTML 代码相分离，而使用 Java 代码封装的类，就是一个 JavaBean 组件，在 JSP 开发中，可以使用 JavaBean 组件来完成业务逻辑的处理。应用 JavaBean 与 JSP 整合的开发模式如图 7-2 所示。

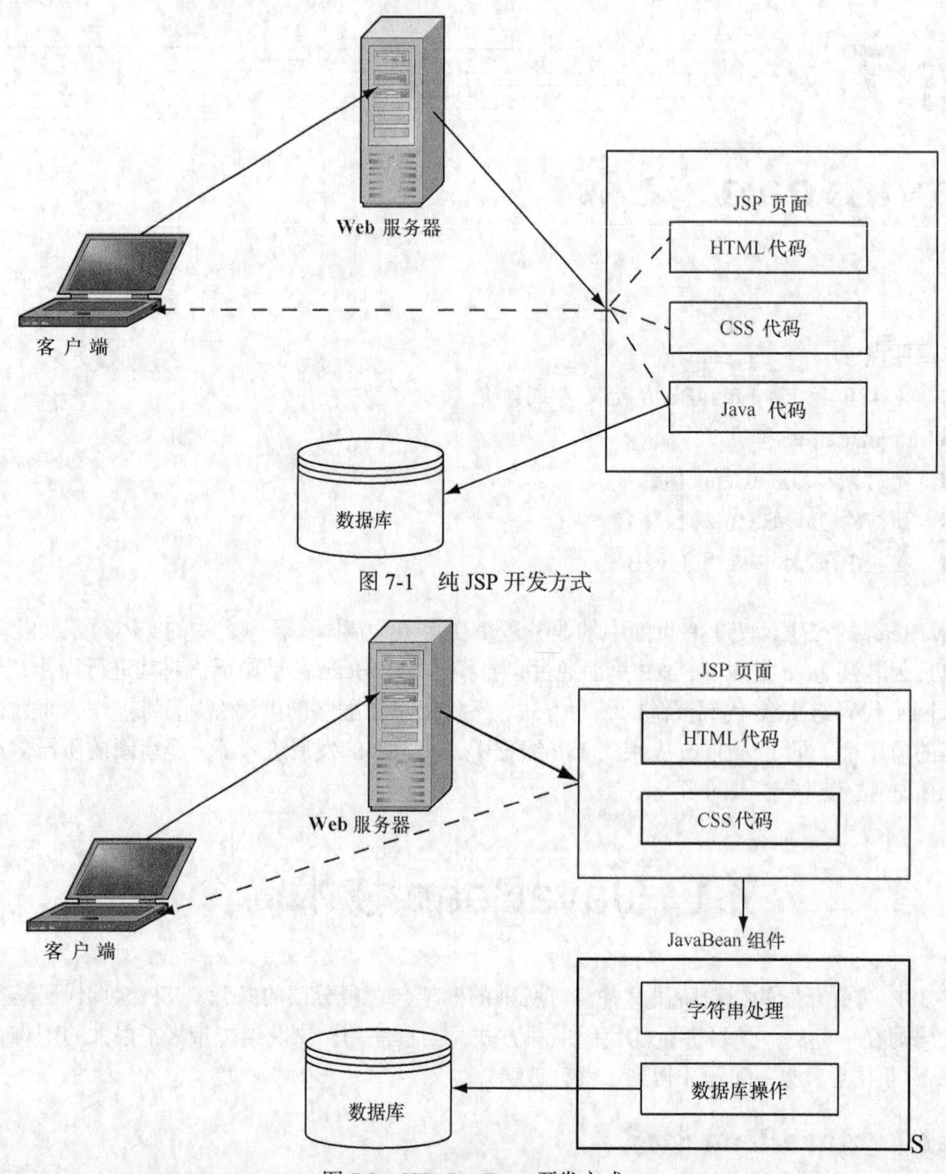

图 7-1　纯 JSP 开发方式

图 7-2　JSP+JavaBean 开发方式

从图 7-2 可以看出，JavaBean 的应用简化了 JSP 页面，在 JSP 页面中只包含了 HTML 代码、CSS 代码等，但 JSP 页面可以引用 JavaBean 组件来完成某一业务逻辑，如字符串处理、数据库操作等。

7.1.2　JavaBean 的种类

最初，JavaBean 的目的是为了将可以重复使用的代码进行打包，在传统的应用中，JavaBean 主要用于实现一些可视化界面，如一个窗体、按钮和文本框等，这样的 JavaBean 称之为可视化的 JavaBean。可视化 JavaBean 一般应用于 Swing 的程序中，在 JSP 开发中很少用。

随着技术的不断发展与项目的需求，现在的 JavaBean 主要用于实现一些业务逻辑或封装一些业务对象，由于这样的 JavaBean 并没有可视化的界面，所以又称之为非可视化的 JavaBean。非可视 JavaBean 又分为值 JavaBean 和工具 JavaBean。值 JavaBean 严格遵循了 JavaBean 的命名规范，通常用来封装表单数据，作为信息的容器。例如，下面的 JavaBean 就是一个值 JavaBean。

【例 7-1】 值 JavaBean 示例

```
public class UserBean{
    private String name;
    private String password;
    public String getName() {
        return name;
    }
    public void setName(String name) {
        this.name = name;
    }
    public String getPassword() {
        return password;
    }
    public void setPassword(String password) {
        this.password = password;
    }
}
```

该 JavaBean 可用来封装用户登录时表单中的用户名和密码。

工具 JavaBean 则可以不遵循 JavaBean 规范，通常用于封装业务逻辑，数据操作等，例如连接数据库，对数据库进行增、删、改、查和解决中文乱码等操作。工具 JavaBean 可以实现业务逻辑与页面显示的分离，提高了代码的可读性与易维护性。例如，下面的 JavaBean 就是一个工具 JavaBean，它用来转换字符串中的“<”与“>”字符。

【例 7-2】 工具 JavaBean 示例

```
public class MyTools{
    public String change(String source){
        source=source.replace("<","&lt;");
        source=source.replace(">","&gt;");
        return source;
    }
}
```

7.2　JavaBean 的应用

JavaBean 是用 Java 语言所写成的可重用组件，它可以应用于系统中的很多层中，如 PO、VO、DTO 和 POJO 等，应用十分广泛。

7.2.1　获取 JavaBean 属性

在 JavaBean 对象中，为了防止外部直接对 JavaBean 属性的调用，通常将 JavaBean 中的属性设置为私有的（private），但需要为其提供公共的（public）访问方法，也就是所说的 getter 方法，下面就通过实例来讲解如何获取 JavaBean 属性信息。

【例 7-3】 编写商品对象的 JavaBean。在该 JavaBean 中，首先定义相应的属性信息，并为属性提供 getter 方法，然后在 JSP 页面之中获取并输出。（实例位置：光盘\MR\源码\第 7 章\7-3）

（1）编写名称为 Produce 的类，此类是封装商品对象的 JavaBean，在 Produce 类中定义商品属性，并提供相应的 getter 方法，其关键代码如下：

```
package com.wgh;
```

```
public class Produce {
    // 商品名称
    private String name = "编程词典个人版";
    // 商品价格
    private double price = 298;
    // 数量
    private int count = 10;
    // 出厂地址
    private String factoryAdd = "吉林省明日科技有限公司";
    public String getName() {
        return name;
    }
    public double getPrice() {
        return price;
    }
    public int getCount() {
        return count;
    }
    public String getFactoryAdd() {
        return factoryAdd;
    }
}
```

本实例演示如何获取 JavaBean 中的属性信息，所以对 Produce 类中的属性设置了默认值，可通过 getter 方法直接进行获取。

（2）在 JSP 页面中获取商品 JavaBean 中的属性信息，此操作通过 JSP 动作标识进行获取，其关键代码如下：

```
<%@ page language="java" contentType="text/html; charset=UTF-8"
pageEncoding="UTF-8"%>
<jsp:useBean id="produce" class="com.wgh.Produce"></jsp:useBean>
…   <!--此处省略了部分 HTML 代码-->
<div>
    <ul>
        <li>
            商品名称：<jsp:getProperty property="name" name="produce"/>
        </li>
        <li>
            价格：<jsp:getProperty property="price" name="produce"/>（元）
        </li>
        <li>
            数量：<jsp:getProperty property="count" name="produce"/>
        </li>
        <li>
            厂址：<jsp:getProperty property="factoryAdd" name="produce"/>
        </li>
    </ul>
</div>

</body>
</html>
```

在 JSP 网站开发中，JSP 页面中应该尽量避免出现 Java 代码，因为出现这样的代码看起来比较混乱，所以实例中采用 JSP 的动作标识来避免这一问题。

实例中主要通过<jsp:useBean>动作标识实例化商品的 JavaBean 对象，<jsp:getProperty>动作标识获取 JavaBean 之中的属性信息。实例运行后，将显示如图 7-3 所示的运行结果。

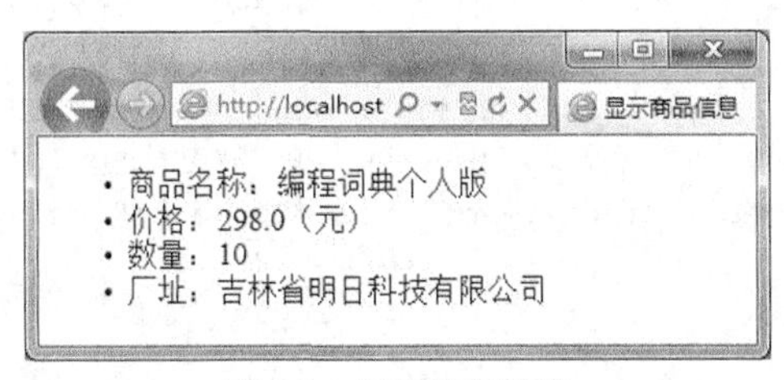

图 7-3　实例运行结果

使用<jsp:useBean>动作标识可以实例化 JavaBean 对象，<jsp:getProperty>动作标识可以获取 JavaBean 中的属性信息，这两个动作标识居然可以直接操作我们所编写的 Java 类，它真的有那么强大，是不是在 JSP 页面中可以操作所有的 Java 类呢？答案是否定的。<jsp:useBean>动作标识与<jsp:getProperty>动作标识之所以能够操作 Java 类，是因为我们所编写的 Java 类遵循了 JavaBean 规范。<jsp:useBean>动作标识获取类的实例，其内部是通过实例化类的默认构造方法进行获取，所以，JavaBean 需要有一个默认的无参的构造方法；<jsp:getProperty>动作标识获取 JavaBean 中的属性，其内部是通过调用指定属性的 getter 方法进行获取，所以，JavaBean 规范要求为属性提供公共的（public）类型的访问器。只有严格遵循 JavaBean 规范，才能对其更好地应用，因此，在编写 JavaBean 时要遵循 Sun 制定的 JavaBean 规范。

7.2.2　对 JavaBean 属性赋值

编写 JavaBean 对象时要遵循 JavaBean 规范，在 JavaBean 规范中的访问器 setter 方法，用于对 JavaBean 中的属性赋值，如果对 JavaBean 对象的属性提供了 setter 方法，在 JSP 页面中就可能通过<jsp:setProperty>对其进行赋值。

【例 7-4】 编写封装商品信息的 JavaBean，在这个类中提供属性及与属性相对应的 setter 和 getter 方法，并在 JSP 页面中对 JavaBean 属性赋值并获取输出。（实例位置：光盘\MR\源码\第 7 章\7-4）

（1）编写名称为 Produce 的 JavaBean，用于封装商品信息。在该类中定义商品属性，以及与属性相对应的 setter 和 getter 方法。其关键代码如下：

```
package com.wgh;
public class Produce {
    private String name = "编程词典个人版";                // 商品名称
    private double price = 298;                           // 商品价格
    private int count = 10;                               // 数量
    private String factoryAdd = "吉林省明日科技有限公司";   // 出厂地址
    public String getName() {
        return name;
    }
        public void setName(String name) {
        this.name = name;
```

```
    }
    …  // 此处省略了其他属性对应的 setter 和 getter 方法
}
```

（2）编写名称为 index.jsp 的页面，在此页面中实例化 Produce 对象，并对其属性进行赋值然后输出。其关键代码如下：

```
<jsp:useBean id="produce" class="com.wgh.Produce"></jsp:useBean>
<jsp:setProperty property="name" name="produce" value="手机"/>
<jsp:setProperty property="price" name="produce" value="1980.88"/>
<jsp:setProperty property="count" name="produce" value="1"/>
<jsp:setProperty property="factoryAdd" name="produce" value="广东省 xxx 公司"/>
<div>
    <ul>
        <li>
            商品名称:<jsp:getProperty property="name" name="produce"/>
        </li>
        <li>
            价格：<jsp:getProperty property="price" name="produce"/>（元）
        </li>
        <li>
            数量：<jsp:getProperty property="count" name="produce"/>
        </li>
        <li>
            厂址：<jsp:getProperty property="factoryAdd" name="produce"/>
        </li>
    </ul>
</div>
```

index.jsp 页面是程序中的首页，此页面主要通过<jsp:useBean>动作标识实例化 Produce 对象，通过<jsp:setProperty>动作标识对 Produce 对象中的属性进行赋值，然后再通过<jsp:getProperty>动作标识输出已赋值的 Produce 对象中的属性信息。实例运行结果如图 7-4 所示。

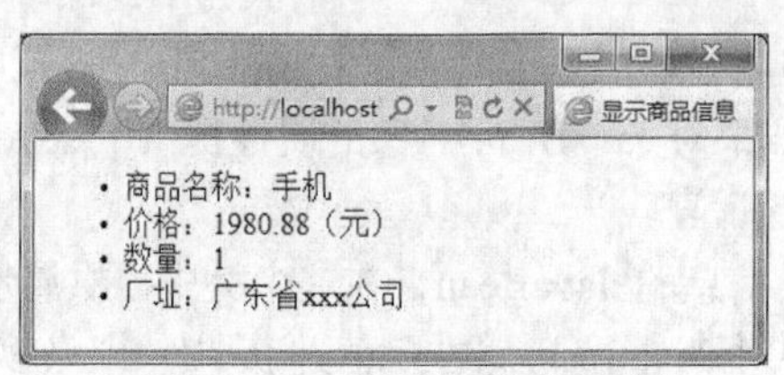

图 7-4　对 JavaBean 属性进行赋值

7.2.3　如何在 JSP 页面中应用 JavaBean

在 JSP 页面中应用 JavaBean 非常简单，主要通过 JSP 动作标识<jsp:useBean>、<jsp:getProperty>、<jsp:setProperty>来实现对 JavaBean 对象的操作，但所编写的 JavaBean 对象要遵循 JavaBean 规范，只有严格遵循 JavaBean 规范，才能够方便地在 JSP 页面中调用及操作 JavaBean。

将 JavaBean 对象应用到 JSP 页面中，JavaBean 的生命周期可以自行进行设置，它存在于 page、request、session 和 application 4 种范围之内。默认的情况下，JavaBean 作用于 page 范围之内。

【例 7-5】 本实例实现在办公自动化系统中录入员工信息功能，主要通过在 JSP 页面中应用 JavaBean 来实现。（实例位置：光盘\MR\源码\第 7 章\7-5）

（1）编写名称为 Person 的类，将其放置于 com.wgh 包中，实现对用户信息的封装。其关键代码如下：

```
package com.wgh;

public class Person {
        private String name;            // 姓名
        private int age;                // 年龄
        private String sex;             // 性别
        private String address;         // 住址
        public String getName() {
            return name;
        }
        public void setName(String name) {
            this.name = name;
        }
        …   //此处省略了其他属性所对应的 getter 和 setter 方法
}
```

在 Person 类中包含 4 个属性，分别代表姓名、年龄、性别与住址，此类在实例中充当员工信息对象的 JavaBean。

（2）编写程序的主页面 index.jsp，在此页面中放置录入员工信息所需要的表单。其具体代码如下：

```
<%@ page language="java" contentType="text/html; charset=UTF-8"
    pageEncoding="UTF-8"%>
<!DOCTYPE HTML>
<html>
<head>
<meta charset="utf-8">
<title>录入员工信息页面</title>
<style type="text/css">
ul {
    list-style: none; /*设置不显示项目符号*/
    margin:0px;       /*设置外边距*/
    padding:5px;      /*设置内边距*/
}

li {
    padding:5px; /*设置内边距*/
}
</style>
</head>
<body>
    <form action="register.jsp" method="post">
        <ul>
            <li>姓　名：<input type="text" name="name"></li>
            <li>年　龄：<input type="text" name="age"></li>
            <li>性　别：<input type="text" name="sex"></li>
            <li>住　址：<input type="text" name="add" size="35"></li>
            <li><input type="submit" value="添　加"></li>
        </ul>
    </form>
</body>
</html>
```

表单信息中的属性名称最好设置成为 JavaBean 中的属性名称，这样就可以通过“<jsp:setProperty property="*"/>”的形式来接收所有参数，此种方式可以减少程序中的代码量。如：将用户年龄文本框的 name 属性设置为“age”，它对应 Person 类中的 age。

（3）编写名称为 register.jsp 的 JSP 页面，用于对 index.jsp 页面中表单的提交请求进行处理，此页面将获取表单提交的所有信息，然后将所获取的员工信息输出到页面之中。其关键代码如下：

```
<%@ page language="java" contentType="text/html; charset=UTF-8"
    pageEncoding="UTF-8"%>
<%
    request.setCharacterEncoding("UTF-8");
%>
<jsp:useBean id="person" class="com.wgh.Person" scope="page">
    <jsp:setProperty name="person" property="*" />
</jsp:useBean>
…   <!-- 此处省略了部分 HTML 和 CSS 代码 -->
<body>
    <ul>
        <li>姓 名：<jsp:getProperty property="name" name="person" /></li>
        <li>年 龄：<jsp:getProperty property="age" name="person" /></li>
        <li>性 别：<jsp:getProperty property="sex" name="person" /></li>
        <li>住 址：<jsp:getProperty property="address" name="person" /></li>
    </ul>
</body>
</html>
```

如果所处理的表单信息中包含中文，通过 JSP 内置对象 request 获取的参数值将出现乱码现象，此时可以通过 request 的 setCharacterEncoding()方法指定字符编码格式进行解决，实例中将其设置为“UTF-8”。

register.jsp 页面<jsp:userBean>动作标识实例化了 JavaBean，然后通过“<jsp:setProperty name="person" property="*"/>”对 Person 类中的所有属性进行赋值，使用这种方式要求表单中的属性名称与 JavaBean 中的属性名称一致。

表单中的属性名称与 JavaBean 中的属性名称不一致，可以通过<jsp:setProperty>动作标识中的 param 属性来指定表单中的属性，如表单中的用户名为“username”，可以使用<jsp:setProperty name="person" property="name" param="username"/>对其赋值。

在设置了 Person 的所有属性后，register.jsp 页面通过<jsp:getProperty>动作标识来读取 JavaBean 对象 Person 中的属性。实例运行后，将进入到程序的主页面 index.jsp 页面，输入如图 7-5 所示的员工信息后，单击“添加”按钮，将显示如图 7-6 所示的运行结果。

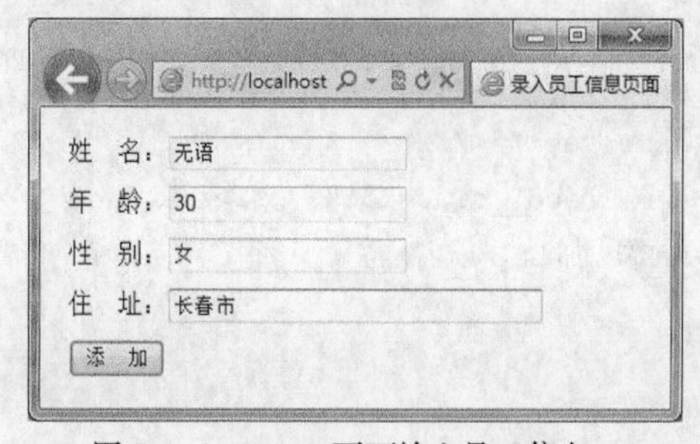

图 7-5 index.jsp 页面输入员工信息

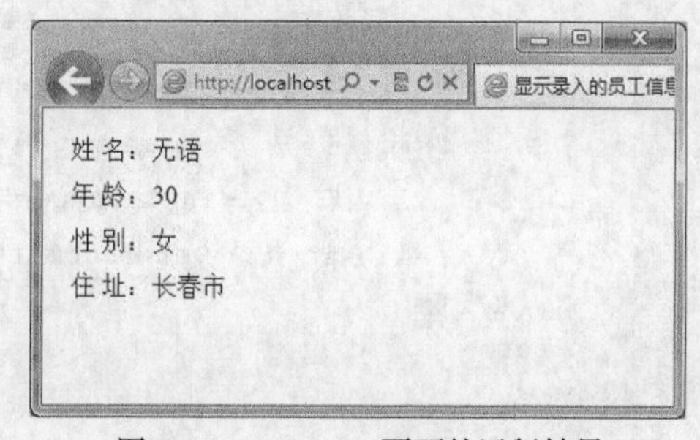

图 7-6 register.jsp 页面的运行结果

7.3　综合实例——应用 JavaBean 解决中文乱码

在 JSP 程序开发中，通过表单提交的数据中若存在中文，则获取该数据后输出到页面中将显示乱码，所以在输出获取的表单数据之前，必须进行转码操作。将转码操作放在 JavaBean 中实现，可以实现代码的重用，避免了重复编码。本实例将介绍如何应用 JavaBean 解决中文乱码问题，具体开发步骤如下。

（1）编写用于填写留言信息的 index.jsp 页面，在该页面中添加一个表单，设置表单被提交给 deal.jsp 页面进行处理，并向表单中添加 author，title 和 content 三个字段，分别用来表示留言者、留言标题和留言内容。index.jsp 页面的具体代码如下：

```
<%@ page language="java" contentType="text/html; charset=UTF-8"
    pageEncoding="UTF-8"%>
<!DOCTYPE HTML>
<html>
<head>
<meta charset="utf-8">
<title>留言页面</title>
<style type="text/css">
ul {
    list-style: none; /*设置不显示项目符号*/
    margin:0px;       /*设置外边距*/
    padding:5px;      /*设置内边距*/
}
li {
    padding:5px;      /*设置内边距*/
}
</style>
</head>
<body>
    <form action="deal.jsp" method="post">
        <ul>
            <li>
                留 言 者：<input type="text" name="author" size="20">
            </li>
            <li>留言标题：<input type="text" name="title" size="35"></li>
            <li>
                留言内容：<textarea name="content" rows="8" cols="34"></textarea>
            </li>
            <li>
                <input type="submit" value="提交"><input type="reset" value="重置">
            </li>
        </ul>
    </form>
</body>
</html>
```

（2）编写用来封装表单数据的值 JavaBean——MessageBean。该 JavaBean 存在 author、title 和 content 三个属性，分别用来存储 index.jsp 页面中表单的留言者、留言标题和留言内容字段。MessageBean 的关键代码如下：

```
package com.wgh;

public class MessageBean{
    private String author;                              //留言者
    private String title;                               //留言标题
    private String content;                             //留言内容
    //定义 getter 方法
    public String getAuthor() {
        return author;
    }
    //定义 setter 方法
    public void setAuthor(String author) {
        this.author = author;
    }
    …   //省略了 title 和 content 属性的 setter 与 getter 方法
}
```

（3）编写用于进行转码操作的工具 JavaBean——MyTools。在该 JavaBean 中创建一个方法，该方法存在一个 String 型参数，在方法体内实现对该参数进行转码的操作。MyTools 类的代码如下：

```
package com.wgh;
import java.io.UnsupportedEncodingException;
public class MyTools {
    public static String toChinese(String str) {
        if (str == null)
            str = "";
        try {
            // 通过 String 类的构造方法，将指定的字符串转换为“UTF-8”编码
            str = new String(str.getBytes("ISO-8859-1"), "UTF-8");
        } catch (UnsupportedEncodingException e) {
            str = "";
            e.printStackTrace();                        //输出异常信息
        }
        return str;
    }
}
```

（4）编写表单处理页 deal.jsp，该页面主要用来接收表单数据，然后将请求转发到 show.jsp 页面来显示用户输入的留言信息。deal.jsp 页面的具体代码如下：

```
<%@ page language="java" contentType="text/html; charset=UTF-8"
pageEncoding="UTF-8"%>
<jsp:useBean id="messageBean" class="com.wgh.MessageBean" scope="request">
    <jsp:setProperty name="messageBean" property="*"/>
</jsp:useBean>
<jsp:forward page="show.jsp"/>
```

页面中通过调用<jsp:useBean>和<jsp:setProperty>标识将表单数据封装到 MessageBean 中，并将该 JavaBean 存储到 request 范围中。这样，当请求转发到 show.jsp 页面后，就可从 request 中获取该 JavaBean。

（5）编写显示留言信息的 show.jsp 页面，在该页面中将获取在 deal.jsp 页面中存储的 JavaBean，然后调用 JavaBean 中的 getter 方法获取留言信息，如果在这里直接将通过 getter 方法获取的信息输出到页面中，就会出现如图 7-7 所示的乱码，所以还需要调用 MyTools 工具 JavaBean 中的 toChinese()方法进行转码操作。show.jsp 页面的关键代码如下：

```
<%@ page language="java" contentType="text/html; charset=UTF-8"
    pageEncoding="UTF-8"%>
<%@ page import="com.wgh.MyTools" %>
<!-- 获取 request 范围内名称为 messageBean 的 MessageBean 类实例 -->
<jsp:useBean id="messageBean" class="com.wgh.MessageBean" scope="request"/>
…   <!--此处省略了部分 HTML 和 CSS 代码-->
<body>
    <ul>
        <!-- 获取留言者后进行转码操作 -->
        <li>
            留  言  者：<%=MyTools.toChinese(messageBean.getAuthor()) %>
        </li>
        <!-- 获取留言标题后进行转码操作 -->
        <li>留言标题：<%=MyTools.toChinese(messageBean.getTitle()) %></li>
        <!-- 获取留言内容后进行转码操作 -->
        <li>
            留言内容：<textarea rows="6" cols="30" readonly>
            <%=MyTools.toChinese(messageBean.getContent()) %></textarea>
        </li>
        <li><a href="index.jsp">继续留言</a></li>
    </ul>
</body>
</html>
```

运行本实例，在留言页面中输入如图 7-8 所示的内容，提交表单，将显示如图 7-9 所示的运行结果。

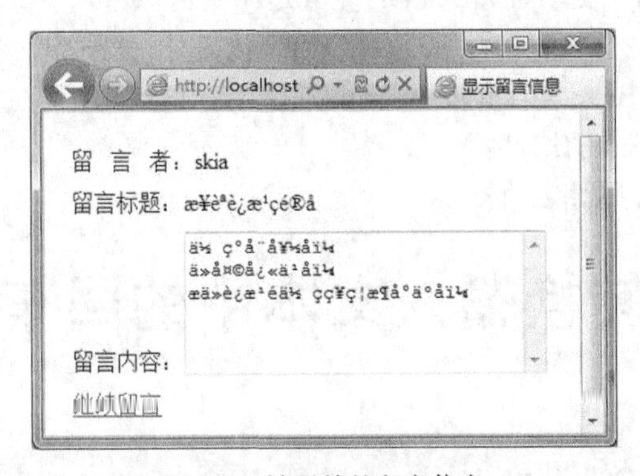

图 7-7　转码前的留言信息

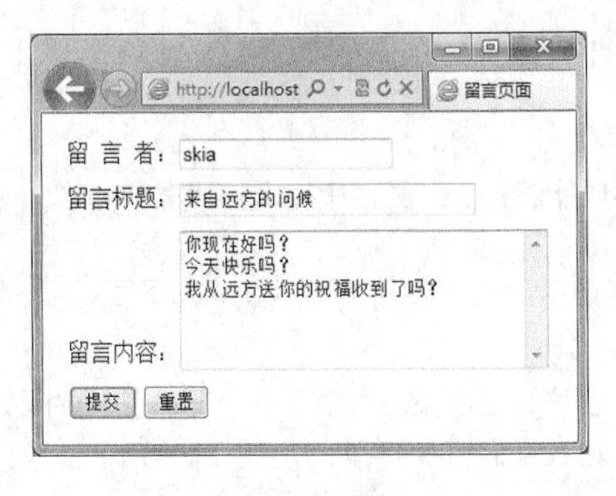

图 7-8　输入的留言信息

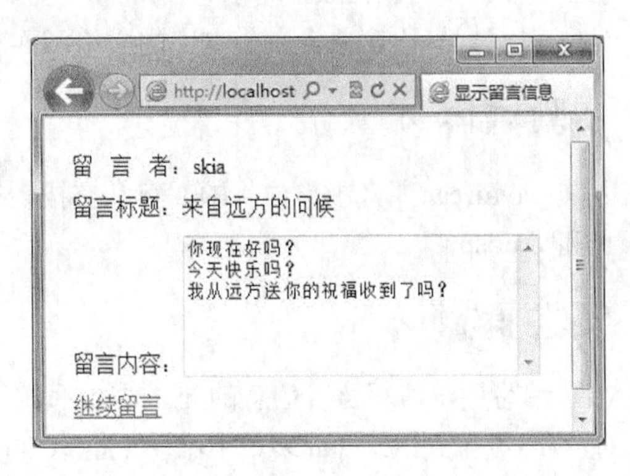

图 7-9　转码后的留言信息

知识点提炼

（1）JavaBean 的产生，使 JSP 页面中的业务逻辑变得更加清晰，程序之中的实体对象及业务逻辑可以单独封装到 Java 类之中，JSP 页面通过自身操作 JavaBean 的动作标识对其进行操作，改变了 HTML 网页代码与 Java 代码混乱的编写方式，不仅提高了程序的可读性、易维护性，而且还提高了代码的重用性。

（2）在传统的应用中，JavaBean 主要用于实现一些可视化界面，如一个窗体、按钮和文本框等，这样的 JavaBean 称之为可视化的 JavaBean。可视化 JavaBean 一般应用于 Swing 的程序中，在 JSP 开发中很少用。

（3）现在的 JavaBean 主要用于实现一些业务逻辑或封装一些业务对象，由于这样的 JavaBean 并没有可视化的界面，所以又称之为非可视化的 JavaBean。

（4）JavaBean 是用 Java 语言所写成的可重用组件，它可以应用于系统中的很多层中，如 PO、VO、DTO、POJO 等，应用十分广泛。

（5）在 JSP 页面中，主要通过 JSP 动作标识<jsp:useBean>、<jsp:getProperty>、<jsp:setProperty>来实现对 JavaBean 对象的操作，但所编写的 JavaBean 对象要遵循 JavaBean 规范，只有严格遵循 JavaBean 规范，才能够方便地在 JSP 页面中调用及操作 JavaBean。

习　　题

7-1　什么是 JavaBean？使用 JavaBean 的优点是什么？

7-2　JavaBean 可分为哪几种？在 JSP 中最为常用的是哪一种？

7-3　分别介绍值 JavaBean 与工具 JavaBean 的作用。

7-4　如何获取 JavaBean 的属性？

7-5　如何对 JavaBean 属性赋值？

实验：转换输入文本中的回车和空格

实验目的

（1）熟悉工具 JavaBean 的编写及应用。

（2）掌握如何让表单提交文本中的空格和回车原样输出。

实验内容

编写 JavaBean，将用户输入的回车和空格转换成能够在 JSP 页面中输出的回车和空格，即："<br>"和" "。

实验步骤

（1）编写用于填写留言信息的 index.jsp 页面，在该页面中添加一个表单，设置表单被提交给 deal.jsp 页面进行处理，并向表单中添加 author、title 和 content 三个字段，分别用来表示留言者、留言标题和留言内容。index.jsp 页面的具体代码如下：

```
<%@ page language="java" contentType="text/html; charset=UTF-8"
    pageEncoding="UTF-8"%>
…   <!-- 此处省略了部分 HTML 和 CSS 代码 -->
<body>
    <form action="deal.jsp" method="post">
        <ul>
            <li>
                留  言  者: <input type="text" name="author" size="20">
            </li>
            <li>留言标题: <input type="text" name="title" size="35"></li>
            <li>
               留言内容: <textarea name="content" rows="8" cols="34"></textarea>
            </li>
            <li>
               <input type="submit" value="提交"><input type="reset" value="重置">
            </li>
        </ul>
    </form>
</body>
</html>
```

（2）编写用来封装表单数据的值 JavaBean——MessageBean。该 JavaBean 存在 author、title 和 content 三个属性，分别用来存储 index.jsp 页面中表单的留言者、留言标题和留言内容字段。MessageBean 的关键代码如下：

```
public class MessageBean{
    private String author;                          //留言者
    private String title;                           //留言标题
    private String content;                         //留言内容
    //定义 getter 方法
    public String getAuthor() {
        return author;
    }
    //定义 setter 方法
    public void setAuthor(String author) {
        this.author = author;
    }
        //省略了 title 和 content 属性的 setter 与 getter 方法
}
```

（3）编写用于进行转码操作的工具 JavaBean——MyTool。在该 JavaBean 中创建一个 changeES()方法，该方法存在一个 String 型入口参数，在方法体内实现对该参数中的回车换行符和空格进行替换操作。MyTool 类的代码如下：

```
package com.wgh;
public class MyTool {
    public static String changeES(String str) {
        if (!"".equals(str) && str != null) {
            str = str.replaceAll(" ", " ");         // 替换空格
            str = str.replaceAll("\r\n", "<br>");        // 替换回车换行符
        } else {
            str = "无留言内容! ";                          // 设置默认显示内容
        }
        return str;
    }
}
```

（4）编写表单处理页 deal.jsp，该页面主要用来接收表单数据，然后将获取到的留言信息显示到当前页面中，在显示留言内容时，需要调用工具 JavaBean——MyTool 的 changeES()方法转换输入文本中的回车和空格。deal.jsp 页面的具体代码如下：

```
<%@ page language="java" contentType="text/html; charset=UTF-8"
    pageEncoding="UTF-8"%>
<%@ page import="com.wgh.MyTool" %>
<%request.setCharacterEncoding("UTF-8"); //设置请求的编码，防止中文乱码%>
<jsp:useBean id="message" class="com.wgh.MessageBean" scope="page">
    <jsp:setProperty name="message" property="*"/>
</jsp:useBean>
…   <!-- 此处省略了部分 HTML 和 CSS 代码 -->
<body>
    <ul>
        <li>留  言  者：<%=message.getAuthor()%></li>
        <li>留言标题：<%=message.getTitle()%></li>
        <!-- 对留言内容进行处理 -->
        <li>留言内容：</li>
        <li style="border:1px #000 solid">
            <%=MyTool.changeES(message.getContent())%>
        </li>
        <li><a href="index.jsp">[ 返回 ]</a></li>
    </ul>
</body>
</html>
```

运行本实例，在输入留言信息页面中输入如图 7-10 所示的内容后，单击“提交”按钮，将显示如图 7-11 所示的运行结果。如果不调用 MyTool 类的 changeES()方法，将显示如图 7-12 所示的运行结果。

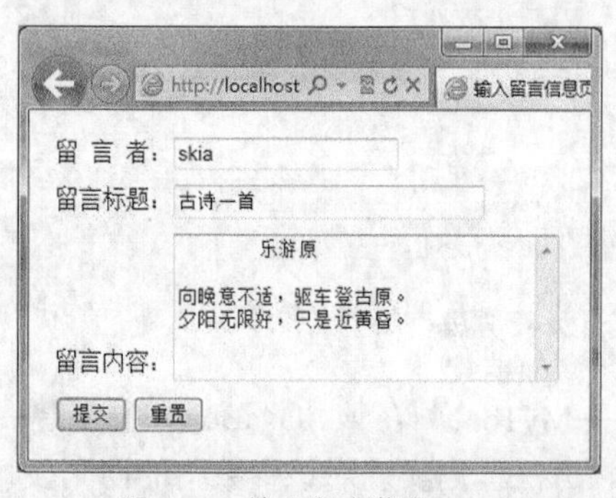

图 7-10　输入留言信息

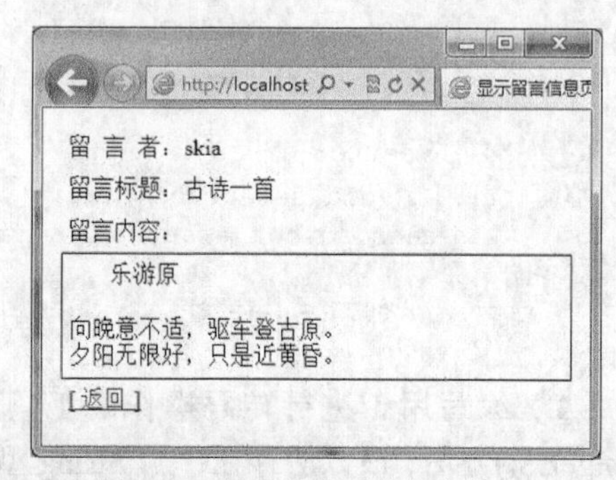

图 7-11　显示处理后的留言信息

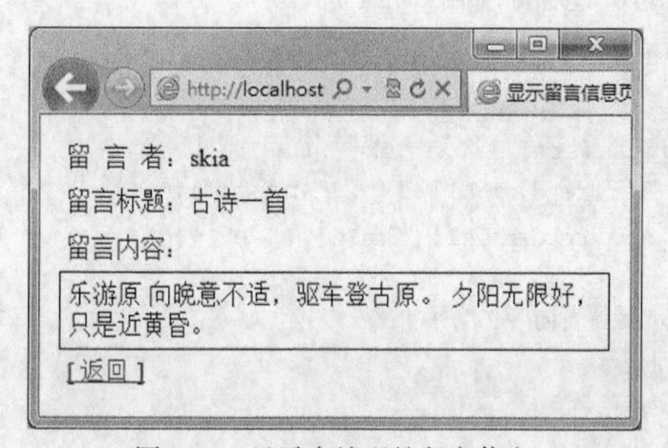

图 7-12　显示未处理的留言信息

第 8 章 Servlet 技术

本章要点：

- 什么是 Servlet，以及 Servlet 的技术特点
- Servlet 的创建及配置
- 什么是过滤器，以及过滤器的核心对象
- 过滤器的创建与配置
- 监听器简介及原理
- Servlet 上下文、会话和请求监听器

Servlet 是用 Java 语言编写的，应用到 Web 服务器端的扩展技术，它先于 JSP 产生，可以方便地对 Web 应用中的 HTTP 请求进行处理。在 Java Web 程序开发中，Servlet 主要用于处理各种业务逻辑，它比 JSP 更具有业务逻辑层的意义，而且 Servlet 的安全性、扩展性以及性能方面都十分优秀。本章将对 Servlet 开发、过滤器和监听器等进行详细介绍。

8.1 Servlet 基础

Servlet 是一种独立于平台和协议的服务器端的 Java 技术，它使用 Java 语言编写，可以用来生成动态的 Web 页面。与 Java 程序不同，Servlet 对象主要封装了对 HTTP 请求的处理，并且它的运行需要 Servlet 容器的支持。在如今的 Java EE 开发中，Servlet 占有十分重要的地位，它对 Web 请求的处理功能也是非常强大的。

8.1.1 Servlet 体系结构

Servlet 实质就是按 Servlet 规范编写的 Java 类，但它可以处理 Web 应用中的相关请求。Servlet 是一个标准，它由 Sun 定义，其在具体细节上是由如 Tomcat 和 JBoss 等的 Servlet 容器实现的。在 Java EE 架构中，Servlet 结构体系的 UML 图如图 8-1 所示。

在图 8-1 中，Servlet 对象、ServletConfig 对象与 Serializable 对象是接口对象，其中 Serializable 是 java.io 包中的序列化接口，Servlet 对象、ServletConfig 对象是 javax.servlet 包中定义的对象，这两个对象定义了 Servlet 的基本方法并封装了 Servlet 的相关配置信息。GenericServlet 对象是一个抽象类，它分别实现了上述的三个接口，此对象为 Servlet 接口及 ServletConfig 接口提供了部分实现，但它并没有对 Http 请求处理进行实现，这一操作是由它的子类 HttpServlet 进行实现的。HttpServlet 对象为 HTTP 请求中 POST、GET 等类型提供了具体的操作方法，所以通常情况下，

我们所编写的 Servlet 对象都继承于 HttpServlet，在开发中，所使用的具体的 Servlet 对象就是 HttpServlet 对象，原因是 HttpServlet 对 Servlet 做出了实现，并提供了 Http 请求的处理方法。

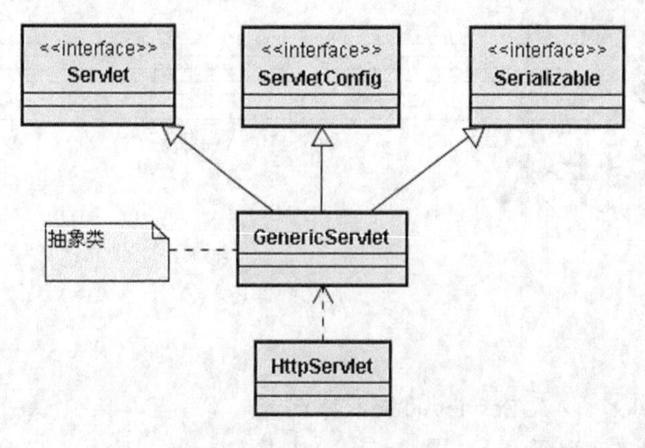

图 8-1　Servlet UML 图

8.1.2　Servlet 技术特点

Servlet 使用 Java 语言编写，它不仅继承了 Java 语言的优点，而且还对 Web 的相关应用进行了封装，同时 Servlet 容器还提供了对应用的相关扩展，无论是在功能、性能、安全等方面都十分优秀。其技术特点表现在以下方面。

1．功能强大

Servlet 采用 Java 语言编写，它可以调用 Java API 中的对象及方法，此外，Servlet 对象对 Web 应用进行了封装，提供了 Servlet 对 Web 应用的编程接口，还可以对 HTTP 请求进行相应的处理，如处理提交数据、会话跟踪、读取和设置 Http 头信息等。由于 Servlet 既拥有 Java 提供的 API，又可以调用 Servlet 封装的 Servlet API 编程接口，因此，它在业务功能方面是十分强大的。

2．可移植

Java 语言是跨越平台的，所谓跨越平台是指程序的运行不依赖于操作系统平台，它可以运行到多个系统平台之中，如目前常用的操作系统 Windows、Linux、Unix 等。由于 Servlet 使用 Java 语言编写，所以，Servlet 继承了 Java 语言的优点，程序一次编码，多平台运行，拥有超强的可移植性。

3．性能高效

Servlet 对象在 Servlet 容器启动时被初始化，当对象第一次被请求时，Servlet 容器将其实例化，此时它驻存于内存之中，如果存在多个请求，该 Servlet 对象不会再被实例化，仍然由此 Servlet 对其进行处理，每一个请求是一个线程，而不是一个进程，因此，Servlet 对请求处理的性能是十分高效的。

4．安全性高

Servlet 使用了 Java 的安全框架，同时 Servlet 容器还给 Servlet 提供了额外的功能，可以说它的安全性是非常高的。

5．可扩展

Java 语言是面向对象的编程语言，Servlet 由 Java 语言编写，所以它继承了 Java 的面向对象的优点。在业务逻辑处理之中，Servlet 可以通过封装、继承等来扩展实际的业务需要，其扩展性非常强。

8.1.3 Servlet 与 JSP 的区别

Servlet 是使用 Java Servlet 接口（API），运行在 Web 应用服务器上的 Java 程序，其功能十分强大，它不但可以处理 HTTP 请求中的业务逻辑，而且还可以输出 HTML 代码来显示指定页面。而 JSP 是一种建立在 Servlet 规范提供的功能之上的动态网页技术，在 JSP 页面之中，同样可以编写业务逻辑处理 HTTP 请求，也可以通过 HTML 代码来编辑页面，在实现功能上，Servlet 与 JSP 貌似相同，实质存在一定的区别，主要表现在以下几个方面。

1．角色不同

JSP 页面可以存在 HTML 代码与 Java 代码并存的情况，而 Servlet 需要承担起客户请求与业务处理的中间角色，只有调用固定的方法才能将动态内容输出为静态的 HTML。所以，JSP 更具有显示层的角色。

2. 编程方法不同

Servlet 与 JSP 在编程方法上存在很大的区别，使用 Servlet 开发 Web 应用程序需要遵循 Java 的标准，而 JSP 需要遵循一定脚本语言规范。在 Servlet 代码之中，需要调用 Servlet 提供的相关 API 接口方法，才可以对 HTTP 请求及业务进行处理，对于业务逻辑方面的处理功能更加强大。然而在 JSP 页面之中，通过 HTML 代码与 JSP 内置对象实现对 HTTP 请求及页面的处理，其显示界面的功能更加强大。

3. Servlet 需要编译后运行

Servlet 需要在 Java 编译器编译后才可以运行，如果 Servlet 在编写完成或修改后没有被重新编译，则不能运行在 Web 容器之中。而 JSP 则与之相反，JSP 由 JSP 容器对其进行管理，它的编辑过程也由 JSP 容器进行自动编辑，所以，无论 JSP 文件被创建还是修改，都不需要对其编译就可以执行。

4. 速度不同

由于 JSP 页面由 JSP 容器管理，在每次执行不同内容的动态 JSP 页面时，JSP 容器都要对其自动编译，所以，它的效率低于 Servlet 的执行效率。而 Servlet 在编译完成之后，则不需要再次编译，可以直接获取及输出动态内容。如果在 JSP 页面之中的内容没有变化的情况下，JSP 页面的编译完成之后，JSP 容器就不会再次对 JSP 进行编译了。

在 JSP 产生之前，无论是页面设计还是业务逻辑代码都需要编写于 Servlet 之中，虽然 Servlet 在功能方面很强大，完全可以满足对 Web 应用的开发需求，但如果每一句 HTML 代码都由 Servlet 的固定方法来输出，操作就过于复杂了。而且在页面之中，往往还需要用到 CSS 样式代码、JS 脚本代码等，对于程序开发人员而言，其代码量将不断增加，所以操作十分繁琐。针对这一问题，Sun 提出了 JSP 技术，可以将 HTML 代码、CSS、JS 等相关代码直接写入到 JSP 页面之中，从而简化了程序员对 Web 程序的开发过程。

8.2 Servlet 开发

在实际开发之中，Servlet 主要应用于 B/S 结构的开发，所谓 B/S 结构就是指浏览器（Browser）与服务器（Server）的网络开发模式，在第 1 章已做过介绍。在这一模式中，Servlet 充当一个请求控制处理的角色，当浏览器发送一个请求时，由 Servlet 进行接收并对其进行相应的业务逻辑处理，最后对指定浏览器做出回应，可见 Servlet 的重要性。

8.2.1 创建 Servlet

创建 Servlet 的方法主要有两种，一种方法是通过创建一个 Java 类，使这个 Java 类实现 Servlet 接口或由继承于 Servlet 接口的实现类（HttpServlet）来实现；另一种方法是通过 IDE 集成开发工具进行创建。

使用 IDE 集成开发工具创建 Servlet 对象比较简单，比较适合初学者。下面就以 Eclipse IDE for Java EE 为例介绍 Servlet 的创建，其具体创建方法如下。

（1）创建一个动态 Web 项目，然后在包资源管理器中的“新建项目”名称节点上，单击鼠标右键，在弹出的快捷菜单中，选择“新建”/“Servlet”菜单项，将打开“Create Servlet”对话框，在该对话框的 Java package 文本框中输入包“com.mingrisoft”，在 Class Name 文本框中输入类名“FirstServlet”，其他的采用默认，如图 8-2 所示。

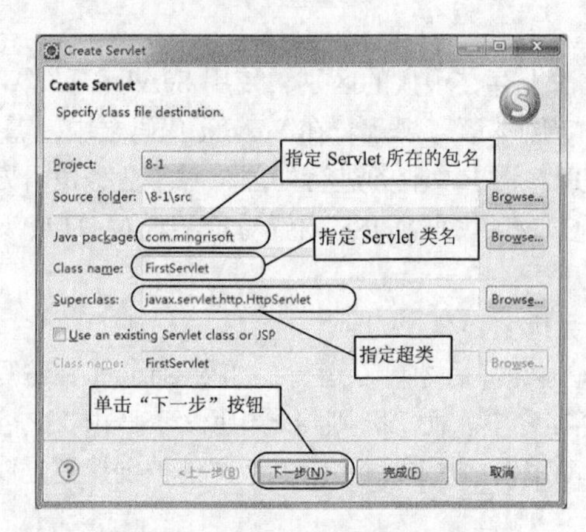

图 8-2 “Create Servlet”对话框

（2）单击“下一步”按钮，进入到如图 8-3 所示的指定配置 Servlet 部署描述信息页面，在该页面中采用默认设置。

图 8-3 配置 Servlet 部署描述信息

在 Servlet 开发中，如果需要配置 Servlet 的相关信息，可以在图 8-3 中所示的窗口中进行配置，如描述信息（Description）、初始化参数（Initialization Parameters）、URL 映射（URL mappings）。其中“描述信息”指对 Servlet 了一段描述文字；“初始化参数”指在 Servlet 初始化过程中用到的参数，这些参数可以在 Servlet 的 init 方法进行调用；“URL 映射”指通过哪一个 URL 来访问 Servlet。

（3）单击“下一步”按钮，将进入到如图 8-4 所示的用于选择修饰符、实现接口和要生成的方法的对话框。在该对话框中，修饰符和接口保持默认，在“继承的抽象方法（Which method stubs would you like to create?）”复选框中选中除 service、getServletInfo 和 getServletConfig 以外的复选框，单击“完成”按钮，完成 Servlet 的创建。

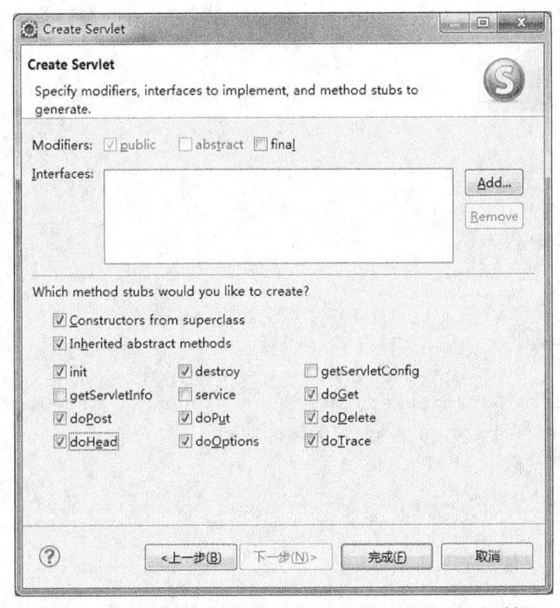

图 8-4　选择修饰符、实现接口和生成的方法对话框

在 JSP 网站开发时，如果是应用 Servlet 实现业务逻辑控制，通常情况下，只选中 doPost 和 doGet 两个复选框就可以了。这里我们之所以选择了这些，是想通过生成的代码来说明 Servlet 的代码结构。

Servlet 创建完成后，Eclipse 将自动打开该文件。创建后的 FirstServlet 的具体代码如下：

```
package com.mingrisoft;

import java.io.IOException;
import javax.servlet.ServletConfig;
import javax.servlet.ServletException;
import javax.servlet.annotation.WebServlet;
import javax.servlet.http.HttpServlet;
import javax.servlet.http.HttpServletRequest;
import javax.servlet.http.HttpServletResponse;
/**
 * Servlet 实现类 FirstServlet
 */
@WebServlet("/FirstServlet")
public class FirstServlet extends HttpServlet {
```

```
    private static final long serialVersionUID = 1L;

   /**
    * 构造方法
    */
   public FirstServlet() {
      super();
   // 业务处理代码
  }
    /**
     * 初始化方法
     */
    public void init(ServletConfig config) throws ServletException {
         // 业务处理代码
    }
    /**
     * 销毁方法
     */
    public void destroy() {
         // 业务处理代码
    }
    /**
     * 处理 Http GET 请求
     */
    protected void doGet(HttpServletRequest request, HttpServletResponse response)
         throws ServletException, IOException {
         // 业务处理代码
    }
    /**
     * 处理 HTTP POST 请求
     */
    protected void doPost(HttpServletRequest request, HttpServletResponse response)
         throws ServletException, IOException {
         // 业务处理代码
    }
    /**
     * 处理 HTTP PUT 请求
     */
    protected void doPut(HttpServletRequest request, HttpServletResponse response)
         throws ServletException, IOException {
         // 业务处理代码
    }
    /**
     * 处理 HTTP DELETE 请求
     */
    protected void doDelete(HttpServletRequest request, HttpServletResponse
         response) throws ServletException, IOException {
         // 业务处理
    }
    /**
     * 处理 HTTP HEAD 请求
     */
```

```
    protected void doHead(HttpServletRequest request, HttpServletResponse response)
        throws ServletException, IOException {
        // 业务处理代码
    }
    /**
     * 处理HTTP OPTIONS请求
     */
    protected void doOptions(HttpServletRequest request, HttpServletResponse
        response) throws ServletException, IOException {
        // 业务处理代码
    }
    /**
     *  处理HTTP TRACE请求
     */
    protected void doTrace(HttpServletRequest request, HttpServletResponse response)
        throws ServletException, IOException {
        // 业务处理代码
    }
}
```

在上述代码中，FirstServlet 类通过继承 HttpServlet 类实现了一个 Servlet 对象，并重写了 HttpServlet 类中的部分方法。其中 init()方法与 destroy()方法的作用是对 Servlet 的初始化及销毁进行操作，比如在 Servlet 初始化时建立数据连接，这样的操作就需要写在 init()方法中，而在服务器停止时，需要释放一些资源，就可以通过 destroy()方法进行释放。

8.2.2 Servlet 配置

创建了 Servlet 类后，还需要对 Servlet 进行配置，配置的目的是为了将创建的 Servlet 注册到 Servlet 容器之中，以方便 Servlet 容器对 Servlet 的调用。在 Servlet 3.0 以前的版本中，只能在 web.xml 文件中配置 Servlet，而在 Servlet 3.0 中除了在 web.xml 文件中配置以外，还提供了利用注解来配置 Servlet 的方法。下面将分别介绍这两种方法。

1. 在 web.xml 文件中配置 Servlet

【例 8-1】 在 web.xml 文件中配置 com.mingrisoft 包中的 FirstServlet 的具体代码如下：（实例位置：光盘\MR\源码\第 8 章\8-1）

```
<!-- 注册Servlet -->
<servlet>
    <!-- Servlet描述信息 -->
    <description>This is my first Servlet</description>
    <!-- Servlet的名称 -->
    <servlet-name>FirstServlet</servlet-name>
    <!-- Servlet类的完整类名 -->
    <servlet-class>com.mingrisoft.FirstServlet</servlet-class>
</servlet>
<!-- Servlet映射 -->
<servlet-mapping>
    <!-- Servlet名称 -->
    <servlet-name>FirstServlet</servlet-name>
    <!-- 访问URL地址 -->
    <url-pattern>/FirstServlet</url-pattern>
</servlet-mapping>
```

2. 采用注解配置 Servlet

【例 8-2】 采用注解的方式配置 com.mingrisoft 包中的 FirstServlet 的具体代码如下：（实例位置：光盘\MR\源码\第 8 章\8-2）

```
import javax.servlet.annotation.WebServlet;

@WebServlet("/FirstServlet")
public class FirstServlet extends HttpServlet {
    …
}
```

8.2.3 在 Servlet 中实现页面转发

在 Servlet 中实现页面转发主要是利用 RequestDispatcher 接口实现的。RequestDispatcher 接口可以把一个请求转发到另一个 JSP 页面。该接口包括以下两个方法。

1. forward()方法

forward()方法用于把请求转发到服务器上的另一个资源来处理，该资源可以是 Servlet、JSP 或是 HTML。forward()方法的语法格式如下：

```
requestDispatcher.forward(HttpServletRequest request,HttpServletResponse response)
```

其中，requestDispatcher 为 RequestDispatcher 对象的实例。

2. include()方法

include()方法用于把服务器上的另一个资源（Servlet、JSP、HTML）包含到响应中。include()方法的语法格式如下：

```
requestDispatcher.include(HttpServletRequest request,HttpServletResponse response)
```

其中，requestDispatcher 为 RequestDispatcher 对象的实例。

【例 8-3】 编写一个 Servlet 程序，实现在网站运行时，将页面直接跳转到网站首页 main.jsp 页面。（实例位置：光盘\MR\源码\第 8 章\8-3）

（1）创建名称为 ForwardServlet.java 的类文件，该类继承了 HttpServlet 类。在该 Servlet 的 doGet()方法中调用 RequestDispatcher 接口的 forward()方法将页面转发到 main.jsp 页面。ForwardServlet 类的具体代码如下：

```
package com.wgh;

import java.io.IOException;
import javax.servlet.RequestDispatcher;
import javax.servlet.ServletException;
import javax.servlet.annotation.WebServlet;
import javax.servlet.http.HttpServlet;
import javax.servlet.http.HttpServletRequest;
import javax.servlet.http.HttpServletResponse;
/**
 * Servlet 实现类 ForwardServlet
 */
@WebServlet("/ForwardServlet") //通过注解配置 ForwardServlet
public class ForwardServlet extends HttpServlet {
    private static final long serialVersionUID = 1L;
    public ForwardServlet() {
        super();
    }
    /**
     * 执行 HTTP GET 请求
     */
```

```
    protected void doGet(HttpServletRequest request, HttpServletResponse response)
        throws ServletException, IOException {
        RequestDispatcher requestDispatcher=
        request.getRequestDispatcher("main.jsp");   //创建 RequestDispatcher 类的对象
        requestDispatcher.forward(request, response);        //转发页面
    }
}
```

在上面的代码中，将通过注解来配置 Servlet，配置后的 URI 映射为/ForwardServlet。

（2）打开 IE 浏览器，在地址栏中输入地址“http://localhost:8080/8-3/ForwardServlet”，则会出现如图 8-5 所示的运行结果。

图 8-5　通过 Servlet 实现页面转发

8.2.4　Servlet 处理表单数据

下面将通过一个添加留言信息的程序说明 Servlet 如何处理表单数据。

【例 8-4】 应用 Servlet 处理表单提交的数据。（实例位置：光盘\MR\源码\第 8 章\8-4）

（1）编写 index.jsp 页面，在该页面中添加用于收集留言信息的表单及表单元素，具体代码如下：

```
<%@ page language="java" contentType="text/html; charset=UTF-8"
   pageEncoding="UTF-8"%>
…   <!-此处省略了部分 HTML 代码-->
<body>
<form id="form1" name="form1" method="post" action="MessageServlet">
      留 言 人:
      <input name="person" type="text" id="person" /><br /><br />
    留言内容:
    <textarea name="content" cols="30" rows="5" id="content"></textarea><br /><br />
    <input type="submit" name="Submit" value="提交" /> 
    <input type="reset" name="Submit2" value="重置" />
</form>
</body>
</html>
```

（2）编写一个名称为 MessageServlet 的 Servlet，在该 Servlet 的 doPost()方法中获取表单数据，并输出。MessageServlet 的具体代码如下：

```
package com.mingrisoft;

import java.io.IOException;
import java.io.PrintWriter;
import javax.servlet.ServletException;
import javax.servlet.annotation.WebServlet;
import javax.servlet.http.HttpServlet;
import javax.servlet.http.HttpServletRequest;
import javax.servlet.http.HttpServletResponse;

@WebServlet("/MessageServlet")                                    //配置 Servlet
public class MessageServlet extends HttpServlet {
    private static final long serialVersionUID = 1L;
    /**
     * 构造方法
     */
    public MessageServlet() {
```

```
        super();
    }
    /**
     * 处理 HTTP POST 请求
     */
    protected void doPost(HttpServletRequest request, HttpServletResponse response)
    throws ServletException, IOException {
        request.setCharacterEncoding("UTF-8");              //设置请求的编码，防止中文乱码
        String person=request.getParameter("person");         //留言人
        String content=request.getParameter("content");       //留言内容
        response.setContentType("text/html;charset=UTF-8"); //设置内容类型
        PrintWriter out=response.getWriter();                 //创建输出流对象
        out.println("<html><head><title>获取留言信息</title></head><body>");
        out.println("留言人："+person+"<br>");
        out.println("留言内容："+content+"<br>");
        out.println("<a href='index.jsp'>返回</a>");
        out.println("</body></html>");
        out.close();                                          //关闭输出流对象
    }
}
```

运行该程序，首先进入的是填加留言页面，如图 8-6 所示，在该页面中填写留言人和留言内容后，单击“提交”按钮，将表单信息提交到 Servlet 中，在该 Servlet 中获取表单数据并显示，如图 8-7 所示。

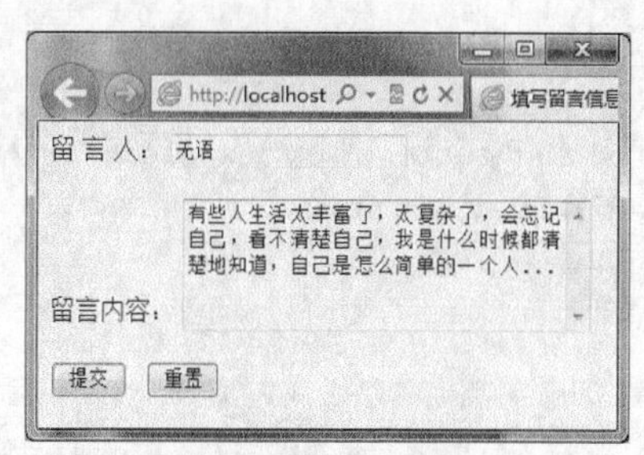

图 8-6　填写的留言信息

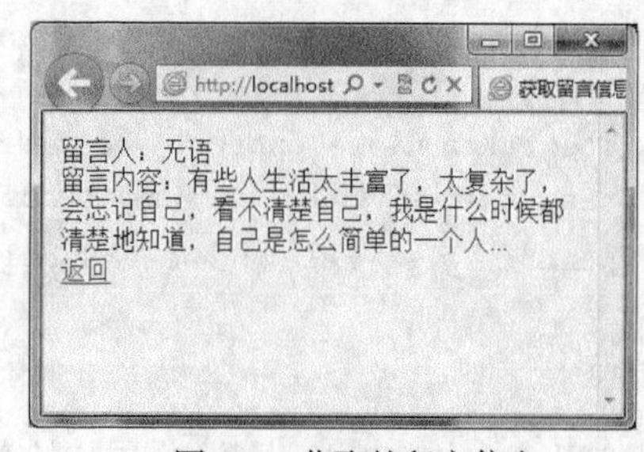

图 8-7　获取的留言信息

8.3　Servlet 过滤器

在现实生活之中，自来水都是经过层层的过滤处理才达到饮用标准的，每一层过滤都起到一种净化的作用。Servlet 过滤器与自来水被过滤的原理相似，它主要用于对客户端（浏览器）的请求进行过滤处理，再将过滤后的请求转交给下一资源，它在 JSP 网站开发中具有十分重要的作用。

8.3.1　什么是过滤器

Servlet 过滤器与 Servlet 十分相似，但它具有拦截客户端（浏览器）请求的功能，Servlet 过滤器可以改变请求中的内容，来满足实际开发中的需要。对于程序开发人员而言，过滤器实质就是在 Web 应用服务器上的一个 Web 应用组件，用于拦截客户端（浏览器）对目标资源的请求，并对这些请求进行一定过滤处理再发送给目标资源。过滤器的处理方式如图 8-8 所示。

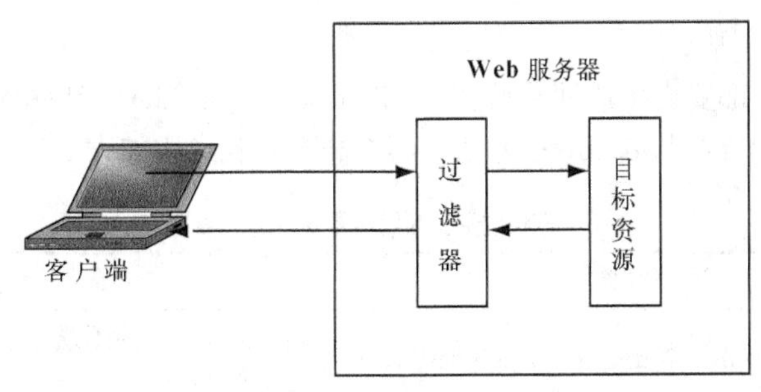

图 8-8　过滤器的处理方式

从图 8-8 可以看出，在 Web 容器中部署了过滤器以后，不仅客户端发送的请求会经过过滤器的处理，而且请求在发送到目标资源处理以后，请求的回应信息也同样要经过过滤器。

如果一个 Web 应用中使用一个过滤器不能解决实际中的业务需要，那么可以部署多个过滤器对业务请求进行多次处理，这样做就组成了一个过滤器链，如图 8-9 所示。

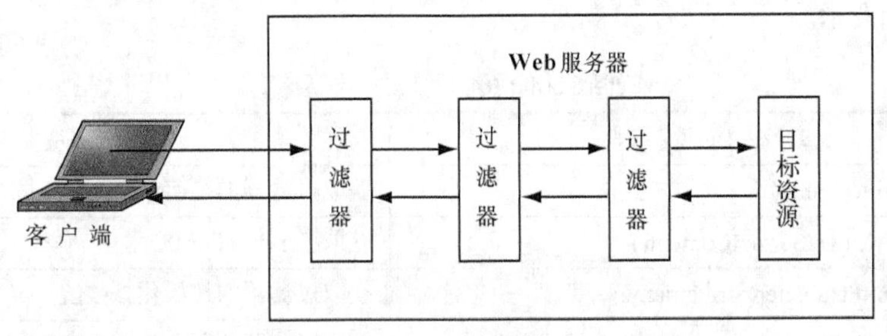

图 8-9　过滤器链

如果在 Web 窗口中部署了过滤器链，也就是部署了多个过滤器，请求会依次按照过滤器的先后顺序进行处理，在第一个过滤器处理请求后，会传递给第二个过滤器进行处理，依此类推，一直传递到最后一个过滤器为止，再将请求交给目标资源进行处理。目标资源在处理了经过过滤的请求后，其回应信息再从最后一个过滤器依次传递到第一个过滤器，最后传送到客户端，这就是过滤器在过滤器链中的应用流程。

8.3.2　过滤器核心对象

过滤器对象被放置在 javax.servlet 包中，其名称为 Filter，它是一个接口。除这个接口外，与过滤器相关的对象还有 FilterConfig 对象与 FilterChain 对象，这两个对象也同样是接口对象，位于 javax.servlet 包中，分别为过滤器的配置对象和过滤器的传递工具。在实际开发中，定义过滤器对象只需要直接或间接地实现 Filter 接口就可以了，如图 8-10 中的 MyFilter1 过滤器与 MyFilter2 过滤器。而 FilterConfig 对象与 FilterChain 对象用于对过滤器进行相关操作。

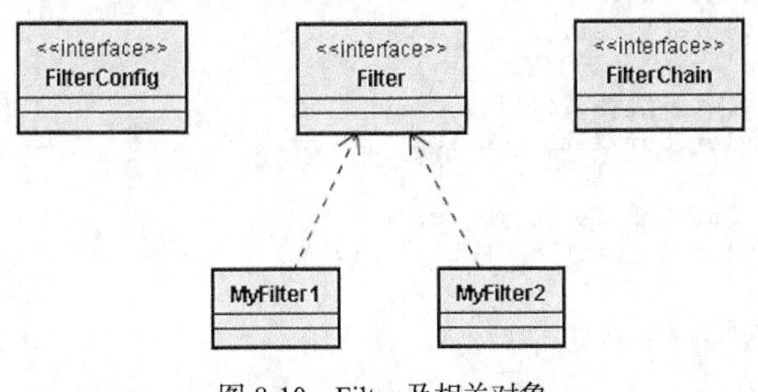

图 8-10　Filter 及相关对象

1. Filter 接口

每一个过滤器对象都要直接或间接地实现 Filter 接口，在 Filter 接口中定义了 3 个方法，分别为 init()方法、doFilter()方法与 destroy()方法，其方法声明及说明如表 8-1 所示。

表 8-1　Filter 接口的方法声明及说明

方 法 声 明	说　明
public void init(FilterConfig filterConfig)throws ServletException	过滤器初始化方法，此方法在过滤器初始化时调用
public void doFilter（ServletRequest request, ServletResponse response, FilterChain chain)throws IOException, ServletException	对请求进行过滤处理
public void destroy()	销毁方法，以便释放资源

2. FilterConfig 接口

FilterConfig 接口由 Servlet 容器进行实现，主要用于获取过滤器中的配置信息，其方法声明及说明如表 8-2 所示。

表 8-2　FilterConfig 接口的方法声明及说明

方 法 声 明	说　明
public String getFilterName()	获取过滤器的名字
public ServletContext getServletContext()	获取 Servlet 上下文
public String getInitParameter(String name)	获取过滤器的初始化参数值
public Enumeration getInitParameterNames()	获取过滤器的所有初始化参数

3. FilterChain 接口

FilterChain 接口仍然由 Servlet 容器进行实现，在这个接口中只有一个方法，其方法声明如下：

```
public void doFilter ( ServletRequest request, ServletResponse response ) throws IOException, ServletException
```

该方法用于将过滤后的请求传递给下一个过滤器，如果此过滤器已经是过滤器链中的最后一个过滤器，那么，请求将传送给目标资源。

8.3.3　过滤器创建与配置

创建一个过滤器对象需要实现 javax.servlet.Filter 接口，同时实现 Filter 接口的 destroy()、doFilter()和 init()3 个方法。

【例 8-5】 创建名称为 FirstFilter 的过滤器。代码如下：

```
package com.mingrisoft;

import java.io.IOException;
import javax.servlet.Filter;
import javax.servlet.FilterChain;
import javax.servlet.FilterConfig;
import javax.servlet.ServletException;
import javax.servlet.ServletRequest;
import javax.servlet.ServletResponse;
import javax.servlet.annotation.WebFilter;
/**
 * Servlet 过滤器实现类 FirstFilter
 */
```

```
public class FirstFilter implements Filter {
    /**
     * 默认的构造方法
     */
    public FirstFilter() {}
     /**
      * 销毁方法
      */
     public void destroy() {
         // 释放资源
     }
     /**
      * 过滤处理方法
      */
     public  void  doFilter(ServletRequest  request,  ServletResponse  response,
FilterChain chain) throws IOException, ServletException {
         // 过滤处理
         chain.doFilter(request, response);
     }
     /**
      * 初始化方法
      */
     public void init(FilterConfig fConfig) throws ServletException {
         // 初始化处理
     }

}
```

过滤器中的 init()方法用于对过滤器的初始化进行处理，destroy()方法是过滤器的销毁方法，主要用于释放资源，对于过滤处理的业务逻辑需要编写到 doFilter()方法中，在请求过滤处理后，需要调用 chain 参数的 doFilter()方法将请求向下传递给下一个过滤器或目标资源。

使用过滤器并不一定要将请求向下传递到下一个过滤器或目标资源，如果业务逻辑需要，也可以在过滤处理后，直接回应于客户端。

过滤器与 Servlet 十分相似，在创建之后同样需要对其进行配置。在 Servlet 3.0 中，提供了采用注解的方式配置过滤器，其具体的实现方法比较简单，只需要在创建类的代码上方，采用以下语法格式进行配置就可以了。

```
import javax.servlet.Filter;
import javax.servlet.annotation.WebFilter;
import javax.servlet.annotation.WebInitParam;

@WebFilter(filterName = "DemoFilter",
urlPatterns = {"/*"},
initParams = {
@WebInitParam(name = "mood", value = "awake")})
public class DemoFilter implements Filter {
....
```

- filterName 属性：用于指定 Servlet 过滤器名。
- urlPatterns 属性：用于指定哪些 URL 应用该过滤器。如果指定所有页面均应用该过滤器可以设置为“/*”。
- initParams 属性：用于指定始化参数。

说明

上面的 3 个属性不是必须的，可以根据需要选择使用。

例如，采用注解的方式配置一个作用过 index.jsp 文件的过滤器 FirstFilter，代码如下：

```
@WebFilter(filterName = "FirstFilter",urlPatterns={"/index.jsp"})
public class FirstFilter implements Filter {
```

【例 8-6】 创建一个过滤器，实现网站访问计数器的功能，并在配置过滤器时，将网站访问量的初始值设置为 1 000。（实例位置：光盘\MR\源码\第 8 章\8-6）

（1）创建名称为 CountFilter 的类，此类实现 javax.servlet.Filter 接口，是一个过滤器对象，通过此过滤器实现统计网站访问人数功能，其关键代码如下：

```
package com.mingrisoft;

import java.io.IOException;
import javax.servlet.Filter;
import javax.servlet.FilterChain;
import javax.servlet.FilterConfig;
import javax.servlet.ServletContext;
import javax.servlet.ServletException;
import javax.servlet.ServletRequest;
import javax.servlet.ServletResponse;
import javax.servlet.annotation.WebFilter;
import javax.servlet.annotation.WebInitParam;
import javax.servlet.http.HttpServletRequest;

/**
 * Servlet 过滤器实现类 CountFilter
 */
public class CountFilter implements Filter {
        private int count;    // 来访数量
    /**
     * 默认构造方法
     */
    public CountFilter() { }
     /**
     * 销毁方法
     */
     public void destroy() {    }
     /**
     * 过滤处理方法
     */
     public void doFilter(ServletRequest request, ServletResponse response,
          FilterChain chain) throws IOException, ServletException {
          count ++;                                              // 访问数量自增
          // 将 ServletRequest 转换成 HttpServletRequest
          HttpServletRequest req = (HttpServletRequest) request;
          // 获取 ServletContext
          ServletContext context = req.getServletContext();
          context.setAttribute("count", count);  // 将来访数量值放入到 ServletContext 中
          chain.doFilter(request, response);                     // 向下传递过滤器
     }
```

```
    /**
     * 初始化方法
     */
    public void init(FilterConfig fConfig) throws ServletException {
        String param = fConfig.getInitParameter("count");    // 获取初始化参数
        count = Integer.valueOf(param);                       // 将字符串转换为 int
    }

}
```

在 CountFilter 类中，包含了一个成员变量 count，用于记录网站访问人数，此变量在过滤器的初始化方法 init()中被赋值，它的初始化值通过 FilterConfig 对象读取初始化参数来获取。

计数器 count 变量的值在 CountFilter 类的 doFilter()方法被递增，因为客户端在请求服务器中的 Web 应用时，过滤器拦截请求通过 doFilter()方法进行过滤处理，所以，当客户端请求 Web 应用时，计数器 count 的值将自增 1。为了能够访问记录器中的值，实例中将其放置于 Servlet 上下文之中，Servlet 上下文对象通过将 ServletRequest 转换成为 HttpServletRequest 对象后获取。

编写过滤器对象需要实现 javax.servlet.Filter 接口，实现此接口后需要对 Filter 对象的三个方法进行实现，在这三个方法中，除了 doFilter()方法外，如果在业务逻辑中不涉及到初始化方法 init()与销毁方法 destroy()，可以不编写任何代码对其进行实现，如实例中的 destroy()方法。

（2）配置已创建的 CountFilter 对象，此操作通过注解来实现，关键代码如下：

```
@WebFilter(
        urlPatterns = { "/index.jsp" },
        initParams = {
                @WebInitParam(name = "count", value = "1000")
        })
public class CountFilter implements Filter {
```

CountFilter 对象的配置主要通过声明过滤器及创建过滤器的映射进行实现，其中声明过滤器通过<filter>标签进行实现，在声明过程中，实例通过 initParams 属性配置过滤器的初始化参数，初始化参数的名称为 count，参数值为 1 000。

如果直接对过滤器对象中的成员变量进行赋值，那么在过滤器被编译后将不可修改，所以，实例中将过滤器对象中的成员变量定义为过滤器的初始化参数，从而提高代码的灵活性。

（3）创建程序中的首页 index.jsp 页面，在此页面中通过 JSP 内置对象 Application 获取计数器的值，其关键代码如下：

```
<%@ page language="java" contentType="text/html; charset=UTF-8"
    pageEncoding="UTF-8"%>
…   <!--此处省略了部分 HTML 代码-->
    <h2>
    欢迎光临，<br>
    您是本站的第【
    <%=application.getAttribute("count") %>
     】位访客!
     </h2>
</body>
</html>
```

由于在配置过滤器时，将访客人数的初始值设置为 1 000，所以实例运行后，计数器的数值将在 1 000 的基础上进行累加，在多次刷新页面后，实例运行结果如图 8-11 所示。

图 8-11　实现网站计数器

8.4　Servlet 监听器

Servlet 监听器与 Servlet 过滤器有很多特性是一致的。它可以监听到在特定时间发生的事件，并根据其做出相应的反映。下面将详细介绍 Servlet 监听器的相关知识。

8.4.1　Servlet 监听器简介

监听器的作用是监听 Web 容器的有效期事件，因此它是由容器管理的。利用 Listener 接口监听在容器中的某个执行程序，并且根据其应用程序的需求做出适当的响应。表 8-3 列出了 Servlet 和 JSP 中的 8 个 Listener 接口和 6 个 Event 类。

表 8-3　Listener 接口与 Event 类

Listener 接口	Event 类
ServletContextListener	ServletContextEvent
ServletContextAttributeListener	ServletContextAttributeEvent
HttpSessionListener	HttpSessionEvent
HttpSessionActivationListener	
HttpSessionAttributeListener	HttpSessionBindingEvent
HttpSessionBindingListener	
ServletRequestListener	ServletRequestEvent
ServletRequestAttributeListener	ServletRequestAttributeEvent

8.4.2　Servlet 监听器的原理

Servlet 监听器是当今 Web 应用开发的一个重要组成部分。它是在 Servlet 2.3 规范中和 Servlet 过滤器一起被引入的，并且在 Servlet 2.4 规范中有了较大的改进，其主要就是用来对 Web 应用进行监听和控制的，从而极大地增强了 Web 应用的事件处理能力。

Servlet 监听器的功能比较接近 Java 的 GUI 程序的监听器，可以监听由于 Web 应用中状态改变而引起的 Servlet 容器产生的相应事件，然后接受并处理这些事件。

8.4.3　Servlet 上下文监听

Servlet 上下文监听可以监听 ServletContext 对象的创建、删除，属性的添加、删除和修改操作，该监听器需要用到以下两个接口。

1. ServletContextListener 接口

该接口存放在 javax.servlet 包内，它主要实现监听 ServletContext 的创建和删除。ServletContextListener 接口提供了两个方法，它们也被称为“Web 应用程序的生命周期方法”。下面分别进行介绍。

- contextInitialized（ServletContextEvent event）方法：通知正在收听的对象，应用程序已经被加载及初始化。
- contextDestroyed（ServletContextEvent event）方法：通知正在收听的对象，应用程序已经被卸载，即关闭。

2. ServletAttributeListener 接口

该接口存放在 javax.servlet 包内，主要实现监听 ServletContext 属性的增加、删除、修改操作。ServletAttributeListener 接口提供了以下 3 个方法。

- attributeAdded（ServletContextAttributeEvent event）方法：若有对象加入 Application 的范围时，通知正在收听的对象。
- attributeReplaced（ServletContextAttributeEvent event）方法：若在 Application 的范围，有对象取代另一个对象时，通知正在收听的对象。
- attributeRemoved（ServletContextAttributeEvent event）方法：若有对象从 Application 的范围移除时，通知正在收听的对象。

【例 8-7】创建并配置上下文监听器，实现当项目发布时，在控制台输出提示信息“初始化”；当项目被移去时，在控制台输出文字“销毁”。

```
import javax.servlet.ServletContextEvent;
import javax.servlet.ServletContextListener;
import javax.servlet.annotation.WebListener;
@WebListener                                                    //配置监听器
public class FirstListener implements ServletContextListener {

    /**
     * 默认构造方法
     */
    public FirstListener() {
    }
     /**
     * Servlet 上下文初始化成功时触发的方法
     */
    public void contextInitialized(ServletContextEvent arg0) {
        System.out.println("初始化");
    }
     /**
     * Servlet 上下文被销毁时触发的方法
     */
    public void contextDestroyed(ServletContextEvent arg0) {
        System.out.println("销毁");
    }
}
```

程序在 Eclipse 中被部署到服务器上时，将在控制台输出文字“初始化”；从服务器中移出时，将在控制台上输出文字“销毁”。例如，在 Eclipse 中更改资源后，自动部署项目时，在控制台将显示如图 8-12 所示的信息。

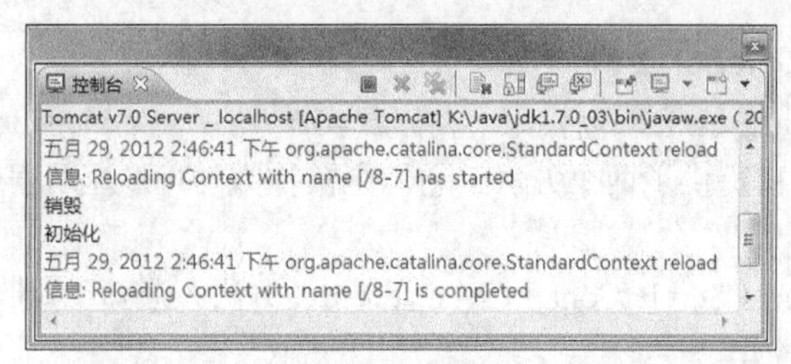

图 8-12　自动部署项目时输出的控制台信息

8.4.4　HTTP 会话监听

以下 4 个接口可以实现对 HTTP 会话（HttpSession）信息的监听。

1. HttpSessionListener 接口

HttpSessionListener 接口实现监听 HTTP 会话的创建、销毁的信息。HttpSessionListener 接口提供了以下两个方法。

- sessionCreated（HttpSessionEvent event）方法：通知正在收听的对象，session 已经被加载及初始化。
- sessionDestroyed（HttpSessionEvent event）方法：通知正在收听的对象，session 已经被载出。（HttpSessionEvent 类的主要方法是 getSession()，可以使用该方法回传一个 session 对象。）

2. HttpSessionActivationListener 接口

HttpSessionActivationListener 接口实现监听 HTTP 会话 active、passivate 的情况。HttpSessionActivationListener 接口提供了以下 3 个方法。

- attributeAdded（HttpSessionBindingEvent event）方法：若有对象加入 session 的范围时，通知正在收听的对象。
- attributeReplaced（HttpSessionBindingEvent event）方法：若在 session 的范围，有对象取代另一个对象时，通知正在收听的对象。
- attributeRemoved（HttpSessionBindingEvent event）方法：若有对象从 session 的范围移除时，通知正在收听的对象。（HttpSessionBindingEvent 类主要有 3 个方法：getName()、getSession()和 getValues()。）

3. HttpBindingListener 接口

HttpBindingListener 接口实现监听 HTTP 会话中对象的绑定信息。它是唯一不需要在 web.xml 中设定 Listener 的。HttpBindingListener 接口提供了以下两个方法。

- valueBound（HttpSessionBindingEvent event）方法：当有对象加入 session 的范围时会被自动调用。
- valueUnBound（HttpSessionBindingEvent event）方法：当有对象从 session 的范围内移除时会被自动调用。

4. HttpSessionAttributeListener 接口

HttpSessionAttributeListener 接口实现监听 HTTP 会话中属性的设置请求。HttpSession-AttributeListener 接口提供了以下两个方法。

- sessionDidActivate（HttpSessionEvent event）方法：通知正在收听的对象，它的 session 已经变为有效状态。
- sessionWillPassivate（HttpSessionEvent event）方法：通知正在收听的对象，它的 session 已经变为无效状态。

8.4.5　Servlet 请求监听

在 Servlet 2.4 规范中，新增加了一个技术，就是可以监听客户端的请求。只要在监听程序中获取客户端的请求，就可以对请求进行统一处理。要实现客户端的请求和请求参数设置的监听需要实现两个接口。

1. ServletRequestListener 接口

ServletRequestListener 接口提供了以下两个方法。

- requestInitalized（ServletRequestEvent event）方法：通知正在收听的对象，ServletRequest 已经被加载及初始化。
- requestDestroyed（ServletRequestEvent event）方法：通知正在收听的对象，ServletRequest 已经被载出，即关闭。

2. ServletRequestAttributeListener 接口

ServletRequestAttributeListener 接口提供了以下 3 个方法。

- attributeAdded（ServletRequestAttributeEvent event）方法：若有对象加入 request 的范围时，通知正在收听的对象。
- attributeReplaced（ServletRequestAttributeEvent event）方法：若在 request 的范围内有对象取代另一个对象时，通知正在收听的对象。
- attributeRemoved（ServletRequestAttributeEvent event）方法：若有对象从 request 的范围移除时，通知正在收听的对象。

8.5　综合实例——应用监听器统计在线用户

本实例主要演示如何应用 Servlet 监听器统计在线用户，开发步骤如下。

（1）创建 UserInfoList.java 类文件，主要是用来存储在线用户和对在线用户进行具体操作，该文件的完整代码如下：

```
import java.util.Vector;
public class UserInfoList {
    private static UserInfoList user = new UserInfoList();
    private Vector<String> vector = null;
    /*
     * 利用private 调用构造函数，防止被外界产生新的 instance 对象
    */
    public UserInfoList() {
        this.vector = new Vector<>();
    }
    /* 外界使用的 instance 对象 */
    public static UserInfoList getInstance() {
        return user;
    }
    /* 增加用户 */
    public boolean addUserInfo(String user) {
        if (user != null) {
            this.vector.add(user);
            return true;
```

```
        } else {
            return false;
        }
    }
    /* 获取用户列表 */
    public Vector<String> getList() {
        return vector;
    }
    /* 移除用户 */
    public void removeUserInfo(String user) {
        if (user != null) {
            vector.removeElement(user);
        }
    }
}
```

（2）创建 UserInfoTrace.java 类文件，主要实现 valueBound(HttpSessionBindingEvent arg0)和 valueUnbound(HttpSessionBindingEvent arg0)两个方法。当有对象加入 session 时，valueBound()方法会自动被执行；当有对象从 session 中移除时，valueUnbound()方法会自动被执行。在 valueBound()和 valueUnbound()方法里面都加入了输出信息的功能，可使用户在控制台中更清楚地了解执行过程。UserInfoTrace.java 文件的完整代码如下：

```
import javax.servlet.http.HttpSessionBindingEvent;
public class UserInfoTrace implements
        javax.servlet.http.HttpSessionBindingListener {
    private String user;
    //获得 UserInfoList 类的对象
    private UserInfoList container = UserInfoList.getInstance();
    public UserInfoTrace() {
        user = "";
    }
    // 设置在线监听人员
    public void setUser(String user) {
        this.user = user;
    }
    // 获取在线监听
    public String getUser() {
        return this.user;
    }
    //当 Session 有对象加入时执行的方法
    public void valueBound(HttpSessionBindingEvent arg0) {
        System.out.println("[ " + this.user + " ]上线");
    }
    //当 Session 有对象移除时执行的方法
    public void valueUnbound(HttpSessionBindingEvent arg0) {
        System.out.println("[ " + this.user + " ]下线");
        if (user != "") {
            container.removeUserInfo(user);
        }
    }
}
```

（3）创建 index.jsp 文件，在该页面中添加用于输入用户名的表单及表单元素，关键代码如下：

```
<form name="form" method="post" action="showuser.jsp"
    onSubmit="return checkEmpty(form)">
  <input type="text" name="user">
  <input type="submit" name="Submit" value="登录">
</form>
```

（4）创建 showuser.jsp 文件，在该文件中设置 session 的 setMaxInactiveInterval()为 30 秒，这样可以缩短 session 的生命周期，具体代码如下：

```
<%@ page language="java" contentType="text/html; charset=UTF-8"
    pageEncoding="UTF-8"%>
<%@ page import="java.util.*"%>
<%@ page import="com.mingrisoft.*"%>
<%
    UserInfoList list = UserInfoList.getInstance(); //获得 UserInfoList 类的对象
    UserInfoTrace ut = new UserInfoTrace();          //创建 UserInfoTrace 类的对象
    request.setCharacterEncoding("UTF-8");           //设置编码为 UTF-8，解决中文乱码
    String name = request.getParameter("user");      //获取输入的用户名
    ut.setUser(name);                                //设置用户名
    session.setAttribute("list", ut);  //将 UserInfoTrace 对象绑定到 Session 中
    list.addUserInfo(ut.getUser());    //添加用户到 UserInfo 类的对象中
    session.setMaxInactiveInterval(30);//设置 Session 的过期时间为 30 秒
%>
<!DOCTYPE html>
<html>
<head>
<meta charset="UTF-8">
<title>在线用户列表</title>
<style type="text/css">
section {
    margin:0 auto auto auto;                    /*设置外边距*/
    width:311px;                                /*设置页面宽度*/
    clear:both;                                 /*设置两侧均不可以有浮动内容*/
    background-image:url(images/listbg.png);         /*设置背景图片*/
    height:254px;                               /*设置高度*/
}
textarea{
    border: none;                               /*设置不显示边框*/
    background-color: #FDF7E9;                  /*设置背景颜色*/
    margin-left: 20px;
    margin-top: 100px;
    padding: 0px;                               /*设置内边距*/
}
body{
    margin: 0px;                                /*设置外边距*/
}
</style>
</head>
```

```
<body>
<section>
<div>
    <textarea rows="10" cols="34"><%
        Vector vector = list.getList();
        if (vector != null && vector.size() > 0) {
            for (int i = 0; i < vector.size(); i++) {
                out.println(vector.elementAt(i));
            }
        }
    %>
    </textarea>
</div>
</section>
</body>
</html>
```

运行本实例，在用户登录页面中输入用户名，如图 8-13 所示，单击“登录”按钮，将进入到如图 8-14 所示的在线用户列表页面，在该页面中，将显示当前在线用户。

图 8-13　用户登录页面

图 8-14　在线用户列表页面

知识点提炼

（1）Servlet 是一种独立于平台和协议的服务器端的 Java 技术，它使用 Java 语言编写，可以用来生成动态的 Web 页面。

（2）在 Servlet 中实现页面转发主要是利用 RequestDispatcher 接口实现的。

（3）Servlet 过滤器具有拦截客户端（浏览器）请求的功能，它可以改变请求中的内容，来满足实际开发中的需要。对于程序开发人员而言，过滤器实质就是在 Web 应用服务器上的一个 Web 应用组件，用于拦截客户端（浏览器）对目标资源的请求，并对这些请求进行一定过滤处理再发送给目标资源。

（4）FilterConfig 接口由 Servlet 容器进行实现，主要用于获取过滤器中的配置信息。

（5）监听器的作用是监听 Web 容器的有效期事件，因此它是由容器管理的。利用 Listener 接口监听在容器中的某个执行程序，并且根据其应用程序的需求做出适当的响应。

（6）Servlet 上下文监听可以监听 ServletContext 对象的创建、删除，属性的添加、删除和修改操作。

（7）在 Servlet 2.4 规范中，新增加了一个技术，就是可以监听客户端的请求。只要在监听程序中获取客户端的请求，就可以对请求进行统一处理。

习　　题

8-1　什么是 Servlet？Servlet 的技术特点是什么？Servlet 与 JSP 有什么区别？

8-2　简述 Servlet 的体系结构。

8-3　创建一个 Servlet 通常分为哪几个步骤？

8-4　什么是过滤器？过滤器的核心对象有哪些？

8-5　什么是监听器？监听器的原理是什么？

实验：编写一个字符编码过滤器

实验目的

（1）熟悉过滤器的应用范围。

（2）掌握创建和配置过滤器的基本步骤。

实验内容

实现图书信息的添加功能，并创建字符编码过滤器，避免中文乱码现象的产生。

实验步骤

（1）创建字符编码过滤器对象，其名称为 CharactorFilter 类。此类实现 javax.servlet.Filter 接口，并在 doFilter()方法中对请求中的字符编码格式进行设置，其关键代码如下：

```
import java.io.IOException;
import javax.servlet.Filter;
import javax.servlet.FilterChain;
import javax.servlet.FilterConfig;
import javax.servlet.ServletException;
import javax.servlet.ServletRequest;
import javax.servlet.ServletResponse;
import javax.servlet.annotation.WebFilter;
import javax.servlet.annotation.WebInitParam;
/**
 * Servlet 过滤器实现类 CharactorFilter
 */
public class CharactorFilter implements Filter {
    String encoding = null;                                        // 字符编码
   public CharactorFilter() {
   }
    /**
     * 销毁方法
     */
```

```
    public void destroy() {
        encoding = null;
    }
    /**
     * 过滤处理方法
     */
    public   void   doFilter(ServletRequest   request,   ServletResponse   response,
FilterChain chain) throws IOException, ServletException {
        if(encoding != null){                                    // 判断字符编码是否为空
            request.setCharacterEncoding(encoding);              // 设置请求的编码格式
            // 设置 response 字符编码
            response.setContentType("text/html; charset="+encoding);
        }
        chain.doFilter(request, response);                       // 传递给下一个过滤器
    }
    /**
     * 初始化方法
     */
    public void init(FilterConfig fConfig) throws ServletException {
        encoding = fConfig.getInitParameter("encoding");        // 获取初始化参数
    }
}
```

CharactorFilter 类是实例中的字符编码过滤器，它主要通过在 doFilter()方法中，指定 request 与 reponse 两个参数的字符集 encoding 进行编码处理，使得目标资源的字符集支持中文。其中 encoding 是 CharactorFilter 类定义的字符编码格式成员变量，此变量在过滤器的初始化方法 init()中被赋值，它的值是通过 FilterConfig 对象读取配置文件中的初始化参数获取的。

在过滤器对象的 doFilter()方法中，业务逻辑处理完成之后，需要通过 FilterChain 对象的 doFilter()方法将请求传递到下一过滤器或目标资源，否则将出现错误。

在创建了过滤器对象之后，还需要对过滤器进行一定的配置才可以正常使用，采用注解的方式配置过滤器 CharactorFilter 的代码如下：

```
@WebFilter(
        urlPatterns = { "/*" },
        initParams = {
                @WebInitParam(name = "encoding", value = "UTF-8")
        })                                                          //配置过滤器
```

在过滤器 CharactorFilter 的配置声明中，将它的初始化参数 encoding 的值设置为 UTF-8，它与 JSP 页面的编码格式相同，支持中文。

配置过滤器时，URL 映射可以使用正则表达式进行配置，如本实例中使用“/*”来匹配所有请求。

（2）创建名称为 AddServlet 的类，该类继承 HttpServlet，是处理添加图书信息请求的 Servlet 对象，其关键代码如下：

```
import java.io.IOException;
import java.io.PrintWriter;
import javax.servlet.ServletException;
import javax.servlet.annotation.WebServlet;
import javax.servlet.http.HttpServlet;
```

```
import javax.servlet.http.HttpServletRequest;
import javax.servlet.http.HttpServletResponse;
/**
 * Servlet implementation class AddServlet
 */
@WebServlet("/AddServlet")      //配置 Servlet
public class AddServlet extends HttpServlet {
    private static final long serialVersionUID = 1L;
    public AddServlet() {
        super();
    }
    /**
     * 处理 GET 请求的方法
     */
    protected void doGet(HttpServletRequest request,
            HttpServletResponse response) throws ServletException, IOException {
        doPost(request, response);                      // 处理 GET 请求
    }
    /**
     * 处理 POST 请求的方法
     */
    protected void doPost(HttpServletRequest request,
            HttpServletResponse response) throws ServletException, IOException {
        // 处理 POST 请求
        PrintWriter out = response.getWriter();         // 获取 PrintWriter
        String id = request.getParameter("id");         // 获取图书编号
        String name = request.getParameter("name");     // 获取名称
        String author = request.getParameter("author"); // 获取作者
        String price = request.getParameter("price");   // 获取价格
        out.print("<h2>图书信息添加成功</h2><hr>");       // 输出图书信息
        out.print("图书编号: " + id + "<br>");
        out.print("图书名称: " + name + "<br>");
        out.print("作者: " + author + "<br>");
        out.print("价格: " + price + "<br>");
        out.flush();                                    // 刷新流
        out.close();                                    // 关闭流
    }
}
```

AddServlet 的类主要通过 doPost()方法实现添加图书信息请求的处理，其处理方式是将所获取到的图书信息数据直接输出到页面中。

通常情况下，Servlet 所处理的请求类型都是 GET 或 POST，所以可以在 doGet()方法中调用 doPost()方法，把业务处理代码写到 doPost()方法中，或在 doPost()方法中调用 doGet()方法，把业务处理代码写到 doGet()方法中，无论 Servlet 接收到的请求类型是 GET 还是 POST，Servlet 都对其进行处理。

（3）创建名称为 index.jsp 的文件，它是程序中的首页，主要用于放置添加图书信息的表单。index.jsp 文件的具体代码如下：

```
<%@ page language="java" contentType="text/html; charset=UTF-8"
```

```
    pageEncoding="UTF-8"%>
<!DOCTYPE html>
<html>
<head>
<meta charset="UTF-8">
<title>添加图书信息</title>
<style type="text/css">
ul {
    list-style: none;
}
li{padding:5px;}
</style>
</head>
<body>
    <section>
        <h2>        添加图书信息</h2>
        <form action="AddServlet" method="post">
            <ul>
                <li>图书编号：<input type="text" name="id"></li>
                <li>图书名称：<input type="text" name="name"></li>
                <li>作    者：<input type="text" name="author"></li>
                <li>价    格：<input type="text" name="price"></li>
                <li>          <input type="submit" value="添  加"></li>
            </ul>
        </form>
    </section>
</body>
</html>
```

运行本实例，将打开 index.jsp 页面，输入如图 8-15 所示的图书信息后，单击“添加”按钮，将显示如图 8-16 所示的效果。

图 8-15　添加图书信息

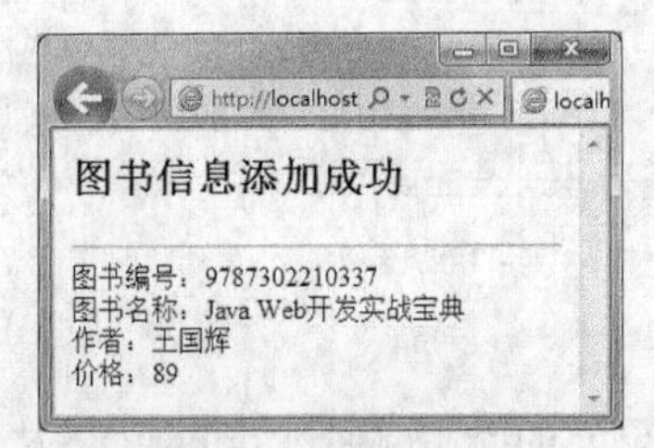

图 8-16　显示图书信息

第 9 章 数据库应用开发

本章要点：

- 什么是 JDBC，以及 Java 程序与数据库的交互原理
- JDBC API 中提供的常用接口和类
- 如何应用 JDBC 连接数据库
- 如何实现对数据库的 CRUD 操作
- 如何实现批处理操作
- 如何应用 JDBC 调用存储过程

数据库在当今的日常生活和工作中可以说是无处不在，无论是一个小型的企业办公自动化系统，还是像中国移动那样的大型运营系统，都离不开数据库。对于大多数应用程序来说，不管它们是 Windows 桌面应用程序，还是 Web 应用程序，存储和检索数据都是其核心功能，所以针对数据库的开发已经成为软件开发的一种必要步骤。本章将介绍如何在 JSP 中进行数据库的应用开发。

9.1 JDBC 简介

JDBC（Java Data Base Connectivity）是 Java 程序与数据库系统通信的标准 API，它定义在 JDK 的 API 中。通过 JDBC 技术，Java 程序可以非常方便地与各种数据库交互，可以说 JDBC 在 Java 程序与数据库系统之间建立了一座桥梁。

9.1.1 JDBC 技术介绍

JDBC 是 Java 程序操作数据库的 API，也是 Java 程序与数据库相交互的一门技术。JDBC 是 Java 操作数据库的规范，它由一组用 Java 语言编写的类和接口组成，为数据库的操作提供基本方法，但对于数据库的细节操作则由数据库厂商进行实现。使用 JDBC 操作数据库，需要数据库厂商提供数据库的驱动程序。关于 Java 程序与数据库相交互的示意图如图 9-1 所示。

通过图 9-1 可以看出，JDBC 在 Java 程序与数据库之间起到了一个桥梁的作用，有了 JDBC，Java 程序就可以方便地与各种数据库进行交互，而不必为某一个特定的数据库制定专门的访问程序，如访问 MySQL 数据库可以使用 JDBC 进行访问，访问 SQL Server 同样可以使用 JDBC，因此，JDBC 对 Java 程序员而言，是一套标准的操作数据库的 API，而对数据库厂商而言，JDBC 又是一套标准的模型接口。

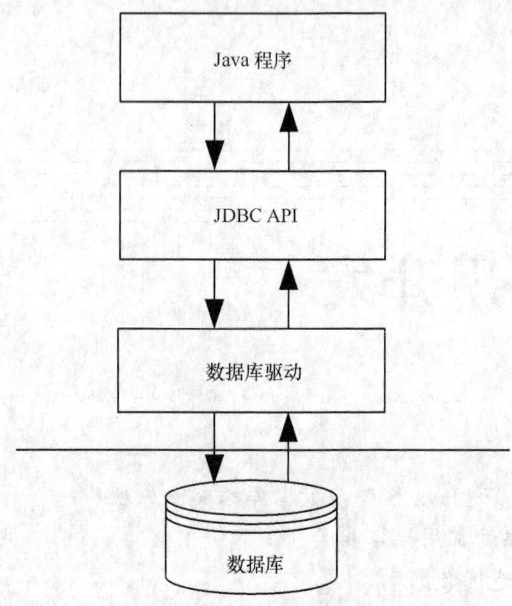

图 9-1　Java 程序与数据库的交互

说明

目前，除使用 JDBC 访问数据库的方法外，Java 程序也可以通过 Microsoft 提供的 ODBC 来访问数据库。ODBC 通过 C 语言进行实现 API，它使用的是 C 语言中的接口，虽然 ODBC 的应用十分广泛，但通过 Java 语言来调用 ODBC 中的 C 代码，在技术实现、安全性、跨平台等方面，必定存在一定的缺点，并且也有一定的难度，而 JDBC 则是用纯 Java 语言编写的，通过 Java 程序来调用 JDBC，自然非常简单。所以，在 Java 领域中，几乎所有的 Java 程序员都是使用 JDBC 来操作数据库。

9.1.2　JDBC 驱动程序

JDBC 驱动程序是用于解决应用程序与数据库通信问题的，它基本上分为 JDBC-ODBC Bridge、JDBC-Native API Bridge、JDBC-middleware 和 Pure JDBC Driver 4 种类型，下面分别进行介绍。

1. JDBC–ODBC Bridge

JDBC-ODBC Bridge 是通过本地的 ODBC Driver 连接到 RDBMS（Relational Database Management System，关系型数据库管理系统）上。这种连接方式必须将 ODBC 二进制代码（许多情况下还包括数据库客户机代码）加载到使用该驱动程序的每个客户机上，因此，这种类型的驱动程序最适合于企业网，或者是利用 Java 编写的 3 层结构的应用程序服务器。

2. JDBC–Native API Bridge

JDBC-Native API Bridge 驱动通过调用本地的 native 程序实现数据库连接，这种类型的驱动程序把客户机 API 上的 JDBC 调用转换为 Oracle、Sybase、Informix、DB2 或其他 DBMS 的调用。需要注意的是，与 JDBC-ODBC Bridge 驱动程序一样，这种类型的驱动程序要求将某些二进制代码加载到每台客户机上。

3. JDBC–middleware

JDBC-middleware 驱动是一种完全利用 Java 编写的 JDBC 驱动，这种驱动程序将 JDBC 转换为与 DBMS 无关的网络协议，然后将这种协议通过网络服务器转换为 DBMS 协议，这种网络服务器中间件能够将纯 Java 客户机连接到多种不同的数据库上，使用的具体协议取决于提供者。通常情况下，这是最为灵活的 JDBC 驱动程序，有可能所有这种解决方案的提供者都提供适合于 Intranet（企业内部网）用的产品。为了使这些产品也支持 Internet 访问，它们必须处理 Web 所提出的安全性、通过防火墙的访问等方面的额外要求。目前，几家提供者正将 JDBC 驱动程序加到他们现有的数据库中间件产品中。

4. Pure JDBC Driver

Pure JDBC Driver 驱动是一种完全利用 Java 编写的 JDBC 驱动，这种类型的驱动程序将 JDBC 调用直接转换为 DBMS 所使用的网络协议。这将允许从客户机上直接调用 DBMS 服务器，是 Intranet 访问的一个很实用的解决方法。由于许多这样的协议都是专用的，因此，数据库提供者自己将是协议的主要来源，部分提供者已经开始着手此事。

9.2 JDBC API

JDBC 是 Java 程序操作数据库的标准，它由一组用 Java 语言编写的类和接口组成，Java 通过 JDBC 可以对多种关系数据库进行统一访问，所以，学习 JDBC 需要掌握 JDBC 中的类和接口，也就是 JDBC API。

9.2.1 Driver 接口

每种数据库的驱动程序都应该提供一个实现 java.sql.Driver 接口的类，简称 Driver 类，在加载 Driver 类时，应该创建自己的实例并向 java.sql.DriverManager 类注册该实例。

通常情况下通过 java.lang.Class 类的静态方法 forName(String className)，加载要连接数据库的 Driver 类，该方法的入口参数为要加载 Driver 类的完整包名。成功加载后，会将 Driver 类的实例注册到 DriverManager 类中，如果加载失败，将抛出 ClassNotFoundException 异常，即未找到指定 Driver 类的异常。

9.2.2 Connection 接口

Connection 接口位于 java.sql.包中，负责与特定数据库的连接。在数据库应用开发时，只有获得特定数据库的连接对象，才能访问数据库，操作数据库中的数据表、视图和存储过程等。Connection 接口提供的常用方法如表 9-1 所示。

表 9-1　　Connection 接口提供的常用方法

方 法 名 称	功 能 描 述
void close() throws SQLException	立即释放此 Connection 对象的数据库连接占用的 JDBC 资源。在操作数据库后，应立即调用此方法
void commit() throws SQLException	提交事务，并释放此 Connection 对象当前持有的所有数据库锁。当事务被设置为手动提交模式时，需要调用此方法提交事务
Statement createStatement() throws SQLException	创建一个 Statement 对象来将 SQL 语句发送到数据库。此方法返回 Statement 对象
boolean getAutoCommit() throws SQLException	用于判断 Connection 对象是否被设置为自动提交模式。此方法返回 boolean 值
DatabaseMetaData getMetaData() throws SQLException	获取此 Connection 对象所连接的数据库的元数据 Database-MetaData 对象，元数据包括关于数据库的表、受支持的 SQL 语法、存储过程、此连接的功能等信息

续表

方法名称	功能描述
int getTransactionIsolation() throws SQLException	获取此 Connection 对象的当前事务隔离级别
boolean isClosed() throws SQLException	判断此 Connection 对象是否与数据库断开连接，此方法返回布尔值。注意如果 Connection 对象与数据库断开连接，则不能通过此 Connection 对象操作数据库
boolean isReadOnly() throws SQLException	判断此 Connection 对象是否为只读模式。此方法返回 boolean 值
PreparedStatement prepareStatement(String sql) throws SQLException	将参数化的 SQL 语句预编译并存储在 PreparedStatement 对象中，并返回所创建的这个 PreparedStatement 对象
Void releaseSavepoint(Savepoint savepoint) throws SQLException	从当前事务中移除指定的 Savepoint 和后续 Savepoint 对象
void rollback() throws SQLException	回滚事务，并释放此 Connection 对象当前持有的所有数据库锁。注意此方法需要应用于 Connection 对象的手动提交模式中
void rollback(Savepoint savepoint) throws SQLException	回滚事务，取消指定 Savepoint 对象之后所做的修改
void setAutoCommit(boolean autoCommit) throws SQLException	设置 Connection 对象的提交模式，如果参数 autoCommit 的值设置为 true，Connection 对象则为自动提交模式；如果参数 autoCommit 的值设置为 false，Connection 对象则为手动提交模式
void setReadOnly(boolean readOnly) throws SQLException	将 Connection 对象的连接模式设置为只读，此方法用于对数据库的优化
Savepoint setSavepoint() throws SQLException	在当前事务中创建一个未命名的保留点，并返回这个保留点对象
Savepoint setSavepoint(String name) throws SQLException	在当前事务中创建一个指定名称的保留点，并返回这个保留点对象

表 9-1 中所列出的方法，均为 Connection 接口的常用方法，其更多方法声明及说明，请参见 Java SE 的 API。

9.2.3 DriverManager 类

使用 JDBC 操作数据库，需要使用数据库厂商提供的驱动程序，通过驱动程序 Java 程序才可以与数据库进行交互。DriverManager 类主要作用于用户及驱动程序之间，它是 JDBC 中的管理层，通过 DriverManager 类可以管理数据库厂商提供的驱动程序，并建立应用程序与数据库之间的连接，其常用方法及说明如表 9-2 所示。

表 9-2　　DriverManager 类方法声明及说明

方法声明	说明
public static void deregisterDriver(Driver driver) throws SQLException	从 DriverManager 的管理列表中删除一个驱动程序。参数 driver 为要删除的驱动对象
public static Connection getConnection(String url) throws SQLException	根据指定数据库连接的 URL，建立与数据库连接 Connection。参数 url 为数据库连接的 URL
public static Connection getConnection(String url, Properties info) throws SQLException	根据指定数据库连接的 URL，及数据库连接属性信息建立数据库连接 Connection。参数 url 为数据库连接的 URL，参数 inof 为数据库连接属性

续表

方 法 声 明	说　　明
public static Connection getConnection (String url, String user, String password) throws SQLException	根据指定数据库连接的 URL、用户名及密码建立数据库连接 Connection。参数 url 为数据库连接的 URL，参数 user 为连接数据库的用户名，参数 password 为连接数据库的密码
public static Enumeration<Driver> getDrivers()	获取当前 DriverManager 中已加载的所有驱动程序。它的返回值为 Enumeration
public static void registerDriver(Driver driver) throws SQLException	向 DriverManager 注册一个驱动对象。参数 driver 为要注册的驱动

9.2.4　Statement 接口

在创建了数据库连接之后，就可通过程序来调用 SQL 语句对数据库进行操作了，在 JDBC 中 Statement 接口封装了这些操作。Statement 接口提供了执行语句和获取查询结果的基本方法，其方法声明及说明如表 9-3 所示。

表 9-3　　Statement 接口方法声明及说明

方 法 声 明	说　　明
void addBatch (String sql) throws SQLException	将 SQL 语句添加到此 Statement 对象的当前命令列表中。此方法用于 SQL 命令的批处理
void clearBatch() throws SQLException	清空 Statement 对象中的命令列表
void close() throws SQLException	立即释放此 Statement 对象的数据库和 JDBC 资源，而不是等待该对象自动关闭时发生此操作
boolean execute (String sql) throws SQLException	执行指定的 SQL 语句。如果 SQL 语句返回结果，此方法返回 true，否则返回 false
int[] executeBatch() throws SQLException	执行 Batch 中的所有 SQL 语句，如果全部执行成功，则返回由更新计数组成的数组，数组元素的排序与 SQL 语句的添加顺序对应。数组元素有以下几种情况：①大于或等于零的数：说明 SQL 语句执行成功，此数组为影响数据库中行数的更新计数；②-2：说明 SQL 语句执行成功，但未得到受更新计数影响的行数；③-3：说明 SQL 语句执行失败，仅当执行失败后继续执行后面的 SQL 语句时出现。如果驱动程序不支持批量，或者未能成功执行 Batch 中的 SQL 语句之一，将抛出异常
ResultSet executeQuery(String sql) throws SQLException	执行查询类型（select）的 SQL 语句。此方法返回查询所获取的结果集 ResultSet 对象
executeUpdate int executeUpdate(String sql) throws SQLException	执行 SQL 语句中 DML 类型（insert、update、delete）的 SQL 语句。返回更新所影响的行数
Connection getConnection() throws SQLException	获取生成此 Statement 对象的 Connection 对象
boolean isClosed() throws SQLException	判断 Statement 对象是否已被关闭，如果 Statement 对象被关闭，则不能再调用此 Statement 对象执行 SQL 语句。此方法返回布尔值

9.2.5 PreparedStatement 接口

Statement 接口封装了 JDBC 执行 SQL 语句的方法，它可以完成 Java 程序执行 SQL 语句的操作，但在实际开发过程中，SQL 语句往往需要将程序中的变量做查询条件等参数，使用 Statement 接口进行操作过于繁琐，而且存在安全方面的缺陷，针对这一问题，JDBC API 中封装了 Statement 的扩展 PreparedStatement 对象。

PreparedStatement 接口继承于 Statement 接口，它拥有 Statement 接口中的方法，而且 PreparedStatement 接口针对带有参数 SQL 语句的执行操作进行了扩展，应用于 PreparedStatement 接口中的 SQL 语句，可以使用占位符“?”来代替 SQL 语句中的参数，然后再对其进行赋值。PreparedStatement 接口的常用方法及说明如表 9-4 所示。

表 9-4　　PreparedStatement 接口方法声明及说明

方法声明	说　明
void setBinaryStream(int parameterIndex, InputStream x) throws SQLException	将输入流 x 作为 SQL 语句中的参数值，parameterIndex 为参数位置的索引
void setBoolean(int parameterIndex,boolean x) throws SQLException	将布尔值 x 作为 SQL 语句中的参数值，parameterIndex 为参数位置的索引
void setByte(int parameterIndex, byte x) throws SQLException	将 byte 值 x 作为 SQL 语句中的参数值，parameterIndex 为参数位置的索引
void setDate(int parameterIndex, Date x) throws SQLException	将 java.sql.Date 值 x 作为 SQL 语句中的参数值，parameterIndex 为参数位置的索引
void setDouble(int parameterIndex, double x) throws SQLException	将 double 值 x 作为 SQL 语句中的参数值，parameterIndex 为参数位置的索引
void setFloat(int parameterIndex,float x) throws SQLException	将 float 值 x 作为 SQL 语句中的参数值，parameterIndex 为参数位置的索引
void setInt(int parameterIndex, int x) throws SQLException	将 int 值 x 作为 SQL 语句中的参数值，parameterIndex 为参数位置的索引
void setInt(int parameterIndex, long x) throws SQLException	将 long 值 x 作为 SQL 语句中的参数值，parameterIndex 为参数位置的索引
void setObject(int parameterIndex, Object x) throws SQLException	将 Object 对象 x 作为 SQL 语句中的参数值，parameterIndex 为参数位置的索引
void setShort(int parameterIndex, short x) throws SQLException	将 short 值 x 作 z 为 SQL 语句中的参数值，parameterIndex 为参数位置的索引
void setString(int parameterIndex, String x) throws SQLException	将 String 值 x 作为 SQL 语句中的参数值，parameterIndex 为参数位置的索引
void setTimestamp(int parameterIndex, Timestamp x) throws SQLException	将 java.sql.Timestamp 值 x 作为 SQL 语句中的参数值，parameterIndex 为参数位置的索引

在实际的开发过程中，如果涉及到向 SQL 语句传递参数，最好使用 PreparedStatement 接口进行实现，因为使用 PreparedStatement 对象，不仅可提高 SQL 的执行效率，而且还可以避免 SQL 语句的注入式攻击。

9.2.6　CallableStatement 接口

java.sql.CallableStatement 接口继承于 PreparedStatement 接口，是 PreparedStatement 接口的扩展，用来执行 SQL 的存储过程。

JDBC API 定义了一套存储过程的 SQL 转义语法，该语法允许对所有 RDBMS 通过标准方式调用存储过程。该语法定义了两种形式，分别是包含结果参数和不包含结果参数的形式，如果使用结果参数，则必须将其注册为 OUT 型参数。参数是根据定义位置按顺序引用的，第一个参数的索引为 1。

为参数赋值要使用从 PreparedStatement 中继承来的 setter 方法。在执行存储过程之前，必须注册所有 OUT 参数的类型，它们的值是在执行后通过 getter 方法检索的。

CallableStatement 可以返回一个或多个 ResultSet 实例。处理多个 ResultSet 对象的方法是从 Statement 中继承来的。

9.2.7　ResultSet 接口

执行 SQL 语句的查询语句会返回查询的结果集，在 JDBC API 中，使用 ResultSet 对象接收查询结果集。

ResultSet 接口位于 java.sql 包中，封装了数据查询的结果集。ResultSet 对象包含了符合 SQL 语句的所有行，针对 Java 的数据类型提供了一套 getter 方法，通过这些方法可以获取每一行中的数据，除此之外，ResultSet 还提供了光标的功能，通过光标可以自由定位到某一行中的数据。其常用方法及说明如表 9-5 所示。

表 9-5　　ResultSet 接口方法声明及说明

方法声明	说明
boolean absolute(int row) throws SQLException	将光标移动到此 ResultSet 对象给定的行编号处，参数 row 为行编号
void afterLast() throws SQLException	将光标移动到此 ResultSet 对象的最后一行之后，如果结果集中不包含任何行，则此方法无效
void beforeFirst()throws SQLException	立即释放此 ResultSet 对象的数据库和 JDBC 资源
void deleteRow() throws SQLException	从此 ResultSet 对象和底层数据库中删除当前行
boolean first() throws SQLException	将光标移动到此 ResultSet 对象的第一行
InputStream getBinaryStream(String columnLabel) throws SQLException	以 byte 流的方式获取 ResultSet 对象当前行中指定列的值，参数 columnLabel 为列名称
Date getDate(String columnLabel) throws SQLException	以 java.sql.Date 的方式获取 ResultSet 对象当前行中指定列的值，参数 columnLabel 为列名称
double getDouble(String columnLabel) throws SQLException	以 double 的方式获取 ResultSet 对象当前行中指定列的值，参数 columnLabel 为列名称
float getFloat(String columnLabel) throws SQLException	以 float 的方式获取 ResultSet 对象当前行中指定列的值，参数 columnLabel 为列名称
int getInt(String columnLabel) throws SQLException	以 int 的方式获取 ResultSet 对象当前行中指定列的值，参数 columnLabel 为列名称
String getString(String columnLabel) throws SQLException	以 String 的方式获取 ResultSet 对象当前行中指定列的值，参数 columnLabel 为列名称

续表

方法声明	说明
boolean isClosed() throws SQLException	判断当前 ResultSet 对象是否已关闭
boolean last() throws SQLException	将光标移动到此 ResultSet 对象的最后一行
boolean next() throws SQLException	将光标位置向后移动一行，如移动的新行有效则返回 true，否则返回 false
boolean previous() throws SQLException	将光标位置向前移动一行，如移动的新行有效则返回 true，否则返回 false

9.3 连接数据库

在对数据库进行操作时，首先需要建立与数据库的连接（Connection），在 JSP 中连接数据库大致可以分为加载 JDBC 驱动程序、创建 Connection 对象的实例、执行 SQL 语句、获得查询结果和关闭连接等 5 个步骤，下面分别进行介绍。

9.3.1 加载 JDBC 驱动程序

在连接数据库之前，首先要加载要连接数据库的驱动到 JVM（Java 虚拟机），这可以通过 java.lang.Class 类的静态方法 forName(String className)实现。例如，加载 MySQL 驱动程序的代码如下：

```
try {
    Class.forName("com.mysql.jdbc.Driver");
} catch (ClassNotFoundException e) {
    System.out.println("加载数据库驱动时抛出异常，内容如下：");
    e.printStackTrace();
}
```

成功加载后，加载的驱动类会被注册给 DriverManager 类；如果加载失败，将抛出 ClassNotFoundException 异常，即未找到指定的驱动类。所以需要在加载数据库驱动类时捕捉可能抛出的异常。

通常将负责加载驱动的代码放在 static 块中，这样做的好处是只有 static 块所在的类第一次被加载时才加载数据库驱动，避免重复加载驱动程序，浪费计算机资源。

9.3.2 创建数据库连接

java.sql.DriverManager（驱动程序管理器）类是 JDBC 的管理层，负责建立和管理数据库连接。通过 DriverManager 类的静态方法 getConnection(String url, String user, String password)可以建立数据库连接，其有 3 个入口参数，依次为要连接数据库的路径、用户名和密码，该方法的返回值类型为 java.sql.Connection，典型代码如下：

```
Connection conn = DriverManager.getConnection(
    "jdbc:microsoft:sqlserver://127.0.0.1:1433;DatabaseName=db_database09", "root",
"root");
```

在上面的代码中，连接的是本地的 MySQL 数据库，数据库名称为 db_database09，登录用户为 root，密码为 root。

【例 9-1】在 JSP 中连接 MySQL 数据库 db_databse09。（实例位置：光盘\MR\源码\第 9 章\9-1）

（1）创建名称为“9-1”的动态 Web 项目，将 MySQL 数据库的驱动包添加至项目的构建路径，构建开发环境。

在 JDK 中，不包含数据库的驱动程序，使用 JDBC 操作数据库，需要先下载数据库厂商提供的驱动包，本实例中使用的是 MySQL 数据库，所以添加的是 MySQL 官方提供的数据库驱动包，其名称为“mysql-connector-java-5.1.10-bin.jar”。

（2）创建程序的首页 index.jsp，在该页面中，首先通过 Class 的 forName()方法加载数据库驱动，然后使用 DriverManager 对象的 getConnection()方法获取数据库连接 Connection 对象，最后将获取结果输出到页面中。关键代码如下：

```
<%
    try {
        Class.forName("com.mysql.jdbc.Driver");     // 加载数据库驱动，注册到驱动管理器
        String url = "jdbc:mysql://localhost:3306/db_database09";// 数据库连接字符串
        String username = "root";                            // 数据库用户名
        String password = "root";                            // 数据库密码
        // 创建 Connection 连接
        Connection conn = DriverManager.getConnection(url,username,password);
        if(conn != null){                                    // 判断数据库连接是否为空
            out.println("数据库连接成功！");                   // 输出连接信息
            conn.close();                                    // 关闭数据库连接
        }else{
            out.println("数据库连接失败！");                   // 输出连接信息
        }
    } catch (ClassNotFoundException e) {
        e.printStackTrace();
    } catch (SQLException e) {
        e.printStackTrace();
    }
%>
```

Class 的 forName()方法的作用是将指定字符串名的类加载到 JVM 中，实例中调用此方法来加载数据库驱动。在加载后，数据库驱动程序将会把驱动类自动注册到驱动管理器中。

运行本实例，将显示如图 9-2 所示的运行结果。

图 9-2　与数据库建立连接

在进行数据库连接时，如果抛出异常信息 java.lang.ClassNotFoundException: com.mysql.jdbc.Driver，则说明没有添加数据库驱动包；如果抛出异常信息 java.sql.SQLException: Access denied for user 'root'@'localhost' (using password: YES)，则说明登录用户的密码错误。

9.3.3 执行 SQL 语句

建立数据库连接的目的是与数据库进行通信，实现方式为执行 SQL 语句，但是通过 Connection 实例并不能执行 SQL 语句，还需要通过 Connection 实例创建 Statement 实例。Statement 实例又分为以下 3 种类型。

- Statement 实例：该类型的实例只能用来执行静态的 SQL 语句。
- PreparedStatement 实例：该类型的实例增加了执行动态 SQL 语句的功能。
- CallableStatement 对象：该类型的实例增加了执行数据库存储过程的功能。

其中，Statement 是最基础的，PreparedStatement 继承了 Statement，并做了相应的扩展，而 CallableStatement 继承了 PreparedStatement，又做了相应的扩展。

9.3.4 获得查询结果

通过 Statement 接口的 executeUpdate()或 executeQuery()方法，可以执行 SQL 语句，同时将返回执行结果，如果执行的是 executeUpdate()方法，将返回一个 int 型数值，代表影响数据库记录的条数，即插入、修改或删除记录的条数；如果执行的是 executeQuery()方法，将返回一个 ResultSet 型的结果集，其中不仅包含所有满足查询条件的记录，还包含相应数据表的相关信息，例如，列的名称、类型和列的数量等。

9.3.5 关闭连接

在建立 Connection、Statement 和 ResultSet 实例时，均需占用一定的数据库和 JDBC 资源，所以每次访问数据库结束后，应该及时销毁这些实例，释放它们占用的所有资源，这个可以通过各个实例的 close()方法完成，并且在关闭时建议按照以下的顺序写代码：

```
resultSet.close();
statement.close();
connection.close();
```

采用上面的顺序关闭的原因在于 Connection 是一个接口，close()方法的实现方式可能多种多样。如果是通过 DriverManager 类的 getConnection()方法得到的 Connection 实例，在调用 close()方法关闭 Connection 实例时会同时关闭 Statement 实例和 ResultSet 实例。但是通常情况下需要采用数据库连接池，在调用通过连接池得到的 Connection 实例的 close()方法时，Connection 实例可能并没有被释放，而是被放回到了连接池中，又被其他连接调用，在这种情况下如果不手动关闭 Statement 实例和 ResultSet 实例，它们在 Connection 中可能会越来越多，虽然 JVM 的垃圾回收机制会定时清理缓存，但是如果清理得不及时，当数据库连接达到一定数量时，将严重影响数据库和计算机的运行速度，甚至导致软件或系统瘫痪。

9.4 JDBC 操作数据库

在开发 Web 应用程序时，经常需要对数据库进行操作，最常用的数据库操作技术，包括查询、添加、修改或删除数据库中的数据，这些操作既可以通过静态的 SQL 语句实现，也可以通过动态的 SQL 语句实现，还可以通过存储过程实现，具体采用的实现方式要根据实际情况而定。

9.4.1 添加数据

JDBC 提供了两种实现数据添加操作的方法，一种是通过 Statement 对象执行静态的 SQL 语句实现；另一种是通过 PreparedStatement 对象执行动态的 SQL 语句实现。二者的区别是，使用 PreparedStatement 对象时，SQL 语句会被预编译，当重复执行相同的 SQL 语句时（例如，在实现批量添加数据时），使用 PreparedStatement 的效率要比 Statement 对象高，而对于只执行一次的 SQL 语句，就可以使用 Statement 对象。实现数据添加操作使用的 SQL 语句为 INSERT 语句，其语法格式如下：

```
Insert [INTO] table_name[(column_list)] values(data_values)
```

语法中各参数说明如表 9-6 所示。

表 9-6　INSERT 语句的参数说明

参　数	描　述
[INTO]	可选项，无特殊含义，可以将它用在 INSERT 和目标表之前
table_name	要添加记录的数据表名称
column_list	是表中的字段列表，表示向表中哪些字段插入数据。如果是多个字段，字段之间用逗号分隔。如果不指定 column_list，就默认向数据表中所有字段插入数据
data_values	要添加的数据列表，各个数据之间使用逗号分隔。数据列表中的个数、数据类型必须和字段列表中的字段个数、数据类型相一致
values	引入要插入的数据值的列表。对于 column_list（如果已指定）中或者表中的每个列，都必须有一个数据值。必须用圆括号将值列表括起来。如果 VALUES 列表中的值与表中的值和表中列的顺序不相同，或者未包含表中所有列的值，那么必须使用 column_list 明确地指定存储每个传入值的列

【例 9-2】 创建动态 Web 项目，通过 JDBC 实现图书信息添加功能。（实例位置：光盘\MR\源码\第 9 章\9-2）

（1）在 MySQL 数据库 db_database09 中创建图书信息表“tb_book”，其结构如图 9-3 所示。

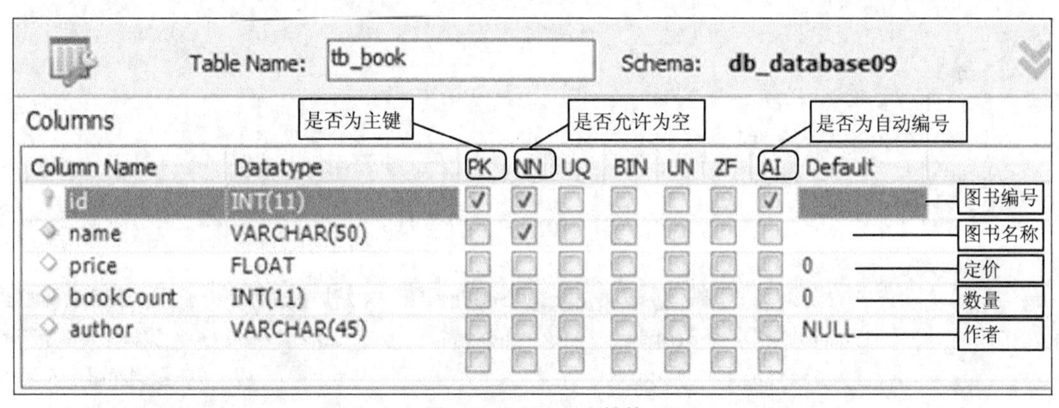

图 9-3　tb_book 表结构

（2）创建名称为 BookBean 的类，用于封装图书对象信息，关键代码如下：

```
public class BookBean {
    private int id;                    // 编号
    private String name;               // 图书名称
    private double price;              // 定价
    private int bookCount;             // 数量
    private String author;             // 作者
    public int getId() {
        return id;
```

```
    }
    public void setId(int id) {
        this.id = id;
    }
    // 省略了其他属性的 Setter 与 Getter 方法
}
```

（3）创建 index.jsp 页面，它是程序中的主页，用于放置添加图书信息所需要的表单，此表单提交到 addBook.jsp 页面进行处理。其关键代码如下：

```
<form action="addBook.jsp" method="post" onsubmit=" return check(this)">
    <ul>
        <li>图书名称：<input type="text" name="name" /></li>
        <li>价    格：<input type="text" name="price" /></li>
        <li>数    量：<input type="text" name="bookCount" /></li>
        <li>作    者：<input type="text" name="author" /></li>
        <li><input type="submit" value="添  加"></li>
    </ul>
</form>
```

（4）创建 addBook.jsp 页面，在该页面中，首先通过<jsp:useBean>实例化 JavaBean 对象 Book，并通过<jsp:setProperty>对 Book 对象中的属性赋值，然后连接数据库，并将 Book 对象中保存的图书信息写入到数据库中。addBook.jsp 页面的具体代码如下：

```
<%@ page language="java" contentType="text/html; charset=UTF-8"
    pageEncoding="UTF-8"%>
<%@ page import="java.sql.*" %>
<%request.setCharacterEncoding("UTF-8"); %>
<jsp:useBean id="book" class="com.mingrisoft.BookBean"></jsp:useBean>
<jsp:setProperty property="*" name="book"/>
<!DOCTYPE HTML>
<html>
<head>
<meta charset="utf-8">
<title>保存图书信息</title>
</head>
<body>
<%
    try {
        Class.forName("com.mysql.jdbc.Driver");      // 加载数据库驱动，注册到驱动管理器
        String url = "jdbc:mysql://localhost:3306/db_database09";// 数据库连接字符串
        String username = "root";                                // 数据库用户名
        String password = "root";                                // 数据库密码
        // 创建 Connection 连接
        Connection conn = DriverManager.getConnection(url,username,password);
        String sql = "insert into tb_book(name,price,bookCount,author)
            values(?,?,?,?)"; // 添加图书信息的 SQL 语句
        PreparedStatement ps = conn.prepareStatement(sql); // 获取 PreparedStatement
        ps.setString(1, book.getName());               // 对 SQL 语句中的第 1 个参数赋值
        ps.setDouble(2, book.getPrice());              // 对 SQL 语句中的第 2 个参数赋值
        ps.setInt(3,book.getBookCount());              // 对 SQL 语句中的第 3 个参数赋值
        ps.setString(4, book.getAuthor());             // 对 SQL 语句中的第 4 个参数赋值
```

```
            int row = ps.executeUpdate();                    // 执行更新操作，返回所影响的行数
            if(row > 0){                                              // 判断是否更新成功
                out.print("成功添加了 " + row + "条数据！");            // 更新成输出信息
            }
            ps.close();                                  // 关闭 PreparedStatement，释放资源
            conn.close();                                // 关闭 Connection，释放资源
        } catch (Exception e) {
            out.print("图书信息添加失败！");
            e.printStackTrace();
        }
    %>
    <br>
    <a href="index.jsp">返回</a>
    </body>
    </html>
```

<jsp:setProperty>标签的 property 属性的值可以设置为“*”，它的作用是将与表单中同名称的属性值赋值给 JavaBean 对象中的同名属性，使用此种方式，就不必对 JavaBean 中的属性进行一一赋值，从而减少了程序中的代码量。

向数据库插入图书信息的过程中，主要通过 PreparedStatement 对象进行操作。使用 PreparedStatement 对象，其 SQL 语句中的参数可以使用占位符“?”代替，再通过 PreparedStatement 对象对 SQL 语句中的参数逐一赋值，将图书信息传递到 SQL 语句中。

使用 PreparedStatement 对象对 SQL 语句的占位符参数赋值，其参数的下标值不是 0，而是 1，它与数组的下标有所区别。

通过 PreparedStatement 对象对 SQL 语句中的参数进行赋值后，并没有将图书信息写入数据库中，而是需要调用它的 executeUpdate()方法执行更新操作，此时才能将图书信息写入到数据库中。此方法被执行后返回 int 型数据，代表的是所影响的行数，实例中将其获取并输出到页面中。

在数据操作之后，应该立即调用 ResultSet 对象、PreparedStatement 对象、Connection 对象的 close()方法，从而及时释放与所占用的数据库资源。

运行本实例，将显示添加图书信息页面，在该页面中输入如图 9-4 所示的图书信息。

单击“添加”按钮，图书信息数据将被写入到数据库中，同时显示如图 9-5 所示的运行结果。

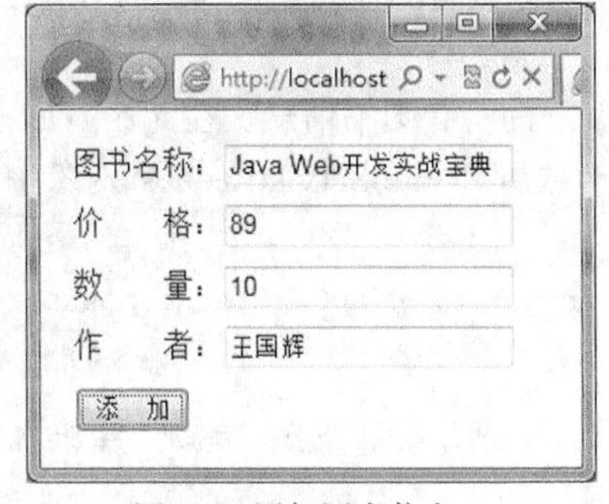

图 9-4　添加图书信息

图 9-5　图书信息添加成功

由于 id 值设置了自动编号，所以添加的图书信息中的 id 为自动生成，数据表 tb_book 中显示的最后一条数据为新添加的数据。例如，输入如图 9-4 所示的数据，插入 tb_book 表中的效果如图 9-6 所示。

id	name	price	bookCount	author
3	Java Web开发实战宝典	89	10	王国辉

图 9-6　添加的 tb_book 表中的数据

9.4.2　查询数据

使用 JDBC 查询数据与添加数据的流程基本相同，但在执行查询数据操作后需要通过一个对象来装载查询结果集，这个对象就是 ResultSet 对象。

ResultSet 对象是 JDBC API 中封装的结果集对象，从数据表中所查询到的数据都放置在这个集合中，其结构如图 9-7 所示。

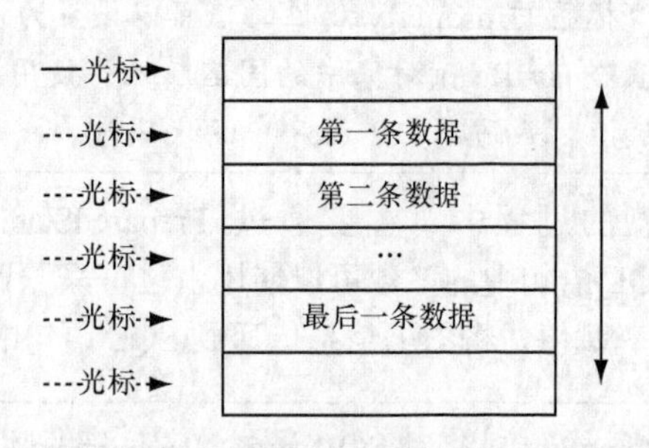

图 9-7　ResultSet 结构图

如图 9-7 所示，在 ResultSet 集合中，通过移动“光标”来获取所查询到的数据，ResultSet 对象中的“光标”可以上下移动，如要获取 ResultSet 集合中的一条数据，只需要把“光标”定位到当前数据行光标行即可。

从图 9-7 可以看出，ResultSet 集合所查询的数据，位于集合的中间位置，在第一条数据之前与最后一条数据之后都有一个位置，默认情况下，ResultSet 的光标位置在第一行数据之前，所以，在第一次获取数据时就需要移动光标位置。

【例 9-3】　创建 Web 项目，通过 JDBC 查询图书信息表中的图书信息数据，并将其显示在 JSP 页面中。（实例位置：光盘\MR\源码\第 9 章\9-3）

（1）创建名称为 BookBean 的类，用于封装图书信息，该类的代码与例 9-2 的 BookBean 类完全相同，这里将不再给出。

（2）创建名称为 FindServlet 的 Servlet 对象，用于查询所有图书信息。在此 Servlet 中，编写 doGet()方法，建立数据库连接，并将所查询的数据集合放置到 HttpServletRequest 对象中，将请求转发到 JSP 页面，其关键代码如下：

```
        protected void doGet(HttpServletRequest request, HttpServletResponse response)
throws ServletException, IOException {
            try {
                Class.forName("com.mysql.jdbc.Driver");// 加载数据库驱动，注册到驱动管理器
                // 数据库连接字符串
```

```
        String url = "jdbc:mysql://localhost:3306/db_database09";
        String username = "root";                          // 数据库用户名
        String password = "root";                          // 数据库密码
        // 创建 Connection 连接
        Connection conn = DriverManager.getConnection(url,username,password);
        Statement stmt = conn.createStatement();           // 获取 Statement
        String sql = "select * from tb_book";         // 添加图书信息的 SQL 语句
        ResultSet rs = stmt.executeQuery(sql);             // 执行查询
        List<BookBean> list = new ArrayList<>();           // 实例化 List 对象
        while(rs.next()){                             // 光标向后移动，并判断是否有效
            BookBean book = new BookBean();                // 实例化 Book 对象
            book.setId(rs.getInt("id"));                   // 对 id 属性赋值
            book.setName(rs.getString("name"));            // 对 name 属性赋值
            book.setPrice(rs.getDouble("price"));          // 对 price 属性赋值
            book.setBookCount(rs.getInt("bookCount"));     // 对 bookCount 属性赋值
            book.setAuthor(rs.getString("author"));        // 对 author 属性赋值
            list.add(book);                                // 将图书对象添加到集合中
        }
        request.setAttribute("list", list);           // 将图书集合放置到 request 中
        rs.close();                                        // 关闭 ResultSet
        stmt.close();                                      // 关闭 Statement
        conn.close();                                      // 关闭 Connection
    } catch (ClassNotFoundException e) {
        e.printStackTrace();
    } catch (SQLException e) {
        e.printStackTrace();
    }
    // 请求转发到 bookList.jsp
    request.getRequestDispatcher("bookList.jsp").forward(request, response);
}
```

在 doGet()方法中，首先获取了数据库的连接 Connection，然后通过 Statement 对象执行查询图书信息的 SELECT 语句，并获取 ResultSet 结果集，最后遍历 ResultSet 中的数据来封装图书对象 BookBean，并将其添加到 List 集合中，转发到显示页面进行显示。

ResultSet 集合中第一行数据之前与最后一行数据之后都存在一个位置，而默认情况下光标位于第一行数据之前，使用 Java 中的 for 循环、do...while 循环等都不能对其很好地遍历，所以，实例中使用了 while 条件循环遍历 ResultSet 对象，在第一次循环时，就会执行条件 rs.next()，将光标移动到第一条数据的位置。

获取到 ResultSet 对象后，就可以通过移动光标定位到查询结果中的指定行，然后通过 ResultSet 对象提供的一系列 Getter 方法来获取当前行的数据。

使用 ResultSet 对象提供的 Getter 方法获取数据，其数据类型要与数据表中的字段类型相对应，否则，将抛出 java.sql.SQLException 异常。

（3）创建 book_list.jsp 页面，用于显示所有图书信息，其关键代码如下：

```
<%@ page language="java" contentType="text/html; charset=UTF-8"
    pageEncoding="UTF-8"%>
<%@ page import="java.util.*"%>
<%@ page import="com.mingrisoft.BookBean"%>
…   <!--此处省略了部分 HTML 和 CSS 代码-->
<body>
    <div width="98%" align="center">
        <h2>所有图书信息</h2>
    </div>
    <table width="98%" border="0" align="center" cellpadding="0"
        cellspacing="1" bgcolor="#666666">
        <tr>
            <th bgcolor="#FFFFFF">ID</th>
            <th bgcolor="#FFFFFF">图书名称</th>
            <th bgcolor="#FFFFFF">价格</th>
            <th bgcolor="#FFFFFF">数量</th>
            <th bgcolor="#FFFFFF">作者</th>
        </tr>
        <%
            // 获取图书信息集合
            List<BookBean> list = (List<BookBean>) request.getAttribute("list");
            // 判断集合是否有效
            if (list == null || list.size() < 1) {
                out.print("<tr><td bgcolor='#FFFFFF' colspan='5'>没有任何图书信息!
                        </td></tr>");
            } else {
                // 遍历图书集合中的数据
                for (BookBean book : list) {
        %>
        <tr align="center">
            <td bgcolor="#FFFFFF"><%=book.getId()%></td>
            <td bgcolor="#FFFFFF"><%=book.getName()%></td>
            <td bgcolor="#FFFFFF"><%=book.getPrice()%></td>
            <td bgcolor="#FFFFFF"><%=book.getBookCount()%></td>
            <td bgcolor="#FFFFFF"><%=book.getAuthor()%></td>
        </tr>
        <%
            }
        }
        %>
    </table>
</body>
</html>
```

由于 FindServlet 将查询的所有图书信息集合保存到 request 中，所以在 bookList.jsp 页面中，可以通过 request 的 getAttribute()方法获取这一集合对象。实例中在获取所有图书信息集合后，通过 for 循环遍历所有图书信息集合，并将其输出到页面中。

在 bookList.jsp 页面中，实例使用 for 循环遍历所有图书信息，此种方式可以简化程序的代码。

（4）创建 index.jsp 页面，作为程序首页，用于添加一个查看图书列表的超链接，关键代码如下：

```
<body>
    <a href="FindServlet">查看图书列表</a>
</body>
```

运行本实例，单击“查看图书列表”链接后，可以查看到如图 9-8 所示的从数据库中查询到的所有图书信息。

图 9-8　查询所有图书信息

9.4.3　修改数据

使用 JDBC 修改数据库中的数据，其操作方法与添加数据相似，只不过修改数据需要使用 UPDATE 语句进行实现，实现数据修改操作使用的 SQL 语句为 UPDATE 语句，其语法格式如下：

```
UPDATE table_name
SET <column_name>=<expression>
   […,<last column_name>=<last expression>]
[WHERE<search_condition>]
```

语法中各参数说明如表 9-7 所示。

表 9-7　UPDATE 语句的参数说明

参　数	描　述
table_name	需要更新的数据表名
SET	指定要更新的列或变量名称的列表
column_name	含有要更改数据的列的名称。column_name 必须驻留于 UPDATE 子句中所指定的表或视图中。标识列不能进行更新。如果指定了限定的列名称，限定符必须同 UPDATE 子句中的表或视图的名称相匹配
expression	变量、字面值、表达式或加上括号返回单个值的 subSELECT 语句。expression 返回的值将替换 column_name 中的现有值
WHERE	指定条件来限定所更新的行
<search_condition>	为要更新行指定需满足的条件。搜索条件也可以是连接所基于的条件。对搜索条件中可以包含的谓词数量没有限制

【例 9-4】　在查询所有图书信息的页面中，添加修改图书数量表单，通过 Servlet 修改数据库中的图书数量。（实例位置：光盘\MR\源码\第 9 章\9-4）

（1）在 bookList.jsp 页面的图书列表中，添加一列，在该列中放置修改图书数量的表单，并将此表单的提交地址设置为 UpdateServlet，关键代码如下：

```
<td bgcolor="#FFFFFF">
    <form action="UpdateServlet" method="post" onsubmit="return check(this);">
        <input type="hidden" name="id" value="<%=book.getId()%>">
        <input type="text" name="bookCount" size="3">
        <input type="submit" value="修  改">
    </form>
</td>
```

在修改图书信息的表单中，主要包含了两个属性信息，分别为图书 id 与图书数量 bookCount，在修改图书数量时需要明确指定图书的 id 作为修改的条件，否则，将会修改所有的图书信息记录。

说明

由于图书 id 属性并不需要显示在表单中，而在图书信息的修改过程中又需要获取这个值，所以，可以在表单中添加一个隐藏域，用于保存图书 ID，从而实现在提交表单时，可以将图书 ID 一同提交。

（2）创建修改图书信息的 Servlet 对象，其名称为 UpdateServlet。由于表单提交的请求类型为 post，所以在 UpdateServlet 中编写 doPost()方法。在 doPost()方法中，首先通过 HttpServletRequest 获取图书的 id 与修改的图书数量，然后建立数据库连接 Connection，并通过 PreparedStatement 对 SQL 语句进行预处理并对 SQL 语句参数赋值，再执行更新操作，最后通过 HttpServletRequest 对象将请求重定向到 FindServlet，查看更新后的结果。关键代码如下：

```
protected void doPost(HttpServletRequest request,
        HttpServletResponse response) throws ServletException, IOException {
    int id = Integer.valueOf(request.getParameter("id"));
    int bookCount = Integer.valueOf(request.getParameter("bookCount"));
    try {
        Class.forName("com.mysql.jdbc.Driver"); // 加载数据库驱动，注册到驱动管理器
        // 数据库连接字符串
        String url = "jdbc:mysql://localhost:3306/db_database09";
        String username = "root";               // 数据库用户名
        String password = "root";               // 数据库密码
        // 创建 Connection 连接
        Connection conn = DriverManager.getConnection(url, username,
                password);
        String sql = "update tb_book set bookcount=? where id=?";//更新 SQL 语句
        // 获取 PreparedStatement
        PreparedStatement ps = conn.prepareStatement(sql);
        ps.setInt(1, bookCount);            // 对 SQL 语句中的第 1 个参数赋值
        ps.setInt(2, id);                   // 对 SQL 语句中的第 2 个参数赋值
        ps.executeUpdate();                 // 执行更新操作
        ps.close();                         // 关闭 PreparedStatement
        conn.close();                       // 关闭 Connection
    } catch (Exception e) {
        e.printStackTrace();
    }
    response.sendRedirect("FindServlet");  // 重定向到 FindServlet
}
```

说明

HttpServletRequest 所接受的参数值为 String 类型，而图书 id 与图书数量为 int 类型，所以需要对其进行转型操作，实例中通过 Integer 类的 valueOf()方法进行此操作。

注意

在执行更新操作之后，一定要关闭数据库连接，从而及时释放所占用的数据库资源。

运行本实例，将直接进入显示图书列表页面，在该页面中可以对图书数量进行修改，如图 9-9 所示。在正确填写了图书数量后，单击“修改”按钮就可以把新的图书数量更新到数据库中。

http://localhost:8080/9-4/　显示图书列表

所有图书信息

ID	图书名称	价格	数量	作者	修改数量	
3	Java Web开发实战宝典	89.0	10	王国辉		修 改
4	Java从入门到精通过	59.8	20	李钟尉 周小彤 陈丹丹		修 改
5	Java Web开发典型模块大全	89.0	5	王国辉 王毅 王殊宇	15	修 改

图 9-9　修改图书数量

9.4.4　删除数据

实现数据删除操作也可以通过两种方法实现，一种是通过 Statement 对象执行静态的 SQL 语句实现；另一种是通过 PreparedStatement 对象执行动态的 SQL 语句实现。

通过 Statement 对象和 PreparedStatement 对象实现数据删除操作的方法同实现添加操作的方法基本相同，所不同的就是执行的 SQL 语句不同，实现数据删除操作使用的 SQL 语句为 DELETE 语句，其语法格式如下：

```
DELETE FROM <table_name >[WHERE<search condition>]
```

在上面的语法中，table_name 用于指定要删除数据的表的名称；<search_condition>用于指定删除数据的限定条件。在搜索条件中对包含的谓词数量没有限制。

例如，应用 Statement 对象从数据表 tb_user 中删除 name 字段值为 hope 的数据，关键代码如下：

```
Statement stmt=conn.createStatement();
int rtn= stmt.executeUpdate("delete tb_user where name='hope'");
```

利用 PreparedStatement 对象从数据表 tb_user 中删除 name 字段值为 dream 的数据，关键代码如下：

```
PreparedStatement pStmt = conn.prepareStatement("delete from tb_user where name=?");
pStmt.setString(1,"dream");
int rtn= pStmt.executeUpdate();
```

9.4.5　批处理

在 JDBC 开发中，操作数据库需要先与数据库建立连接，然后将要执行的 SQL 语句传送到数据库服务器中，最后关闭数据库连接，一般都是按照这样一个流程进行操作。如果按照此流程执行多条 SQL 语句，就需要建立多个数据库连接，那么大量时间就要浪费在数据库连接上。针对这一问题，JDBC 的批处理提供了很好的解决方案。

JDBC 中的批处理的原理是将批量的 SQL 语句一次性发送到数据库中进行执行，从而解决多次与数据库连接所产生的速度瓶颈。

【例 9-5】 创建学生信息表，通过 JDBC 的批处理操作，一次性将多个学生信息写入数据库中。（实例位置：光盘\MR\源码\第 9 章\9-5）

（1）创建学生信息表“tb_student”，其结构如图 9-10 所示。

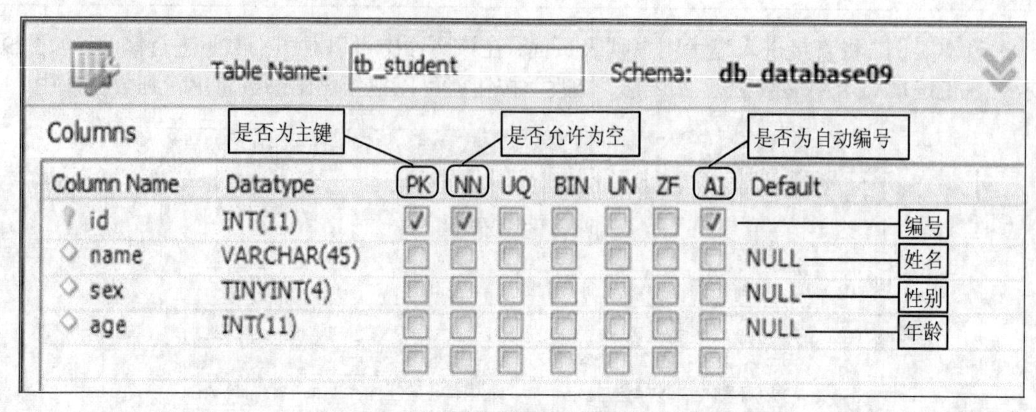

图 9-10 学生信息表“tb_student”

（2）创建名称为 Batch 的类，此类用于实现对学生信息的批量添加操作。首先在 Batch 类中编写 getConnection()方法，用于获取数据库连接 Connection 对象，其关键代码如下：

```
/**
 * 获取数据库连接
 * @return Connection 对象
 */
    public Connection getConnection(){
        Connection conn = null;                                         // 数据库连接
        try {
            Class.forName("com.mysql.jdbc.Driver");// 加载数据库驱动，注册到驱动管理器
            // 数据库连接字符串
            String url = "jdbc:mysql://localhost:3306/db_database09";
            String username = "root";                                   // 数据库用户名
            String password = "root";                                   // 数据库密码
            // 创建 Connection 连接
            conn = DriverManager.getConnection(url,username,password);
        } catch (ClassNotFoundException e) {
            e.printStackTrace();
        } catch (SQLException e) {
            e.printStackTrace();
        }
        return conn;                                                    // 返回数据库连接
    }
```

然后编写 saveBatch()方法，实现批量添加学生信息的功能，实例中主要通过 PreparedStatement 对象进行批量添加学生信息，其关键代码如下：

```
    /**
    * 批量添加数据
```

```
     * @return 所影响的行数
     */
    public int saveBatch(){
        int row = 0 ;                              // 行数
        Connection conn = getConnection();         // 获取数据库连接
        try {
            // 插入数据的 SQL 语句
            String sql = "insert into tb_student(name,sex,age)  values(?,?,?)";
            // 创建 PreparedStatement
            PreparedStatement ps = conn.prepareStatement(sql);
            Random random = new Random();          // 实例化 Random
            for (int i = 0; i < 10; i++) {         // 循环添加数据
                ps.setString(1, "学生" + i);       // 对 SQL 语句中的第 1 个参数赋值
                // 对 SQL 语句中的第 2 个参数赋值
                ps.setBoolean(2, i % 2 == 0 ? true : false);
                ps.setInt(3, random.nextInt(5) + 10);  // 对SQL语句中的第3个参数赋值
                ps.addBatch();                     // 添加批处理命令
            }
            int[] rows = ps.executeBatch();        // 执行批处理操作并返回计数组成的数组
            row = rows.length;                     // 对行数赋值
            ps.close();                            // 关闭 PreparedStatement
            conn.close();                          // 关闭 Connection
        } catch (Exception e) {
            e.printStackTrace();
        }
        return row;                                // 返回添加的行数
    }
```

在本实例中，创建了 PreparedStatement 对象以后，通过 for 循环向 PreparedStatement 批量添加 SQL 命令，其中学生信息数据通过程序模拟生成。

由于学生性别字段使用的是布尔类型，所以，在为其赋值时，我们通过三目运算符“?:”来实现（如果变量 i 能被 2 整除则为 true，否则为 false。），它相当于 if...else 语句，使用此种代码编写方式，可以简化程序中的代码数量。

执行批处理操作后，实例中获取返回计数组成的数组，将数组的长度赋值给 row 变量，来计算数据库操作所影响到的行数。

PreparedStatement 对象的批处理操作调用的是 executeBatch()方法，而不是 execute()方法或 executeUpdate()方法。

（3）创建程序中的首页面 index.jsp，在此页面中通过<jsp:useBean>实例化 Batch 对象，并执行批量添加数据操作，其关键代码如下：

```
<jsp:useBean id="batch" class="com.mingrisoft.Batch"></jsp:useBean>
<%
    // 执行批量插入操作
    int row = batch.saveBatch();
    out.print("批量插入了【" + row + "】条数据！");
%>
```

实例运行后，程序向数据库批量添加了 10 条学生信息，并显示如图 9-11 所示的提示信息。这时，如果打开数据表 tb_student 可以看到如图 9-12 所示的信息。

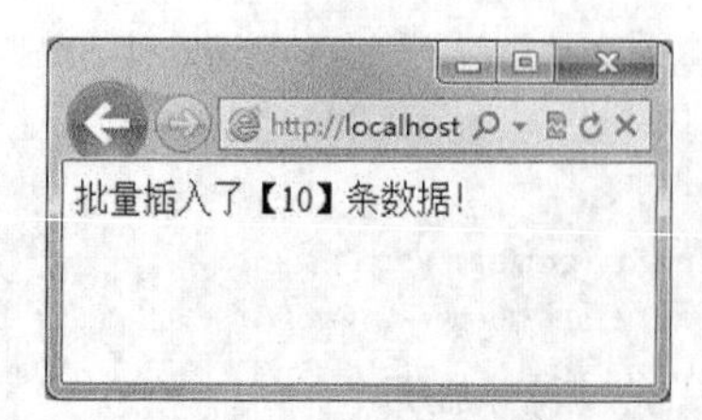

图 9-11　实例运行结果

id	name	sex	age
1	学生0	1	13
2	学生1	0	12
3	学生2	1	13
4	学生3	0	12
5	学生4	1	10
6	学生5	0	14
7	学生6	1	11
8	学生7	0	10
9	学生8	1	13
10	学生9	0	13

图 9-12　表 tb_student 中的数据

9.4.6　调用存储过程

在 JDBC API 中提供了调用存储过程的方法，通过 CallableStatement 对象进行操作。CallableStatement 对象位于 java.sql 包中，它继承于 Statement 对象，主要用于执行数据库中定义的存储过程，其调用方法如下：

```
{call <procedure-name>[(<arg1>,<arg2>, …)]}
```

其中 arg1、arg2 为存储过程中的参数，如果存储过程中需要传递参数，则可以对其进行赋值操作。

存储过程是一个 SQL 语句和可选控制流语句的预编译集合。编译完成后语句集被存放在数据库内，这样就省去了执行 SQL 语句时对 SQL 语句进行编译所花费的时间。在执行存储过程的时候只需要将参数传递到数据库中，而不需要将整条 SQL 语句都提交给数据库，从而减少了网络传输的流量，从另一方面提高了程序的运行速度。

【例 9-6】 创建查询所有图书信息的存储过程，通过 JDBC API 对其调用获取所有图书信息，并将其输出到 JSP 页面中。（实例位置：光盘\MR\源码\第 9 章\9-6）

（1）在数据库 db_database09 中创建名称为 findAllBook 的存储过程，用于查询所有图书信息。关键代码如下：

```
DELIMITER $$

CREATE PROCEDURE `db_database09`.`findAllBook` ()
BEGIN
   SELECT * FROM tb_book ORDER BY id DESC;
END
```

各种数据库创建存储过程的方法并非一致，本实例使用的是 MySQL 数据库，如使用其他数据库创建存储过程请求参阅数据库提供的帮助文档。

（2）创建名称为 BookBean 的类，用于封装图书信息，该类的代码与例 9-2 的 BookBean 类完全相同，这里将不再给出。

（3）创建名称为 FindBook 的类，用于执行查询图书信息的存储过程。首先在此类中编写 getConnection()方法，获取数据库连接对象 Connection，其关键代码如下：

```
public class FindBook {
    /**
     * 获取数据库连接
     * @return Connection 对象
```

```
 */
public Connection getConnection(){
    Connection conn = null;                                     // 数据库连接
    try {
        Class.forName("com.mysql.jdbc.Driver");// 加载数据库驱动，注册到驱动管理器
        // 数据库连接字符串
        String url = "jdbc:mysql://localhost:3306/db_database09";
        String username = "root";                               // 数据库用户名
        String password = "root";                               // 数据库密码
        // 创建 Connection 连接
        conn = DriverManager.getConnection(url,username,password);
    } catch (ClassNotFoundException e) {
        e.printStackTrace();
    } catch (SQLException e) {
        e.printStackTrace();
    }
    return conn;                                                // 返回数据库连接
}
```

然后编写 findAll()方法，调用数据库中定义的存储过程 findAllBook，查询所有图书信息，并将查询到的图书信息放置到 List 集合中，其关键代码如下：

```
/**
 * 通过存储过程查询数据
 * @return  List<Book>
 */
public List<BookBean> findAll(){
    List<BookBean> list = new ArrayList<>();                    // 实例化 List 对象
    Connection conn = getConnection();                          // 创建数据库连接
    try {
        //调用存储过程
        CallableStatement cs = conn.prepareCall("{call findAllBook()}");
        ResultSet rs = cs.executeQuery();               // 执行查询操作，并获取结果集
        while(rs.next()){                           // 使光标向后移动，并判断是否有效
            BookBean book = new BookBean();         // 实例化 Book 对象
            book.setId(rs.getInt("id"));                    // 对 id 属性赋值
            book.setName(rs.getString("name"));             // 对 name 属性赋值
            book.setPrice(rs.getDouble("price"));           // 对 price 属性赋值
            book.setBookCount(rs.getInt("bookCount"));  // 对 bookCount 属性赋值
            book.setAuthor(rs.getString("author"));         // 对 author 属性赋值
            list.add(book);                                 // 将图书对象添加到集合中
        }
    } catch (Exception e) {
        e.printStackTrace();
    }
    return list;                                            // 返回 list
}
```

由于存储过程 findAllBook 中，没有定义参数，所以实例中通过调用“{call findAllBook()}”来调用存储过程。

在通过 Connection 创建 CallableStatement 对象后，还需要 CallableStatement 对象的 executeQuery()方法来执行存储过程，在调用此方法后就可以获取 ResultSet 对象，获取查询结果集。

（4）创建程序中的主页 index.jsp，在此页面中实例化 FindBook 对象，并调用它的 findAll() 方法获取所有图书信息，并将图书信息数据显示在页面中。关键代码如下：

```
<%@ page import="java.util.*"%>
<%@ page import="com.mingrisoft.BookBean"%>
<jsp:useBean id="findBook" class="com.mingrisoft.FindBook"></jsp:useBean>
<table width="98%" border="0" align="center" cellpadding="0"
    cellspacing="1" bgcolor="#666666">
    <tr>
        <th bgcolor="#FFFFFF">ID</th>
        <th bgcolor="#FFFFFF">图书名称</th>
        <th bgcolor="#FFFFFF">价格</th>
        <th bgcolor="#FFFFFF">数量</th>
        <th bgcolor="#FFFFFF">作者</th>
    </tr>
    <%
        // 获取图书信息集合
        List<BookBean> list = findBook.findAll();
        // 判断集合是否有效
        if (list == null || list.size() < 1) {
            out.print("<tr><td bgcolor='#FFFFFF' colspan='5'>没有任何图书信息!
            </td></tr>");
        } else {
            // 遍历图书集合中的数据
            for (BookBean book : list) {
    %>
    <tr align="center">
        <td bgcolor="#FFFFFF" ><%=book.getId()%></td>
        <td bgcolor="#FFFFFF"><%=book.getName()%></td>
        <td bgcolor="#FFFFFF"><%=book.getPrice()%></td>
        <td bgcolor="#FFFFFF"><%=book.getBookCount()%></td>
        <td bgcolor="#FFFFFF"><%=book.getAuthor()%></td>
    </tr>
    <%
        }
    }
    %>
</table>
```

实例运行后，进入 index.jsp 页面，程序将调用数据库中定义的存储过程 findAllBook 查询图书信息，其运行结果如图 9-13 所示。

图 9-13　调用存储过程查询数据

9.5　综合实例——分页查询

本实例主要通过 MySQL 数据库提供的分页机制，实现商品信息的分页查询功能，并将分页数据显示在 JSP 页面中，开发步骤如下。

（1）创建名称为 BookBean 的类，用于封装商品信息，此类是图书信息的 JavaBean，其关键代码如下：

```
public class BookBean {
    public static final int PAGE_SIZE = 2;        // 每页记录数
    private int id;                               // 编号
    private String name;                          // 图书名称
    private double price;                         // 定价
    private int bookCount;                        // 数量
    private String author;                        // 作者
    public int getId() {
        return id;
    }
    public void setId(int id) {
        this.id = id;
    }
    // 省略其他属性对应的 Setter 和 Getter 方法
}
```

在 Book 类中，主要封装了商品对象的基本信息，除此之外，BookBean 类还定义了分页中的每页记录数，它是一个静态变量，可以直接对其进行引用，同时由于每页记录数并不会被经常修改，所以本实例将其定义为 final 类型。

（2）创建名称为 BookDao 的类，主要用于封装商品对象的数据库相关操作。在 BookDao 类中，首先编写 getConnection()方法，用于创建数据库连接 Connection 对象。其关键代码如下：

```
public class BookDao {
    /**
     * 获取数据库连接
     * @return Connection 对象
     */
    public Connection getConnection(){
        Connection conn = null;                          // 数据库连接
        try {
            Class.forName("com.mysql.jdbc.Driver");// 加载数据库驱动，注册到驱动管理器
            // 数据库连接字符串
            String url = "jdbc:mysql://localhost:3306/db_database09";
            String username = "root";                    // 数据库用户名
            String password = "root";                    // 数据库密码
            // 创建 Connection 连接
            conn = DriverManager.getConnection(url,username,password);
        } catch (ClassNotFoundException e) {
            e.printStackTrace();
        } catch (SQLException e) {
            e.printStackTrace();
        }
        return conn;                                     // 返回数据库连接
    }
```

Connection 对象是每一个数据操作方法都要用到的对象，所以实例中封装 getConnection()方法创建 Connection 对象，实现代码的重用。

创建商品信息的分页查询方法 find()，此方法包含一个 page 参数，用于传递要查询的页码。其关键代码如下：

```
/**
 * 分页查询所有商品信息
 * @param page 页数
 * @return List<Book>
 */
public List<BookBean> find(int page){
    List<BookBean> list = new ArrayList<>();                    // 创建 List
    Connection conn = getConnection();                          // 获取数据库连接
    // 分页查询的 SQL 语句
    String sql = "select * from tb_Book order by id desc limit ?,?";
    try {
        PreparedStatement ps = conn.prepareStatement(sql); // 获取 PreparedStatement
        ps.setInt(1, (page - 1) * BookBean.PAGE_SIZE);  // 对SQL语句中的第1个参数赋值
        ps.setInt(2, BookBean.PAGE_SIZE);               // 对SQL语句中的第2个参数赋值
        ResultSet rs = ps.executeQuery();               // 执行查询操作
        while(rs.next()){                               // 光标向后移动，并判断是否有效
            BookBean b = new BookBean();                // 实例化 BookBean
            b.setId(rs.getInt("id"));                   // 对 id 属性赋值
            b.setName(rs.getString("name"));            // 对 name 属性赋值
            b.setNum(rs.getInt("num"));                 // 对 num 属性赋值
            b.setPrice(rs.getDouble("price"));          // 对 price 属性赋值
            b.setUnit(rs.getString("unit"));            // 对 unit 属性赋值
            list.add(b);                              // 将 BookBean 添加到 List 集合中
        }
        rs.close();                                   // 关闭 ResultSet
        ps.close();                                   // 关闭 PreparedStatement
        conn.close();                                 // 关闭 Connection
    } catch (SQLException e) {
        e.printStackTrace();
    }
    return list;
}
```

find()方法用于实现分页查询功能，此方法根据入口参数 page 传递的页码，查询指定页码中的记录，主要通过 limit 关键字进行实现。

MySQL 数据库提供的 limit 关键字能够控制查询数据结果集的起始位置及返回记录的数量，它的使用方式如下：

```
limit arg1,arg2
```

其中，arg1 用于指定查询记录的起始位置；arg2 用于指定查询数据所返回的记录数。

find()方法主要应用 limit 关键字编写分页查询的 SQL 语句，其中 limit 关键字的两个参数通过 PreparedStatement 对其进行赋值，第一个参数为查询记录的起始位置，根据 find()方法中的页码参

数 page 可以对其进行计算，其算法为(page - 1) * BookBean.PAGE_SIZE；第二个参数为返回的记录数，也就是每一页所显示的记录数量，其值为 BookBean.PAGE_SIZE。

在对 SQL 语句传递了这两个参数后，执行 PreparedStatement 对象的 executeQuery()方法，就可以获取到指定页码中的结果集，实例中将所查询的商品信息封装为 BookBean 对象，放置到 List 集合中，最后将其返回。

BookDao 类主要用于封装商品信息的数据库操作，所以对于商品信息数据库操作的相关方法应定义在此类中。在分页查询过程中，还需要获取商品信息的总记录数，用于计算商品信息的总页数，此操作编写在 findCount()方法中，关键代码如下：

```
/**
 * 查询总记录数
 * @return 总记录数
 */
public int findCount(){
    int count = 0;                                          // 总记录数
    Connection conn = getConnection();                      // 获取数据库连接
    String sql = "select count(*) from tb_book";            // 查询总记录数 SQL 语句
    try {
        Statement stmt = conn.createStatement();            // 创建 Statement
        ResultSet rs = stmt.executeQuery(sql);              // 查询并获取 ResultSet
        if(rs.next()){                                   // 光标向后移动，并判断是否有效
            count = rs.getInt(1);                           // 对总记录数赋值
        }
        rs.close();                                         // 关闭 ResultSet
        conn.close();                                       // 关闭 Connection
    } catch (SQLException e) {
        e.printStackTrace();
    }
    return count;                                           // 返回总记录数
}
}
```

查询商品信息总记录数的 SQL 语句为“select count(*) from tb_book”，findCount()方法主要通过执行这条 SQL 语句获取总记录数的值。

注意　获取查询结果需要调用 ResultSet 对象的 next()方法向下移动光标，由于所获取的数据只是单一的一个数值，所以实例中通过 if(rs.next())进行调用，而没有使用 while 调用。

（3）创建名称为 FindServlet 的类，此类是分页查询商品信息的 Servlet 对象。在 FindServlet 类中重写 doGet()方法，对分页请求进行处理，其关键代码如下：

```
protected void doGet(HttpServletRequest request, HttpServletResponse response) throws
ServletException, IOException {
    int currPage = 1;                                       // 当前页码
    if(request.getParameter("page") != null){               // 判断传递页码是否有效
        currPage = Integer.parseInt(request.getParameter("page"));// 对当前页码赋值
    }
    BookDao dao = new BookDao();                        // 实例化 BookDao
    List<BookBean> list = dao.find(currPage);           // 查询所有图书信息
```

```
        request.setAttribute("list", list);                    // 将 list 放置到 request 中
        int pages ;                                            // 总页数
        int count = dao.findCount();                           // 查询总记录数
        if(count % BookBean.PAGE_SIZE == 0){                   // 计算总页数
            pages = count / BookBean.PAGE_SIZE;                // 对总页数赋值
        }else{
            pages = count / BookBean.PAGE_SIZE + 1;            // 对总页数赋值
        }
        StringBuffer sb = new StringBuffer();                  // 实例化 StringBuffer
        for(int i=1; i <= pages; i++){                         // 通过循环构建分页导航条
            if(i == currPage){                                 // 判断是否为当前页
                sb.append("『" + i + "』");                    // 构建分页导航条
            }else{
                // 构建分页导航条
                sb.append("<a href='FindServlet?page=" + i + "'>" + i + "</a>");
            }
            sb.append("  ");                                   // 构建分页导航条
        }
        request.setAttribute("bar", sb.toString()); // 将分页导航条的字符串放置到 request 中
        // 转发到 bookList.jsp 页面
        request.getRequestDispatcher("bookList.jsp").forward(request, response);
    }
```

FindServlet 类的 doGet()方法主要做了两件事，分别为获取分页查询结果集及构造分页导航条对象。其中获取分页查询结果非常简单，通过调用 BookDao 类的 find()方法，并传递所要查询的页码就可以获取；分页导航条对象是 JSP 页面中的分页导航条，用于显示商品信息的页码，程序中主要通过创建页码的超链接，然后组合字符串进行构造。

分页导航条在 JSP 页面中是动态内容，每次查看新页面都要重新构造，所以，实例中将分页的构造放置到 Servlet 中，以简化 JSP 页面的代码。

在构建分页导航条时，需要计算商品信息的总页码，它的值通过总记录数与每页记录数计算得出。计算得出总页码后，实例中通过 StringBuffer 组合字符串构建分页导航条。

如果一个字符串经常发生变化，应该使用 StringBuffer 类对字符串进行操作，因为在 JVM 中，每次创建一个新的字符串，都需要分配一个字符串空间，而 StringBuffer 则是字符串的缓冲区，所以在经常修改字符串的情况下，StringBuffer 性能更高。

在获取查询结果集 List 与分页导航条后，FindServlet 分别将这两个对象放置到 request 中，将请求转发到 bookList.jsp 页面做出显示。

（4）创建 bookList.jsp 页面，此页面通过获取查询结果集 List 与分页导航条来分页显示商品信息数据，其关键代码如下：

```
<%@ page language="java" contentType="text/html; charset=UTF-8"
    pageEncoding="UTF-8"%>
<%@ page import="java.util.*"%>
<%@ page import="com.mingrisoft.BookBean"%>
…   <!—此处省略了部分 HTML 和 CSS 代码-->
    <table width="98%" border="0" align="center" cellpadding="0"
        cellspacing="1" bgcolor="#666666">
```

```
        <tr>
            <th bgcolor="#FFFFFF">ID</th>
            <th bgcolor="#FFFFFF">图书名称</th>
            <th bgcolor="#FFFFFF">价格</th>
            <th bgcolor="#FFFFFF">数量</th>
            <th bgcolor="#FFFFFF">作者</th>
        </tr>
        <%
            // 获取图书信息集合
            List<BookBean> list = (List<BookBean>) request.getAttribute("list");
            // 判断集合是否有效
            if (list == null || list.size() < 1) {
                out.print("<tr><td bgcolor='#FFFFFF' colspan='5'>没有任何图书信息!
                    </td></tr>");
            } else {
                // 遍历图书集合中的数据
                for (BookBean book : list) {
        %>
        <tr align="center">
            <td bgcolor="#FFFFFF" ><%=book.getId()%></td>
            <td bgcolor="#FFFFFF"><%=book.getName()%></td>
            <td bgcolor="#FFFFFF"><%=book.getPrice()%></td>
            <td bgcolor="#FFFFFF"><%=book.getBookCount()%></td>
            <td bgcolor="#FFFFFF"><%=book.getAuthor()%></td>
        </tr>
        <%
            }
        }
        %>
    </table>
    <div width="98%" align="center" style="padding-top:10px;">
        <%=request.getAttribute("bar")%>   <!--用于输出分页导航条-->
    </div>
</body>
</html>
```

查询结果集 List 与分页导航条均从 request 对象中进行获取，其中结果集 List 通过 for 循环遍历每一条商品信息并输出到页面中，分页导航条输出到商品信息下方。

运行本实例，将显示如图 9-14 所示的运行效果。在该页面中，单击分页导航条中的页码，可以查看对应页的图书信息。

图 9-14　分页显示商品信息

知识点提炼

（1）JDBC 是 Java 程序操作数据库的 API，也是 Java 程序与数据库相交互的一门技术。

（2）JDBC-ODBC Bridge 是通过本地的 ODBC Driver 连接到 RDBMS 上。这种连接方式必须将 ODBC 二进制代码（许多情况下还包括数据库客户机代码）加载到使用该驱动程序的每个客户机上。

（3）JDBC-Native API Bridge 驱动通过调用本地的 native 程序实现数据库连接，这种类型的驱动程序把客户机 API 上的 JDBC 调用转换为 Oracle、Sybase、Informix、DB2 或其他 DBMS 的调用。

（4）JDBC-middleware 驱动是一种完全利用 Java 编写的 JDBC 驱动，这种驱动程序将 JDBC 转换为与 DBMS 无关的网络协议，然后将这种协议通过网络服务器转换为 DBMS 协议。

（5）Pure JDBC Driver 驱动是一种完全利用 Java 编写的 JDBC 驱动，这种类型的驱动程序将 JDBC 调用直接转换为 DBMS 所使用的网络协议。

（6）Connection 接口位于 java.sql.包中，负责与特定数据库的连接。

（7）Statement 接口封装了 JDBC 执行 SQL 语句的方法，它可以完成 Java 程序执行 SQL 语句的操作。

（8）java.sql.CallableStatement 接口继承于 PreparedStatement 接口，是 PreparedStatement 接口的扩展，用来执行 SQL 的存储过程。

（9）ResultSet 接口位于 java.sql 包中，封装了数据查询的结果集。

习　题

9-1　什么是 JDBC？JDBC 驱动程序有哪几种类型？

9-2　简述 JDBC 连接数据库的基本步骤。

9-3　执行动态 SQL 语句的接口是什么？

9-4　PreparedStatement 与 Statement 的区别是什么？

9-5　什么是存储过程？JSP 中如何调用存储过程？

实验：实现批量删除数据

实验目的

（1）掌握使用 JDBC 连接 MySQL 数据库的方法。

（2）掌握 SQL 语句中的 DELETE 语句的应用。

（3）掌握应用 PreparedStatement 对象进行批处理操作的方法。

实验内容

应用 PreparedStatement 对象实现批量删除数据。

实验步骤

（1）创建动态 Web 项目，名称为 experiment09，并将 MySQL 数据库的驱动包添加至项目的构建路径中。

（2）创建名称为 BookBean 的类，用于封装图书信息，该类的代码与例 9-2 的 BookBean 类完全相同，这里将不再给出。

（3）编写并配置名称为 FindServlet 的 Servlet，用于查询所有图书信息。在该 Servlet 中，编写 doGet()方法，建立数据库连接，并将所查询的数据集合放置到 HttpServletRequest 对象中，将请求转发到 JSP 页面。关键代码如下：

```
    @WebServlet("/")        //配置 Servlet 为默认执行页
    public class FindServlet extends HttpServlet {
        …  //此处省略了部分代码
        /**
         * 执行 GET 请求的方法
         */
        protected void doGet(HttpServletRequest request, HttpServletResponse response)
throws ServletException, IOException {
            try {
                Class.forName("com.mysql.jdbc.Driver");// 加载数据库驱动，注册到驱动管理器
                // 数据库连接字符串
                String url = "jdbc:mysql://localhost:3306/db_database09";
                String username = "root";                          // 数据库用户名
                String password = "root";                          // 数据库密码
                // 创建 Connection 连接
                Connection conn = DriverManager.getConnection(url,username,password);
                Statement stmt = conn.createStatement();           // 获取 Statement
                String sql = "select * from tb_book";              // 添加图书信息的 SQL 语句
                ResultSet rs = stmt.executeQuery(sql);             // 执行查询
                List<BookBean> list = new ArrayList<>();           // 实例化 List 对象
                while(rs.next()){                              // 光标向后移动，并判断是否有效
                    BookBean book = new BookBean();                // 实例化 Book 对象
                    book.setId(rs.getInt("id"));                   // 对 id 属性赋值
                    book.setName(rs.getString("name"));            // 对 name 属性赋值
                    book.setPrice(rs.getDouble("price"));          // 对 price 属性赋值
                    book.setBookCount(rs.getInt("bookCount"));     // 对 bookCount 属性赋值
                    book.setAuthor(rs.getString("author"));        // 对 author 属性赋值
                    list.add(book);                                // 将图书对象添加到集合中
                }
                request.setAttribute("list", list);            // 将图书集合放置到 request 中
                rs.close();                                        // 关闭 ResultSet
                stmt.close();                                      // 关闭 Statement
                conn.close();                                      // 关闭 Connection
            } catch (ClassNotFoundException e) {
                e.printStackTrace();
            } catch (SQLException e) {
                e.printStackTrace();
```

```
        }
        // 请求转发到 bookList.jsp
        request.getRequestDispatcher("bookList.jsp").forward(request, response);
    }
}
```

（4）创建 bookList.jsp 文件，在该文件中，首先显示从数据表中查询到的图书信息，并为每条记录后面添加一个用于选择是否删除的复选框，然后编写自定义的 JavaScript 函数 CheckAll()，用于设置复选框的全选或反选，再编写自定义的 JavaScript 函数 checkdel()，用于判断用户是否选择了要删除的记录，如果是，则提示“是否删除”，否则提示“请选择要删除的记录”，最后添加一个用于控制“全选/反选”和删除的控制条。bookList.jsp 文件的关键代码如下：

```
<%@ page language="java" contentType="text/html; charset=UTF-8"
    pageEncoding="UTF-8"%>
<%@ page import="java.util.*"%>
<%@ page import="com.mingrisoft.BookBean"%>
…   <!-此处省略了部分 HTML 和 CSS 代码-->
<script type="text/javascript">
    function CheckAll(elementsA, elementsB) {
        for (i = 0; i < elementsA.length; i++) {
            elementsA[i].checked = true;
        }
        if (elementsB.checked == false) {
            for (j = 0; j < elementsA.length; j++) {
                elementsA[j].checked = false;
            }
        }
    }
    //判断用户是否选择了要删除的记录，如果是，则提示“是否删除”；否则提示“请选择要删除的记录”
    function checkdel(delid, formname) {
        var flag = false;
        for (i = 0; i < delid.length; i++) {
            if (delid[i].checked) {
                flag = true;
                break;
            }
        }
        if (!flag) {
            alert("请选择要删除的记录！");
            return false;
        } else {
            if (confirm("确定要删除吗？")) {
                formname.submit();
            }
        }
    }
</script>
</head>
<body>
    <div width="98%" align="center">
        <h2>所有图书信息</h2>
    </div>
    <form action="DelServlet" method="post" name="frm">
        <table width="98%" border="0" align="center" cellpadding="0"
```

```
            cellspacing="1" bgcolor="#666666">
            …   <!--此处省略了设置表头的代码-->
            <%
// 获取图书信息集合
List<BookBean> list = (List<BookBean>) request.getAttribute("list");
// 判断集合是否有效
if (list == null || list.size() < 1) {
    out.print("<tr><td bgcolor='#FFFFFF' colspan='6'>没有任何图书信息! </td></tr>");
} else {
    // 遍历图书集合中的数据
    for (BookBean book : list) {
%>
            <tr align="center">
                <td bgcolor="#FFFFFF"><%=book.getId()%></td>
                <td bgcolor="#FFFFFF"><%=book.getName()%></td>
                <td bgcolor="#FFFFFF"><%=book.getPrice()%></td>
                <td bgcolor="#FFFFFF"><%=book.getBookCount()%></td>
                <td bgcolor="#FFFFFF"><%=book.getAuthor()%></td>
                <td bgcolor="#FFFFFF"><input name="delid" type="checkbox"
                    class="noborder" value="<%=book.getId()%>"></td>
            </tr>
            <%
        }
    }
%>
        </table>
        <footer>
            <input name="checkbox" type="checkbox" class="noborder"
                onClick="CheckAll(frm.delid,frm.checkbox)"> [全选/反选] [<a
                style="color:red;cursor:pointer;"
                onClick="checkdel(frm.delid,frm)"> 删除</a>]
            <div id="ch" style="display: none">
                <input name="delid" type="checkbox" class="noborder" value="0">
            </div>
            <!--层 ch 用于放置隐藏的 checkbox 控件，因为当表单中只是一个 checkbox 控件时，
                应用 javascript 获得其 length 属性值为 undefine-->
        </footer>
    </form>
</body>
</html>
```

（5）编写并配置名称为 DelServlet 的 Servlet，用于删除选中的图书信息。在该 Servlet 中，编写 doPost()方法，建立数据库连接，并将所查询的数据集合放置到 HttpServletRequest 对象中，将请求转发到 FindServlet。关键代码如下：

```
protected void doPost(HttpServletRequest request,
        HttpServletResponse response) throws ServletException, IOException {
    try {
        Class.forName("com.mysql.jdbc.Driver"); // 加载数据库驱动，注册到驱动管理器
        String url = "jdbc:mysql://localhost:3306/db_database09";// 数据库连接字符串
        String username = "root";                           // 数据库用户名
        String password = "root";                           // 数据库密码
        // 创建 Connection 连接
```

```
            Connection conn = DriverManager.getConnection(url, username,
                password);
            String sql = "DELETE FROM tb_book WHERE id=?";       // 删除 SQL 语句
            PreparedStatement ps = conn.prepareStatement(sql);// 获取 PreparedStatement
            String ID[]=request.getParameterValues("delid");     //获取要删除的图书编号
            if (ID.length>0){
                for(int i=0;i<ID.length;i++){
                    ps.setInt(1,Integer.parseInt(ID[i]));  // 对SQL语句中的第1个参数赋值
                    ps.addBatch();                         // 添加批处理命令
                }
            }
            ps.executeBatch();                             // 执行批处理操作
            ps.close();                                    // 关闭 PreparedStatement
            conn.close();                                  // 关闭 Connection
        } catch (Exception e) {
            e.printStackTrace();
        }
        response.sendRedirect("FindServlet");              // 重定向到 FindServlet
    }
```

运行本实例，将显示带删除复选框的全部图书列表，选中要删除的图书信息，如图 9-15 所示，单击“删除”超链接，即可将这些图书信息删除。“[全选/反选]”前面的复选框，可以实现选中全部图书信息或不选中任何一本图书信息功能。

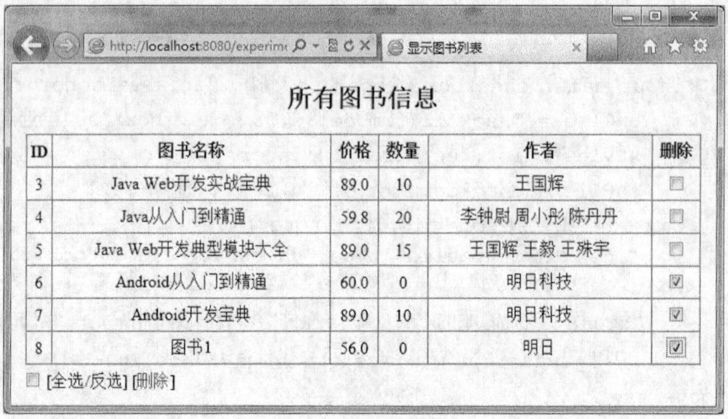

所有图书信息

ID	图书名称	价格	数量	作者	删除
3	Java Web开发实战宝典	89.0	10	王国辉	☐
4	Java从入门到精通	59.8	20	李钟尉 周小彤 陈丹丹	☐
5	Java Web开发典型模块大全	89.0	15	王国辉 王毅 王殊宇	☐
6	Android从入门到精通	60.0	0	明日科技	☑
7	Android开发宝典	89.0	10	明日科技	☑
8	图书1	56.0	0	明日	☑

☐ [全选/反选] [删除]

图 9-15　批量删除图书信息

第 10 章 EL 表达式

本章要点：

- EL 的基本语法
- 禁用 EL 的几种方法
- EL 表达式中的保留关键字
- EL 的运算符及优先级
- 使用 EL 的隐含对象
- 定义和使用 EL 的函数

EL 表达式是 JSP 2.0 中引入的一个新的内容。通过它可以简化 JSP 开发中对对象的引用的步骤，从而规范页面代码，增加程序的可读性及可维护性。EL 为不熟悉 Java 语言页面开发的人员提供了一个开发 JSP 网站的新途径。本章将对 EL 表达式语言的语法、运算符及隐含对象进行详细介绍。

10.1 表达式语言（EL）概述

EL 是 Expression Language 的简称，意思是表达式语言。在 EL 没有出现前，开发 JSP 程序时，经常需要将大量的 Java 代码片段嵌入 JSP 页面中，这会使页面看起来很乱，而使用 EL 则会使页面变得比较简洁。例如，我们需要在 JSP 页面中显示保存在 session 范围内的变量 username，如果使用 Java 代码片段，需要使用以下代码：

```
<%if(session.getAttribute("username")!=null){
    out.println(session.getAttribute("username").toString());
} %>
```

而使用 EL，则只需要下面的一句代码即可实现。

```
${username }
```

因此，EL 在 JSP 开发中比较常用，它通常与 JSTL 一同使用。关于 JSTL 我们将在第 11 章进行详细介绍。

10.1.1 EL 的基本语法

EL 表达式的语法很简单，它以“${”开头，以“}”结束，中间为合法的表达式，具体的语法格式如下：

```
${expression}
```

- expression：用于指定要输出的内容，可以是字符串，也可以是由 EL 运算符组成的表达式。

由于 EL 表达式的语法以“${”开头，所以如果在 JSP 网页中要显示“${”字符串，必须在前面加上\符号，即“\${”，或者写成“${'${'}”，也就是用表达式来输出“${”符号。

在 EL 表达式中要输出一个字符串，可以将此字符串放在一对单引号或双引号内。例如，要在页面中输出字符串“明日科技编程词典”，使用下面任意一行代码都可以。

```
${'明日科技编程词典'}
${"明日科技编程词典"}
```

10.1.2 EL 的特点

EL 除了具有语法简单、使用方便的特点，还具有以下特点。

- EL 可以与 JSTL 结合使用，也可以与 JavaScript 语句结合使用。
- EL 中会自动进行类型转换。如果想通过 EL 输入两个字符串型数值（例如，number1 和 number2）的和，可以直接通过+号进行连接（例如，${number1+number2}）。
- EL 不仅可以访问一般变量，而且还可以访问 JavaBean 中的属性以及嵌套属性和集合对象。
- 在 EL 中可以执行算术运算、逻辑运算、关系运算和条件运算等。
- 在 EL 中可以获得命名空间（PageContext 对象，它是页面中所有其他内置对象的最大范围的集成对象，通过它可以访问其他内置对象）。
- 在使用 EL 进行除法运算时，如果 0 作为除数，则返回无穷大 Infinity，而不返回错误。
- 在 EL 中可以访问 JSP 的作用域（request、session、application 以及 page）。
- 扩展函数可以与 Java 类的静态方法进行映射。

10.2 与低版本的环境兼容——禁用 EL

如今 EL 已经是一项成熟、标准的技术了，只要安装的 Web 服务器能够支持 Servlet 2.4/JSP 2.0，就可以在 JSP 页面中直接使用 EL。由于在 JSP 2.0 以前版本中没有 EL，所以 JSP 为了和以前的规范兼容，还提供了禁用 EL 的方法。JSP 中提供了以下 3 种禁用 EL 的方法，下面将分别进行介绍。

如果您在使用 EL 时，其内容没有被正确解析，EL 内容直接原样显示到页面中，包括$和{}，则说明您的 Web 服务器不支持 EL。那么您就需要检查一下 EL 有没有被禁用。

10.2.1 使用斜杠“\”符号

使用斜杠符号是一种比较简单的禁用 EL 的方法。该方法只需要在 EL 的起始标记“${”前加上“\”符号，具体的语法如下：

```
\${expression}
```

例如，要禁用页面中的 EL“${number}”，可以使用下面的代码。

```
\${number}
```

该语法适合只是禁用页面的一个或几个 EL 表达式的情况。

10.2.2　使用 page 指令

使用 JSP 的 page 指令也可以禁用 EL 表达式，其具体的语法格式如下：

```
<%@ page isELIgnored="布尔值" %>
```

isELIgnored 属性：用于指定是否禁用页面中的 EL，如果属性值为 true，则忽略页面中的 EL，否则将解析页面中的 EL。

例如，如果想忽略页面中的 EL，可以在页面的顶部添加以下代码：

```
<%@ page isELIgnored="true" %>
```

该方法适合禁用一个 JSP 页面中的 EL。

10.2.3　在 web.xml 文件中配置<el-ignored>元素

在 web.xml 文件中配置<el-ignored>元素可以实现禁用服务器中的 EL。在 web.xml 文件中配置<el-ignored>元素的具体代码如下：

```
<jsp-config>
    <jsp-property-group>
        <url-pattern>*.jsp</url-pattern>
        <el-ignored>true</el-ignored>        <!—如果将此处的值设置为 false，表示使用 EL-->
    </jsp-property-group>
</jsp-config>
```

该方法适用于禁用 Web 应用中所有 JSP 页面中的 EL。

10.3　EL 的保留关键字

同 Java 一样，EL 也有自己的保留关键字，在为变量命名时，应该避免使用这些关键字，包括在使用 EL 输出已经保存在作用域范围内的变量名，也不能使用关键字，如果已经定义了，那么需要修改为其他的变量名。EL 的保留关键字如表 10-1 所示。

表 10-1　　EL 的保留关键字

and	eq	gt	true
instanceof	div	or	ne
le	False	empty	mod
not	lt	ge	null

如果在 EL 中使用了保留的关键字，那么在 Eclipse 中，将给出图 10-1 所示的错误提示。如果忽略该提示，直接运行程序，将显示如图 10-2 所示的错误提示。

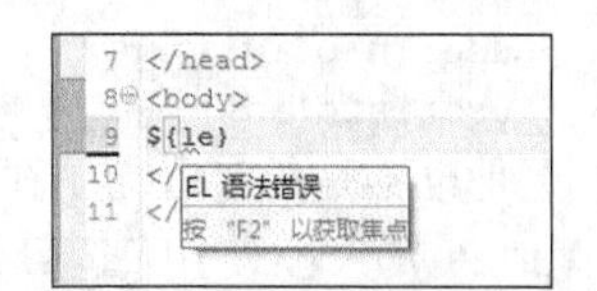

图 10-1　在 Eclipse 中显示的错误提示

```
root cause

javax.el.ELException: Failed to parse the expression [${le}]
	org.apache.el.lang.ExpressionBuilder.createNodeInternal(ExpressionBuilder.java:146)
	org.apache.el.lang.ExpressionBuilder.build(ExpressionBuilder.java:172)
	org.apache.el.lang.ExpressionBuilder.createValueExpression(ExpressionBuilder.java:217)
	org.apache.el.ExpressionFactoryImpl.createValueExpression(ExpressionFactoryImpl.java:67)
	org.apache.jasper.runtime.PageContextImpl.proprietaryEvaluate(PageContextImpl.java:984)
	org.apache.jsp.index_jsp._jspService(index_jsp.java:70)
	org.apache.jasper.runtime.HttpJspBase.service(HttpJspBase.java:70)
	javax.servlet.http.HttpServlet.service(HttpServlet.java:722)
	org.apache.jasper.servlet.JspServletWrapper.service(JspServletWrapper.java:432)
	org.apache.jasper.servlet.JspServlet.serviceJspFile(JspServlet.java:390)
	org.apache.jasper.servlet.JspServlet.service(JspServlet.java:334)
	javax.servlet.http.HttpServlet.service(HttpServlet.java:722)

root cause

org.apache.el.parser.ParseException: Encountered " "le" "le "" at line 1, column 3.
Was expecting one of:
    <INTEGER_LITERAL> ...
```

图 10-2　在 IE 浏览器中显示的错误提示

10.4　EL 的运算符及优先级

EL 提供了对多种运算符的操作，包括数据运算符、算术运算符、关系运算符、逻辑运算符、条件运算符及 empty 运算符等，各运算符的优先级如图 10-3 所示。运算符的优先级决定了在多个运算符同时存在时，各个运算符的求值顺序（对于同级的运算符采用从左向右计算的原则）。

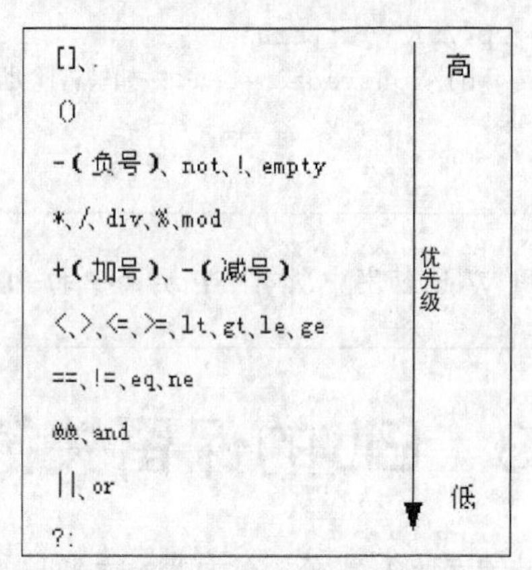

[]、.
()
-（负号）、not、!、empty
*、/、div、%、mod
+（加号）、-（减号）
<、>、<=、>=、lt、gt、le、ge
==、!=、eq、ne
&&、and
||、or
?:
高
优先级
低

图 10-3　EL 运算符的优先级

使用括号()可以改变优先级，例如，${5 / (9−6)}改变了先乘除，后加减的基本规则，这是因为括号的优先级高于绝大部分的运算符。在复杂的表达式中，使用括号可以使表达式更容易阅读及避免出错。

下面我们将结合运算符的应用对 EL 的运算符进行详细介绍。

10.4.1　通过 EL 访问数据

通过 EL 提供的“[]”和“.”运算符可以访问数据。通常情况下，“[]”和“.”运算符是等价的，可以相互代替。例如，要访问 JavaBean 对象 userInfo 的 id 属性，可以写成以下两种形式：

```
${userInfo.id}
${userInfo[id]}
```

但是也不是所有情况下都可以相互替代，例如，当对象的属性名中包括一些特殊的符号（-或.）时，就只能使用[]运算符来访问对象的属性。例如，${userInfo[user-id]}是正确的，而${userInfo.user-name}则是错误的。另外，EL 的“[]”运算符还有一个用途，就是用来读取数组或是 List 集合中的数据，下面进行详细介绍。

1. 数组元素的获取

应用“[]”运算符可以获取数组的指定元素，但是“.”运算符则不能。例如，要获取 request 范围中的数组 arrBook 中的第 1 个元素，可以使用以下面的 EL 表达式：

```
${arrBook[0]}
```

由于数组的索引值是从 0 开始的，所以要获取第 1 个元素，需要使用索引值为 0。

【例 10-1】 通过 EL 输出数组的全部元素。（实例位置：光盘\MR\源码\第 10 章\10-1）

编写 index.jsp 文件，在该文件中，首先定义一个包含 3 个元素的一维数组，并赋初始值，然后通过 for 循环和 EL 输出该数组中的全部元素。index.jsp 文件的关键代码如下：

```
<%
String[] arr={"Java Web 开发典型模块大全","Java Web 开发实战宝典",
                "JSP 项目开发全程实录（第二版）"};          //定义一维数组
request.setAttribute("book",arr);                          //将数组保存到 request 对象中
%>
<%
String[] arr1=(String[])request.getAttribute("book");//获取保存到 request 范围内的变量
//通过循环和 EL 输出一维数组的内容
for(int i=0;i<arr1.length;i++){
    request.setAttribute("requestI",i);     //将循环变量 i 保存到 request 范围内的变量中
%>

    ${requestI}: ${book[requestI]}<br>      <!-- 输出数组中第 i 个元素 -->
<%} %>
```

在上面的代码中，必须将循环变量 i 保存到 request 范围内的变量中，否则将不能正确访问数组，这里不能直接使用 Java 代码片段中定义的变量 i，也不能使用<%=i%>输出 i。

在运行时，系统会先获取 requestI 变量的值，然后将输出数组内容的表达式转换为“${book[索引]}”的格式（例如，要获取第 1 个数组元素，则转换为${book[0]}），再进行输出。实例的运行结果如图 10-4 所示。

图 10-4 运行结果

2. List 集合元素的获取

应用“[]”运算符还可以获取 List 集合中的指定元素，但是“.”运算符则不能。

【例 10-2】 通过 EL 输出 List 集合的全部元素。（实例位置：光盘\MR\源码\第 10 章\10-2）

向 session 域中保存一个包含 3 个元素的 List 集合对象，并应用 EL 输出该集合的全部元素。代码如下：

```
<%
List<String> list = new ArrayList<String>();              //声明一个 List 集合的对象
list.add("相框");                                         //添加第 1 个元素
list.add("笔筒");                                         //添加第 2 个元素
list.add("鼠标垫");                                       //添加第 3 个元素
session.setAttribute("goodsList",list);                   //将 List 集合保存到 session 对象中
```

```
%>
<%
//获取保存到session范围内的变量
List<String> list1=(List<String>)session.getAttribute("goodsList");
//通过循环和EL输出List集合的内容
for(int i=0;i<list1.size();i++){
    request.setAttribute("requestI",i);                    //将循环增量保存到request范围内
%>
    ${requestI}: ${goodsList[requestI]}<br>                <!-- 输出集合中的第i个元素 -->
<%} %>
```

上面的代码在运行后，将显示如图 10-5 所示的运行结果。

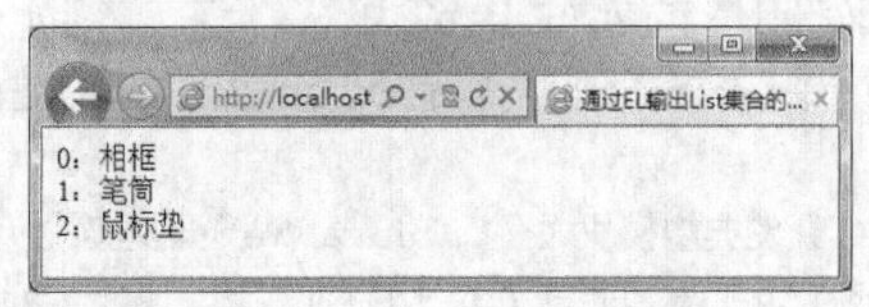

图 10-5　显示 List 集合中的全部元素

10.4.2　在 EL 中进行算术运算

在 EL 中，也可以进行算术运算，同 Java 语言一样，EL 提供了加、减、乘、除和求余 5 种算术运算符，各运算符及其用法如表 10-2 所示。

表 10-2　EL 的算术运算符

运算符	功能	示　例	结　果
+	加	${19+1}	20
-	减	${66-30}	36
*	乘	${52.1*10}	521.0
/或 div	除	${5/2}或${5 div 2}	2.5
		${9/0}或${9 div 0}	Infinity
%或 mod	求余	${17%3}或${17 mod 3}	2
		${15%0}或${15 mod 0}	将抛出异常：java.lang.ArithmeticException: / by zero

注意　EL 的“+”运算符与 Java 的“+”运算符不同，它不能实现两个字符串的相连接，如果使用该运算符连接两个不可以转换为数值型的字符串，将抛出异常；如果使用该运算符连接两个可以转换为数值型的字符串，EL 则自动将这两个字符串转换为数值型，再进行加法运算。

10.4.3　在 EL 中判断对象是否为空

在 EL 中，判断对象是否为空，可以通过 empty 运算符实现，该运算符是一个前缀（prefix）运算符，即 empty 运算符位于操作数前方，用来确定一个对象或变量是否为 null 或空。empty 运算符的格式如下：

```
${empty expression}
```

expression：用于指定要判断的变量或对象。

例如，定义两个 request 范围内的变量 user 和 user1，分别设置值为 null 和""，代码如下：

```
<%request.setAttribute("user",""); %>
```

```
<%request.setAttribute("user1",null); %>
```

然后，通过 empty 运算符判断 user 和 user1 是否为空，代码如下：

```
${empty user}              <!-- 返回值为 true -->
${empty user1}             <!-- 返回值为 true -->
```

说明　一个变量或对象为 null 或为空代表的意义是不同的。null 表示这个变量没有指明任何对象；而空表示这个变量所属的对象其内容为空，例如，空字符串、空的数组或者空的 List 容器。

另外，empty 运算符也可以与 not 运算符结合使用，用于判断一个对象或变量是否为非空。例如，要判断 request 范围中的变量 user 是否为非空可以使用以下代码：

```
<%request.setAttribute("user",""); %>
${not empty user}                    <!-- 返回值为 false -->
```

10.4.4　在 EL 中进行逻辑关系运算

在 EL 中，通过逻辑运算符和关系运算符可以实现逻辑关系运算。关系运算符用于实现对两个表达式的比较，进行比较的表达式可以是数值型，也可以是字符串型。而逻辑运算符则常用于对 boolean 型数据进行操作。逻辑运算符和关系运算符经常一同使用。例如，在判断考试成绩时，可以用下面的表达式判断 60 分到 80 分的成绩。

```
成绩>60 and 成绩<80
```

在这个表达式中，“>”和“<”为关系运算符，and 为与运算符。下面我们就对关系运算符和逻辑运算符进行详细介绍。

1．关系运算符

在 EL 中，提供了 6 种关系运算符。这 6 种关系运算符不仅可以用来比较整数和浮点数，还可以用来比较字符串。关系运算符的使用格式如下：

```
${表达式1 关系运算符 表达式2}
```

EL 中提供的关系运算符如表 10-3 所示。

表 10-3　　EL 的关系运算符

运算符	功　能	示　例	结　果
==或 eq	等于	${10==10}或${10 eq 10}	true
		${"A"=="a"}或${"A" eq "a"}	false
!=或 ne	不等于	${10!=10}或${10 ne 10}	false
		${"A"!="A"}或${"A" ne "A"}	false
<或 lt	小于	${7<6}或${7 lt 6}	false
		${"A"<"B"}或${"A" lt "B"}	true
>或 gt	大于	${7>6}或${7 gt 6}	true
		${"A">"B"}或${"A" gt "B"}	false
<=或 le	小于等于	${7<=6}或${7 le 6}	false
		${"A"<="A"}或${"A" le "A"}	true
>=或 ge	大于等于	${7>=6}或${7 ge 6}	true
		${"A">="B"}或${"A" ge "B"}	false

2. 逻辑运算符

在进行比较运算时，如果涉及两个或两个以上的条件判断时（例如，要判断变量 a 是否大于等于 60，并且小于等于 80），就需要应用逻辑运算符了。逻辑运算符的条件表达式的值必须是 boolean 型或是可以转换为 boolean 型的字符串，并且返回的结果也是 boolean 型。

EL 中提供的逻辑运算符如表 10-4 所示。

表 10-4　EL 的逻辑运算符

运算符	功　能	示　例	结　果
&& 或 and	与	${true && false}或${true and false}	false
		${"true" && "true"}或${"true" and "true"}	true
|| 或 or	或	${true || false}或${true or false}	true
		${false || false}或${false or false}	false
! 或 not	非	${! true}或${not true}	false
		${!false}或${not false}	true

在进行逻辑运行时，只要表达式的值可以确定，将停止执行。例如，在表达式 A and B and C 中，如果 A 为 true，B 为 false，则只计算 A and B，并返回 false；再例如，在表达式 A or B or C 中，如果 A 为 true，B 为 false，则只计算 A or B，并返回 true。

【例 10-3】关系运算符和逻辑运算符的应用示例。（实例位置：光盘\MR\源码\第 10 章\10-3）

编写 index.jsp 文件，在该文件中，首先定义两个 request 范围内的变量，并赋初始值，然后输入这两个变量，最后将这两个变量和关系运算符、逻辑运算符组成条件表达式，并输出。index.jsp 文件的关键代码如下：

```
<%
request.setAttribute("userName","mr");          //定义 request 范围内的变量 userName
request.setAttribute("pwd","mrsoft");           //定义 pwd 范围内的变量 pwd
%>
userName=${userName}<br>                        <!-- 输入变量 userName -->
pwd=${pwd}<br>                                  <!-- 输入变量 pwd -->
\${userName!="" and (userName=="明日") }:       <!-- 将 EL 原样输出 -->
${userName!="" and userName=="明日" }<br>       <!-- 输出由关系和逻辑运算符组成的表达式的值 -->
\${userName=="mr" and pwd=="mrsoft" }:          <!-- 将 EL 原样输出 -->
${userName=="mr" and pwd=="mrsoft" }            <!-- 输出由关系和逻辑运算符组成的表达式的值 -->
```

运行本实例，将显示如图 10-6 所示的运行结果。

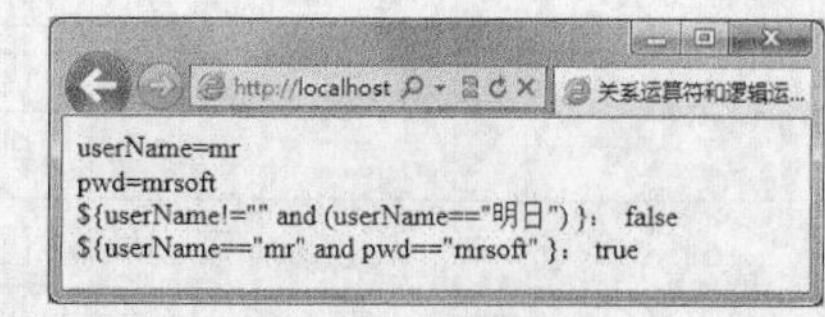

图 10-6　运行结果

10.4.5　在 EL 中进行条件运算

在 EL 中进行简单的条件运算，可以通过条件运算符实现。EL 的条件运算符唯一的优点在于其非常简单和方便，和 Java 语言里的用法完全一致。其语法格式如下：

```
${条件表达式 ? 表达式1 : 表达式2}
```

- 条件表达式：用于指定一个条件表达式，该表达式的值为 boolean 型。可以由关系运算符、逻辑运算符和 empty 运算符组成。

- 表达式 1：用于指定当条件表达式的值为 true 时，将要返回的值。
- 表达式 2：用于指定当条件表达式的值为 false 时，将要返回的值。

在上面的语法中，如果条件表达式为真，则返回表达式 1 的值，否则返回表达式 2 的值。

例如，应用条件运算符实现，当变量 cart 的值为空时，输出“购物车为空”，否则输出 cart 的值，具体的代码如下：

```
${empty cart ? "cart 为空" : cart}
```

通常情况下，条件运算符可以用 JSTL 中的条件标签<c:if>或<c:choose>替代。

10.5　EL 的隐含对象

为了能够获得 Web 应用程序中的相关数据，EL 提供了 11 个隐含对象，这些对象类似于 JSP 的内置对象，也是直接通过对象名进行操作。在 EL 的隐含对象中，除 PageContext 是 JavaBean 对象，对应于 javax.servlet.jsp.PageContext 类型，其他的隐含对象都对应于 java.util.Map 类型。这些隐含对象可以分为页面上下文对象、访问作用域范围的隐含对象和访问环境信息的隐含对象 3 种。下面进行详细介绍。

10.5.1　页面上下文对象

页面上下文对象为 pageContext，用于访问 JSP 内置对象（例如 request、response、out、session、exception、page 等，但不能用于获取 application、config 和 pageContext 对象）和 servletContext。在获取到这些内置对象后，就可以获取其属性值。这些属性与对象的 Getter 方法相对应，在使用时，去掉方法名中的 get，并将首字母改为小写即可。下面将分别介绍如何应用页面上下文对象访问 JSP 的内置对象和 servletContext 对象。

1. 访问 request 对象

通过 pageContext 获取 JSP 内置对象中的 request 对象，可以使用下面的语句。

```
${pageContext.request}
```

获取到 request 对象后，就可以通过该对象获取与客户端相关的信息了。例如，HTTP 报头信息，客户信息提交方式，客户端主机 IP 地址、端口号等。具体都可以获取哪些信息，请参见第 6 章中的表 6-2。在该表中，列出了 request 对象用于获取客户端相关信息的常用方法，在此处只需要将方法名中的 get 去掉，并将方法名的首字母改为小写即可。例如，要访问 getServerPort()方法，可以使用下面的代码：

```
${pageContext.request.serverPort }
```

这句代码将返回端口号，这里为 8080。

不可以通过 pageContext 对象获取保存到 request 范围内的变量。

2. 访问 response 对象

通过 pageContext 获取 JSP 内置对象中的 response 对象，可以使用下面的语句。

```
${pageContext.response}
```

获取到 response 对象后，就可以通过该对象获取与响应相关的信息了。例如，要获取响应的内容类型，可以使用下面的代码：

```
${pageContext.response.contentType }
```

这句代码将返回响应的内容类型，这里为“text/html;charset=UTF-8”。

3. 访问 out 对象

通过 pageContext 获取 JSP 内置对象中的 out 对象，可以使用下面的语句。

```
${pageContext.out}
```

获取到 out 对象后，就可以通过该对象获取与输出相关的信息了。例如，要获取输出缓冲区的大小，可以使用下面的代码：

```
${pageContext.out.bufferSize }
```

这句代码将返回输出缓冲区的大小，这里为 8192。

4. 访问 session 对象

通过 pageContext 获取 JSP 内置对象中的 session 对象，可以使用下面的语句。

```
${pageContext.session}
```

获取到 session 对象后，就可以通过该对象获取与 session 相关的信息了。例如，要获取 session 的有效时间，可以使用下面的代码：

```
${pageContext.session.maxInactiveInterval}
```

这句代码将返回 session 的有效时间，这里为 1 800 秒，即 30 分钟。

5. 访问 exception 对象

通过 pageContext 获取 JSP 内置对象中的 exception 对象，可以使用下面的语句。

```
${pageContext.exception}
```

获取到 exception 对象后，就可以通过该对象获取 JSP 页面的异常信息了。例如，要获取异常信息字符串，可以使用下面的代码：

```
${pageContext.exception.message}
```

在使用该对象时，也需要在可能出现错误的页面中指定错误处理页，并且在错误处理页中指定 page 指令的 isErrorPage 属性值为 true，然后再使用上面的 EL 输出异常信息。

6. 访问 page 对象

通过 pageContext 获取 JSP 内置对象中的 page 对象，可以使用下面的语句。

```
${pageContext.page}
```

获取到 page 对象后，就可以通过该对象获取当前页面的类文件了，具体代码如下：

```
${pageContext.page.class}
```

这句代码将返回当前页面的类文件，这里为“class org.apache.jsp.index_jsp ”。

7. 访问 servletContext 对象

通过 pageContext 获取 JSP 内置对象中的 servletContext 对象，可以使用下面的语句。

```
${pageContext.servletContext}
```

获取到 servletContext 对象后，就可以通过该对象获取 servlet 上下文信息了。例如，获取上下文路径。获取 servlet 上下文路径的具体代码如下：

```
${pageContext.servletContext.contextPath}
```

这句代码将返回当前页面的上下文路径，这里为“/10-3”。

10.5.2 访问作用域范围的隐含对象

在 EL 中提供了 4 个用于访问作用域范围的隐含对象，即 pageScope、requestScope、sessionScope

和 applicationScope。应用这 4 个隐含对象指定所要查找的标识符的作用域后，系统将不再按照默认的顺序（page、request、session 及 application）来查找相应的标识符。它们与 JSP 中的 page、request、session 及 application 内置对象类似，只不过这 4 个隐含对象只能用来取得指定范围内的属性值，而不能取得其他相关信息。下面将对这 4 个隐含对象进行介绍。

1. pageScope 隐含对象

pageScope 隐含对象用于返回包含 page（页面）范围内的属性值的集合，返回值为 java.util.Map 对象。下面通过一个具体的例子介绍 pageScope 隐含对象的应用。

【例 10-4】 通过 pageScope 隐含对象读取 page 范围内的 JavaBean 的属性值。（实例位置：光盘\MR\源码\第 10 章\10-4）

（1）创建一个名称为 UserInfo 的 JavaBean，并将其保存到 com.wgh 包中。在该 JavaBean 中包括一个 name 属性，具体代码如下：

```
package com.wgh;

public class UserInfo {
    private String name = "";                    // 用户名
    // name 属性对应的 Setter 方法
    public void setName(String name) {
        this.name = name;
    }
    // name 属性对应的 Getter 方法
    public String getName() {
        return name;
    }
}
```

（2）编写 index.jsp 文件，在该文件中应用<jsp:useBean>动作标识，创建一个 page 范围内的 JavaBean 实例，并设置 name 属性的值为“无语”，具体代码如下：

```
<jsp:useBean id="user" scope="page" class="com.wgh.UserInfo"
   type="com.wgh.UserInfo">
   <jsp:setProperty name="user" property="name" value="无语"/>
</jsp:useBean>
```

（3）在 index.jsp 的<body>标记中，应用 pageScope 隐含对象获取该 JavaBean 实例的 name 属性，代码如下：

```
用户名为：${pageScope.user.name}
```

运行本实例，将显示如图 10-7 所示的运行结果。

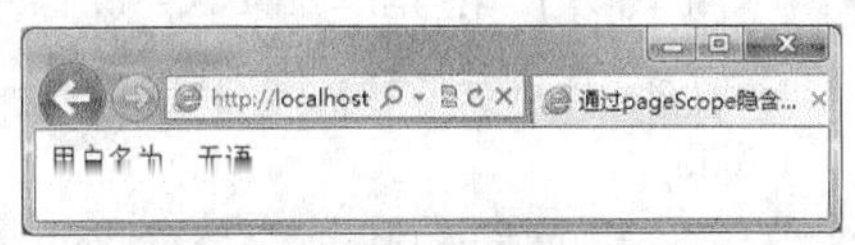

图 10-7　运行结果

2. requestScope 隐含对象

requestScope 隐含对象用于返回包含 request（请求）范围内的属性值的集合，返回值为 java.util.Map 对象。例如，要获取保存在 request 范围内的 userName 变量，可以使用下面的代码：

```
<%
request.setAttribute("userName","mr");       //定义 request 范围内的变量 userName
%>
${requestScope.userName}
```

3. sessionScope 隐含对象

sessionScope 隐含对象用于返回包含 session（会话）范围内的属性值的集合，返回值为 java.util.Map 对象。例如，要获取保存在 session 范围内的 manager 变量，可以使用下面的代码：

```
<%
```

```
session.setAttribute("manager","mr");        //定义 session 范围内的变量 manager
%>
${sessionScope.manager}
```

4. applicationScope 隐含对象

applicationScope 隐含对象用于返回包含 application（应用）范围内的属性值的集合，返回值为 java.util.Map 对象。例如，要获取保存在 application 范围内的 message 变量，可以使用下面的代码：

```
<%
    //定义 application 范围内的变量 message
    application.setAttribute("message","欢迎光临丫丫聊天室！");
%>
${applicationScope.message}
```

10.5.3 访问环境信息的隐含对象

在 EL 中，提供了 6 个访问环境信息的隐含对象。下面将对这 6 个隐含对象进行详细介绍。

1. param 对象

param 对象用于获取请求参数的值，应用在参数值只有一个的情况下。在应用 param 对象时，返回的结果为字符串。

例如，在 JSP 页面中，放置一个名称为 name 的文本框，关键代码如下：

```
<input name="name" type="text">
```

当表单提交后，要获取 name 文本框的值，可以使用下面的代码：

```
${param.name}
```

注意

如果 name 文本框中可以输入中文，那么在应用 EL 输出其内容前，还需应用 request.setCharacterEncoding("UTF-8");语句设置请求的编码为支持中文的编码，否则将产生乱码。

2. paramValues 对象

如果一个请求参数名对应多个值时，则需要使用 paramValues 对象获取请求参数的值。在应用 paramValues 对象时，返回的结果为数组。

【例 10-5】 在 JSP 页面中，放置一个名称为 affect 的复选框组，关键代码如下：

```
<input name="affect" type="checkbox" id="affect" value="登山">
登山
<input name="affect" type="checkbox" id="affect" value="游泳">
游泳
<input name="affect" type="checkbox" id="affect" value="慢走">
慢走
<input name="affect" type="checkbox" id="affect" value="晨跑">
晨跑
```

当表单提交后，要获取 affect 的值，可以使用下面的代码：

```
<%request.setCharacterEncoding("UTF-8"); %>
爱好为：
${paramValues.affect[0]}${paramValues.affect[1]}${paramValues.affect[2]}${paramValues.affect[3]}
```

注意

在应用 param 和 paramValues 对象时，如果指定的参数不存在，则返回空的字符串，而不是返回 null。

3. header 和 headerValues 对象

header 对象用于获取 HTTP 请求的一个具体的 header 的值，但是在有些情况下，可能存在同一个 header 拥有多个不同的值的情况，这时就必须使用 headerValues 对象。

例如，要获取 HTTP 请求的 header 的 connection（是否需要持久连接）属性，可以应用以下代码实现。

```
${header.connection}或${header["connection"]}
```

上面的 EL 表达式将输出如图 10-8 所示的结果。

但是，如果要获取 HTTP 请求的 header 的 user-agent 属性，则必需应用以下 EL 表达式。

```
${header["user-agent"]}
```

上面的代码将输出如图 10-9 所示的结果。

图 10-8　应用 header 对象获取的 connection 属性

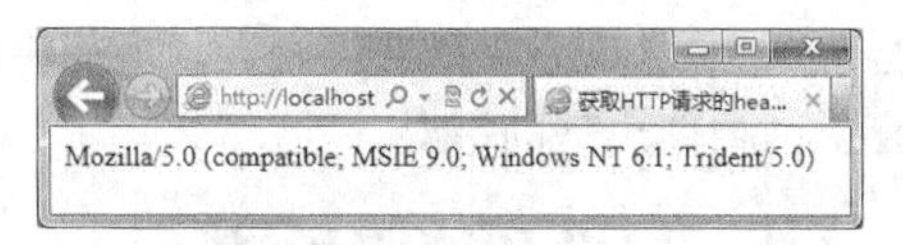

图 10-9　应用 header 对象获取的 user-agent 属性

4. initParam 对象

initParam 对象用于获取 Web 应用初始化参数的值。例如，在 Web 应用的 web.xml 文件中设置一个初始化参数 author，用于指定作者，具体代码如下：

```
<context-param>
   <param-name>author</param-name>
   <param-value>mr</param-value>
</context-param>
```

应用 EL 获取参数 author 的代码如下：

```
${initParam.author}
```

【例 10-6】 获取 Web 应用初始化参数并显示。（实例位置：光盘\MR\源码\第 10 章\10-6）

（1）打开 web.xml 文件，在</web-app>标记的上方添加以下设置初始化参数的代码。

```
<context-param>
   <param-name>company</param-name>
   <param-value>吉林省明日科技有限公司</param-value>
</context-param>
```

在上面的代码中，设置了一个名称为 company 的参数，参数值为“吉林省明日科技有限公司”。

（2）编写 index.jsp 文件，在该文件中应用 EL 获取并显示初始化参数 company，关键代码如下：

```
版权所有：${initParam.company}
```

图 10-10　运行结果

运行本实例，将显示如图 10-10 所示的运行结果。

5. cookie 对象

虽然在 EL 中，并没有提供向 cookie 中保存值的方法，但是它提供了访问由请求设置的 cookie 的方法，这可以通过 cookie 隐含对象实现。如果在 cookie 中已经设定了一个名称为 username 的值，那么可以使用${cookie.username}来获取该 cookie 对象。但是如果要获取 cookie 中的值，需要使用 cookie 对象的 value 属性。

例如，使用 response 对象设置一个请求有效的 cookie 对象，然后再使用 EL 获取该 cookie 对象的值，可以使用下面的代码：

```
<%Cookie cookie=new Cookie("user","mrbccd");
  response.addCookie(cookie);
%>
${cookie.user.value}
```

运行上面的代码后，将在页面中显示 mrbccd。

所谓的 cookie 是一个文本文件，它是以 key、value 的方法将用户会话信息记录在这个文本文件内，并将其暂时存放在客户端浏览器中。

10.6 定义和使用 EL 的函数

在 EL 中，允许定义和使用函数。下面将介绍如何定义和使用 EL 的函数，以及定义和使用 EL 的函数时可能出现的错误。

10.6.1 定义和使用函数

函数的定义和使用可以分为以下 3 个步骤。

（1）编写一个 Java 类，并在该类中编写公用的静态方法，用于实现自定义 EL 函数的具体功能。

（2）编写标签库描述文件，对函数进行声明。该文件的扩展名为.tld，被保存到 Web 应用的 WEB-INF 文件夹下。

（3）在 JSP 页面中引用标签库，并调用定义的 EL 函数，实现相应的功能。

下面将通过一个具体的实例介绍 EL 函数的定义和使用。

【例 10-7】 定义 EL 函数处理字符串中的回车换行符和空格符。（实例位置：光盘\MR\源码\第 10 章\10-7）

（1）编写一个 Java 类，名称为 StringDeal，将其保存在 com.wgh 包中，在该类中添加一个公用的静态方法 shiftEnter()，在该方法中替换输入字符串中的回车换行符为
，空格符为 ，最后返回新替换后的字符串。StringDeal 类的完整代码如下：

```
package com.wgh;

public class StringDeal {
    public static String shiftEnter(String str) {                   // 定义公用的静态方法
        String newStr = str.replaceAll("\r\n", "<br>");      // 替换回车换行符
        newStr = newStr.replaceAll(" ", " ");           // 替换空格符
        return newStr;
    }
}
```

（2）编写标签库描述文件，名称为 stringDeal.tld，并将其保存到 WEB-INF 文件夹下，关键代码如下：

```
<?xml version="1.0" encoding="UTF-8"?>
<taglib xmlns="http://java.sun.com/xml/ns/j2ee"
    xmlns:xsi="http://www.w3.org/2001/XMLSchema-instance"
    xsi:schemaLocation="http://java.sun.com/xml/ns/j2ee
    web-jsptaglibrary_2_0.xsd"
    version="2.0">
    <tlib-version>1.0</tlib-version>
    <uri>/stringDeal</uri>
    <function>
        <name>shiftEnter</name>
```

```
            <function-class>com.wgh.StringDeal</function-class>
            <function-signature>java.lang.String shiftEnter(java.lang.String)
            </function-signature>
        </function>
    </taglib>
```

- <uri>标记：用于指定 tld 文件的映射路径。在应用 EL 函数时，需要使用该标记指定内容。
- <name>标记：用于指定 EL 函数所对应方法的方法名，通常与 Java 文件中的方法名相同。
- <function-class>标记：用于指定 EL 函数所对应的 Java 文件，这里需要包括包名和类名，例如，在上面的代码中，包名为 com.wgh，类名为 StringDeal。
- <function-signature>标记：用于指定 EL 函数所对应的静态方法，这里包括返回值的类型和入口参数的类型。在指定这些类型时，需要使用完整的类型名。例如，在上面的代码中，不能指定该标记的内容为“String shiftEnter(String)”。

（3）编写 index.jsp 文件，在该文件中，添加一个表单及表单元素，用于收集内容信息，关键代码如下：

```
<form name="form1" method="post" action="deal.jsp">
  <textarea name="content" cols="30" rows="5"></textarea>
  <br>
  <input type="submit" name="Button" value="提交" >
</form>
```

（4）编写表单的处理页 deal.jsp 文件，在该文件中应用上面定义的 EL 函数，对获取到的内容信息进行处理（主要是替换字符串中的回车换行符和空格符）后，显示到页面中。deal.jsp 文件的具体代码如下：

```
<%@ page language="java" contentType="text/html; charset=UTF-8"
    pageEncoding="UTF-8"%>
<%@ taglib uri="/stringDeal" prefix="wghfn"%>
<%request.setCharacterEncoding("UTF-8"); %>
<!DOCTYPE HTML>
<html>
<head>
<meta charset="utf-8">
<title>显示结果</title>
</head>
<body>
内容为：<br>
${wghfn:shiftEnter(param.content)}
</body>
</html>
```

在引用标签库时，指定的 uri 属性与标签库描述文件中的<uri>标记的值是相对应的。

运行本实例，在页面中将显示一个内容编辑框和一个提交按钮，在内容编辑框中输入如图 10-11 所示的内容，单击“提交”按钮，将显示如图 10-12 所示的结果。

图 10-11　输入文本

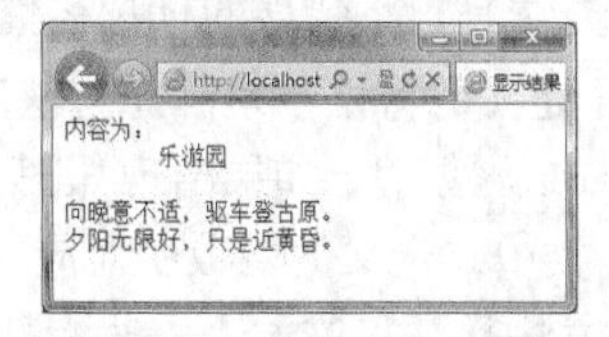

图 10-12　获取的输入结果

10.6.2 定义和使用 EL 函数时常见的错误

在定义和使用 EL 函数时，可能出现以下 3 种错误。

1. 由于没有指定完整的类型名而产生的异常信息

在编写 EL 函数时，如果出现如图 10-13 所示的异常信息，则是由于在标签库描述文件中没有指定完整的类型名而产生的。

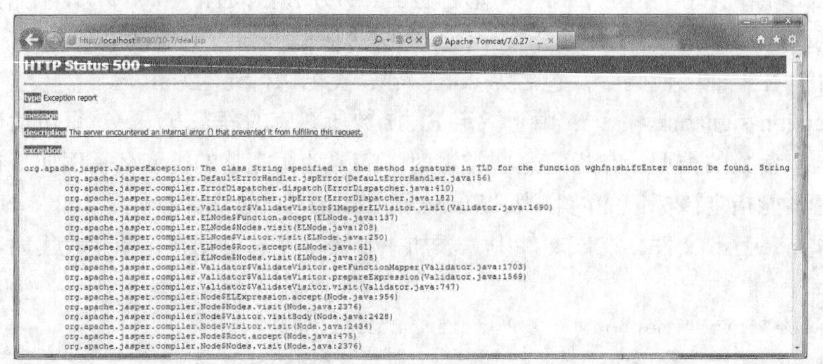

图 10-13　由于没有指定完整的类型名而产生的异常信息

解决的方法是，在扩展名为.tld 文件中指定完整的类型名即可。例如，在上面的这个异常中，就可以将完整的类型名设置为 java.lang.String。

2. 由于在标签库的描述文件中输入了错误的标记名产生的异常信息

在编写 EL 函数时，如果出现如图 10-14 所示的异常信息时，则可能是由于在标签库描述文件中输入了错误的标记名造成的。例如，这个异常信息就是由于将标记名<function-signature>写成了<function-signatrue>所导致的。

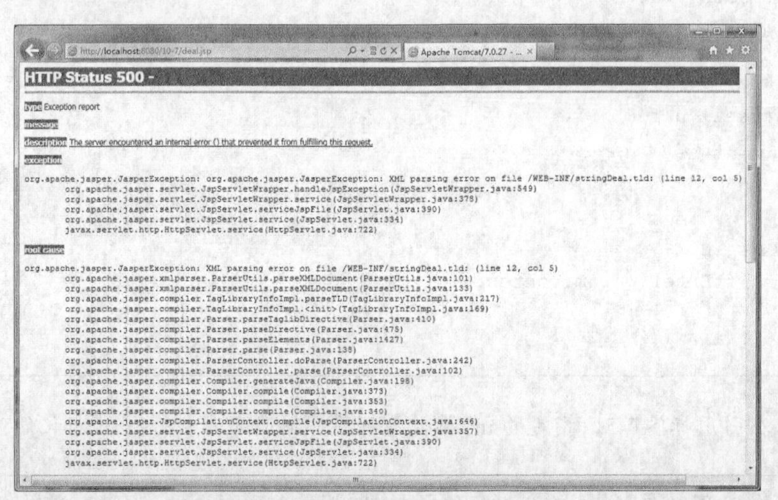

图 10-14　由于在标签库的描述文件中输入了错误的标记名产生的异常信息

解决的方法是，将错误的标记名修改正确，并重新启动服务器运行程序即可。

3. 由于定义的方法不是静态方法所产生的异常信息

在编写 EL 函数时，如果出现如图 10-15 所示的异常信息时，则可能是由于在编写 EL 函数所使用的 Java 类中，定义的函数所对应的方法不是静态的所造成的。

解决的方法是，将该方法修改为静态方法，即在声明方法时，使用 static 关键字。

图 10-15　由于定义的方法不是静态的方法所产生的异常信息

10.7　综合实例——通过 EL 显示投票结果

本实例将实现投票功能并应用 EL 表达式显示投票结果，具体的开发步骤如下。

（1）编写 index.jsp 页面，在该页面中添加用于收集投票信息的表单及表单元素，关键代码如下：

```
<form name="form1" method="post" action="PollServlet">
 ·您最需要哪方面的编程类图书?
 <input name="item" type="radio" value="基础教程类" checked>基础教程类
 <input name="item" type="radio" value="实例集锦类">实例集锦类
 <input name="item" type="radio" value="经验技巧类">经验技巧类
 <input name="item" type="radio" value="速查手册类">速查手册类
 <input name="item" type="radio" value="案例剖析类">案例剖析类
 <input name="Submit" type="submit" value="投票">
 <input name="Submit2" type="button" value="查看投票结果"
    onClick="window.location.href='showResult.jsp'">
</form>
```

（2）编写完成投票功能的 Servlet，将其保存到 com.wgh.servlet 包中，命名为 PollServlet。在该 Servlet 的 doPost()方法中，首先设置请求的编码为 GBK，并获取投票项，然后判断是否存在保存投票结果的 ServletContext 对象（该对象在 Application 范围内有效），如果存在，则获取保存在 ServletContext 对象中的 Map 集合，并将指定的投票项的得票数加 1，否则创建并初始化一个保存投票信息的 Map 集合，再将保存投票结果的 Map 集合保存到 ServletContext 对象中，最后向浏览器输出弹出提示对话框并重定向网页的 JavaScript 代码。PollServlet 的具体代码如下：

```
package com.wgh.servlet;
import java.io.IOException;
…                                              //此处省略了导入其他包或类的代码
public class PollServlet extends HttpServlet {
    public void doPost(HttpServletRequest request, HttpServletResponse response)
```

```
        throws ServletException, IOException {
    request.setCharacterEncoding("GBK");                          //设置请求的编码方式
    String item=request.getParameter("item");                     //获取投票项
    //获取 ServletContext 对象，该对象在 application 范围内有效
    ServletContext servletContext=request.getSession().getServletContext();
    Map map=null;
    if(servletContext.getAttribute("pollResult")!=null){
        map=(Map)servletContext.getAttribute("pollResult");       //获取投票结果
        //将当前的投票项加 1
        map.put(item,Integer.parseInt(map.get(item).toString())+1);
    }else{   //初始化一个保存投票信息的 Map 集合，并将选定投票项的投票数设置为 1，其他为 0
        String[] arr={"基础教程类","实例集锦类","经验技巧类","速查手册类","案例剖
析类"};
        map=new HashMap();
        //初始化 Map 集合
        for(int i=0;i<arr.length;i++){
            if(item.equals(arr[i])){                              //判断是否为选定的投票项
                map.put(arr[i], 1);
            }else{
                map.put(arr[i], 0);
            }
        }
    }
    //保存投票结果到 ServletContext 对象中
    servletContext.setAttribute("pollResult", map);
    //设置响应的类型和编码方式，如果不设置，弹出的对话框中的文字将为乱码
    response.setContentType("text/html;charset=UTF-8");
    PrintWriter out=response.getWriter();
    out.println("<script>alert('投票成功！');
                window.location.href='showResult.jsp';</script>");
  }
}
```

（3）编写 showResult.jsp 页面，在该页面中，应用 EL 表达式输出投票结果，具体代码如下：

```
·您最需要哪方面的编程类图书？
基础教程类：
<img src="bar.gif" width='${220*(applicationScope.pollResult["基础教程类"]/
(applicationScope.pollResult["基础教程类"]+applicationScope.pollResult["实例集锦类"]+
applicationScope. pollResult["经验技巧类"]+applicationScope.pollResult["速查手册类"]+
application Scope. pollResult["案例剖析类"]))}' height="13">
  (${empty applicationScope.pollResult["基础教程类"]?
0 :applicationScope.pollResult["基础教程类"]})
实例集锦类：
  <img src="bar.gif" width='${220*(applicationScope.pollResult["实例集锦类"]/
(applicationScope.pollResult["基础教程类"]+applicationScope.pollResult["实例集锦类
"]+ applicationScope.pollResult["经验技巧类"]+applicationScope.pollResult["速查手
册类"]+ application Scope.pollResult["案例剖析类"]))}' height="13">
  (${empty applicationScope.pollResult["实例集锦类"]? 0 :applicationScope.pollResult
["实例集锦类"]})
```

经验技巧类：

```
<img src="bar.gif" width='${220*(applicationScope.pollResult["经验技巧类"]/
(applicationScope.pollResult["基础教程类"]+applicationScope.pollResult["实例集锦类"]+
applicationScope.pollResult["经验技巧类"]+applicationScope.pollResult["速查手册类"]+
application Scope.pollResult["案例剖析类"]))}' height="13">
（${empty applicationScope.pollResult["经验技巧类"]? 0 :applicationScope.pollResult
["经验技巧类"]}）
```

速查手册类：

```
<img src="bar.gif" width='${220*(applicationScope.pollResult["速查手册类"]/
(applicationScope.pollResult["基础教程类"]+applicationScope.pollResult["实例集锦类"]+
applicationScope.pollResult["经验技巧类"]+applicationScope.pollResult["速查手册类"]+
applicat ionScope.pollResult["案例剖析类"]))}' height="13">
（${empty applicationScope.pollResult["速查手册类"]? 0 :applicationScope.pollResult
["速查手册类"]}）
```

案例剖析类：

```
<img src="bar.gif" width='${220*(applicationScope.pollResult["案例剖析类"]/
(applicationScope.pollResult["基础教程类"]+applicationScope.pollResult["实例集锦类"]+
applicationScope.pollResult["经验技巧类"]+applicationScope.pollResult["速查手册类"]+
applica tionScope.pollResult["案例剖析类"]))}' height="13">
（${empty applicationScope.pollResult["案例剖析类"]? 0 :applicati onScope. pollResult
["案例剖析类"]}）
```

合计：

```
${applicationScope.pollResult["基础教程类"]+applicationScope.pollResult["实例集锦类"]+
applicationScope.pollResult["经验技巧类"]+applicationScope.pollResult["速查手册类"]+
applicationScope.pollResult["案例剖析类"]}人投票!
    <input name="Button" type="button" class="btn_grey" value="返回" onClick="window.
location.href='index.jsp'">
```

上面的代码中，EL 表达式${empty applicationScope.pollResult["案例剖析类"]? 0 : applicationScope.pollResult["案例剖析类"]}，用于显示案例剖析类图书的得标数，在该 EL 表达式中应用条件运算符，用于当没有投票信息时，将得标数显示为 0。

运行程序，将显示如图 10-16 所示的投票页面，在该页面中，选中自己需要的编程类图书，单击“投票”按钮，将完成投票，并显示投票结果，如图 10-17 所示。在投票页面，单击“查看投票结果”按钮也可以查看投票结果。

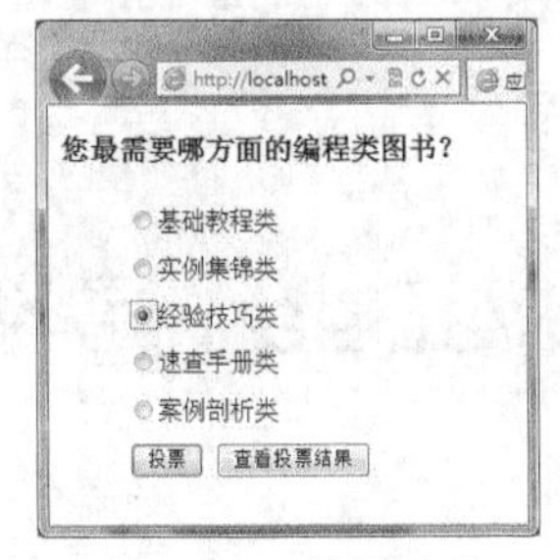

图 10-16　投票页面

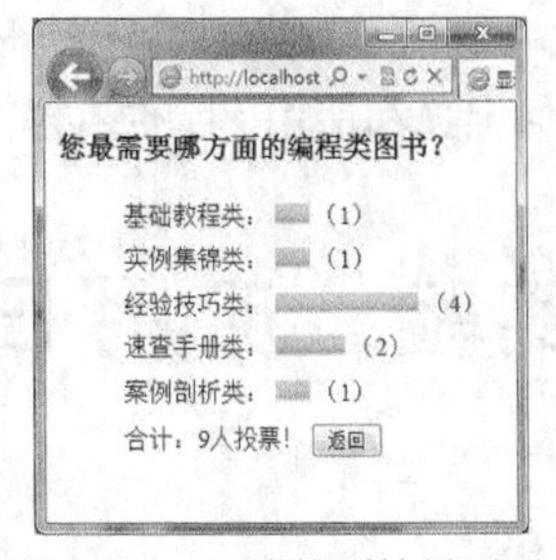

图 10-17　显示投票结果页面

知识点提炼

（1）EL 是 Expression Language 的简称，意思是表达式语言。通过它可以简化 JSP 开发中对对象的引用的步骤，从而规范页面代码，增加程序的可读性及可维护性。

（2）EL 表达式的语法很简单，它以“${”开头，以“}”结束，中间为合法的表达式。

（3）通过 EL 提供的“[]”和“.”运算符可以访问数据。通常情况下，“[]”和“.”运算符是等价的，可以相互代替。

（4）页面上下文对象为 pageContext，用于访问 JSP 内置对象（例如 request、response、out、session、exception、page 等，但不能用于获取 application、config 和 pageContext 对象）和 servletContext。在获取到这些内置对象后，就可以获取其属性值。

（5）pageScope 隐含对象用于返回包含 page（页面）范围内的属性值的集合，返回值为 java.util.Map 对象。

（6）requestScope 隐含对象用于返回包含 request（请求）范围内的属性值的集合，返回值为 java.util.Map 对象。

（7）sessionScope 隐含对象用于返回包含 session（会话）范围内的属性值的集合，返回值为 java.util.Map 对象。

（8）applicationScope 隐含对象用于返回包含 application（应用）范围内的属性值的集合，返回值为 java.util.Map 对象。

（9）param 对象用于获取请求参数的值，应用在参数值只有一个的情况下。在应用 param 对象时，返回的结果为字符串。

（10）header 对象用于获取 HTTP 请求的一个具体的 header 的值，但是在有些情况下，可能存在同一个 header 拥有多个不同的值，这时就必须使用 headerValues 对象。

（11）如果一个请求参数名对应多个值时，则需要使用 paramValues 对象获取请求参数的值。

（12）initParam 对象用于获取 Web 应用初始化参数的值。

习　题

10-1　EL 表达式的基本语法是什么？

10-2　如何让 JSP 页面忽略 EL 表达式？

10-3　EL 表达式提供了几种运算符？各运算符的优先级是什么？

10-4　EL 表达式提供了哪几种隐含对象？

10-5　如何定义和使用 EL 的函数？

实验：应用 EL 访问 JavaBean 属性

实验目的

（1）巩固如何使用 JSP 的动作标识创建 JavaBean 实例，并为其属性赋值。

（2）掌握应用 EL 访问 JavaBean 属性的方法。

实验内容

在客户端的表单中填写用户注册信息后，单击“提交”按钮，应用EL表达式通过访问JavaBean属性的方法将用户信息显示到页面上。

实验步骤

（1）在 Eclipse 中创建动态 Web 项目，名称为 experiment10。

（2）编写 index.jsp 页面，在该页面中添加用于收集用户注册信息的表单及表单元素，关键代码如下：

```
<form name="form1" method="post" action="deal.jsp">
用户名：<input name="username" type="text" id="username">
密码：<input name="pwd" type="password" id="pwd">
确认密码：<input name="repwd" type="password" id="repwd">
性别：
<input name="sex" type="radio" value="男">男
<input name="sex" type="radio" value="女">女
爱好：
<input name="affect" type="checkbox" id="affect" value="体育">体育
<input name="affect" type="checkbox" id="affect" value="美术">美术
<input name="affect" type="checkbox" id="affect" value="音乐">音乐
<input name="affect" type="checkbox" id="affect" value="旅游">旅游
<input name="Submit" type="submit" value="提交">
<input name="Submit2" type="reset" value="重置">
</form>
```

（3）编写保存用户信息的 JavaBean，将其保存到 com.wgh 包中，名称为 UserForm，具体代码如下：

```
package com.wgh;
public class UserForm {
    private String username="";                    //用户名属性
    private String pwd="";                         //密码属性
    private String sex="";                         //性别属性
    private String[] affect=null;                  //爱好属性
    public void setUsername(String username) {  //设置 username 属性的方法
        this.username = username;
    }
    public String getUsername() {                  //获取 username 属性的方法
        return username;
    }
    …        //此处省略了设置其他属性对应的 Setter 和 Getter 方法的代码
    public void setAffect(String[] affect) {      //设置 affect 属性的方法
        this.affect = affect;
    }
    public String[] getAffect() {                  //获取 affect 属性的方法
        return affect;
```

```
        }
    }
```

（4）编写 deal.jsp 页面，在该页面中，首先应用 request 内置对象的 setCharacterEncoding()方法设置请求的编码的方式为 UTF-8，然后应用<jsp:useBean>动作指令在页面中创建一个 JavaBean 实例，再应用<jsp:setProperty>动作指令设置 JavaBean 实例的各属性值，最后应用 EL 表达式将 JavaBean 的各属性显示到页面中，具体代码如下：

```
<%@ page language="java" contentType="text/html; charset=UTF-8"
    pageEncoding="UTF-8"%>
<%request.setCharacterEncoding("UTF-8");%>
<jsp:useBean id="userForm" class="com.wgh.UserForm" scope="page"/>
<jsp:setProperty name="userForm" property="*"/>
<!--显示用户注册信息-->
用户名：${userForm.username}
密码：${userForm.pwd}
性别：${userForm.sex}
爱好：${userForm.affect[0]} ${userForm.affect[1]} ${userForm.affect[2]} ${userForm.
affect[3]}
<input name="Button" type="button" value="返回"
    onClick="window.location.href='index.jsp'">
```

运行程序，在页面的“用户名”文本框中输入用户名，在“密码”文本框中输入密码，在“确认密码”文本中确认密码，选择性别和爱好后，如图 10-18 所示。单击“提交”按钮，即可将该用户信息显示到页面中，如图 10-19 所示。

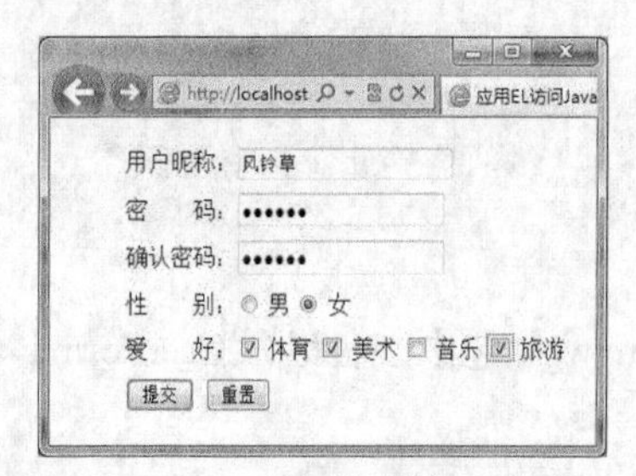

图 10-18　填写注册信息页面

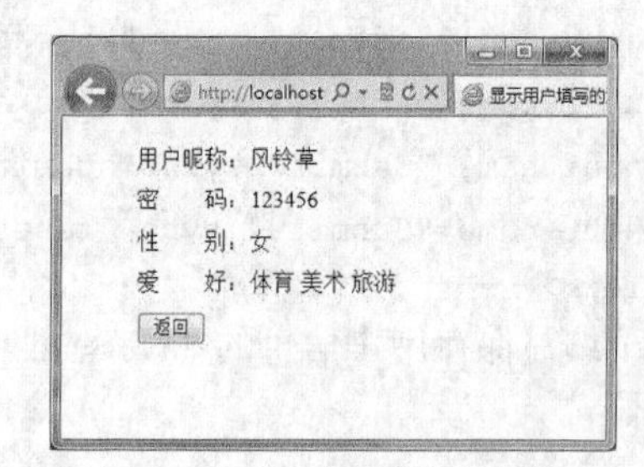

图 10-19　显示注册信息页面

第11章 JSTL 核心标签库

本章要点：

- 如何引用 JSTL 提供的各种标签库
- 如何下载与配置 JSTL
- 如何使用 JSTL 提供的表达式标签
- 如何使用 JSTL 提供的 URL 相关的标签
- 如何使用 JSTL 提供的流程控制标签
- 如何使用 JSTL 提供的循环标签

JSTL 是一个不断完善的开放源代码的 JSP 标签库，JSP 2.0 已将 JSTL 作为标准支持。使用 JSTL 可以取代在传统 JSP 程序中嵌入 Java 代码的做法，从而大大提高了程序的可维护性。本章将对 JSTL 的下载和配置以及 JSTL 的核心标签库进行详细介绍。

11.1 JSTL 标签库简介

虽然 JSTL 叫做标准标签库，实际上它是由 5 个功能不同的标签库组成的。这 5 个标签库分别是核心标签库、格式标签库、SQL 标签库、XML 标签库和函数标签库等。在使用这些标签之前必须在 JSP 页面的顶部使用<%@ taglib%>指令定义引用的标签库和访问前缀。

使用核心标签库的 taglib 指令格式如下：

```
<%@ taglib prefix="c" uri="http://java.sun.com/jsp/jstl/core"%>
```

使用格式标签库的 taglib 指令格式如下：

```
<%@ taglib prefix="fmt" uri="http://java.sun.com/jsp/jstl/fmt"%>
```

使用 SQL 标签库的 taglib 指令格式如下：

```
<%@ taglib prefix="sql" uri="http://java.sun.com/jsp/jstl/sql"%>
```

使用 XML 标签库的 taglib 指令格式如下：

```
<%@ taglib prefix="xml" uri="http://java.sun.com/jsp/jstl/xml"%>
```

使用函数标签库的 taglib 指令格式如下：

```
<%@ taglib prefix="fn" uri="http://java.sun.com/jsp/jstl/functions"%>
```

下面我们就来对 JSTL 提供的这 5 个标签库分别进行简要介绍。

1. 核心标签库

核心标签库主要用于完成 JSP 页面的常用功能，它包括了 JSTL 的表达式标签、URL 标签、流程控制标签和循环标签共 4 种标签。其中，表达式标签包括<c:out>、<c:set>、<c:remove>和

<c:catch>；URL 标签包括<c:import>、<c:redirect>、<c:url>和<c:param>；流程控制标签包括<c:if>、<c:choose>、<c:when>和<c:otherwise>；循环标签包括<c:forEach>和<c:forTokens >。这些标签的基本作用如表 11-1 所示。

表 11-1　　核心标签库

标　签	说　明
<c:out>	将表达式的值输出到 JSP 页面中，相当于 JSP 表达式<%= 表达式%>
<c:set>	在指定范围中定义变量，或为指定的对象设置属性值
<c:remove>	从指定的 JSP 范围中移除指定的变量
<c:catch>	捕获程序中出现的异常，相当于 Java 语言中的 try…catch 语句
<c:import>	导入站内或其他网站的静态和动态文件到 Web 页面中
<c:redirect>	将客户端发出的 request 请求重定向到其他 URL 服务端
<c:url>	使用正确的 URL 重写规则构造一个 URL
<c:param>	为其他标签提供参数信息，通常与其他标签结合使用
<c: if>	根据不同的条件去处理不同的业务，与 Java 语言中的 if 语句类似，只不过该语句没有 else 标签
<c:choose><c:when><c:otherwise>	根据不同的条件去完成指定的业务逻辑，如果没有符合的条件，则会执行默认条件的业务逻辑，相当于 Java 语言中的 switch 语句
<c:forEach>	根据循环条件，遍历数组和集合类中的所有或部分数据
<c:forTokens>	迭代字符串中由分隔符分隔的各成员

2. 格式标签库

格式标签库也被称为 I18N 标签库，它提供了一个简单的国际化标记，用于处理和解决国际化相关的问题，另外，格式标签库中还包含用于格式化数字和日期显示格式的标签。由于该标签库在实际项目开发中并不经常应用，这里不做详细介绍。

3. SQL 标签库

SQL 标签库提供了基本的访问关系型数据的能力。使用 SQL 标签，可以简化对数据库的访问。如果结合核心标签库，就可以方便地获取结果集，并迭代输出结果集中的数据。由于该标签库在实际项目开发中并不经常应用，这里不做详细介绍。

4. XML 标签库

XML 标签库可以处理和生成 XML 的标记，使用这些标记可以很方便地开发基于 XML 的 Web 应用。由于该标签库在实际项目开发中并不经常应用，这里不做详细介绍。

5. 函数标签库

函数标签库提供了一系列字符串操作函数，用于完成分解字符串、连接字符串、返回子串、确定字符串是否包含特定的子串等功能。由于该标签库在实际项目开发中并不经常应用，这里不做详细介绍。

11.2　JSTL 的下载与配置

由于 JSTL 还不是 JSP 2.0 规范中的一部分，所以在使用 JSTL 之前，需要安装并配置 JSTL。下面将介绍如何下载与配置 JSTL。

11.2.1 下载 JSTL 标签库

JSTL 标签库可以到 http://jstl.java.net/download.html 网站中下载。在该页面中，将提供两个超超链接，一个是 JSTL API 超链接（用于下载 JSTL 的 API），另一个是 JSTL Implementation 超链接（用于下载 JSTL 的实现 Implementation）。单击 JSTL API 超链接下载 JSTL 的 API，下载后的文件名为 javax.servlet.jsp.jstl-api-1.2.1.jar；单击 JSTL Implementation 超链接下载 JSTL 的实现 Implementation，下载后的文件名为 javax.servlet.jsp.jstl-1.2.1.jar。

11.2.2 配置 JSTL

JSTL 的标签库下载完毕后，就可以在 Web 应用中配置 JSTL 标签库了。配置 JSTL 标签库有两种方法，一种是直接将 javax.servlet.jsp.jstl-api-1.2.1.jar 和 javax.servlet.jsp.jstl-1.2.1.jar 复制到 Web 应用的 WEB-INF\lib 目录中即可；另一种是在 Eclipse 中通过配置构建路径的方法进行添加。在 Eclipse 中通过配置构建路径的方法添加 JSTL 标签库的具体步骤如下。

（1）在项目名称节点上，单击鼠标右键，在弹出的快捷菜单中选择“构建路径”/“配置构建路径”菜单项，将打开 Java 构建路径对话框，在该对话框中，单击“添加库”按钮，将打开添加库对话框，选择“用户库”节点，单击“下一步”按钮，将打开如图 11-1 所示的对话框。

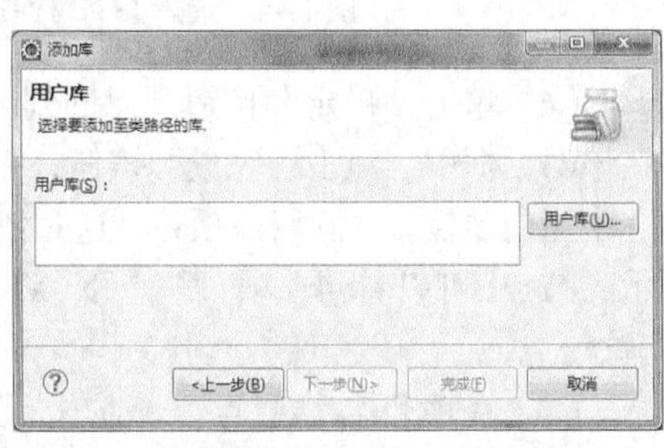

图 11-1 “添加库”对话框

（2）单击“用户库”按钮，将打开“首选项”对话框，在该对话框中，单击“新建”按钮，将打开“新建用户库”对话框，在该对话框中输入用户库名称，这里为 JSTL 1.2.1，如图 11-2 所示。

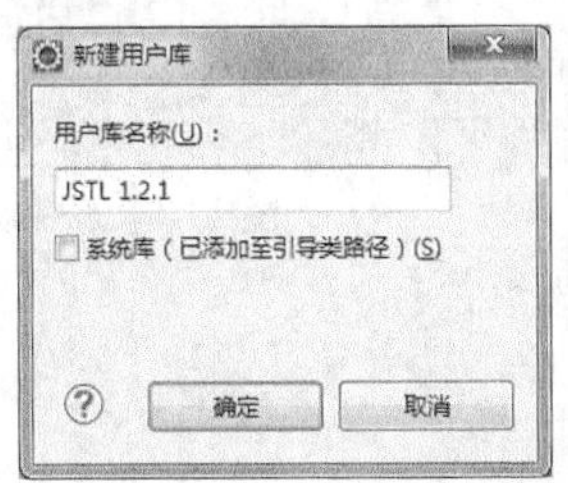

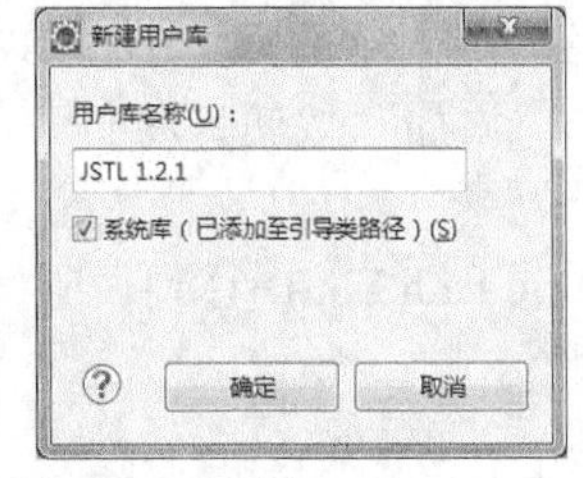

图 11-2 “新建用户库”对话框

（3）单击“确定”按钮，返回到“首选项”对话框，在该对话框中将显示刚刚创建的用户库，如图 11-3 所示。

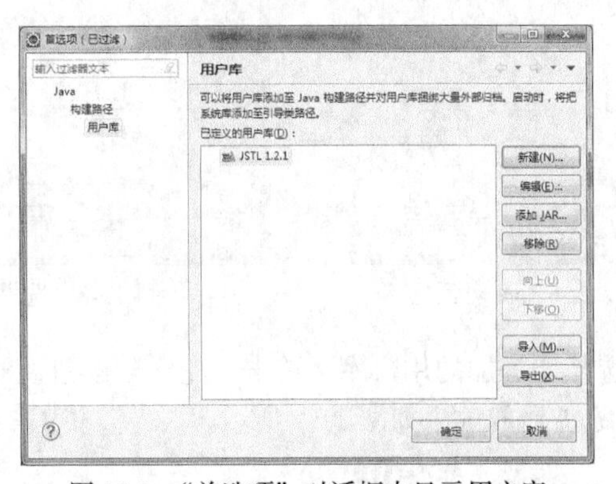

图 11-3 “首选项”对话框中显示用户库

（4）选中 JSTL 1.2.1 节点，单击“添加 JAR”按钮，在打开的“选择 JAR”对话框中，选择刚刚下载的 JSTL 标签库，如图 11-4 所示。

（5）单击“打开”按钮，将返回到如图 11-5 所示的“首选项”对话框中。

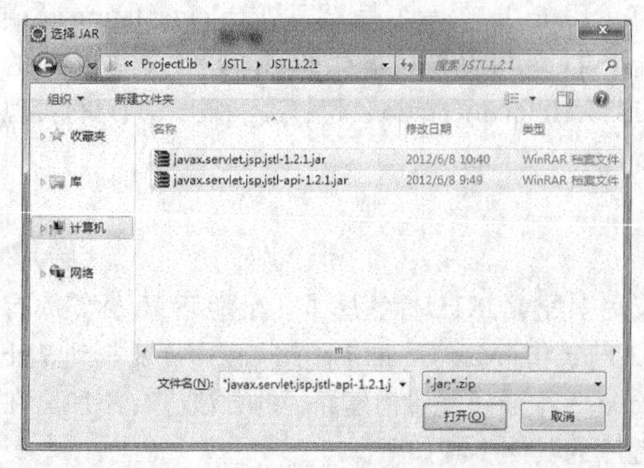

图 11-4　选择 JSTL 标签库

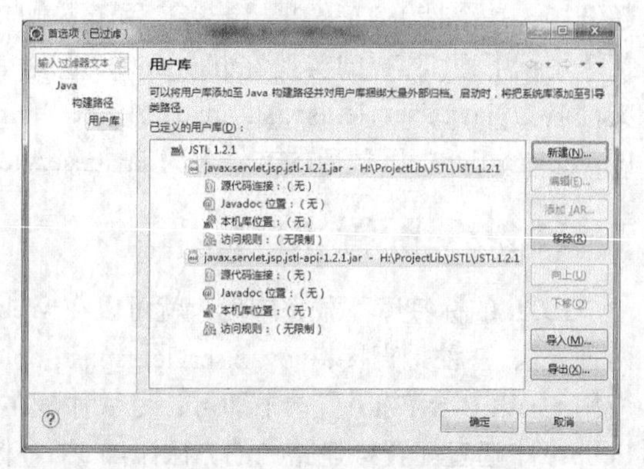

图 11-5　添加 Jar 后的“首选项”对话框

（6）单击“确定”按钮，返回到“添加库”对话框，在该对话框中，单击“完成”按钮，完成 JSTL 库的添加。选中当前项目，并刷新该项目，这时依次展开如图 11-6 所示的节点，可以看到在项目节点下，将添加一个 JSTL 1.2.1 节点。

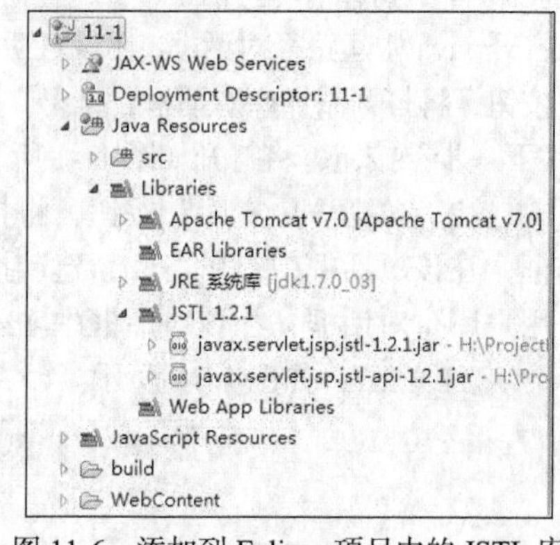

图 11-6　添加到 Eclipse 项目中的 JSTL 库

（7）在项目名称节点上，单击鼠标右键，在弹出的快捷菜单中选择“属性”菜单项，将打开项目属性对话框，在该对话框的左侧列表中，选择【Deployment Assembly】节点，在右侧将显示 Web Deployment Assembly 信息，单击“添加”按钮，将打开如图 11-7 所示的对话框。

（8）双击【Java Build Path Entries】列表项，将显示如图 11-8 所示的对话框。

图 11-7　New Assembly Directive 对话框

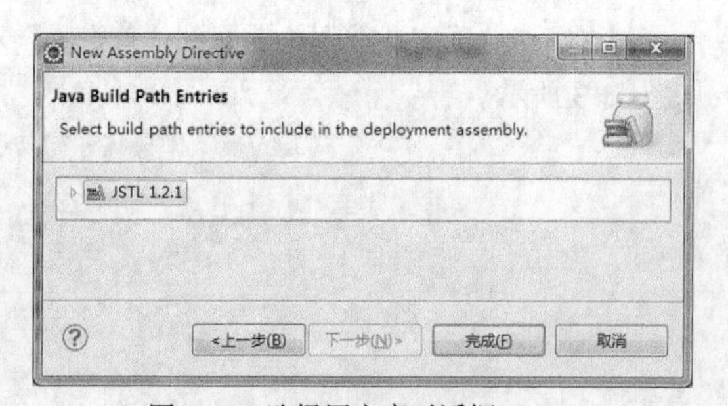

图 11-8　选择用户库对话框

（9）在该对话框中，选择要添加的用户库，单击“完成”按钮，即可将该用户库添加到 Web Deployment Assembly 中，添加后的效果如图 11-9 所示。

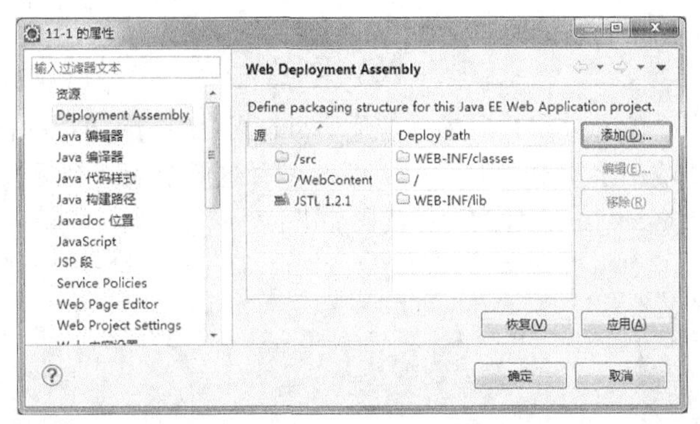

图 11-9　添加用户库到 Web Deployment Assembly 中的效果

这里介绍的添加 JSTL 标签库文件到项目中的方法，也适用于添加其他的库文件。

至此，下载并配置 JSTL 的基本步骤就完成了，这时就可以在项目中使用 JSTL 标签库了。

11.3　表达式标签

11.3.1　<c:out>输出标签

<c:out>标签用于将表达式的值输出到 JSP 页面中，该标签类似于 JST 的表达式<%=表达式%>，或者 EL 表达式${expression}。<c:out>标签有两种语法格式，一种没有标签体，另一种有标签体，这两种语言的输出结果完全相同。<c:out>标签的具体语法格式如下：

语法 1：没有标签体。

```
<c:out value="expression" [escapeXml="true|false"] [default="defaultValue"]/>
```

语法 2：有标签体。

```
<c:out value="expression" [escapeXml="true|false"]>
    defalultValue
</c:out>
```

- value 属性：用于指定将要输出的变量或表达式，该属性值的类为 Object，可以使用 EL。
- escapeXml 属性：可选属性，用于指定是否转换特殊字符，可以被转换的字符如表 11-2 所示。其属性值为 true 或 false，默认值为 true，表示转换，即将 HTML 标签转换为转义字符，在页面中显示出了 HTML 标签；如果属性值为 false，则将其中的 html、xml 解析出来。例如，将“<”转换为“<”。

表 11-2　被转换的字符

字符	字符实体代码	字符	字符实体代码
<	<	>	>
'	'	"	"
&	&		

- default 属性：可选属性，用于指定当 value 属性值等于 null 时，将要显示的默认值。如果没有指定该属性，并且 value 属性的值为 null，该标签将输出空的字符串。

【例 11-1】 应用<c:out>标签输出字符串“水平线标记<hr>”。（实例位置：光盘\MR\源码\第 11 章\11-1）

编写 index.jsp 文件，在该文件中，首先应用 taglib 指令引用 JSTL 的核心标签库，然后添加两个<c:out>标签，用于输出字符串“水平线标记<hr>”，这两个<c:out>标签的 escapeXml 属性的值分别为 true 和 false。index.jsp 文件的具体代码如下：

```
<%@ page language="java" contentType="text/html; charset=UTF-8"
    pageEncoding="UTF-8"%>
<%@ taglib prefix="c" uri="http://java.sun.com/jsp/jstl/core"%>
<!DOCTYPE HTML>
<html>
<head>
<meta charset="utf-8">
<title>应用&lt;c:out&gt;标签输出字符串“水平线标记&lt;hr&gt;”</title>
</head>
<body>
escapeXml 属性为 true 时:
<c:out value="水平线标记<hr>" escapeXml="true"></c:out>
<br>
escapeXml 属性为 false 时:
<c:out value="水平线标记<hr>" escapeXml="false"></c:out>
</body>
</html>
```

运行本实例，将显示如图 11-10 所示的运行结果。

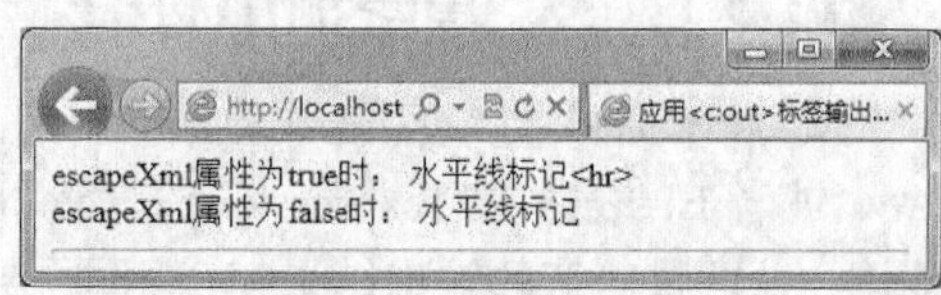

图 11-10 运行结果

从图 11-10 中，我们可以看出当 scapeXml 属性值为 true 时，输出字符串中的<hr>被以字符串的形式输出了，而当 scapeXml 属性值为 false 时，字符串中的<hr>则被当作 HTML 标记进行输出。这是因为，当 scapeXml 属性值为 true 时，已经将字符串中的“<”和“>”符号转换为对应的实体代码，所以在输出时，就不会被当作 HTML 标记进行输出了。这一点，可以通过查看源代码看出。本实例在运行后，将得到下面的源代码。

```
<!DOCTYPE HTML>
<html>
<head>
<meta charset="utf-8">
<title>应用&lt;c:out&gt;标签输出字符串“水平线标记&lt;hr&gt;”</title>
</head>
<body>
escapeXml 属性为 true 时:
水平线标记&lt;hr&gt;
<br>
escapeXml 属性为 false 时:
水平线标记<hr>
</body>
</html>
```

11.3.2 <c:set>变量设置标签

<c:set>标签用于在指定范围（page、request、session 或 application）中定义保存某个值的变

量，或为指定的对象设置属性值。使用该标签可以在页面中定义变量，而不用在 JSP 页面中嵌入打乱 HTML 排版的 Java 代码。<:set>标签有 4 种语法格式。

语法 1：在 scope 指定的范围内将变量值存储到变量中。

```
<c:set var="name" value="value" [scope="范围"]/>
```

语法 2：在 scope 指定的范围内将标签体存储到变量中。

```
<c:set var="name" [scope="page|request|session|application"]>
    标签体
</c:set>
```

语法 3：将变量值存储在 target 属性指定的目标对象的 propName 属性中。

```
<c:set value="value" target="object" property="propName"/>
```

语法 4：将标签体存储到 target 属性指定的目标对象的 propName 属性中。

```
<c:set target="object" property="propName">
    标签体
</c:set>
```

<c:set>标签的属性说明如表 11-3 所示。

表 11-3　<c:set>标签的属性说明

属　性	说　明
var	用于指定变量名。通过该标签定义的变量名，可以通过 EL 指定为<c:out>的 value 属性的值
value	用于指定变量值，可以使用 EL
scope	用于指定变量的作用域，默认值是 page。可选值包括 page、request、session 和 application
target	用于指定存储变量值或者标签体的目标对象，可以是 JavaBean 或 Map 集合对象
property	用于指定目标对象存储数据的属性名

target 属性不能是直接指定的 JavaBean 或 Map，而应该是使用 EL 表达式或一个脚本表达式指定的真正对象。这个对象可以通过<jsp:useBean>定义。例如，要为 JavaBean "CartForm" 的 id 属性赋值，那么 target 属性值应该是 target="${cart}"，而不应该是 target="cart"，其中 cart 为 CartForm 的对象。

【例 11-2】 应用<c:set>标签定义变量并为 JavaBean 属性赋值。（实例位置：光盘\MR\源码\第 11 章\11-2）

（1）编写一个名称为 UserInfo 的 JavaBean，并保存到 com.wgh 包中。在该 JavaBean 中添加一个 name 属性，并为该属性添加对应的 Setter 和 Getter 方法，具体代码如下：

```
package com.wgh;

public class UserInfo {
    private String name="";                         //名称属性
    public void setName(String name) {
        this.name = name;
    }
    public String getName() {
        return name;
    }
```

```
}
```

（2）编写 index.jsp 文件，在该文件中，首先应用 taglib 指令引用 JSTL 的核心标签库，然后应用<c:set>标签定义一个 request 范围内的变量 username，并应用<c:out>标签输出该变量，接下来再应用<jsp:useBean>动作标识创建 JavaBean 的实例，最后应用<c:set>标签为 JavaBean 中的 name 属性设置属性值，并应用<c:out>标签输出该属性。index.jsp 文件的具体代码如下：

```
<%@ page language="java" contentType="text/html; charset=UTF-8"
    pageEncoding="UTF-8"%>
<%@ taglib prefix="c" uri="http://java.sun.com/jsp/jstl/core"%>
<!DOCTYPE HTML>
<html>
<head>
<meta charset="utf-8">
<title>应用&lt;c:set&gt;标签的应用</title>
<style>
li{
    padding:5px;
}
</style>
</head>
<body>
<ul>
<li>定义 request 范围内的变量 username</li>
<c:set var="username" value="明日科技" scope="request"/>
<c:out value="username 的值为: ${username}"/>
<li>设置 UserInfo 对象的 name 属性</li>
<jsp:useBean class="com.wgh.UserInfo" id="userInfo"/>
<c:set target="${userInfo}" property="name">wgh</c:set>
<c:out value="UserInfo 的 name 属性值为: ${userInfo.name}"></c:out>
</ul>
</body>
</html>
```

运行本实例，将显示如图 11-11 所示的运行结果。

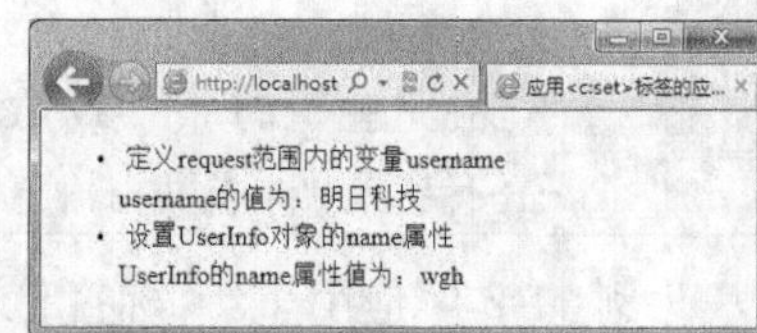

图 11-11　运行结果

在使用语法 3 和语法 4 时，如果 target 属性值为 null、属性值不是 java.util.Map 对象或者不是 JavaBean 对象的有效属性，将抛出如图 11-12 所示的异常。如果读者在程序开发过程中遇到类似的异常信息，需要检查 target 属性的值是否合法。

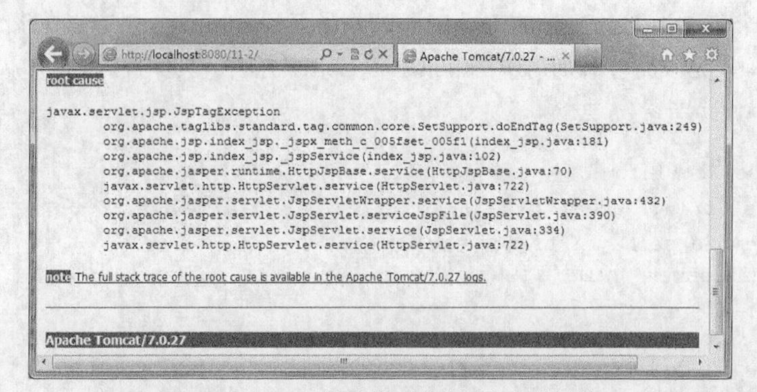

图 11-12　target 属性值不合法时产生的异常

如果在使用<c:set>标签的语法 3 和语法 4 时，产生如图 11-13 所示的异常信息，则是因为该标签的 property 属性值指定了一个 target 属性指定 Map 对象或是 JavaBean 对象中不存在的属性而产生的。

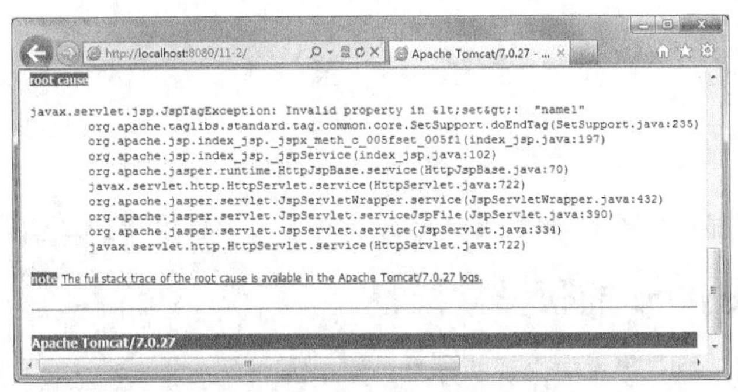

图 11-13　property 属性值不合法时产生的异常

11.3.3　<c:remove>变量移除标签

<c:remove>标签用于移除指定的 JSP 范围内的变量，其语法格式如下：

```
<c:remove var="name" [scope="范围"]/>
```

- var 属性：用于指定要移除的变量名。
- scope 属性：用于指定变量的有效范围，可选值有 page、request、session、application。默认值是 page。如果在该标签中没有指定变量的有效范围，那么将分别在 page、request、session 和 application 的范围内查找要移除的变量并移除。例如，在一个页面中，存在不同范围的两个同名变量，当不指定范围时移除该变量，这两个范围内的变量都将被移除。因此，在移除变量时，最好指定变量的有效范围。

当指定的要移除的变量并不存在时，并不会抛出异常。

【例 11-3】 应用<c:remove>标签移除变量。（实例位置：光盘\MR\源码\第 11 章\11-3）

编写 index.jsp 文件，在该文件中，首先应用 taglib 指令引用 JSTL 的核心标签库，然后应用<c:set>标签定义一个 request 范围内的变量 softName，并应用<c:out>标签输出该变量，接下来应用<c:remove>标签移除变量 softName，最后再应用<c:out>标签输出变量 softName。index.jsp 文件的具体代码如下：

```
<%@ page language="java" contentType="text/html; charset=UTF-8"
    pageEncoding="UTF-8"%>
<%@ taglib prefix="c" uri="http://java.sun.com/jsp/jstl/core"%>
<!DOCTYPE HTML>
<html>
<head>
<meta charset="utf-8">
<title>应用&lt;c:remove&gt;标签移除变量</title>
<style>
li {padding: 5px;}
</style>
</head>
<body>
    <ul>
        <c:set var="softName" value="明日科技编程词典" scope="request" />
```

```
        <li>移除前输出变量 softName 的值:
            <c:out value="${requestScope.softName}" /></li>
        <c:remove var="softName" scope="request" />
        <li>移除后变量 softName 的值:
        <c:out value="${requestScope.softName}" default="空" /></li>
    </ul>
</body>
</html>
```

运行本实例，将显示如图 11-14 所示的运行结果。

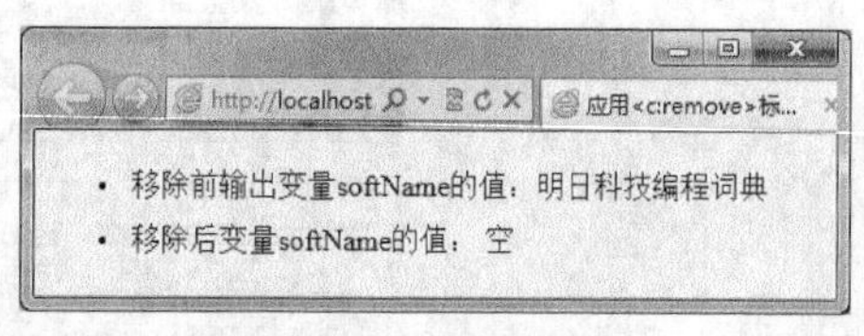

图 11-14　运行结果

11.3.4　<c:catch>捕获异常标签

<c:catch>标签用于捕获程序中出现的异常，如果需要，它还可以将异常信息保存在指定的变量中。该标签与 Java 语言中的 try...catch 语句类似。<c:catch>标签的语法格式如下：

```
<c:catch [var="exception"]>
…              //可能存在异常的代码
</c:catch>
```

- var 属性：可选属性，用于指定存储异常信息的变量。如果不需要保存异常信息，可以省略该属性。

var 属性值只有在<c:catch>标签的后面才有效，也就是说，在<c:catch>标签体中无法使用有关异常的任何信息。

【例 11-4】 应用<c:catch>标签捕获程序中出现的异常，并通过<c:out>标签输出该异常信息。具体代码如下：（实例位置：光盘\MR\源码\第 11 章\11-4）

```
<%@ taglib prefix="c" uri="http://java.sun.com/jsp/jstl/core"%>
<c:catch var="exception">
<%
int number=Integer.parseInt(request.getParameter("number"));
out.println("合计金额为: "+521*number);
%>
</c:catch>
抛出的异常信息: <c:out value="${exception}"/>
```

运行程序，页面中将显示如图 11-15 所示的异常信息，在 IE 的地址栏中，将 URL 地址修改为 http://localhost:8080/11-4/index.jsp?number=10，将显示“合计金额为：5210”。

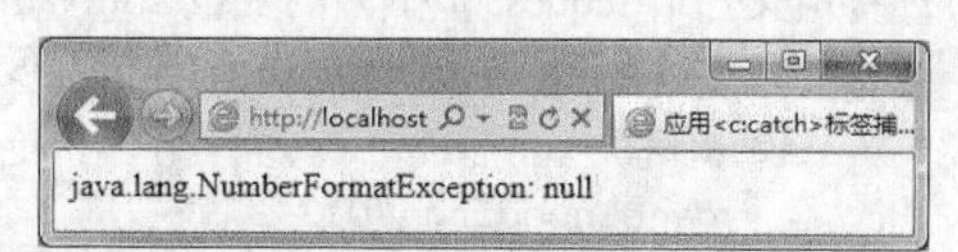

图 11-15　抛出的异常信息

11.4　URL 相关标签

文件导入、重定向和 URL 地址生成是 Web 应用中常用的功能。JSTL 中也提供了与 URL 相关的标签，分别是<c:import>、<c:redirect>、<c:url>和<c:param>。其中，<c:param>标签通常与其他标签配合使用。

11.4.1　<c:import>导入标签

<c:import>标签可以导入站内或其他网站的静态和动态文件到 Web 页面中，例如，使用

<c:import>标签导入，其他网站的天气信息到自己的网页中。<c:import>标签与<jsp:include>动作指令类似，所不同的是<jsp:include>只能导入站内资源，而<c:import>标签不仅可以导入站内资源，还可以导入其他网站的资源。

<c:import>标签的语法格式如下：

语法 1：

```
<c:import url="url" [context="context"] [var="name"] [scope="范围"]
[charEncoding="encoding"]>
[标签体]
</c:import>
```

语法 2：

```
<c:import url="url" varReader="name" [context="context"] [charEncoding="encoding"]>
    [标签体]
</c:import>
```

<c:import>标签的属性说明如表 11-4 所示。

表 11-4　<c:import>标签的属性说明

属　性	说　　明
url	用于指定被导入的文件资源的 URL 地址。需要注意的是：如果指定的 url 属性为 null、空或者无效，将抛出"javax.servlet.ServletException"异常。例如，如果指定 url 属性值为 url.jsp，而与当前面同级的目录中，并不存在 url.jsp 文件，将抛出"javax.servlet.ServletException: File "/url.jsp" not found"异常
context	上下文路径，用于访问同一个服务器的其他 Web 应用，其值必须以"/"开头，如果指定了该属性，那么 url 属性值也必须以"/"开头
var	用于指定变量名称。该变量用于以 String 类型存储获取的资源
scope	用于指定变量的存在范围，默认值为 page。可选值有 page、request、session 和 application
varReader	用于指定一个变量名，该变量用于以 Reader 类型存储被包含的文件内容
charEncoding	用于指定被导入文件的编码格式
标签体	可选，如果需要为导入的文件传递参数，则可以在标签体的位置通过<c:param>标签设置参数

注意

导出的 Reader 对象，只能在<c:import>标记的开始标签和结束标签之间使用。

【例 11-5】 应用<c:import>标签导入音乐网站 Banner。（实例位置：光盘\MR\源码\第 11 章\11-5）

（1）编写 index.jsp 文件，在该文件中，首先应用 taglib 指令引用 JSTL 的核心标签库，然后应用<c:set>标签将歌曲类别列表组成的字符串保存到变量 typeName 中，最后应用<c:import>标签导入网站 Banner（对应的文件为 navigation.jsp），并将歌曲类别列表组成的字符串传递到 navigation.jsp 页面。index.jsp 文件的具体代码如下：

```
<%@ page language="java" contentType="text/html; charset=UTF-8"
    pageEncoding="UTF-8"%>
<%@ taglib prefix="c" uri="http://java.sun.com/jsp/jstl/core"%>
<!DOCTYPE HTML>
<html>
<head>
<meta charset="utf-8">
<title>应用&lt;c:import&gt;标签导入网站 Banner</title>
```

```
<style>
li {padding: 5px;}
</style>
</head>
<body>
<body style=" margin:0px;">
<c:set var="typeName" value="流行金曲 | 经典老歌 | 热舞 DJ | 欧美金曲 | 少儿歌曲 | 轻音乐 |
        最新上榜"/>
<!-- 导入网站的 Banner -->
<c:import url="navigation.jsp" charEncoding="UTF-8">
    <c:param name="typeList" value="${typeName}"/>
</c:import>
</body>
</html>
```

（2）编写 navigation.jsp 文件，在该文件中，首先设置请求的编码方式为 UTF-8，然后添加一个<header>标记，并在该标记中通过 EL 输出通过<c:param>标签传递的参数值，最后再通过 CSS 样式控制<header>标记的样式。navigation.jsp 文件的具体代码如下：

```
<%@ page language="java" contentType="text/html; charset=UTF-8"
    pageEncoding="UTF-8"%>
<%request.setCharacterEncoding("UTF-8"); %>
<style>
header{
    margin:0 auto auto auto;                    /*设置居中显示*/
    width:891px;                                /*设置宽度*/
    height:30px;                                /*设置高度*/
    background-image:url("images/bg.jpg");      /*设置背景图片*/
    padding-top:98px;                           /*设置顶内边距*/
    font-weight: bold;                          /*设置文字加粗显示*/
    color: white;                               /*设置文字颜色为白色*/
    padding-left:10px;                          /*设置左内边距*/
}
</style>
<header>${param.typeList}</header>
```

运行本实例，将显示如图 11-16 所示的运行结果。

图 11-16　应用<c:import>标签导入网站 Banner

11.4.2　<c:url>动态生成 URL 标签

<c:url>标签用于生成一个 URL 路径的字符串，这个生成的字符串可以赋予 HTML 的<a>标记，实现 URL 的连接，或者用这个生成的 URL 字符串实现网页的转发与重定向等。在使用该标签生成 URL 时，还可以与<c:param>标签相结合，动态地添加 URL 的参数信息。<c:url>标签的语法格式如下。

语法 1：

```
<c:url value="url" [var="name"] [scope="范围"] [context="context"]/>
```

该语法将输出产生的 URL 字符串信息，如果指定了 var 和 scope 属性，相应的 URL 信息就不再输出，而是存储在变量中以备后用。

语法 2：

```
<c:url value="url" [var="name"] [scope="范围"] [context="context"]>
    <c:param/>
    …   <!--可以有多个<c:param>标签-->
</c:url>
```

该语法不仅实现了语法 1 的功能，而且还可以搭配<c:param>标签完成带参数的复杂 URL 信息。

- value 属性：用于指定将要处理的 URL 地址，可以使用 EL。
- context 属性：上下文路径，用于访问同一个服务器的其他 Web 工程，其值必须以“/”开头，如果指定了该属性，那么 url 属性值也必须以“/”开头
- var 属性：用于指定变量名称，该变量用于保存新生成的 URL 字符串。
- scope 属性：用于指定变量的存在范围。

【例 11-6】应用<c:url>标签生成带参数的 URL 地址。（实例位置：光盘\MR\源码\第 11 章\11-6）

编写 index.jsp 文件，在该文件中，首先应用 taglib 指令引用 JSTL 的核心标签库，然后应用<c:url>标签和<c:param>标签生成带参数的 URL 地址，并保存到变量 path 中，最后，添加一个超链接，该超链接的目标地址是 path 变量所指定的 URL 地址。index.jsp 文件的具体代码如下：

```
<%@ page language="java" contentType="text/html; charset=UTF-8"
    pageEncoding="UTF-8"%>
<%@ taglib prefix="c" uri="http://java.sun.com/jsp/jstl/core"%>
<!DOCTYPE HTML>
<html>
<head>
<meta charset="utf-8">
<title>应用&lt;c:url&gt;标签生成带参数的 URL 地址</title>
</head>
<body>
<c:url var="path" value="register.jsp" scope="page">
    <c:param name="user" value="mr"/>
    <c:param name="email" value="wgh717@sohu.com"/>
</c:url>
<a href="${pageScope.path }">提交注册</a>
</body>
</html>
```

运行本实例，将鼠标移动到“提交注册”超链接上，在状态栏中将显示生成的 URL 地址，如图 11-17 所示。

图 11-17　应用<c:url>标签生成的带参数的 URL 地位

说明：在应用<c:url>标签生成新的 URL 地址时，空格符将被转换为加号（+）。

11.4.3　<c:redirect>重定向标签

<c:redirect>标签可以将客户端发出的 request 请求重定向到其他 URL 服务端，由其他程序处理，而在这期间可以对 request 请求中的属性进行修改或添加，然后把所有属性传递到目标路径。该标签的语法格式如下。

语法 1：该语法格式没有标签体，并且不添加传递到目标路径的参数信息。

```
<c:redirect url="url" [context="/context"]/>
```

语法 2：该语法格式将客户请求重定向到目标路径，并且在标签体中使用<c:param>标签传递其他参数信息。

```
<c:redirect url="url" [context="/context"]>
    <c:param/>
…   <!--可以有多个<c:param>标签-->
</c:redirect>
```

- url 属性：必选属性，用于指定待定向资源的 URL，可以使用 EL。
- context 属性：用于在使用相对路径访问外部 context 资源时，指定资源的名字。

例如，应用语法 1 将页面重定向到用户登录页面的代码如下：

```
<c:redirect url="login.jsp"/>
```

再例如，应用语法 2 将页面重定向到 Servlet 映射地址 UserListServlet，并传递 action 参数，参数值为 query，具体代码如下：

```
<c:redirect url="UserListServlet">
    <c:param name="action" value="query"/>
</c:redirect>
```

11.4.4 <c:param>传递参数标签

<c:param>标签只用于为其他标签提供参数信息，它与<c:import>、<c:redirect>和<c:url>标签组合可以实现动态定制参数，从而使标签可以完成更复杂的程序应用。<c:param>标签的语法格式如下：

```
<c:param name="paramName" value="paramValue"/>
```

- name 属性：用于指定参数名，可以引用 EL。如果参数名为 null 或是空，该标签将不起任何作用。
- value 属性：用于指定参数值，可以引用 EL。如果参数值为 null，作为空值处理。

【例 11-7】 应用<c:redirect>和<c:param>标签实现重定向页面并传递参数。（实例位置：光盘\MR\源码\第 11 章\11-7）

（1）编写 index.jsp 文件，在该文件中，首先应用 taglib 指令引用 JSTL 的核心标签库，然后应用<c:redirect>标签将页面重定向到 main.jsp 中，并且通过<c:param>标签传递用户名参数。index.jsp 文件的具体代码如下：

```
<%@ page language="java" contentType="text/html; charset=UTF-8"
    pageEncoding="UTF-8"%>
<%@ taglib prefix="c" uri="http://java.sun.com/jsp/jstl/core"%>
<!DOCTYPE HTML>
<html>
<head>
<meta charset="utf-8">
<title>重定向页面并传递参数</title>
</head>
<body>
<c:redirect url="main.jsp">
    <c:param name="user" value="wgh"/>
</c:redirect>
</body>
</html>
```

（2）编写 main.jsp 文件，在该文件中，通过 EL 显示传递的参数 user。main.jsp 文件的具体代码如下：

```
<%@ page language="java" contentType="text/html; charset=UTF-8"
```

```
    pageEncoding="UTF-8"%>
<!DOCTYPE HTML>
<html>
<head>
<meta charset="utf-8">
<title>显示结果</title>
</head>
<body>
[${param.user }]您好，欢迎访问我公司网站!
</body>
</html>
```

运行本实例，将页面重定向到 main.jsp 页面，并显示传递的参数，如图 11-18 所示。

图 11-18 获取传递的参数

11.5 流程控制标签

流程控制在程序中会根据不同的条件去执行不同的代码来产生不同的运行结果，使用流程控制可以处理程序中的任何可能发生的事情。在 JSTL 中包含<c:if>标签、<c:choose>标签、<c:when>标签和<c:otherwise>标签 4 种流程控制标签。

11.5.1 <c:if>条件判断标签

<c:if>条件判断标签可以根据不同的条件去处理不同的业务。它与 Java 语言中的 if 语句类似，只不过该语句没有 else 标签。<c:if>标签有两种语法格式。

说明

虽然<c:if>标签没有对应的 else 标签，但是 JSTL 提供了<c:choose>、<c:when>和<c:otherwise>标签可以实现 if...else 的功能。

语法 1：该语法格式会判断条件表达式，并将条件的判断结果保存在 var 属性指定的变量中，而这个变量存在于 scope 属性所指定的范围中。

```
<c:if test="condition" var="name" [scope=page|request|session|application]/>
```

语法 2：该语法格式不但可以将 test 属性的判断结果保存在指定范围的变量中，还可以根据条件的判断结果去执行标签体。标签体可以使 JSP 页面能够使用的任何元素，例如，HTML 标记、Java 代码或者嵌入其他 JSP 标签。

```
<c:if test="condition" var="name" [scope="范围"]>
    标签体
</c:if>
```

- ❑ test 属性：必选属性，用于指定条件表达式，可以使用 EL。
- ❑ var 属性：可选属性，用于指定变量名，该变量用于保存 test 属性的判断结果。如果该变量不存在就创建它。
- ❑ scope 属性：用于指定变量的有效范围，默认值为 page。可选值有 page、request、session 和 application。

【例 11-8】 应用<c:if>标签根据是否登录显示不同的内容。（实例位置：光盘\MR\源码\第 11 章\11-8）

编写 index.jsp 文件，在该文件中，首先应用 taglib 指令引用 JSTL 的核心标签库，然后应用

<c:if>标签判断保存用户名的参数 username 是否为空，并将判断结果保存到变量 result 中，如果 username 为空，则显示用于输入用户信息的表单及表单元素，最后再判断变量 result 的值是否为 true，如果不为 true，则通过 EL 输出当前登录用户名及欢迎信息。index.jsp 文件的具体代码如下：

```
<%@ page language="java" contentType="text/html; charset=UTF-8"
    pageEncoding="UTF-8"%>
<%@ taglib prefix="c" uri="http://java.sun.com/jsp/jstl/core"%>
<%request.setCharacterEncoding("UTF-8"); %>
<!DOCTYPE HTML>
<html>
<head>
<meta charset="utf-8">
<title>根据是否登录显示不同的内容</title>
</head>
<body>
<c:if var="result" test="${empty param.username}">
  <form name="form1" method="post" action="">
    用户名：<input name="username" type="text" id="username">
     <br><br>
     <input type="submit" name="Submit" value="登录">
  </form>
</c:if>
<c:if test="${!result}">
    [${param.username}] 欢迎访问我公司网站！
</c:if>
</body>
</html>
```

运行本实例，将显示如图 11-19 所示的页面，在“用户名”文本框输入用户名“无语”，单击“登录”按钮，将显示如图 11-20 所示的欢迎信息。

图 11-19　未登录时，显示的信息

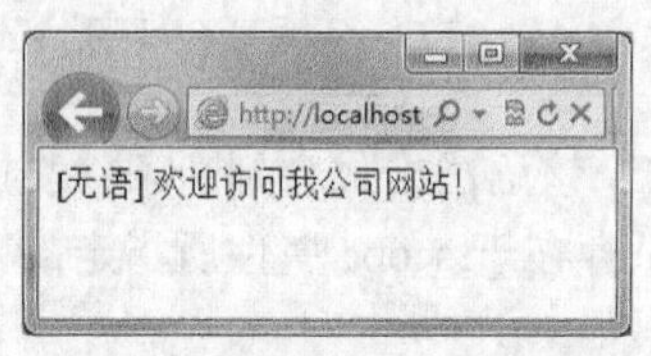

图 11-20　登录后显示的内容

11.5.2　<c:choose>条件选择标签

<c:choose>标签可以根据不同的条件去完成指定的业务逻辑，如果没有符合的条件会执行默认条件的业务逻辑。<c:choose>标签只能作为<c:when>和<c:otherwise>标签的父标签，而要实现条件选择逻辑可以在<c:choose>标签中嵌套<c:when>和<c:otherwise>标签来完成。<c:choose>标签的语法格式如下：

```
<c:choose>
    标签体    <!--由<c:when>标签和<c:otherwise>标签组成-->
</c:choose>
```

<c:choose>标签没有相关属性，它只是作为<c:when>和<c:otherwise>标签的父标签来使用，并且在<c:choose>标签中，除了空白字符外，只能包括<c:when>和<c:otherwise>标签。

在一个<c:choose>标签中可以包含多个<c:when>标签来处理不同条件的业务逻辑，但是只能有一个<c:otherwise>标签来处理默认条件的业务逻辑。

在运行时，首先判断<c:when>标签的条件是否为 true，如果为 true，则将<c:when>标签体中的内容显示到页面中，否则判断下一个<c:when>标签的条件，如果该标签的条件也不满足，则继续判断下一个<c:when>标签，直到<c:otherwise>标签体被执行。

【例 11-9】 应用<c:choose>标签根据是否登录显示不同的内容。（实例位置：光盘\MR\源码\第 11 章\11-9）

编写 index.jsp 文件，在该文件中，首先应用 taglib 指令引用 JSTL 的核心标签库，然后添加<c:choose>标签，在该标签中，应用<c:when>标签判断保存用户名的参数 username 是否为空，如果 username 为空，则显示用于输入用户信息的表单及表单元素，否则应用<c:otherwise>标签处理不为空的情况，这里将通过 EL 输出当前登录用户名及欢迎信息。index.jsp 文件的具体代码如下：

```
<%@ page language="java" contentType="text/html; charset=UTF-8"
    pageEncoding="UTF-8"%>
<%@ taglib prefix="c" uri="http://java.sun.com/jsp/jstl/core"%>
<%request.setCharacterEncoding("UTF-8"); %>
<!DOCTYPE HTML>
<html>
<head>
<meta charset="utf-8">
<title>根据是否登录显示不同的内容</title>
</head>
<body>
<c:choose>
    <c:when test="${empty param.username}">
      <form name="form1" method="post" action="">
        用户名：
         <input name="username" type="text" id="username">
       <input type="submit" name="Submit" value="登录">
      </form>
    </c:when>
    <c:otherwise>
        [${param.username}] 欢迎访问我公司网站！
    </c:otherwise>
</c:choose>
</body>
</html>
```

运行本实例，将显示如图 11-21 所示的页面，在“用户名”文本框输入用户名“bellflower”，单击“登录”按钮，将显示如图 11-22 所示的欢迎信息。

图 11-21　未登录时，显示的信息

图 11-22　登录后显示的内容

11.5.3　<c:when>条件测试标签

<c:when>条件测试标签是<c:choose>标签的子标签，它根据不同的条件去执行相应的业务逻辑。可以存在多个<c:when>标签来处理不同条件的业务逻辑。<c:when>标签的语法格式如下：

```
<c:when test="condition">
```

```
    标签体
</c:when>
```

属性：test 为条件表达式，这是<c:when>标签必须定义的属性，它可以引用 EL 表达式。

说明

在<c:choose>标签中，必须有一个<c:when>标签，但是<c:otherwise>标签是可选的。如果省略了<c:otherwise>标签，当所有的<c:when>标签都不满足条件时，将不会处理<c:choose>标签的标签体。

注意

<c:when>标签必须出现在<c:otherwise>标签之前。

【例 11-10】 实现分时问候。（实例位置：光盘\MR\源码\第 11 章\11-10）

编写 index.jsp 文件，在该文件中，首先应用 taglib 指令引用 JSTL 的核心标签库，然后应用<c:set>标签定义两个变量，分别用于保存当前的小时数和分钟数，接下来再添加<c:choose>标签，在该标签中，应用<c:when>标签进行分时判断，并显示不同的问候信息，最后应用 EL 输出当前的小时和分钟数。index.jsp 文件的具体代码如下：

```
<%@ page language="java" contentType="text/html; charset=UTF-8"
    pageEncoding="UTF-8"%>
<%@ taglib prefix="c" uri="http://java.sun.com/jsp/jstl/core"%>
<!DOCTYPE HTML>
<html>
<head>
<meta charset="utf-8">
<title>实现分时问候</title>
</head>
<body>
<!-- 获取小时并保存到变量中 -->
<c:set var="hours">
    <%=new java.util.Date().getHours()%>
</c:set>
<!-- 获取分钟并保存到变量中-->
<c:set var="second">
    <%=new java.util.Date().getMinutes()%>
</c:set>
<c:choose>
    <c:when test="${hours>1 && hours<7}"   >早上好！</c:when>
    <c:when test="${hours>=7 && hours<12}" >上午好！</c:when>
    <c:when test="${hours>=12 && hours<18}">下午好！</c:when>
    <c:when test="${hours>=18 && hours<24}">晚上好！</c:when>
</c:choose>
 现在时间是：${hours}:${second}
</body>
</html>
```

运行本实例，将显示如图 11-23 所示的问候信息。

图 11-23 运行结果

11.5.4 <c:otherwise>其他条件标签

<c:otherwise>标签也是<c:choose>标签的子标签，用于定义<c:choose>标签中的默认条件处理逻辑，如果没有任何一个结果满

足<c:when>标签指定的条件，将会执行这个标签体中定义的逻辑代码。在<c:choose>标签范围内只能存在一个该标签的定义。<c:otherwise>标签的语法格式如下：

```
<c:otherwise>
标签体
</c:otherwise>
```

<c:otherwise>标签必须定义在所有<c:when>标签的后面，也就是说它是<c:choose>标签的最后一个子标签。

【例 11-11】 幸运大抽奖。（实例位置：光盘\MR\源码\第 11 章\11-11）

编写 index.jsp 文件，在该文件中，首先应用 taglib 指令引用 JSTL 的核心标签库，然后抽取幸运数字并保存到变量中，最后再应用<c:choose>标签、<c:when>标签和<c:otherwise>标签根据幸运数字显示不同的中奖信息。index.jsp 文件的具体代码如下：

```
<%@ page language="java" contentType="text/html; charset=UTF-8"
    pageEncoding="UTF-8"%>
<%@ page import="java.util.Random" %>
<%@ taglib prefix="c" uri="http://java.sun.com/jsp/jstl/core"%>
<!DOCTYPE HTML>
<html>
<head>
<meta charset="utf-8">
<title>幸运大抽奖</title>
</head>
<body>
<%Random rnd=new Random();%>
<!-- 将抽取的幸运数字保存到变量中 -->
<c:set var="luck">
    <%=rnd.nextInt(10)%>
</c:set>
<c:choose>
    <c:when test="${luck==6}">恭喜你，中了一等奖！</c:when>
    <c:when test="${luck==7}">恭喜你，中了二等奖！</c:when>
    <c:when test="${luck==8}">恭喜你，中了三等奖！</c:when>
    <c:otherwise>谢谢您的参与！</c:otherwise>
</c:choose>
</body>
</html>
```

运行本实例，当产生随机数 6 时，将显示如图 11-24 所示的中奖信息。

图 11-24　运行结果

11.6　循环标签

循环是程序算法中的重要环节，有很多著名的算法都需要在循环中完成，例如递归算法、查询算法和排序算法。JSTL 标签库中包含<c:forEach>和<c:forTokens>两个循环标签。

11.6.1　<c:forEach>循环标签

<c:forEach>循环标签可以根据循环条件，遍历数组和集合类中的所有或部分数据。例如，在

使用 Hibernate 技术访问数据库时，返回的都是数组、java.util.List 和 java.util.Map 对象，它们封装了从数据库中查询出的数据，这些数据都是 JSP 页面需要的。如果在 JSP 页面中使用 Java 代码来循环遍历所有数据，会使页面非常混乱，不易分析和维护。使用 JSTL 的<c:forEach>标签循环显示这些数据不但可以解决 JSP 页面混乱的问题，而且也提高了代码的可维护性。

<c:forEach>标签的语法格式如下。

语法 1：集合成员迭代

```
<c:forEach items="data" [var="name"] [begin="start"] [end="finish"] [step="step"]
[varStatus="statusName"]>
    标签体
</c:forEach>
```

在该语法中，items 属性是必选属性，通常使用 EL 指定，其他属性均为可选属性。

语法 2：数字索引迭代

```
<c:forEach   begin="start"   end="finish"   [var="name"]   [varStatus="statusName"]
[step="step"]>
    标签体
</c:forEach>
```

在该语法中，各属性的说明如表 11-4 所示，在这些属性中，begin 和 end 属性是必选的属性，其他属性均为可选属性。

表 11-5　<c:forEach>标签的常用属性

属　性	说　明
items	用于指定被循环遍历的对象，多用于数组与集合类。该属性的属性值可以是数组、集合类、字符串和枚举类型，并且可以通过 EL 进行指定
var	用于指定循环体的变量名，该变量用于存储 items 指定的对象的成员
begin	用于指定循环的起始位置，如果没有指定，则从集合的第一个值开始迭代。可以使用 EL
end	用于指定循环的终止位置，如果没有指定，则一直迭代到集合的最后一位。可以使用 EL
step	用于指定循环的步长。可以使用 EL
varStatus	用于指定循环的状态变量，该属性还有 4 个状态属性，如表 11-5 所示
标签体	可以是 JSP 页面可以显示的任何元素

表 11-6　VarStatas 属性的状态属性

变　量	类　型	描　述
index	int	当前循环的索引值，从 0 开始
count	int	当前循环的循环计数，从 1 开始
first	boolean	是否为第一次循环
last	boolean	是否为最后一次循环

如果要在循环的过程中，得到循环计数，可以应用 varStatus 属性的状态属性 count 获得。

【例 11-12】 遍历 List 集合。（实例位置：光盘\MR\源码\第 11 章\11-12）

编写 index.jsp 文件，在该文件中，首先应用 taglib 指令引用 JSTL 的核心标签库，然后创建一个包含 3 个元素的 List 集合对象，并保存到 request 范围内的 list 变量中，接下来应用<c:forEach>

标签遍历 List 集合中的全部元素，并输出，最后应用<c:forEach>标签遍历 List 集合中第 1 个元素以后的元素，包括第 1 个元素，并输出。index.jsp 文件的具体代码如下：

```
<%@ page language="java" contentType="text/html; charset=UTF-8"
    pageEncoding="UTF-8"%>
<%@ page import="java.util.*"%>
<%@ taglib prefix="c" uri="http://java.sun.com/jsp/jstl/core"%>
<!DOCTYPE HTML>
<html>
<head>
<meta charset="utf-8">
<title>遍历 List 集合</title>
</head>
<body>
<%
List<String> list=new ArrayList<String>();                //创建 List 集合的对象
list.add("简单是可靠的先决条件");                           //向 List 集合中添加元素
list.add("兴趣是最好的老师");
list.add("知识上的投资总能得到最好的回报");
request.setAttribute("list",list);                        //将 List 集合保存到 request 对象中
%>
<b>遍历 List 集合的全部元素：</b><br>
<c:forEach items="${requestScope.list}" var="keyword" varStatus="id">
    ${id.index } : ${keyword}<br>
</c:forEach>
<b>遍历 List 集合中第 1 个元素以后的元素（不包括第 1 个元素）：</b><br>
<c:forEach items="${requestScope.list}" var="keyword" varStatus="id" begin="1">
    ${id.index } : ${keyword}<br>
</c:forEach>
</body>
</html>
```

说明

在应用<c:forEach>标签时，var 属性指定的变量，只在循环体内有效，这一点与 Java 语言的 for 循环语句中的循环变量类似。

运行本实例，将显示如图 11-25 所示的效果。

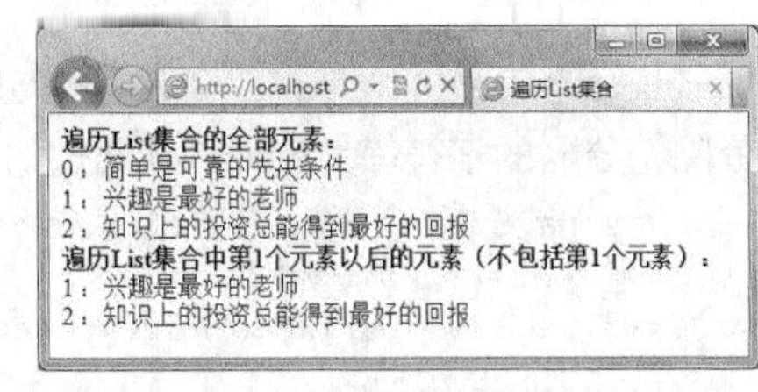

图 11-25　运行结果

【例 11-13】应用<c:forEach>列举 10 以内的全部奇数。（实例位置：光盘\MR\源码\第 11 章\11-13）

编写 index.jsp 文件，在该文件中，首先应用 taglib 指令引用 JSTL 的核心标签库，然后应用<c:forEach>标签输出 10 以内的全部奇数。index.jsp 文件的具体代码如下：

```
<%@ page language="java" contentType="text/html; charset=UTF-8"
    pageEncoding="UTF-8"%>
<%@ taglib prefix="c" uri="http://java.sun.com/jsp/jstl/core"%>
<!DOCTYPE HTML>
<html>
<head>
<meta charset="utf-8">
<title>应用&lt;c:forEach&gt;列举 10 以内全部奇数</title>
```

```
</head>
<body>
<b>10 以内的全部奇数为：</b>
<c:forEach var="i" begin="1" end="10" step="2">
    ${i}  
</c:forEach>
</body>
</html>
```

运行本实例，将显示如图 11-26 所示的效果。

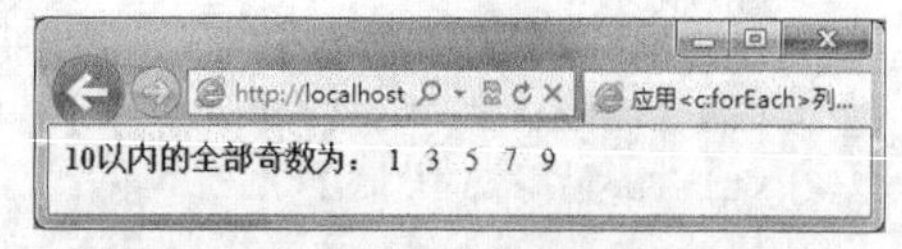

图 11-26　列举 10 以内的全部奇数

11.6.2　<c:forTokens>迭代标签

<c:forTokens>迭代标签可以用指定的分隔符将一个字符串分割开，根据分割的数量确定循环的次数。<c:forTokens>标签的语法格式如下：

```
<c:forTokens items="String" delims="char" [var="name"] [begin="start"] [end="end"]
[step="len"] [varStatus="statusName"]>
    标签体
</c:forTokens>
```

<c:forTokens>标签的常用属性如表 11-6 所示。

表 11-7　<c:forTokens>标签的常用属性

属　性	说　明
items	用于指定要迭代的 String 对象，该字符串通常由指定的分隔符分隔
delims	用于指定分隔字符串的分隔符，可以同时有多个分隔符
var	用于指定变量名，该变量中保存了分隔后的字符串
begin	用于指定迭代开始的位置，引索值从 0 开始
end	用于指定迭代的结束位置
step	用于指定迭代的步长，默认步长为 1
varStatus	用于指定循环的状态变量，同<c:forEach>标签一样，该属性也有 4 个状态属性，如表 11-5 所示
标签体	可以是 JSP 页面可以显示的任何元素

【例 11-14】 应用<c:forTokens>分隔字符串。（实例位置：光盘\MR\源码\第 11 章\11-14）

编写 index.jsp 文件，在该文件中，首先应用 taglib 指令引用 JSTL 的核心标签库，然后应用<c:set>标签定义一个字符串变量，并输出该字符串，最后应用<c:forTokens>标签迭代输出按指定分隔符分隔的字符串。index.jsp 文件的具体代码如下：

```
<%@ page language="java" contentType="text/html; charset=UTF-8"
    pageEncoding="UTF-8"%>
<%@ taglib prefix="c" uri="http://java.sun.com/jsp/jstl/core"%>
<!DOCTYPE HTML>
<html>
<head>
<meta charset="utf-8">
<title>应用&lt;c:forTokens&gt;分隔字符串</title>
</head>
<body>
<c:set var="sourceStr" value="Java Web：程序开发范例宝典、典型模块大全；Java：实例完全自学
手册、典型模块大全"/>
<b>原字符串：</b><c:out value="${sourceStr}"/>
```

```
<br><b>分割后的字符串：</b><br>
<c:forTokens items="${sourceStr}" delims="：、；" var="item">
    ${item}<br>
</c:forTokens>
</body>
</html>
```

运行本实例，将显示如图 11-27 所示的效果。

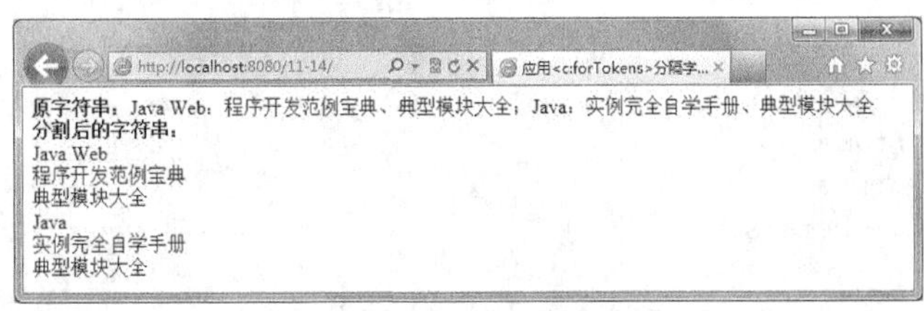

图 11-27　运行结果

11.7　综合实例——JSTL 在电子商城中的应用

本实例将应用 JSTL 实现电子商城网站中的用户登录、显示分时问候和页面重定向等功能，具体的开发步骤如下。

（1）编写 top.jsp 页面，在该页面中应用 DIV+CSS 样式进行布局，并在页面的合适位置应用 <c:choose>、<c:when>和<c:otherwise>标签显示分时问候。top.jsp 页面的具体代码如下：

```
<%@ page language="java" pageEncoding="UTF-8"%>
<%@ taglib prefix="c" uri="http://java.sun.com/jsp/jstl/core"%>
<div style="width:100%; text-align:center">
    <div id="top">
        <div id="greeting">
            <jsp:useBean id="now" class="java.util.Date"/>
            <c:choose>
                <c:when test="${now.hours>=0 && now.hours<5}">凌晨好！</c:when>
                <c:when test="${now.hours>=5 && now.hours<8}">早上好</c:when>
                <c:when test="${now.hours>=8 && now.hours<11}">上午好！</c:when>
                <c:when test="${now.hours>=11 && now.hours<13}">中午好！</c:when>
                <c:when test="${now.hours>=13 && now.hours<17}">下午好！</c:when>
                <c:otherwise>晚上好！</c:otherwise>
            </c:choose>
            现在时间是：${now.hours}时${now.minutes}分${now.seconds}秒
        </div>
    </div>
</div>
```

（2）编写 login.jsp 页面，在该页面中应用 DIV+CSS 样式进行布局，并在页面的合适位置应用 <c:choose>、<c:when>和<c:otherwise>标签根据用户是否登录显示不同的内容。如果用户没有登录，则显示用户登录表单，否则显示当前登录用户名和“退出”超链接。login.jsp 页面的具体代码如下：

```
<%@ page language="java" pageEncoding="UTF-8"%>
<%@ taglib prefix="c" uri="http://java.sun.com/jsp/jstl/core"%>
<div style="width:100%; text-align:center">
    <div id="login">
```

```
            <div id="loginForm">
            <c:choose>
                <c:when test="${empty sessionScope.user}">
                <form action="deal.jsp" method="post" name="form1">
                     <ul>
                     <li>用户昵称：<input name="user" type="text" id="user" /></li>
                     <li>密    码：<input name="pwd" type="password" id="pwd" /></li>
                     <li><input name="Submit" type="submit" value="登录" /> 
                     <input name="Submit2" type="reset" value="重置" /></li>
                     </ul>
                 </form>
                </c:when>
                <c:otherwise>
                     <ul>
                     <li style="padding-top:30px;">
                     欢迎您！${sessionScope.user} [<a href="logout.jsp">退出</a>]
                     </li>
                     </ul>
                </c:otherwise>
            </c:choose>
          </div>
        </div>
    </div>
```

（3）编写 deal.jsp 页面，在该页面中，应用 JSTL 标签判断输入的用户名和密码是否合法，并根据判断结果进行相应的处理。如果合法，则保存用户名到 session 中，并重定向页面到 index.jsp 页面，否则弹出提示对话框后，再将页面重定向到 index.jsp 页面。deal.jsp 页面的具体代码如下：

```
<%@ page language="java" pageEncoding="UTF-8"%>
<%@ taglib prefix="c" uri="http://java.sun.com/jsp/jstl/core"%>
<%request.setCharacterEncoding("UTF-8");%>
<c:choose>
    <c:when test="${param.user =='mr' && param.pwd=='mrsoft'}">
        <c:set var="user" scope="session" value="${param.user}"/>
        <c:redirect url="index.jsp"/>
    </c:when>
    <c:when test="${param.user=='tsoft' && param.pwd=='111'}">
        <c:set var="user" scope="session" value="${param.user}"/>
        <c:redirect url="index.jsp"/>
    </c:when>
    <c:otherwise>
        <script language="javascript">alert("您输入的用户名或密码不正确！");
            window.location.href="index.jsp";</script>
    </c:otherwise>
</c:choose>
```

（4）编写 copyright.jsp 页面，在该页面中应用 DIV+CSS 样式进行布局，并在页面的合适位置插入一张显示版权信息的图片。copyright.jsp 页面的具体代码如下：

```
<%@ page language="java" pageEncoding="UTF-8"%>
<div style="width:100%; text-align:center">
    <img src="images/copyright.jpg" width="794" height="81">
</div>
```

（5）编写 index.jsp 页面，在该页面中，应用<c:import>标签包含 top.jsp、login.jsp 和 copyright.jsp 页面，并在 login.jsp 和 copyright.jsp 页面之间插入一个<div>用于显示最新产品。index.jsp 页面的

具体代码如下：

```
<%@ page language="java" contentType="text/html; charset=UTF-8"
    pageEncoding="UTF-8"%>
<%@ taglib prefix="c" uri="http://java.sun.com/jsp/jstl/core"%>
<!DOCTYPE HTML>
<html>
<head>
<meta charset="utf-8">
<title>JSTL 在电子商城网站中的应用</title>
<link href="CSS/style.css" rel="stylesheet">
</head>
<body>
<section>
    <c:import url="top.jsp"/>
    <c:import url="login.jsp"/>
    <div style="width:100%; text-align:center">
        <img src="images/newGoods.jpg" width="794" height="208">
    </div>
    <c:import url="copyright.jsp"/>
    <c:set var="user" value="mr"/>
</section>
</body>
</html>
```

运行程序，将显示图 11-28 所示的电子商城首页，在该页面的“用户名”文本框中输入“mr”，“密码”文本框中输入“mrsoft”，单击“登录”按钮，将成功登录，并在原来显示登录表单的区域中，显示当前登录的用户，如图 11-29 所示。如果用户名和密码输入错误，将给予提示。

图 11-28　未登录时的页面运行结果

图 11-29　登录后的页面运行结果

知识点提炼

（1）JSTL 是一个不断完善的开放源代码的 JSP 标签库，JSP 2.0 已将 JSTL 作为标准支持。使用 JSTL 可以取代在传统 JSP 程序中嵌入 Java 代码的做法，从而大大提高了程序的可维护性。

（2）<c:out>标签用于将表达式的值输出到 JSP 页面中，该标签类似于 JST 的表达式<%=表达式%>，或者 EL 表达式${expression}。

（3）<c:set>标签用于在指定范围（page、request、session 或 application）中定义保存某个值的变量，或为指定的对象设置属性值。

（4）<c:remove>标签用于移除指定的 JSP 范围内的变量。

（5）<c:catch>标签用于捕获程序中出现的异常，如果需要，它还可以将异常信息保存在指定的变量中。

（6）<c:import>标签可以导入站内或其他网站的静态和动态文件到 Web 页面中。

（7）<c:url>标签用于生成一个 URL 路径的字符串，这个生成的字符串可以赋予 HTML 的<a>标记，实现 URL 的连接，或者用这个生成的 URL 字符串实现网页转发与重定向等。

（8）<c:if>条件判断标签可以根据不同的条件去处理不同的业务。它与 Java 语言中的 if 语句类似，只不过该语句没有 else 标签。

（9）<c:choose>标签可以根据不同的条件去完成指定的业务逻辑，如果没有符合的条件会执行默认条件的业务逻辑。<c:choose>标签只能作为<c:when>和<c:otherwise>标签的父标签，而要实现条件选择逻辑可以在<c:choose>标签中嵌套<c:when>和<c:otherwise>标签来完成。

（10）<c:forEach>循环标签可以根据循环条件，遍历数组和集合类中的所有或部分数据。

（11）<c:forTokens>迭代标签可以用指定的分隔符将一个字符串分割开，根据分割的数量确定循环的次数。

习　题

11-1　JSTL 包括哪几种标签库？

11-2　如何在 JSP 文件中引用 JSTL 提供的各种标签？

11-3　JSTL 提供的 URL 相关的标签有哪几个？

11-4　JSTL 提供的流程控制标签有哪几个？

11-5　JSTL 提供了几种循环标签？

实验：显示数据库中的图书信息

实验目的

（1）熟悉 JSTL 的配置。

（2）掌握应用 JSTL 的<c:forEach>标签循环输出 List 集合的方法。

实验内容

应用 JSTL 的<c:forEach>标签显示数据库中的图书信息。

实验步骤

（1）创建动态 Web 项目，名称为 example11，并将 MySQL 数据库的驱动包和 JSTL 包添加至项目的构建路径中。

（2）在 MySQL 中创建一个名称为 db_database11 的数据库，并在该数据库中创建一个图书信息表，名称为 tb_book，其数据表结构如图 11-30 所示。

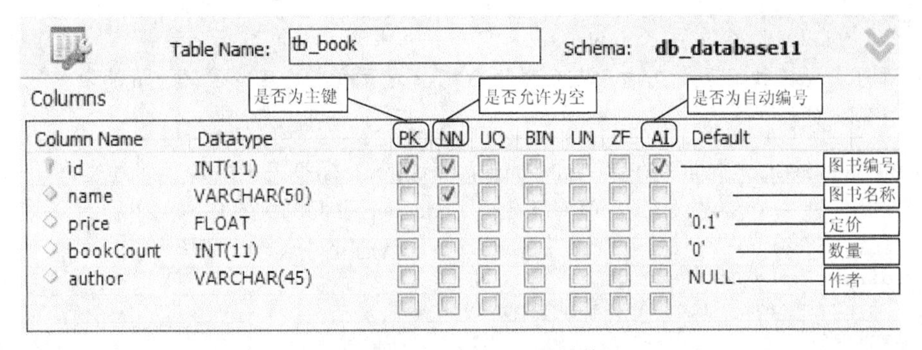

图 11-30　tb_book 表的结构

（3）创建名称为 BookBean 的类，用于封装图书信息，由于此处的代码比较简单，这里将不再给出，具体代码请参见光盘。

（4）编写获取商品信息的 Servlet，名称为 BookServlet，保存到 com.wgh.servlet 包中。在该 Servlet 中的 doGet()方法中，获取传递的 action 参数，并判断 action 参数值是否为 query，如果为 query 则调用 query()方法获取图书信息。doGet()方法的具体代码如下：

```
public void doGet(HttpServletRequest request, HttpServletResponse response)
        throws ServletException, IOException {
    String action = request.getParameter("action");      //获取 action 参数值
    if ("query".equals(action)) {                  //判断 action 参数值是否为 query
        this.query(request, response);             //调用 query()方法
    }
}
```

（5）在 BookServlet 中编写 query()方法，在该方法中，首先从数据库中获取商品信息，并保存到 List 集合中，然后将该 list 集合保存到 HttpServletRequest 对象中，最后将页面重定向到 bookList.jsp 页面。query()方法的代码如下：

```
public void query(HttpServletRequest request, HttpServletResponse response)
        throws ServletException, IOException {
    ConnDB conn=new ConnDB();                        //创建数据库连接对象
    String sql="SELECT * FROM tb_book";
    ResultSet rs=conn.executeQuery(sql);             //查询全部图书信息
    List<BookForm> list=new ArrayList<>();
    try {
        while(rs.next()){
            BookForm f=new BookForm();
            f.setId(rs.getInt(1));
            f.setName(rs.getString(2));
            f.setPrice(rs.getDouble(3));
            f.setBookCount(rs.getInt(4));
            f.setAuthor(rs.getString(5));
            list.add(f);                             //将图书信息保存到 List 集合中
        }
    } catch (SQLException e) {
        e.printStackTrace();
    }
    request.setAttribute("bookList", list);//将图书信息保存到 HttpServletRequest 中
    //重定向页面
    request.getRequestDispatcher("bookList.jsp").forward(request, response);
}
```

ConnDB 类位于 com.wgh.tools 包中，主要用于获取数据库连接，并通过执行 SQL 语句实现从数据表中查询指定数据的功能。关于该类的具体代码，请读者参见光盘中对应的文件。

（6）编写 index.jsp 页面，在该页面中应用<c:redirect>标签将页面重定向到查询图书信息的 Servlet 中，并传递一个参数 action，值为 query。index.jsp 页面的关键代码如下：

```
<%@ taglib prefix="c" uri="http://java.sun.com/jsp/jstl/core"%>
<c:redirect url="BookServlet">
  <c:param name="action" value="query"/>
</c:redirect>
```

（7）编写 bookList.jsp 页面，在该页面中，应用<c:forEach>标签循环显示保存到 request 范围内的图书信息，关键代码如下：

```
<%@ taglib prefix="c" uri="http://java.sun.com/jsp/jstl/core"%>
<table width="550" height="47" border="0" align="center" cellpadding="0"
  cellspacing="1" bgcolor="#333333">
  <tr><td height="30" colspan="5" bgcolor="#EFEFEF">·图书信息列表</td></tr>
  <tr>
    <td width="36" height="27" align="center" bgcolor="#FFFFFF">编号</td>
    <td width="137" align="center" bgcolor="#FFFFFF">图书名称</td>
    <td width="85" align="center" bgcolor="#FFFFFF">单价</td>
    <td width="38" align="center" bgcolor="#FFFFFF">数量</td>
    <td width="148" align="center" bgcolor="#FFFFFF">作者</td>
  </tr>
   <c:forEach var="book" items="${requestScope.bookList}">
  <tr>
    <td height="27" bgcolor="#FFFFFF"> 
    <c:out value="${book.id}"/></td>
    <td bgcolor="#FFFFFF"> 
    <c:out value="${book.name}"/></td>
    <td bgcolor="#FFFFFF"> 
    <c:out value="${book.price}"/>（元）</td>
    <td bgcolor="#FFFFFF"> 
    <c:out value="${book.bookCount}"/></td>
    <td bgcolor="#FFFFFF"> 
    <c:out value="${book.author}"/></td>
  </tr>
   </c:forEach>
 </table>
```

运行本实例，在页面中将以表格的形式显示图书信息列表，如图 11-31 所示。

编号	图书名称	单价	数量	作者
3	Java Web开发实战宝典	89.0（元）	10	王国辉
4	Java从入门到精通	59.8（元）	20	李钟尉 周小彤 陈丹丹
5	Java Web开发典型模块大全	89.0（元）	15	王国辉 王毅 王殊宇

图 11-31 图书信息列表页面

第 12 章 JSP 操作 XML

本章要点：

- XML 语言的文档结构及语法
- XML 语言如何处理字符数据
- dom4j 组件简介及配置
- 使用 dom4j 创建 XML 文件
- 使用 dom4j 解析 XML 文档
- 使用 dom4j 修改 XML 文档

XML 是现在比较流行的一种技术，它适用于不同应用程序间的数据交换，而且这种交换不以预先定义的一组数据结构为前提，这就增强了程序的可扩展性。同时，在应用 Ajax 开发网站时，XMLHttpRequest 对象与服务器交换的数据通常也采用 XML 格式。而在 JSP 中，为了方便快捷地操作 XML，通常需要使用专门的组件来解析 XML。dom4j 是一种解析 XML 文档的开源组件，它是目前解析 XML 的组件中性能最好的，许多开源项目中都采用 dom4j。因此，熟练掌握 XML 以及应用 dom4j 操作 XML，对于网站开发人员非常重要。本章将首先对 XML 进行简要介绍，然后再详细介绍应用 dom4j 操作 XML。

12.1 XML 简介

XML 语言是 eXtensible Markup Language（可扩展标记语言）的缩写，是 SGML（标准通用化标记语言）的一个子集，用于提供数据描述格式，适用于不同应用程序间的数据交换，而且这种交换不以预先定义的一组数据结构为前提，增强了程序的可扩展性。下面将对 XML 的基础知识进行介绍。

12.1.1 XML 文档结构

XML 是一套定义语义标记的规则，也是用来定义其他标识语言的原标识语言。使用 XML 时，首先要了解 XML 文档的基本结构，然后再根据该结构创建所需的 XML 文档。下面我们先通过一个简单的 XML 文档（placard.xml）来说明 XML 文档的结构。该文档的代码如下：

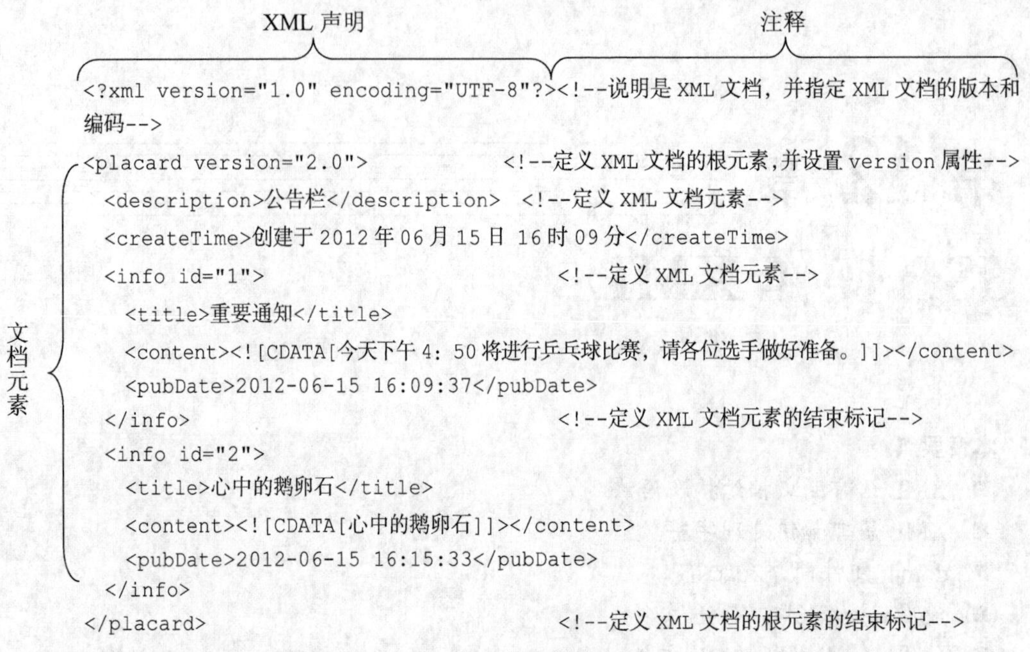


```
<?xml version="1.0" encoding="UTF-8"?><!--说明是 XML 文档，并指定 XML 文档的版本和编码-->
<placard version="2.0">                    <!--定义 XML 文档的根元素,并设置 version 属性-->
  <description>公告栏</description>  <!--定义 XML 文档元素-->
  <createTime>创建于 2012 年 06 月 15 日 16 时 09 分</createTime>
  <info id="1">                             <!--定义 XML 文档元素-->
    <title>重要通知</title>
    <content><![CDATA[今天下午 4：50 将进行乒乓球比赛，请各位选手做好准备。]]></content>
    <pubDate>2012-06-15 16:09:37</pubDate>
  </info>                                   <!--定义 XML 文档元素的结束标记-->
  <info id="2">
    <title>心中的鹅卵石</title>
    <content><![CDATA[心中的鹅卵石]]></content>
    <pubDate>2012-06-15 16:15:33</pubDate>
  </info>
</placard>                                  <!--定义 XML 文档的根元素的结束标记-->
```

一个基本的 XML 文档通常由序言和文档元素两部分组成，下面分别进行介绍。

1. 序言

XML 文档的序言中可以包括 XML 声明、处理指令和注释。但这 3 项不是必须的，例如，在上面的文档中，就没有包括处理指令。

在 XML 文档的第一行通常是 XML 文档的声明，用于说明这是一个 XML 文档。XML 文档的声明并不是必须的，但通常建议为 XML 文档增加 XML 文档声明。XML 声明的语法格式如下：

```
<?xml version="version" encoding="value" standalone="value"?>
```

- ❑ version：用于指定遵循 XML 规范的版本号。在 XML 声明中必须包含 version 属性，该属性必须放在 XML 声明中其他属性之前。
- ❑ encoding：用于指定 XML 文档中字符使用的编码集。常用的编码集为 GBK 或 GB2312（简体中文）、BIG5（繁体中文）、ISO-8859-1（西欧字符）和 UTF-8（通用的国际编码）。注意：如果在 XML 文档中没有指定编码集，那么该 XML 文档将不支持中文。
- ❑ standalone：用于指定该 XML 文档是否和一个外部文档嵌套使用。取值为 yes 或者 no，设置属性值为 yes，说明是一个独立的 XML 文档，与外部文件无关联；设置属性值为 no，说明 XML 文档不独立。

2. 文档元素

XML 文档中的元素是以树型分层结构排列的，一个元素可以嵌套在另一个元素中。XML 文档中有且只有一个顶层元素，称为文档元素或者根元素，类似于 HTML 页中的<body>元素，其他所有元素都嵌套在根元素中。

XML 文档元素由起始标记、元素内容和结束标记 3 部分组成。定义 XML 文档元素的语法格式如下：

```
<TagName>content</TagName>
```

- ❑ <TagName>：是 XML 文档元素的起始标记，其中 TagName 是元素的名字，具体的命名规则如下。
- ● 元素的名字可以包含字母，数字和其他字符，但最好不使用“-”和“.”以免产生混淆。
- ● 元素的名字只能以字母、下划线（_）或冒号（:）开头。

- 元素的名字不能以 XML（包括 xml、Xml、xMl……）开头。
- 元素的名字中不能包含空格。
- 元素的名字不能为空，至少含有一个字母。

- content：是元素内容，可以包含其他的元素、字符数据、字符引用、实体引用、处理命令、注释和 CDATA 部分。
- </TagName>：是 XML 元素的结束标记，其中 TagName 是元素的名字，该名称必须与起始标记中指定的元素名称相同，包括字母的大小写。

在本节开头处给出的代码中，placard 为根元素，info 为根元素的子元素。

12.1.2 XML 语法要求

了解了 XML 文档的基本结构后，接下来还需要熟悉创建 XML 文档的语法要求。创建 XML 文档的语法要求如下。

（1）XML 文档必须有一个顶层元素，其他元素必须嵌入在顶层元素中。

（2）元素嵌套要正确，不允许元素间相互重叠或跨越。

（3）每一个元素必须同时拥有起始标记和结束标记。这点与 HTML 不同，XML 不允许忽略结束标记。

（4）起始标记中的元素类型名必须与相应结束标记中的名称完全匹配。

（5）XML 元素类型名区分大小写，而且开始和结束标记必须准确匹配。例如，如果分别定义起始标记<Title>、结束标记</title>，由于起始标记的类型名与结束标记的类型名不匹配，则说明元素是非法的。

（6）元素类型名称中可以包含字母、数字以及其他字母元素类型，也可以使用非英文字符。名称不能以数字或符号“-”开头，名称中不能包含空格符和冒号（：）。

（7）元素可以包含属性，但属性值必须用单引号或双引号括起来，而且前后两个引号必须一致，不能一个是单引号，一个是双引号。在一个元素节点中，属性名不能重复。

12.1.3 为 XML 文档中的元素定义属性

在一个元素的起始标记中，可以自定义一个或者多个属性。属性是依附于元素存在的。属性值用单引号或者双引号括起来。

例如，给元素 info 定义属性 id，用于说明公告信息的 ID 号。

```
<info id="1">
```

给元素添加属性是为元素提供信息的一种方法。当使用 CSS 样式表显示 XML 文档时，浏览器不会显示属性以及其属性值。若使用数据绑定、HTML 页中的脚本或者 XSL 样式表显示 XML 文档则可以访问属性及属性值。

相同的属性名不能在元素起始标记中出现多次。

12.1.4 XML 的注释

注释是为了便于阅读和理解，而在 XML 文档添加的附加信息。注释是对文档结构或者内容的解释，不属于 XML 文档的内容，所以 XML 解析器不会处理注释内容。XML 文档的注释以字符串“<!--”开始，以字符串“-->”结束。XML 解析器将忽略注释中的所有内容，这样可以在 XML 文档中添加注释说明文档的用途，或者临时注释掉没有准备好的文档部分。

在 XML 文档中，解析器将“-->”看作是一个注释结束符号，所以字符串“-->”不能出现在注释的内容中，只能作为注释的结束符号。

12.1.5 处理字符数据

在 XML 文档中，有些字符会被 XML 解析器当作标记进行处理。如果希望把这些字符作为普通字符处理，就需要使用实体引用或 CDATA 段。下面进行详细介绍。

1. 使用实体引用

为了避免系统将字符串中的特殊字符当成 XML 保留字符，XML 提供了一些实体引用。在字符串中需要使用这些特殊字符时，就可以使用这些实体引用。XML 常用的实体引用如表 12-1 所示。

表 12-1　　XML 常用的实体引用

字　符	实体引用	字　符	实体引用	字　符	实体引用
<（小于）	<	>（大于）	>	&（和）	&
'（单引号）	'	"（双引号）	"		

【例 12-1】 编写 XML 文档，并且在该文档中加入字符&。（实例位置：光盘\MR\源码\第 12 章\12-1）具体代码如下：

```
<?xml version="1.0" encoding="UTF-8"?><!--说明是 XML 文档，并指定 XML 文档的版本和编码-->
<placard version="2.0">                    <!--定义 XML 文档的根元素，并设置 version 属性-->
  <info id="1">
    <title>重要通知</title>
    <content>  明天下午 3 点将举行乒乓球比赛的颁奖仪式！</content>
    <pubDate>2012-06-21 16:20:48</pubDate>
  </info>
</placard>                                 <!--定义 XML 文档的根元素的结束标记-->
```

在浏览器中运行时，将显示如图 12-1 所示的错误提示。

将上面的代码中的&修改为“&”，在浏览器中运行将显示如图 12-2 所示的结果。修改后的代码如下：

图 12-1　未使用实体引用时的运行结果

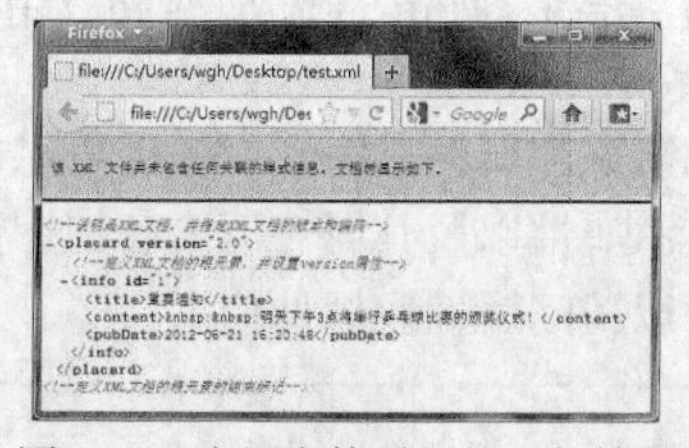

图 12-2　应用实体引用的运行结果

```
<?xml version="1.0" encoding="UTF-8"?><!--说明是 XML 文档，并指定 XML 文档的版本和编码-->
<placard version="2.0">                    <!--定义 XML 文档的根元素，并设置 version 属性-->
  <info id="1">
    <title>重要通知</title>
```

```
    <content>&amp;nbsp;&amp;nbsp;明天下午 3 点将举行乒乓球比赛的颁奖仪式！</content>
    <pubDate>2012-06-21 16:20:48</pubDate>
  </info>
</placard>                                        <!--定义 XML 文档的根元素的结束标记-->
```

2. 使用 CDATA 段

CDATA 段是一种用来包含文本的方法，它内部的所有内容都会被 XML 解析器当作普通文本，所以任何符号都不会被认为是标记符。在 CDATA 标记下，实体引用将失去作用。CDATA 的语法格式如下：

```
<![CDATA[文本内容]]>
```

CDATA 段不能进行嵌套，即 CDATA 段中不能再包含 CDATA 段。另外在字符串“]]>”之间不能有空格或换行符。

【例 12-2】 在下面的 XML 文档中，由于 content 元素中包含的特殊字符比较多，使用实体引用比较麻烦，所以就需要使用 CDATA 段将 content 元素的内容括起来。（实例位置：光盘\MR\源码\第 12 章\12-2）

```
<?xml version="1.0" encoding="UTF-8"?><!--说明是 XML 文档，并指定 XML 文档的版本和编码-->
<placard version="2.0">                       <!--定义 XML 文档的根元素，并设置 version 属性-->
  <info id="1">                                <!--定义 XML 文档元素-->
    <title>在 servlet 中弹出 JavaScript</title>
    <content><![CDATA[PrintWriter out = response.getWriter();
        out.println("<script>alert('修改成功！');</script>");]]></content>
    <pubDate>2012-06-15 16:12:06</pubDate>
  </info>
</placard>                                        <!--定义 XML 文档的根元素的结束标记-->
```

上面代码在 IE 浏览器中的运行结果如图 12-3 所示。

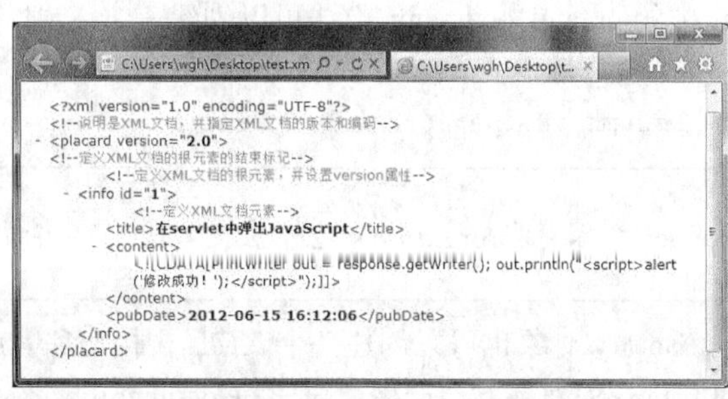

图 12-3　使用 CDATA 段将 content 元素的内容括起来

12.2　dom4j 概述

12.2.1　dom4j 简介

dom4j 是 sourceforge.net 上的一个 Java 开源项目，主要用于操作 XML 文档。例如，构造 XML 文档和解析 XML 文档。dom4j 应用于 Java 平台，采用了 Java 集合框架，并完全支持 DOM、SAX 和 JAXP，是一种适合 Java 程序员来使用的 Java XML 解析器。它具有性能优异、功能强大和易于使用等特点。目前，越来越多的 Java 软件都在使用 dom4j 来读写 XML。

12.2.2 dom4j 的下载与配置

在使用 dom4j 解析 XML 文档时，需要先下载 dom4j 组件。dom4j 组件可以到 dom4j 的官方网站 http://dom4j.sourceforge.net/中下载。在该网站中，提供了最新版的 dom4j 组件，以及使用 dom4j 组件所需的 Jaxen 组件的超链接。单击相应的超链接，即可进入对应组件的下载页面。例如，下载目前最新版本的 dom4j 组件的 URL 地址为 http://sourceforge.net/projects/dom4j/files/，下载最新版的 Jaxen 组件的 URL 地址为 http://dist.codehaus.org/jaxen/distributions/jaxen-1.1.4.zip。

下载最新版本的 dom4j 组件后，将得到一个名称为 dom4j-2.0.0-ALPHA-2.jar 的文件，而下载最新版本的 Jaxen 组件后，将得到一个名称为 jaxen-1.1.4.zip 的压缩包。在使用时，需要将 jaxen-1.1.4.zip 解压缩，然后复制其中的 jaxen-1.1.4.jar 文件。这样，我们就得到了应用 dom4j 操作 XML 文件时所需的组件。

在需要使用 dom4j 操作 XML 的项目中，只需要将 dom4j-2.0.0-ALPHA-2.jar 和 jaxen-1.1.4.jar 复制到 WEB-INF/lib 目录中就可以了。配置后的效果如图 12-4 所示。

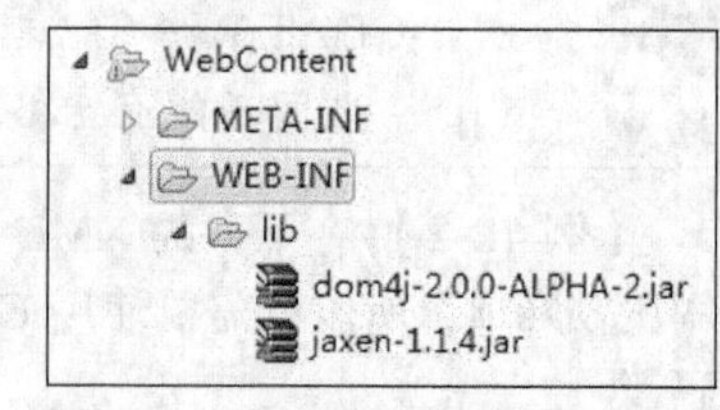

图 12-4 配置到项目中的 dom4j 组件

12.3 创建 XML 文件

dom4j 组件一个最重要的功能就是创建 XML 文件。通过 dom4j 组件可以很方便地创建 XML 文件。下面将详细介绍如何应用 dom4j 组件创建 XML 文件。

12.3.1 创建 XML 文档对象

使用 DocumentHelper 类的 createDocument()方法可以创建一个 XML 文档对象。创建 XML 文档对象的具体代码如下：

```
Document document = DocumentHelper.createDocument();
```

DocumentHelper 类保存在 org.dom4j 包中。

另外，使用 DocumentFactory 对象也可以创建一个 XML 文档对象。DocumentFactory 对象由 DocumentFactory 类的 getInstance()静态方法产生。通过 DocumentFactory 对象创建 XML 文档对象的具体代码如下：

```
DocumentFactory documentFactory = DocumentFactory.getInstance();
Document document = documentFactory.createDocument();
```

DocumentFactory 类保存在 org.dom4j 包中。

12.3.2 创建根节点

为 XML 文档创建根节点，首先需要创建一个普通节点，然后再通过调用 Document 对象的 setRootElement()方法把该节点设置为根节点。创建普通节点可以通过 DocumentHelper 对象的

createElement()方法实现。下面将对DocumentHelper对象的createElement()方法和Document对象的setRootElement()方法进行详细介绍。

1. DocumentHelper对象的createElement()方法

DocumentHelper对象的createElement()方法用于创建一个普通的节点，其方法原型如下：

```
public static Element createElement(String name)
```

- name：用于指定要创建的节点名。

2. Document对象的setRootElement()方法

Document对象的setRootElement()方法用于将指定的节点设置为根节点，其方法原型如下：

```
public void setRootElement(Element rootElement)
```

- rootElement：用于指定要作为根节点的普通节点。

例如，创建一个只包括一个根节点的XML文档的具体代码如下：

```
Document document = DocumentHelper.createDocument();      //创建XML文档对象
Element placard=DocumentHelper.createElement("placard"); //创建普通节点
document.setRootElement(placard);                         // 将placard设置为根节点
```

12.3.3 添加注释

在创建XML文档时，为了便于阅读和理解，经常需要在XML文档中添加注释。通过dom4j组件的Element对象的addComment()方法可以为指定的节点添加注释。Element对象的addComment()方法的原型如下：

```
public Element addComment(String comment)
```

- comment：用于指定注释内容。

例如，为XML文档的根节点添加注释的代码如下：

```
Document document = DocumentHelper.createDocument();      //创建XML文档对象
Element placard=DocumentHelper.createElement("placard"); //创建普通节点
document.setRootElement(placard);                         // 将placard设置为根节点
placard.addComment("这是根节点");                          //添加注释
```

12.3.4 添加属性

在创建XML文档时，经常需要为指定的节点添加属性。通过dom4j组件的Element对象的addAttribute()方法可以为指定的节点添加属性。Element对象的addAttribute()方法的原型如下：

```
public Element addAttribute(String name,String value)
```

- name：用于指定属性名。
- value：用于指定属性值。

例如，为XML文档的根节点添加version属性的代码如下：

```
Document document = DocumentHelper.createDocument();      //创建XML文档对象
Element placard=DocumentHelper.createElement("placard"); //创建普通节点
document.setRootElement(placard);                         // 将placard设置为根节点
placard.addAttribute("version", "2.0");                   //添加属性
```

12.3.5 创建子节点

在创建XML文档时，经常需要为指定的节点添加子节点，例如，为根节点添加子节点。通过dom4j组件的Element对象的addElement()方法可以为指定的节点添加子节点。Element对象的

addElement()方法的原型如下：

```
public Element addElement(String name)
```

- name：用于指定子节点的名称。

Element 对象的 addElement()方法是从 org.dom4j.Branch 接口中继承的。

例如，为根节点 placard 创建一个子节点 description 的具体代码如下：

```
Document document = DocumentHelper.createDocument();  //创建 XML 文档对象
Element placard=DocumentHelper.createElement("placard");//创建普通节点
document.setRootElement(placard);                     // 将 placard 设置为根节点
Element description = placard.addElement("description");//创建子节点 description
```

12.3.6 设置节点的内容

创建节点后，还需要为节点设置内容，在 dom4j 中提供了两种设置节点内容的方法，一种是将节点内容设置为普通文本，另一种是将节点内容设置为 CDATA 段。下面分别进行介绍。

1. 将普通文本作为节点内容

将普通文本作为节点内容可以通过 dom4j 组件的 Element 对象的 setText()方法进行设置。Element 对象的 setText()方法的原型如下：

```
public void setText(String text)
```

- text：用于指定节点内容。

Element 对象的 setText()方法是从 org.dom4j.Node 接口中继承的。

例如，设置子节点 description 的内容为"公告栏"的代码如下：

```
Element description = placard.addElement("description");     //创建子节点
description.setText("公告栏");                                //设置子节点的内容
```

2. 将 CDATA 段作为节点内容

将 CDATA 段作为节点内容可以通过 dom4j 组件的 Element 对象的 addCDATA()方法进行设置。Element 对象的 addCDATA ()方法的原型如下：

```
public Element addCDATA(String cdata)
```

- cdata：用于指定 CDATA 段中的文本内容。

例如，设置子节点 content_item 的内容为 CDATA 段的代码如下：

```
Element content_item = placard.addElement("content");        //创建子节点
content_item.addCDATA("心中的鹅卵石&童年的梦");                //设置子节点的内容
```

12.3.7 设置编码

在应用 dom4j 创建 XML 文档时，默认的编码集为 UTF-8，但有时不一定要使用该编码集，这时就可以通过 dom4j 的 OutputFormat 类提供的 setEncoding()方法设置文档的编码集。setEncoding()方法的原型如下：

```
public void setEncoding(String encoding)
```

- encoding：用于指定编码集。常用的编码集为 GBK 或 GB2312（简体中文）、BIG5（繁体中文）、ISO-8859-1（西欧字符）和 UTF-8（通用的国际编码）。

OutputFormat 类保存在 org.dom4j.io 包中。

例如，设置 XML 文档的编码为 UTF-8 的具体代码如下：

```
OutputFormat format=new OutputFormat();                  //创建 OutputFormat 对象
format.setEncoding("UTF-8");                             // 设置写入流编码为 UTF-8
```

应用上面代码后，将在生成的 XML 文档的声明中，将编码集设置为 UTF-8，设置完成的代码如下：

```
<?xml version="1.0" encoding="UTF-8" ?>
```

12.3.8　设置输出格式

应用 dom4j 生成 XML 文件时，在默认的情况下，生成的 XML 文件采用紧凑方式排版。这种排版格式的缺点是比较混乱，不容易阅读。为此，dom4j 提供了将输出格式设置为缩进方式的方法，这样可以美化 XML 文件，使 XML 文件更容易阅读。应用 dom4j 的 OutputFormat 类提供的 createPrettyPrint()方法可以将 XML 文件格式设置为缩进方式。createPrettyPrint()方法的原型如下：

```
public static OutputFormat createPrettyPrint()
```

createPrettyPrint()方法无入口参数，返回值为 OutputFormat 对象。例如，将 XML 文档设置为缩进方式的具体代码如下：

```
OutputFormat format = OutputFormat.createPrettyPrint(); // 格式化为缩进方式
```

12.3.9　输出 XML 文件

在 XML 文档对象创建完成，并添加相应的节点后，还需要输出该 XML 文档，否则用户将不能看到 XML 的内容。在应用 dom4j 创建 XML 文档时，有以下两种输出方式。

1．未设置输出格式

当没有为 XML 文档设置输出格式时，可以使用 XMLWriter 类的构造方法 XMLWriter (Writer writer) 实例化一个 XMLWriter 对象，再应用该对象的 write()方法写入数据，最后关闭 XMLWriter 对象。

例如，将 XML 文档对象 document 写入到 XML 文件的具体代码如下：

```
String fileURL = request.getRealPath("/xml/placard.xml");
XMLWriter writer = new XMLWriter(new FileWriter(fileURL));   //实例化 XMLWriter 对象
writer.write(document);                                      //向流写入数据
writer.close();                                              //关闭 XMLWriter
```

2．已经设置了输出格式或编码集

当已经为 XML 文档设置输出格式或编码集时，可以使用 XMLWriter 类的构造方法 XMLWriter(Writer writer, OutputFormat format)实例化一个 XMLWriter 对象，再应用该对象的 write()方法写入数据，最后关闭 XMLWriter 对象。

例如，将设置编码集为 UTF-8 的 XML 文档对象 document 写入到 XML 文件的具体代码如下：

```
OutputFormat format=new OutputFormat();                      //创建 OutputFormat 对象
format.setEncoding("UTF-8");                                 // 设置写入流编码
String fileURL = request.getRealPath("/xml/placard.xml");
//实例化 XMLWriter 对象
XMLWriter writer = new XMLWriter(new FileWriter(fileURL), format);
writer.write(document);                                      //向流写入数据
```

```
writer.close();                                          //关闭 XMLWriter
```

如果不想将 XML 文档输入 XML 文件中，可以应用以下代码将其输出到浏览器或控制台上。

```
    /******************将 XML 文档输出到控制台的代码********************************
****/
    XMLWriter writer = new XMLWriter(System.out,format);
    writer.write(document);
    /******************将 XML 文档输出到浏览器的代码********************************
****/
    XMLWriter writer= new XMLWriter(out,format);
    writer.write(document);
```

在将 XML 文档输出到浏览器的代码中，out 为 java.io.PrintWriter 类的对象，可以通过 response 对象的 response.getWriter()方法获得，out 也可以是 JSP 的内置对象。

在将 XML 文档输出到控制台时，不能调用 XMLWriter 对象的 close()方法。

12.4 解析 XML 文档

dom4j 组件的另一个最重要的功能就是解析 XML 文档。通过 dom4j 组件可以很方便地解析 XML 文档。下面将详细介绍如何应用 dom4j 组件解析 XML 文档。

12.4.1 构建 XML 文档对象

在解析 XML 文档前，需要构建要解析的 XML 文件所对应的 XML 文档对象。在获取 XML 文档对象时，首先需要创建 SAXReader 对象，然后调用该对象的 read()方法获取对应的 XML 文档对象。SAXReader 对象的 read()方法的原型如下：

```
public Document read(File file) throws DocumentException
```

- file：用于指定要解析的 XML 文件。

例如，获取 XML 文件 placard.xml 对应的 XML 文档对象的代码如下：

```
String fileURL = request.getRealPath("/xml/placard.xml");
SAXReader reader = new SAXReader();                    // 实例化 SAXReader 对象
Document document = reader.read(new File(fileURL));//获取 XML 文件对应的 XML 文档对象
```

SAXReader 类位于 org.dom4j.io 包中。

12.4.2 获取根节点

在构建 XML 文档对象后，就可以通过该 XML 文档对象获取根节点。 dom4j 组件的 Document 对象的 getRootElement()方法可以返回指定 XML 文档的根节点。getRootElement()方法的原型如下：

```
public Element getRootElement()
```

- 返回值：Element 对象。

例如，获取 XML 文档对象 document 的根节点的代码如下：

```
Element placard = document.getRootElement(); // 获取根节点
```

12.4.3　获取子节点

在获取根节点后，还可以获取其子节点，这可以通过 Element 对象的 element()或 elements()方法实现。下面将分别介绍这两个方法。

1．element()方法

element()方法用于获取指定名称的第一个节点。该方法通常用于获取根节点中节点名唯一的一个子节点。element()方法的原型如下：

```
public Element element(String name)
```

- name：用于指定要获取的节点名。
- 返回值：Element 对象。

2．elements()方法

elements()方法用于获取指定名称的全部节点。该方法通常用于获取根节点中多个并列的具有相同名称的子节点。elements()方法的原型如下：

```
public List elements(String name)
```

- name：用于指定要获取的节点名。
- 返回值：List 集合。

例如，保存公告信息的 XML 文件 placard.xml，具体代码如下：

```
<?xml version="1.0" encoding="UTF-8"?>          <!--说明是 XML 文档-->
<placard version="2.0">                          <!--定义 XML 文档的根元素-->
  <description>公告栏</description>              <!--定义 XML 文档元素-->
  <createTime>创建于 2012 年 06 月 25 日 16 时 09 分</createTime>
  <info id="1">                                  <!--定义 XML 文档元素-->
    <title>重要通知</title>
    <content><![CDATA[今天下午 4：50 将进行乒乓球比赛，请各位选手做好准备。]]></content>
    <pubDate>2012-06-15 16:09:37</pubDate>
  </info>                                        <!--定义 XML 文档元素的结束标记-->
  <info id="2">
    <title>心中的鹅卵石</title>
    <content><![CDATA[心中的鹅卵石]]></content>
    <pubDate>2012-06-15 16:15:33</pubDate>
  </info>
</placard>
```

要获取 description 节点，可以应用 element()方法，具体代码如下：

```
Element root = document.getRootElement();                    // 获取根节点
Element description=placard.element("description");          //获取 description 节点
```

要获取 info 节点，可以应用 elements()方法，具体代码如下：

```
Element root = document.getRootElement();                    // 获取根节点
List list_item = root.elements("info");                      //获取 info 节点
```

12.5　修改 XML 文档

在对 XML 文档进行操作时，经常需要对 XML 文档进行修改。对 XML 文档进行修改通常包括修改节点和删除节点。下面将详细介绍应用 dom4j 组件修改和删除 XML 文档的节点的方法。

12.5.1 修改节点

在修改 XML 文档的节点前，首先需要查询到该节点。在 dom4j 组件中，查询节点可以应用 Element 对象的 selectSingleNode()方法或 selectNodes()方法实现。下面对这两个方法进行详细介绍。

1. selectSingleNode()方法

Element 对象的 selectSingleNode()方法用于获取符合指定条件的唯一节点，该方法的原型如下：

```
public Node selectSingleNode(String xpathExpression)
```

- xpathExpression：XPath 表达式。XPath 表达式使用反斜杠"/"隔开节点树中的父子节点，从而构成代表节点位置的路径。如果 XPath 表达式以反斜杠"/"开头，则表示使用的是绝对路径，否则表示使用的是相对路径。如果使用属性，那么必须在属性名前加上@符号。另外，在 XPath 表达式中，也可以使用谓词，例如下面的表达式将返回 ID 属性值等于 1 的 info 节点。

  ```
  /placard/info[@id='1']
  ```

Element 对象的 selectSingleNode ()方法是从 org.dom4j.Node 接口中继承的。

例如，应用 selectSingleNode()方法获取 XML 文档的根节点 placard 的 ID 属性为 1 的子节点 info 的代码如下：

```
org.dom4j.Node item=placard.selectSingleNode("/placard/info[@id='1']");
```

2. selectNodes()方法

Element 对象的 selectNodes()方法则可以获取符合指定条件的节点列表，该方法的原型如下：

```
public List selectNodes(String xpathExpression)
```

- xpathExpression：XPath 表达式。

Element 对象的 selectNodes()方法是从 org.dom4j.Node 接口中继承的。

例如，应用 selectNodes()方法获取 XML 文档的根节点 placard 的子节点 info 的代码如下：

```
List list = placard.selectNodes("/placard/info");
```

获取到要修改的节点后，就可以应用 12.3.3 节、12.3.4 节、12.3.5 节和 12.3.6 节介绍的方法为该节点添加注释、添加属性、添加子节点或设置节点内容等。

12.5.2 删除节点

在删除节点时，同样需要查询到要删除的节点，这可以应用 12.5.1 节介绍的 Element 对象的 selectSingleNode()方法或 selectNodes()方法实现，这里不再赘述。获取到要删除的节点后，就可以应用 Element 对象的 remove()方法删除该节点了。该方法的原型如下：

```
public boolean remove(Element element)
```

- element：Element 对象。
- 返回值：true 或 false，表示节点是否删除成功。

E lement 对象的 remove()方法是从 org.dom4j.Branch 接口中继承的。

例如，要删除 XML 文档的根节点 placard 的 ID 属性为 1 的子节点 info 的代码如下：

```
//获取要删除的节点
Element item=(Element)placard.selectSingleNode("/placard/info[@id='1']");
if (null != item) {
    placard.remove(item);      //删除指定节点
}
```

上面已经介绍了如何删除指定的一个节点，在实际编程中，有时还需要批量删除指定子节点。例如，要删除 XML 文档的根节点的子节点 info，可以使用以下代码：

```
document.getRootElement().elements("info").clear(); //删除全部 info 节点
```

12.6 综合实例——保存公告信息到 XML 文件

本实例主要演示如何使用 dom4j 保存公告信息到 XML 文件中，开发步骤如下。

（1）下载 dom4j 组件，并将 dom4j-2.0.0-ALPHA-2.jar 文件添加到 Web 应用的 WEB-INF\lib 目录中。

（2）编写 index.jsp 页面，在该页面中添加用于收集公告信息的表单及表单元素，关键代码如下：

```
<form name="form1" method="post" action="PlacardServlet" target="_blank" onSubmit="
return check(this)">
  公告标题：<input name="title" type="text" id="title" size="46">
  公告内容：<textarea name="content" cols="36" rows="9" id="content"></textarea>
  <input name="Submit" type="submit" value="保存">
  <input name="Submit2" type="reset" value="重置">
</form>
```

为了保证用户输入信息完整性，所以在用户提交表单时，还需要判断输入的公告标题和公告内容是否为空，本实例中将通过在表单的 onSubmit 事件中调用自定义的 JavaScript 函数实现，具体的代码如下：

```
<script type="text/javascript">
    function check(form){
        if(form.title.value==""){
            alert("请输入公告标题！");form.title.focus();return false;
        }
        if(form.content.value==""){
            alert("请输入公告内容！");form.content.focus();return false;
        }
    }
</script>
```

（3）编写并配置用于将公告信息保存到 XML 文件中的 Servlet，名称为 PlacardServlet，该类继承 HttpServlet，并在该类的 doPost()方法中编写公告信息保存到 XML 文件的代码。在该方法中，首先获取用户输入的公告标题和内容，然后判断指定的 XML 文件是否存在，如果不存在，则创建该文件，并在该文件中写入 XML 文件的序言及根节点等，否则打开该文件，并获取对应的 XML 文档对象，再将公告信息写入 XML 文档对象中，最后将该 XML 文档对象保存到 XML 文件中，并将页面重定向到该 XML 文件，具体代码如下：

```
package com.wgh.servlet;

…          //此处省略了导入程序中所用包的代码
@WebServlet("/PlacardServlet")
```

```
public class PlacardServlet extends HttpServlet {
    public void doPost(HttpServletRequest request, HttpServletResponse response)
            throws ServletException, IOException {
        response.setContentType("text/html");
        //XML 文件的路径
       String fileURL = request.getRealPath("/xml/placard.xml");
        File file = new File(fileURL);
        String title=request.getParameter("title");              //获取公告标题
        String content=request.getParameter("content");          //获取公告内容
        Document document = null;
        Element placard = null;
        //设置日期格式
        DateFormat df=new SimpleDateFormat("yyyy年MM月dd日 HH时mm分");
        if (!file.exists()) {                    // 判断文件是否存在，如果不存在，则创建该文件
            document = DocumentHelper.createDocument();              //创建 XML 文档对象
            placard=DocumentHelper.createElement("placard");  //创建普通节点
            document.setRootElement(placard);              // 将 placard 设置为根节点
            placard.addAttribute("version", "2.0");    //为根节点添加属性 version
            //添加 description 子节点
            Element description = placard.addElement("description");
            description.setText("公告栏");
           //添加 createTime 子节点
            Element createTime = placard.addElement("createTime");
            createTime.setText("创建于"+df.format(new Date()));
        } else {
            SAXReader reader = new SAXReader();                 // 实现化 SAXReader 对象
            try {
                //获取 XML 文件对应的 XML 文档对象
                document = reader.read(new File(fileURL));
                placard = document.getRootElement();           // 获取根节点
            } catch (DocumentException e) {
                e.printStackTrace();
            }
        }
        /********************** 添加公告信息 *************************/
        // 获取当前公告的 id 号
        String id = String.valueOf(placard.elements("info").size() + 1);
        Element info = placard.addElement("info");              //添加 info 节点
        info.addAttribute("id", id);                            //为 info 节点设置 ID 属性
        Element title_info = info.addElement("title");          //添加 title 节点
        title_info.setText(title);                              //设置 title 节点的内容
        Element content_item = info.addElement("content");  //添加 content 节点
        // 此处不能使用 setText()方法，如果使用该方法，当内容中出现 HTML 代码时，程序将出错
        content_item.addCDATA(content);                   //设置节点的内容为 CDATA 段
        Element pubDate_item = info.addElement("pubDate");  //添加 pubDate 节点
        df=new SimpleDateFormat("yyyy-MM-dd HH:mm:ss");       //设置日期格式
        pubDate_item.setText(df.format(new Date()));
        /****************************************************************/
```

```
        // 保存文件
        // 创建 OutputFormat 对象
        OutputFormat format = OutputFormat.createPrettyPrint(); //格式化为缩进方式
        format.setEncoding("UTF-8");                            //设置写入流编码
        try {
            XMLWriter writer = new XMLWriter(new FileWriter(fileURL), format);
            writer.write(document);                             //向流写入数据
            writer.close();                                     //关闭流
        } catch (IOException e) {
            e.printStackTrace();
        }
        request.getRequestDispatcher("xml/placard.xml").forward(request,response)
;
    }
}
```

由于本实例中，将创建的 XML 文件保存到该实例根目录下的 xml 文件夹中，所以在运行程序前，还需要创建 xml 文件夹，但不需要创建对应的 XML 文件。

（4）创建并配置字符编码过滤器对象，即名称为 CharacterEncodingFilter 的类。此类实现继承 javax.servlet.Filter 接口，并在 doFilter()方法中对请求中的字符编码格式进行设置，关键代码如下：

```
package com.wgh.filter;

…   //此处省略了导入程序中所用包的代码

@WebFilter(
        urlPatterns = { "/*" },
        initParams = {
                @WebInitParam(name = "encoding", value = "UTF-8")
        })                                                          //配置过滤器
public class CharacterEncodingFilter implements Filter {
    protected String encoding = null;
    protected FilterConfig filterConfig = null;
     @Override
     public void destroy() {
        this.encoding = null;
        this.filterConfig = null;
     }
     /**
      * 过滤处理方法
      */
     @Override
     public void doFilter(ServletRequest request, ServletResponse response,
             FilterChain chain) throws IOException, ServletException {
        if (encoding != null) {// 判断字符编码是否为空
           request.setCharacterEncoding(encoding);          // 设置请求的编码格式
           response.setContentType("text/html; charset="+encoding);// 设置响应字符编码
        }
        chain.doFilter(request, response);                  // 传递给下一过滤器
     }
     /**
```

```
     * 初始化方法
     */
    @Override
    public void init(FilterConfig filterConfig) throws ServletException {
        this.filterConfig = filterConfig;
        this.encoding = filterConfig.getInitParameter("encoding"); // 获取初始化参数
    }
}
```

运行程序，在页面的“公告标题”文本框中输入公告标题，在“公告内容”文本框中输入公告内容，如图 12-5 所示，单击“保存”按钮，即可将该公告信息保存到 XML 文件中，并打开新窗口显示该 XML 文件，如图 12-6 所示。

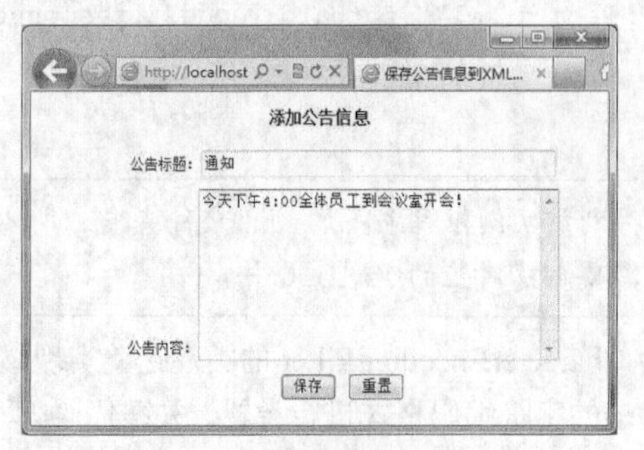

图 12-5　输入公告信息页面

图 12-6　打开的 XML 文件

知识点提炼

（1）XML 语言是 eXtensible Markup Language（可扩展标记语言）的缩写，是 SGML（标准通用化标记语言）的一个子集，用于提供数据描述格式，适用于不同应用程序间的数据交换，而且这种交换不以预先定义的一组数据结构为前提，这就增强了程序的可扩展性。

（2）CDATA 段是一种用来包含文本的方法，它内部的所有内容都会被 XML 解析器当做普通文本，所以任何符号都不会被认为是标记符。在 CDATA 标记下，实体引用将失去作用。

（3）dom4j 是 sourceforge.net 上的一个 Java 开源项目，主要用于操作 XML 文档。例如，构造 XML 文档和解析 XML 文档。dom4j 应用于 Java 平台，采用了 Java 集合框架，并完全支持 DOM、SAX 和 JAXP，是一种适合 Java 程序员来使用的 Java XML 解析器。

（4）dom4j 提供了将输出格式设置为缩进方式的方法，这样可以美化 XML 文件，使 XML 文件更容易阅读。应用 dom4j 的 OutputFormat 类提供的 createPrettyPrint()方法可以将 XML 文件格式设置为缩进方式。

（5）dom4j 组件的 Document 对象的 getRootElement()方法可以返回指定 XML 文档的根节点。

（6）在 dom4j 组件中，查询节点可以应用 Element 对象的 selectSingleNode()方法或 selectNodes()方法实现。

习　题

12-1　什么是 XML 语言？

12-2 简述 XML 的文档结构分为几部分，每一部分又由哪些元素组成。

12-3 说明如何为 XML 文档的元素定义属性，以及如何处理字符数据。

12-4 简述如何应用 dom4j 创建 XML 文件。

12-5 简述如何应用 dom4j 解析 XML 文档。

实验：管理保存在 XML 文件中的公告信息

实验目的

（1）熟悉 dom4j 组件的配置。

（2）掌握使用 dom4j 组件解析和修改 XML 文档的方法。

实验内容

应用 dom4j 组件实现对保存公告信息的 XML 文件的管理。

实验步骤

（1）创建动态 Web 项目，名称为 experiment12，并将 dom4j-2.0.0-ALPHA-2.jar 和 jaxen-1.1.4.jar 文件添加到 Web 应用的 WEB-INF\lib 文件夹中。

（2）编写用于管理公告信息的 Servlet，名称为 PlacardServlet，该类继承 HttpServlet，并在该类的 doGet()方法中根据 GET 请求中传递的 action 参数值来调用相应的方法处理请求。关键代码如下：

```
public void doGet(HttpServletRequest request, HttpServletResponse response)
        throws ServletException, IOException {
    response.setContentType("text/html");
    String action = request.getParameter("action");          //获取 action 参数值
    if ("query".equals(action)) {                          //查询全部公告
        this.query(request, response);
    } else if ("modify_query".equals(action)) {              //修改公告时应用的查询
        this.modify_query(request, response);
    }else if("del".equals(action)){                          //删除公告
        this.del(request, response);
    }else if("clearAll".equals(action)){                     //删除全部公告
        this.clearAll(request,response);
    }
}
```

（3）注解配置步骤（2）中创建的 Servlet，关键代码如下：

```
@WebServlet("/PlacardServlet")
```

（4）将 12.6 节的实例 example12 中创建的 XML 文件复制到本实例中，该文件仍然保存到 xml 文件夹中。本实例将对这个 XML 文件进行操作。

（5）编写 index.jsp 页面，在该页面中，通过 JSTL 中的<c:redirect>标签请求 Servlet“PlacardServlet”，并将 action 参数 query 传递到该 Servlet 中，关键代码如下：

```
<%@taglib prefix="c" uri="http://java.sun.com/jsp/jstl/core"%>
<c:redirect url="/PlacardServlet">
    <c:param name="action" value="query"/>
```

```
</c:redirect>
```

（6）在 Servlet“PlacardServlet”中，添加 query()方法，用于读取 XML 文件中全部的公告信息。在该方法中，首先获取 XML 文件对应的 Document 对象，然后获取描述信息及创建日期，再通过 for 循环获取公告列表，并保存到 List 集合中，最后将获取的描述信息、创建日期和公告列表保存到 HttpServletRequest 对象中，并重定向页面到 placardList.jsp 中。query()方法的具体代码如下：

```
private void query(HttpServletRequest request, HttpServletResponse response)
        throws ServletException, IOException {
    response.setContentType("text/html;charset=UTF-8");      //设置响应的编码
    String fileURL = request.getRealPath("/xml/placard.xml");   //获取 XML 文件的路径
    File file = new File(fileURL);
    Document document = null;                                 //声明 Document 对象
    Element placard = null;                        //声明表示根节点的 Element 对象
    List list = null;                                         //声明 List 对象
    String description="";                                    //定义保存描述信息的变量
    String createTime="";                                     //定义保存创建日期的变量
    if (file.exists()) {                    // 判断文件是否存在，如果不存在，则创建该文件
        SAXReader reader = new SAXReader();                   //实例化 SAXReader 对象
        try {
            document = reader.read(new File(fileURL));//获取 XML 文件对应的 XML 文档对象
            placard = document.getRootElement();              //  获取根节点
            List list_item = placard.elements("info");
            description=placard.element("description").getText();    // 获取描述信息
            createTime=placard.element("createTime").getText(); // 获取创建日期
            int id = 0;
            String title = "";                                // 标题
            String content = "";                              // 内容
            String pubDate = "";                              // 发布日期
            if(list_item.size()>0){
                list= new ArrayList();
            }
            for (int i = list_item.size(); i > 0; i--) {
                PlacardForm f = new PlacardForm();
                Element item = (Element) list_item.get(i - 1);
                id=Integer.parseInt(item.attribute("id").getValue());//获取 ID 属性
                f.setId(id);
                if (null != item.element("title").getText()) {
                    title = item.element("title").getText();         // 获取标题
                } else {
                    title = "暂无标题";
                }
                f.setTitle(title);
                if (null != item.element("content").getText()) {
                    content = item.element("content").getText();    // 获取内容
                } else {
                    content = "暂无内容";
                }
                f.setContent(content);
```

```
                // 获取发布日期
                if (null != item.element("pubDate").getText()) {
                    pubDate = item.element("pubDate").getText();     // 获取发布日期
                }
                f.setPubDate(pubDate);
                list.add(f);
            }
            document.clearContent();                                 // 释放资源
        } catch (DocumentException e) {
            e.printStackTrace();
        }
    }
    request.setAttribute("createTime", createTime);                  // 保存创建日期
    request.setAttribute("description", description);                // 保存描述信息
    request.setAttribute("rssContent", list);                        // 保存公告列表
    request.getRequestDispatcher("placardList.jsp").forward(request,response);
}
```

（7）编写 placardList.jsp 页面。在该页面中，应用 EL 表达式和 JSTL 标签显示获取的公告信息。关键代码如下：

```
<h3>[${description}]${createTime}</h3>                    <!--显示描述信息和创建时间-->
<c:if test="${rssContent==null}">                         <!--当公告内容为空时-->
    <tr>
        <td height="27" colspan="3" align="center" bgcolor="#FFFFFF">暂无公告! </td>
    </tr>
</c:if>
<c:forEach var="form" items="${rssContent}">                   <!--循环显示公告列表-->
   <tr>
     <td height="27" bgcolor="#FFFFFF"> ${form.title}</td>
     <td align="center" bgcolor="#FFFFFF">
     <a href="PlacardServlet?action=modify_query&id=${form.id}"> <!--修改超链接-->
     <img src="images/modify.gif" width="20" height="18" border="0"></a></td>
     <td align="center" bgcolor="#FFFFFF">
     <a href="PlacardServlet?action=del&id=${form.id}">          <!--删除超链接-->
     <img src="images/del.gif" width="23" height="22" border="0"></a></td>
   </tr>
</c:forEach>
```

在显示公告列表时，还需要在每条公告信息的后面添加修改超链接和删除超链接。

（8）由于在修改公告时，需要显示公告的原内容，所以在修改公告信息前，需要查询出该公告的具体内容。本实例中，是通过 modify_query()方法实现的。在 Servlet “PlacardServlet” 中添加 modify_query()方法，用于查询要修改的公告信息。modify_query()方法的具体代码如下：

```
private void modify_query(HttpServletRequest request,
        HttpServletResponse response) throws ServletException, IOException {
    response.setContentType("text/html;charset=UTF-8");           //指定响应的编码
    String fileURL = request.getRealPath("/xml/placard.xml");     //获取 XML 文件的路径
    File file = new File(fileURL);
```

```
    Document document = null;                          //声明 Document 对象
    Element placard = null;                            //声明表示根节点的 Element 对象
    int id = Integer.parseInt(request.getParameter("id"));  //获取公告 ID
    PlacardForm f = new PlacardForm();
    if (file.exists()) {                   // 判断文件是否存在，如果不存在，则创建该文件
        SAXReader reader = new SAXReader();                  // 实例化 SAXReader 对象
        try {
            document = reader.read(new File(fileURL));//获取 XML 文件对应的 XML 文档对象
            placard = document.getRootElement();             // 获取根节点
            //获取要修改的节点
        Element item=(Element)placard.selectSingleNode("/placard/info[@id='"+ id+
"']");
            if (null != item) {
                String title = "";                           // 标题
                String content = "";                         // 内容
                String pubDate = "";                         // 发布日期
                id = Integer.parseInt(item.attributeValue("id"));  // 获取 ID 属性
                f.setId(id);
                if (null != item.element("title").getText()) {
                    title = item.element("title").getText();    // 获取标题
                } else {
                    title = "暂无标题";
                }
                f.setTitle(title);
                if (null != item.element("content").getText()) {
                    content = item.element("content").getText();    // 获取内容
                } else {
                    content = "暂无内容";
                }
                f.setContent(content);
                // 获取发布日期
                if (null != item.element("pubDate").getText()) {
                    pubDate = item.element("pubDate").getText();    // 获取发布日期
                }
                f.setPubDate(pubDate);
                document.clearContent();                         // 释放资源
            }
        } catch (DocumentException e) {
            e.printStackTrace();
        }
    }
    request.setAttribute("placardContent", f);                   // 保存公告信息
    request.getRequestDispatcher("modify.jsp").forward(request, response);
}
```

（9）编写 modify.jsp 文件，在该文件中添加收集公告信息的表单及表单元素，并设置表单元素的默认信息为公告的原信息，关键代码如下：

```
<form name="form1" method="post" action="PlacardServlet?action=modify"
onSubmit="return check(this)">
    <c:set var="form" value="${placardContent}"/>
```

```
标题：<input name="title" type="text" id="title" value="${form.title}" size="46">
 <input name="id" type="hidden" id="id" value="${form.id}">
 内容：
     <textarea name="content" cols="36" rows="8" id="content">
     ${form.content}
     </textarea>
  <input name="Submit" type="submit" value="保存">
  <input name="Submit2" type="reset" value="重置">
  <input name="Submit3" type="button" value="返回" onClick="history.back(-1)">
</form>
```

（10）在提交修改的公告信息时，采用的是 POST 请求，所以需要在 Servlet“PlacardServlet”的 doPost()方法中，添加 if 语句，根据 action 参数的值判断是否为保存修改公告信息的 POST 请求。如果是，则调用 modify()方法处理请求。具体代码如下：

```
public void doPost(HttpServletRequest request, HttpServletResponse response)
        throws ServletException, IOException {
    String action = request.getParameter("action");     //获取 action 参数值
    if ("modify".equals(action)) {                       //修改公告
        this.modify(request, response);
    }
}
```

（11）在 Servlet“PlacardServlet”中添加 modify()方法，用于保存修改后的公告信息。在该方法中，首先获取 XML 文件对应的 Document 对象，然后获取要修改的节点，再用获取的公告信息替换原来的公告信息，最后保存修改后的 XML 文件，并重定向页面到公告列表页面中。modify()方法的具体代码如下：

```
private void modify(HttpServletRequest request, HttpServletResponse response)
        throws ServletException, IOException {
    response.setContentType("text/html;charset=UTF-8");          // 设置响应的编码
    String fileURL = request.getRealPath("/xml/placard.xml");// 获取 XML 文件的路径
    String title = request.getParameter("title");                // 标题
    String content = request.getParameter("content");            // 内容
    DateFormat df = new SimpleDateFormat("yyyy年MM月dd日 HH时mm分");
    String pubDate = df.format(new java.util.Date());            // 发布日期
    int id = Integer.parseInt(request.getParameter("id"));  // 获取要删除的公告 ID
    File file = new File(fileURL);
    Document document = null;
    Element placard = null;
    if (file.exists()) {                           // 判断文件是否存在，如果不存在，则创建该文件
        SAXReader reader = new SAXReader();                      // 实例化 SAXReader 对象
        try {
            document =reader.read(new File(fileURL));// 获取 XML 文件对应的 XML 文档对象
            placard = document.getRootElement();          // 获取根节点
            // 获取要修改的节点
            Element item = (Element) placard.selectSingleNode("/placard/info[@id='"+
id + "']");
            if (null != item) {
                item.element("title").setText(title);                // 设置标题
                item.element("content").setText(content);            // 设置内容
```

```
                item.element("pubDate").setText(pubDate);        // 设置发布日期
            }
        } catch (DocumentException e) {
            e.printStackTrace();
        }
    }
    OutputFormat format = OutputFormat.createPrettyPrint();  // 格式化为缩进方式
    format.setEncoding("UTF-8");                             // 设置写入流编码
    try {
        XMLWriter writer = new XMLWriter(new FileOutputStream(fileURL), format);
        writer.write(document);                              // 向流写入数据
        writer.close();
        document.clearContent();                             // 释放资源
    } catch (IOException e) {
        e.printStackTrace();
    }
    PrintWriter out = response.getWriter();
    out.println("<script>alert('修改成功! ');
     window.location.href='PlacardServlet?action=query';</script>");
}
```

（12）在 Servlet“PlacardServlet”中添加 del()方法，用于删除指定的公告信息。在该方法中，首先获取 XML 文件对应的 Document 对象，然后获取要删除的节点，再从 XML 文档对象中移除该节点，最后将修改后的 XML 文档对象保存到 XML 文件，并重定向页面到公告列表页面中。del()方法的具体代码如下：

```
private void del(HttpServletRequest request, HttpServletResponse response)
        throws ServletException, IOException {
    response.setContentType("text/html;charset=UTF-8");        // 指定响应的编码
    String fileURL = request.getRealPath("/xml/placard.xml"); // 获取 XML 文件的路径
    File file = new File(fileURL);
    Document document = null;                              // 声明 Document 对象
    Element placard = null;                                // 声明表示根节点的 Element 对象
    int id = Integer.parseInt(request.getParameter("id"));          // 获取公告 ID
    if (file.exists()) {                        // 判断文件是否存在，如果不存在，则创建该文件
        SAXReader reader = new SAXReader();              // 实例化 SAXReader 对象
        try {
            document=reader.read(new File(fileURL));// 获取 XML 文件对应的 XML 文档对象
            placard = document.getRootElement();    // 获取根节点
            Element item = (Element) placard
            .selectSingleNode("/placard/info[@id='" + id + "']");// 获取要删除的节点
            if (null != item) {
                placard.remove(item);                  // 删除指定节点
            }
        } catch (DocumentException e) {
            e.printStackTrace();
        }
    }
    // 创建 OutputFormat 对象
    OutputFormat format = OutputFormat.createPrettyPrint();         // 格式化为缩进方式
    format.setEncoding("UTF-8");                                    // 设置写入流编码
```

```
        try {
            XMLWriter writer = new XMLWriter(new FileOutputStream(fileURL), format);
            writer.write(document);                                    // 向流写入数据
            writer.close();
            document.clearContent();                                   // 释放资源
        } catch (IOException e) {
            e.printStackTrace();
        }
        PrintWriter out = response.getWriter();
        out.println("<script>alert('删除成功！');
            window.location.href='PlacardServlet?action=query';</script>");
    }
```

（13）在 Servlet“PlacardServlet”中添加 clearAll()方法，用于删除全部公告信息。在该方法中，首先获取 XML 文件对应的 Document 对象，然后删除全部 info 节点（info 节点用于指定公告列表），最后将修改后的 XML 文档对象保存到 XML 文件，并重定向页面到公告列表页面中。clearAll()方法的具体代码如下：

```
    private void clearAll(HttpServletRequest request,HttpServletResponse respon
se) throws ServletException, IOException {
        response.setContentType("text/html;charset=UTF-8");      // 指定响应的编码
        String fileURL = request.getRealPath("/xml/placard.xml"); // 获取 XML 文件的路径
        File file = new File(fileURL);
        Document document = null;
        if (file.exists()) {                          // 判断文件是否存在，如果不存在，则创建该文件
            SAXReader reader = new SAXReader();                      // 实例化 SAXReader 对象
            try {
                document =reader.read(new File(fileURL));// 获取 XML 文件对应的 XML 文档对象
                document.getRootElement().elements("info").clear(); // 删除全部 info 节点
            } catch (DocumentException e) {
                e.printStackTrace();
            }
        }
        // 创建 OutputFormat 对象
        OutputFormat format = OutputFormat.createPrettyPrint();  // 格式化为缩进方式
        format.setEncoding("UTF-8");                             // 设置写入流编码
        try {
            XMLWriter writer = new XMLWriter(new FileOutputStream(fileURL), format);
            writer.write(document);                              // 向流写入数据
            writer.close();
            document.clearContent();                             // 释放资源
        } catch (IOException e) {
            e.printStackTrace();
        }
        PrintWriter out = response.getWriter();
        out.println("<script>alert('删除全部公告成功！');
            window.location.href='PlacardServlet?action=query';</script>");
    }
```

（14）在 placardList.jsp 页面的底部添加“[删除全部公告]”超链接，用于删除全部公告信息。关键代码如下：

```
    <c:if test="${rssContent!=null}">
```

```
    <footer><a href="PlacardServlet?action=clearAll">[删除全部公告]</a></footer>
</c:if>
```

运行本实例，在页面中将显示如图 12-7 所示的公告信息，单击修改按钮，将打开修改公告页面（如图 12-8 所示），修改公告信息后，单击“保存”按钮，即可完成公告信息的修改，并返回到公告列表页面。在公告列表页中，单击删除按钮，即可删除指定公告信息，单击“[删除全部公告]”超链接，即可删除全部公告信息。

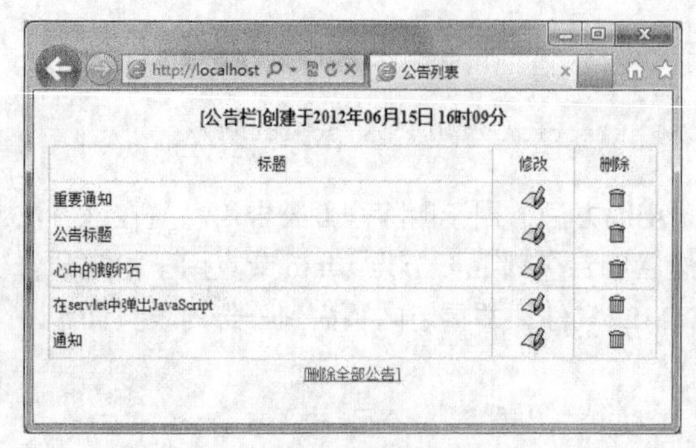

图 12-7　公告列表页面

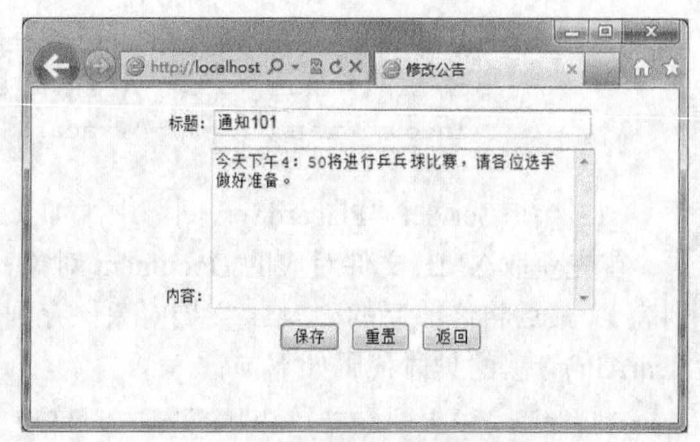

图 12-8　修改公告信息页面

第 13 章 JSP 与 Ajax

本章要点：

- Ajax 使用的技术
- 传统的 Ajax 的工作流程
- jQuery 的基本使用方法
- 使用 jQuery 发送 GET 和 POST 请求
- 使用 Ajax 需要注意的几个问题

随着 Web 2.0 概念的普及，追求更人性化、更美观的页面效果成了网站开发的必修课。Ajax 正在其中充当着重要角色。由于 Ajax 是一个客户端技术，所以无论使用哪种服务器端技术（如 JSP、PHP、ASP.NET 等）都可以使用 Ajax。相对于传统的 Web 应用开发，Ajax 运用的是更加先进、更加标准化、更加高效的 Web 开发技术体系。本章将介绍如何在 JSP 中应用 Ajax。

13.1 Ajax 简介

13.1.1 什么是 Ajax

Ajax 是 Asynchronous JavaScript and XML 的缩写，意思是异步的 JavaScript 与 XML。Ajax 并不是一门新的语言或技术，它是 JavaScript、XML、CSS、DOM 等多种已有技术的组合，可以实现客户端的异步请求操作。从而可以实现在不需要刷新页面的情况下与服务器进行通信，减少了用户的等待时间，减轻了服务器和带宽的负担，提供了更好的服务响应。

13.1.2 Ajax 开发模式与传统开发模式的比较

在 Web 2.0 时代以前，多数网站都采用传统的开发模式，而随着 Web 2.0 时代的到来，越来越多的网站都开始采用 Ajax 开发模式。为了让读者更好地了解 Ajax 开发模式，下面将对 Ajax 开发模式与传统开发模式进行比较。

在传统的 Web 应用模式中，页面中用户的每一次操作都将触发一次返回 Web 服务器的 HTTP 请求，服务器进行相应的处理（例如，获得数据，以及与不同的系统进行会话等）后，返回一个 HTML 页面给客户端。如图 13-1 所示。

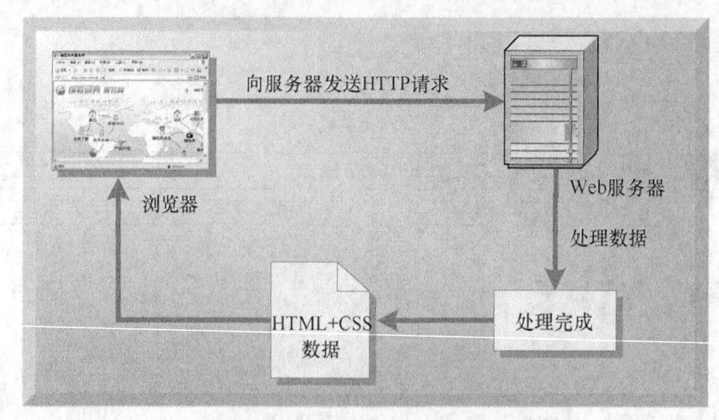

图 13-1　Web 应用的传统模型

而在 Ajax 应用中，页面中用户的操作将通过 Ajax 引擎与服务器端进行通信，然后将返回结果提交给客户端页面的 Ajax 引擎，再由 Ajax 引擎来决定将这些数据插入页面的哪些位置。如图 13-2 所示。

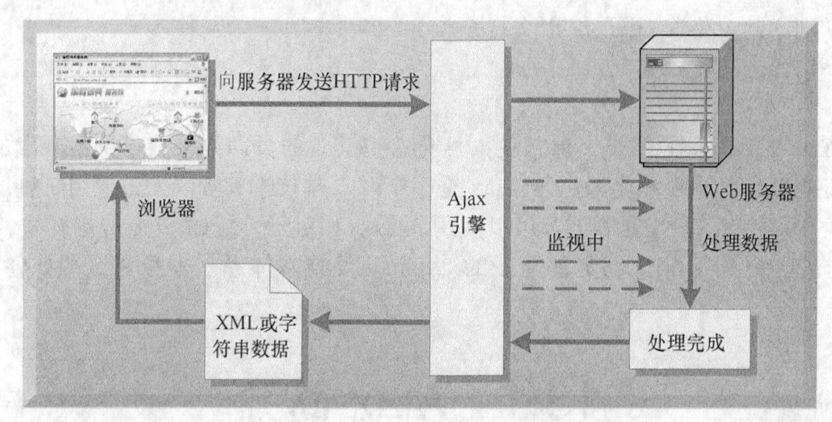

图 13-2　Web 应用的 Ajax 模型

从图 13-1 和图 13-2 中可以看出，对于每个用户的行为，在传统的 Web 应用模型中，将生成一次 HTTP 请求，而在 Ajax 应用开发模型中，将变成对 Ajax 引擎的一次 JavaScript 调用。在 Ajax 应用开发模型中，通过 JavaScript 实现在不刷新整个页面的情况下对部分数据进行更新，从而降低了网络流量，给用户带来了更好的体验。

13.1.3　Ajax 的优点

与传统的 Web 应用不同，Ajax 在用户与服务器之间引入一个中间媒介（Ajax 引擎），从而消除了网络交互过程中的“处理—等待—处理—等待”的缺点。使用 Ajax 的优点具体表现在以下几方面。

（1）减轻了服务器的负担。Ajax 的原则是“按需求获取数据”，这可以最大程度地减少冗余请求和响应对服务器造成的负担。

（2）可以把一部分以前由服务器负担的工作转移到客户端，利用客户端闲置的资源进行处理，从而减轻服务器和带宽的负担，节约空间和成本。

（3）无刷新更新页面，从而使用户不用再像以前那样，在服务器处理数据时，只能在死板的白屏前焦急地等待。Ajax 使用 XMLHttpRequest 对象发送请求并得到服务器响应，在不需要重新载入整个页面的情况下，就可以通过 DOM 及时将更新的内容显示在页面上。

（4）可以调用 XML 等外部数据，进一步促进页面显示和数据的分离。

（5）Ajax 是基于标准化的并被广泛支持的技术，不需要下载插件或者小程序。

13.1.4 Ajax 使用的技术

Ajax 是 XMLHttpRequest 对象和 JavaScript、XML、CSS、DOM 等多种技术的组合。其中，只有 XMLHttpRequest 对象是新技术，其他的均为已有技术。下面我们就对 Ajax 使用的技术进行简要介绍。

1. XMLHttpRequest 对象

Ajax 使用的技术中，最核心的技术就是 XMLHttpRequest，它是一个具有应用程序接口的 JavaScript 对象，能够使用超文本传输协议（HTTP）连接一个服务器，是微软公司为了满足开发者的需要，于 1999 年在 IE 5.0 浏览器中率先推出的。现在许多浏览器都对其提供了支持，不过实现方式与 IE 有所不同。关于 XMLHttpRequest 对象的使用将在 13.2 节进行详细介绍。

2. XML

XML 提供了用于描述结构化数据的格式，适用于不同应用程序间的数据交换，而且这种交换不以预先定义的一组数据结构为前提，从而增强了程序的可扩展性。XMLHttpRequest 对象与服务器交换的数据，通常采用 XML 格式。

关于 XML 的详细介绍请读者参见本书的第 12 章。

3. JavaScript

JavaScript 是一种在 Web 页面中添加脚本代码的解释性程序语言，其核心已经嵌入目前主流的 Web 浏览器中。虽然平时应用最多的是通过 JavaScript 实现一些网页特效及表单数据验证等功能，但其实 JavaScript 可以实现的功能远不止这些。JavaScript 是一种具有丰富的面向对象特性的程序设计语言，利用它能执行许多复杂的任务，例如，Ajax 就是利用 JavaScript 将 DOM、XHTML（或 HTML）、XML 以及 CSS 等技术综合起来，并控制它们的行为的。因此要开发一个复杂高效的 Ajax 应用程序，就必须对 JavaScript 有深入的了解。

关于 JavaScript 脚本语言的详细介绍请读者参见本书的第 2 章的 2.3 节。

4. CSS

CSS 是 Cascading Style Sheet（层叠样式表）的缩写，用于控制网页样式并允许将样式信息与网页内容分离的一种标记性语言。在 Ajax 出现以前，CSS 已经广泛地应用到传统的网页中了，所以本书不对 CSS 进行详细介绍。在 Ajax 中，通常使用 CSS 进行页面布局，并通过改变文档对象的 CSS 属性控制页面的外观和行为。

5. DOM

DOM 是表示文档（如 HTML 文档），和访问、操作构成文档的各种元素（如 HTML 标记和文本串）的应用程序接口。W3C 定义了标准的文档对象模型，它以树形结构表示 HTML 和 XML 文档，并且定义了遍历树及添加、修改、查找树的节点的方法和属性。在 Ajax 应用中，通过 JavaScript 操作 DOM，可以达到在不刷新页面的情况下实时修改用户界面的时雨目的。

关于 DOM 的详细介绍请读者参见本书第 2 章的 2.3.6 节。

13.2 使用 XMLHttpRequest 对象

通过 XMLHttpRequest 对象，Ajax 可以像桌面应用程序一样只同服务器进行数据层面的交换，而不用每次都刷新页面，也不用每次都将数据处理的工作交给服务器来完成，这样既减轻了服务器的负担，又加快了响应速度，缩短了用户等待的时间。

13.2.1 初始化 XMLHttpRequest 对象

在使用 XMLHttpRequest 对象发送请求和处理响应之前，首先需要初始化该对象，由于 XMLHttpRequest 不是一个 W3C 标准，所以对于不同的浏览器，其初始化的方法也是不同的。通常情况下，初始化 XMLHttpRequest 对象只需要考虑两种情况，一种是 IE 浏览器，另一种是非 IE 浏览器，下面分别进行介绍。

1. IE 浏览器

IE 浏览器把 XMLHttpRequest 实例化为一个 ActiveX 对象。具体方法如下：

```
var http_request = new ActiveXObject("Msxml2.XMLHTTP");
```

或者

```
var http_request = new ActiveXObject("Microsoft.XMLHTTP");
```

在上面的语法中，Msxml2.XMLHTTP 和 Microsoft.XMLHTTP 是针对 IE 浏览器的不同版本而进行设置的，这两种是目前比较常用的。

2. 非 IE 浏览器

非 IE 浏览器（例如，Firefox、Opera、Safari 等）把 XMLHttpRequest 对象实例化为一个本地 JavaScript 对象。具体方法如下：

```
var http_request = new XMLHttpRequest();
```

为了提高程序的兼容性，可以创建一个跨浏览器的 XMLHttpRequest 对象。创建一个跨浏览器的 XMLHttpRequest 对象其实很简单，只需要判断一下不同浏览器的实现方式，如果浏览器提供了 XMLHttpRequest 类，则直接创建一个实例，否则实例化一个 ActiveX 对象。具体代码如下：

```
if (window.XMLHttpRequest) {                              //非 IE 浏览器
    http_request = new XMLHttpRequest();
} else if (window.ActiveXObject) {                        // IE 浏览器
    try {
        http_request = new ActiveXObject("Msxml2.XMLHTTP");
    } catch (e) {
        try {
            http_request = new ActiveXObject("Microsoft.XMLHTTP");
        } catch (e) {}
    }
}
```

在上面的代码中，调用 window.ActiveXObject 将返回一个对象，或是 null，在 if 语句中，会把返回值看做是 true 或 false（如果返回的是一个对象，则为 true，否则返回 null，为 false）。

由于 JavaScript 具有动态类型特性，而且 XMLHttpRequest 对象在不同浏览器上的实例是兼容的，所以可以用同样的方式访问 XMLHttpRequest 实例的属性和方法，不需要考虑创建该实例的方法是什么。

13.2.2 XMLHttpRequest 对象的常用方法

XMLHttpRequest 对象提供了一些常用的方法，通过这些方法可以对请求进行操作。下面对 XMLHttpRequest 对象的常用方法进行介绍。

1. open()方法

open()方法用于设置进行异步请求目标的 URL、请求方法以及其他参数信息，具体语法如下：

```
open("method","URL"[,asyncFlag[,"userName"[, "password"]]])
```

open()方法的参数说明如表 13-1 所示。

表 13-1　open()方法的参数说明

参　数	说　明
method	用于指定请求的类型，一般为 GET 或 POST
URL	用于指定请求地址，可以使用绝对地址或者相对地址，并且可以传递查询字符串
asyncFlag	为可选参数，用于指定请求方式，异步请求为 true，同步请求为 false，默认情况下为 true
userName	为可选参数，用于指定请求用户名，没有时可省略
password	为可选参数，用于指定请求密码，没有时可省略

例如，设置异步请求目标为 register.jsp，请求方法为 GET，请求方式为异步的代码如下：

```
http_request.open("GET","register.jsp",true);
```

2. send()方法

send()方法用于向服务器发送请求。如果请求声明为异步，该方法将立即返回，否则将等到接收到响应为止。send()方法的语法格式如下：

```
send(content)
```

- content：用于指定发送的数据，可以是 DOM 对象的实例、输入流或字符串。如果没有参数需要传递可以设置为 null。

例如，向服务器发送一个不包含任何参数的请求，可以使用下面的代码：

```
http_request.send(null);
```

3. setRequestHeader()方法

setRequestHeader()方法用于为请求的 HTTP 头设置值。setRequestHeader()方法的具体语法格式如下：

```
setRequestHeader("header", "value")
```

- header：用于指定 HTTP 头。
- value：用于为指定的 HTTP 头设置值。

setRequestHeader()方法必须在调用 open()方法之后才能调用。

例如，在发送 POST 请求时，需要设置 Content-Type 请求头的值为“application/x-www-form-urlencoded”，这时就可以通过 setRequestHeader()方法进行设置，具体代码如下：

```
http_request.setRequestHeader("Content-Type","application/x-www-form-urlencoded");
```

4．abort()方法

abort()方法用于停止或放弃当前的异步请求。其语法格式如下：

```
abort()
```

5．getResponseHeader()方法

getResponseHeader()方法用于以字符串的形式返回指定的 HTTP 头信息。其语法格式如下：

```
getResponseHeader("headerLabel")
```

- headerLabel：用于指定 HTTP 头的信息，包括 Server、Content-Type 和 Date 等。

例如，要获取 HTTP 头 Content-Type 的值，可以使用以下代码：

```
http_request.getResponseHeader("Content-Type")
```

上面的代码将获取到以下内容：

```
text/html;charset=UTF-8
```

6．getAllResponseHeaders()方法

getAllResponseHeaders()方法用于以字符串形式返回完整的 HTTP 头信息，其中，包括 Server、Date、Content-Type 和 Contentnt-Length。getAllResponseHeaders()方法的语法格式如下：

```
getAllResponseHeaders()
```

例如，应用下面的代码调用 getAllResponseHeaders()方法，将弹出如图 13-3 所示的对话框，显示完整的 HTTP 头信息。

```
alert(http_request.getAllResponseHeaders());
```

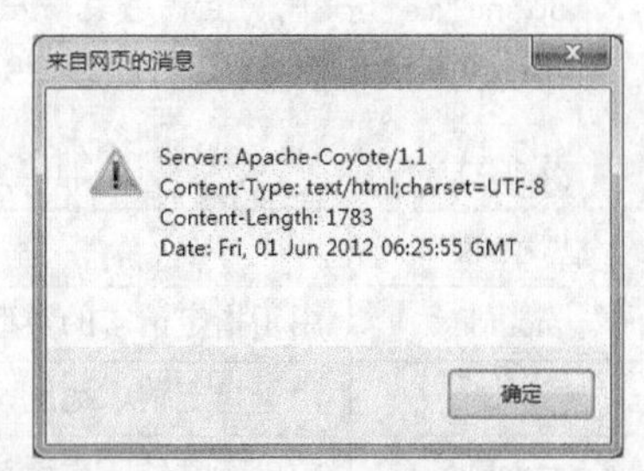

图 13-3　获取的完整的 HTTP 头信息

13.2.3　XMLHttpRequest 对象的常用属性

XMLHttpRequest 对象提供了一些常用属性，通过这些属性可以获取服务器的响应状态及响应内容，下面将对 XMLHttpRequest 对象的常用属性进行介绍。

1．onreadystatechange 属性

onreadystatechange 属性用于指定状态改变时所触发的事件处理器。在 Ajax 中，每个状态改变时都会触发这个事件处理器，通常会调用一个 JavaScript 函数。

例如，指定状态改变时触发 JavaScript 函数 getResult 的代码如下：

```
http_request.onreadystatechange = getResult;
```

注意

在指定所触发的事件处理器时，所调用的 JavaScript 函数不能添加小括号及指定参数名。不过这里可以使用匿名函数。例如，要调用带参数的函数 getResult()，可以使用下面的代码：

```
http_request.onreadystatechange = function(){
    getResult("添加的参数");      //调用带参数的函数
};                               //通过匿名函数指定要带参数的函数
```

2．readyState 属性

readyState 属性用于获取请求的状态。该属性共包括 5 个属性值，如表 13-2 所示。

表 13-2　readyState 属性的属性值

值	意　义	值	意　义
0	未初始化	1	正在加载
2	已加载	3	交互中
4	完成		

3．responseText 属性

responseText 属性用于获取服务器的响应，表示为字符串。

4．responseXML 属性

responseXML 属性用于获取服务器的响应，表示为 XML。这个对象可以解析为一个 DOM 对象。

5．status 属性

status 属性用于返回服务器的 HTTP 状态码，常用的状态码如表 13-3 所示。

表 13-3　　status 属性的状态码

值	意　义	值	意　义
200	表示成功	202	表示请求被接受，但尚未成功
400	错误的请求	404	文件未找到
500	内部服务器错误		

6．statusText 属性

statusText 属性用于返回 HTTP 状态码对应的文本，如 OK 或 Not Fount（未找到）等。

13.3　传统 Ajax 的工作流程

通过前面的学习，相信大家已经对 Ajax 以及 Ajax 所使用的技术有所了解了。下面将介绍 Ajax 中如何发送请求与处理服务器响应。

13.3.1　发送请求

Ajax 可以通过 XMLHttpRequest 对象实现采用异步方式在后台发送请求。通常情况下，Ajax 发送请求有两种，一种是发送 GET 请求，另一种是发送 POST 请求。但是无论发送哪种请求，都需要经过以下 4 个步骤。

（1）初始化 XMLHttpRequest 对象。为了提高程序的兼容性，需要创建一个跨浏览器的 XMLHttpRequest 对象，并且判断 XMLHttpRequest 对象的实例是否成功，如果不成功，则给予提示。具体代码如下：

```
http_request = false;
if (window.XMLHttpRequest) {                        // 非 IE 浏览器
    http_request = new XMLHttpRequest();            //创建 XMLHttpRequest 对象
} else if (window.ActiveXObject) {                  // IE 浏览器
    try {
        http_request = new ActiveXObject("Msxml2.XMLHTTP");//创建 XMLHttpRequest 对象
    } catch (e) {
        try {
            //创建 XMLHttpRequest 对象
            http_request = new ActiveXObject("Microsoft.XMLHTTP");
        } catch (e) {}
    }
}
if (!http_request) {
    alert("不能创建 XMLHttpRequest 对象实例！");
    return false;
```

```
}
```

（2）为 XMLHttpRequest 对象指定一个返回结果处理函数（即回调函数），用于对返回结果进行处理，具体代码如下：

```
http_request.onreadystatechange = getResult;            //调用返回结果处理函数
```

使用 XMLHttpRequest 对象的 onreadystatechange 属性指定回调函数时，不能指定要传递的参数。如果要指定传递的参数，可以应用以下方法：

```
http_request.onreadystatechange = function(){getResult(param)};
```

（3）创建一个与服务器的连接。在创建时，需要指定发送请求的方式（即 GET 或 POST），以及设置是否采用异步方式发送请求。

例如，采用异步方式发送 GET 方式的请求的具体代码如下：

```
http_request.open('GET', url, true);
```

采用异步方式发送 POST 方式的请求的具体代码如下：

```
http_request.open('POST', url, true);
```

在 open()方法中的 url 参数，可以是一个 JSP 页面的 URL 地址，也可以是 Servlet 的映射地址。也就是说，请求处理页，可以是一个 JSP 页面，也可以是一个 Servlet。

在指定 url 参数时，最好将一个时间戳追加到该 url 参数的后面，这样可以防止因浏览器缓存结果而不能实时得到最新的结果。例如，可以指定 url 参数为以下代码：

```
String url="deal.jsp?nocache="+new Date().getTime();
```

（4）向服务器发送请求。XMLHttpRequest 对象的 send()方法可以实现向服务器发送请求，该方法需要传递一个参数，如果发送的是 GET 请求，可以将该参数设置为 null；如果发送的是 POST 请求，可以通过该参数指定要发送的请求参数。

向服务器发送 GET 请求的代码如下：

```
http_request.send(null);                        //向服务器发送请求
```

向服务器发送 POST 请求的代码如下：

```
var param="user="+form1.user.value+"&pwd="+form1.pwd.value+
    "&email="+form1.email.value;                //组合参数
http_request.send(param);                       //向服务器发送请求
```

需要注意的是，在发送 POST 请求前，还需要设置正确的请求头，具体代码如下：

```
http_request.setRequestHeader("Content-Type","application/x-www-form-urlencoded");
```

上面的这句代码，需要添加在 http_request.send(param);语句之前。

13.3.2 处理服务器响应

当向服务器发送请求后，接下来就需要处理服务器响应了。在向服务器发送请求时，需要通过 XMLHttpRequest 对象的 onreadystatechange 属性指定一个回调函数，用于处理服务器响应。在这个回调函数中，首先需要判断服务器的请求状态，保证请求已完成，然后再根据服务器的 HTTP 状态码，判断服务器对请求的响应是否成功，如果成功，则获取服务器的响应反馈给客户端。

XMLHttpRequest 对象提供了两个用来访问服务器响应的属性，一个是 responseText 属性，返回字符串响应，另一个是 responseXML 属性，返回 XML 响应。

1. 处理字符串响应

字符串响应通常应用在响应不是特别复杂的情况下。例如，将响应显示在提示对话框中，或者响应只是显示成功或失败的字符串。

将字符串响应显示到提示对话框中的回调函数的具体代码如下：

```
function getResult() {
    if (http_request.readyState == 4) {                // 判断请求状态
        if (http_request.status == 200) {              // 请求成功，开始处理返回结果
            alert(http_request.responseText);          // 显示判断结果
        } else {                                       // 请求页面有错误
            alert("您所请求的页面有错误！");
        }
    }
}
```

如果需要将响应结果显示到页面的指定位置，也可以先在页面的合适位置添加一个<div>或<span>标记，将设置该标记的 id 属性，例如 div_result，然后在回调函数中应用以下代码显示响应结果。

```
document.getElementById("div_result").innerHTML=http_request.responseText;
```

2. 处理 XML 响应

如果在服务器端需要生成特别复杂的响应，那么就需要应用 XML 响应。应用 XMLHttpRequest 对象的 responseXML 属性，可以生成一个 XML 文档，而且当前浏览器已经提供了很好的解析 XML 文档对象的方法。

例如，有一个保存图书信息的 XML 文档，具体代码如下：

```
<?xml version="1.0" encoding="UTF-8"?>
<mr>
    <books>
        <book>
            <title>Java Web 开发典型模块大全</title>
            <publisher>人民邮电出版社</publisher>
        </book>
        <book>
            <title>Java 范例完全自学手册</title>
            <publisher>人民邮电出版社</publisher>
        </book>
    </books>
</mr>
```

在回调函数中遍历保存图书信息的 XML 文档，并显示到页面中的代码如下：

```
function getResult() {
    if (http_request.readyState == 4) {                          //判断请求状态
        if (http_request.status == 200) {                        //请求成功，开始处理响应
            var xmldoc = http_request.responseXML;
            var str="";
            for(i=0;i<xmldoc.getElementsByTagName("book").length;i++){
                var book = xmldoc.getElementsByTagName("book").item(i);
                str=str+"《"+book.getElementsByTagName("title")[0].firstChild.data
                +"》由“"+
                book.getElementsByTagName('publisher')[0].firstChild.data+
                "”出版<br>";
            }
            document.getElementById("book").innerHTML=str;   //显示图书信息
        } else {                                                 //请求页面有错误
```

```
                alert("您所请求的页面有错误! ");
            }
        }
    }
    <div id="book"></div>
```

通过上面的代码获取的 XML 文档的信息如下：

《Java Web 开发典型模块大全》由“人民邮电出版社”出版

《Java 范例完全自学手册》由“人民邮电出版社”出版

13.3.3 一个完整的实例——检测用户名是否唯一

【例 13-1】 编写一个会员注册页面，并应用 Ajax 实现检测用户名是否唯一的功能。（实例位置：光盘\MR\源码\第 13 章\13-1）

（1）创建 index.jsp 文件，在该文件中添加一个用于收集用户注册信息的表单及表单元素，以及代表“检测用户名”按钮的图片，并在该图片的 onClick 事件中调用 checkName()方法，检测用户名是否被注册。关键代码如下：

```
<form method="post" action="" name="form1">
用户名：<input name="username" type="text" id="username" size="32">
<img src="images/checkBt.jpg" width="104" height="23" style="cursor:pointer;"
 onClick="checkUser(form1.username);">
密码：<input name="pwd1" type="password" id="pwd1" size="35">
确认密码：<input name="pwd2" type="password" id="pwd2" size="35">
E-mail：<input name="email" type="text" id="email" size="45">
<input type="image" name="imageField" src="images/registerBt.jpg">
</form>
```

（2）在页面的合适位置添加一个用于显示提示信息的<div>标记，并且通过 CSS 设置该<div>标记的样式，关键代码如下：

```
<style type="text/css">
<!--
#toolTip {
    position:absolute;          /*设置为绝对定位*/
    left:331px;                 /*设置左边距*/
    top:39px;                   /*设置顶边距*/
    width:98px;                 /*设置宽度*/
    height:48px;                /*设置高度*/
    padding-top:45px;           /*设置文字与顶边的距离*/
    padding-left:25px;          /*设置文字与左边的距离*/
    padding-right:25px;         /*设置文字与右边的距离*/
    z-index:1;                  /*设置定位元素在 Z 轴上的层叠顺序*/
    display:none;               /*设置默认不显示*/
    color:red;                  /*设置文字的颜色*/
    background-image: url(images/tooltip.jpg);      /*设置背景图片*/
}
-->
</style>
<div id="toolTip"></div>
```

（3）编写一个自定义的 JavaScript 函数 createRequest()，在该函数中，首先初始化

XMLHttpRequest 对象，然后指定处理函数，再创建与服务器的连接，最后向服务器发送请求。createRequest()函数的具体代码如下：

```
function createRequest(url) {
    http_request = false;
    if (window.XMLHttpRequest) {                          // 非 IE 浏览器
        http_request = new XMLHttpRequest();              //创建 XMLHttpRequest 对象
    } else if (window.ActiveXObject) {                    // IE 浏览器
        try {
         http_request = new ActiveXObject("Msxml2.XMLHTTP");//创建 XMLHttpRequest 对象
        } catch (e) {
          try {
              //创建 XMLHttpRequest 对象
              http_request = new ActiveXObject("Microsoft.XMLHTTP");
          } catch (e) {}
        }
    }
    if (!http_request) {
        alert("不能创建 XMLHttpRequest 对象实例！");
        return false;
    }
    http_request.onreadystatechange = getResult;              //调用返回结果处理函数
    http_request.open('GET', url, true);                      //创建与服务器的连接
    http_request.send(null);                                  //向服务器发送请求
}
```

（4）编写回调函数 getResult()，该函数主要根据请求状态对返回结果进行处理。在该函数中，如果请求成功，为提示框设置相应的提示内容，并且让该提示框显示。getResult()函数的具体代码如下：

```
function getResult() {
    if (http_request.readyState == 4) {                  // 判断请求状态
        if (http_request.status == 200) {                // 请求成功，开始处理返回结果
          //设置提示内容
          document.getElementById("toolTip").innerHTML=http_request.responseText;
           document.getElementById("toolTip").style.display="block";   //显示提示框
        } else {                                         // 请求页面有错误
           alert("您所请求的页面有错误！");
        }
    }
}
```

（5）编写自定义的 JavaScript 函数 checkUser()，用于检测用户名是否为空，当用户名不为空时，调用 createRequest()函数发送异步请求检测用户名是否被注册。checkUser()函数的具体代码如下：

```
function checkUser(userName){
    if(userName.value==""){
        alert("请输入用户名！");userName.focus();return;
    }else{
        createRequest('checkUser.jsp?user='+ encodeURIComponent(userName.value));
    }
}
```

（6）编写检测用户名是否被注册的处理页 checkUser.jsp，在该页面中判断输入的用户名是否注册，并应用 JSP 内置对象 out 的 println()方法输出判断结果。checkUser.jsp 页面的具体代码如下：

```
<%@ page language="java" import="java.util.*" pageEncoding="UTF-8" %>
<%
    String[] userList={"明日科技","mr","mrsoft","wgh"};          //创建一个一维数组
    //获取用户名
    String user=new String(request.getParameter("user").
                                getBytes("ISO-8859-1"),"UTF-8");
    Arrays.sort(userList);                                        //对数组排序
    int result=Arrays.binarySearch(userList,user);                //搜索数组
    if(result>-1){
        out.println("很抱歉，该用户名已经被注册！");                //输出检测结果
    }else{
        out.println("恭喜您，该用户名没有被注册！");                //输出检测结果
    }
%>
```

运行本实例，在用户名文本框中输入 mr，单击“检测用户名”按钮，将显示如图 13-4 所示的提示信息。

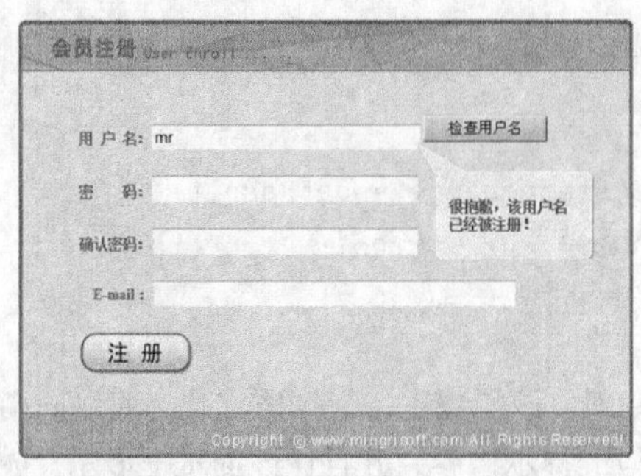

图 13-4　用户名不为空时显示的效果

13.4　jQuery 实现 Ajax

通过前面的介绍，我们可以知道，在 Web 中应用 Ajax 的工作流程比较烦琐，每次都需要编写大量的 JavaScript 代码。不过应用目前比较流行的 jQuery 可以简化 Ajax。下面将具体介绍如何应用 jQuery 实现 Ajax。

13.4.1　jQuery 简介

jQuery 是一套 JavaScript 的脚本库，它是由 John Resig 于 2006 年创建的，它具有简洁、快速、灵活等特点，帮助我们简化了 JavaScript 代码。JavaScript 脚本库类似于 Java 的类库，我们将一些工具方法或对象方法封装在类库中，方便用户使用。jQuery 因为它的简便易用，已被大量的开发人员所推崇。

要在自己的网站中应用 jQuery 库，需要下载并配置它。

1. 下载和配置 jQuery

jQuery 是一个开源的脚本库，我们可以在它的官方网站（http://jquery.com）中下载到最新版本的 jQuery 库。当前最新的版本是 1.7.2，下载后将得到名称为 jquery-1.7.2.min.js 的文件。

将 jQuery 库下载到本地计算机后，还需要在项目中配置 jQuery 库。即将下载后的

jquery-1.7.2.min.js 文件放置到项目的指定文件夹中，通常放置在 JS 文件夹中，然后在需要应用 jQuery 的页面中使用下面的语句，将其引用到文件中。

```
<script language="javascript" src="JS/jquery-1.7.2.min.js"></script>
```

或者

```
<script src="JS/jquery-1.7.2.min.js" type="text/javascript"></script>
```

引用 jQuery 的<script>标签，必须放在所有的自定义脚本文件的<script>之前，否则在自定义的脚本代码中应用不到 jQuery 脚本库。

2. jQuery 的工厂函数

在 jQuery 中，无论我们使用哪种类型的选择符都需要从一个“$”符号和一对“()”开始。在"()"中通常使用字符串参数，参数中可以包含任何 CSS 选择符表达式。下面介绍几种比较常见的用法。

- 在参数中使用标记名——$("div")。用于获取文档中全部的<div>。
- 在参数中使用 ID——$("#username")。用于获取文档中 ID 属性值为 username 的一个元素。
- 在参数中使用CSS类名——$(".btn_grey")。用于获取文档中使用CSS类名为btn_grey的所有元素。

3. 我的第一个 jQuery 脚本

【例 13-2】 应用 jQuery 弹出一个提示对话框。（实例位置：光盘\MR\源码\第 13 章\13-2）

（1）在 Eclipse 中创建动态 Web 项目，并在该项目的 WebContent 节点下创建一个名称为 JS 的文件夹，将 jquery-1.7.2.min.js 复制到该文件夹中。

默认情况下，在 Eclipse 创建的动态 Web 项目中，添加 jQuery 库以后，将出现红×，标识有语法错误，但是程序仍然可以正常运行。解决该问题的方法是：首先在 Eclipse 的主菜单中选择“窗口”/“首选项目”菜单项，将打开“首选项”对话框，并在“首选项”对话框的左侧选择“JavaScript”/“验证器”/“错误/警告”节点，然后取消右侧的“Enable JavaScript Semantic Validation”复选框的选取状态，并应用，接下来再找到项目的.project 文件，将其中的以下代码删除：

```
<buildCommand>
    <name>org.eclipse.wst.jsdt.core.javascriptValidator</name>
    <arguments>
    </arguments>
</buildCommand>
```

并保存该文件，最后重新添加 jQuery 库就可以了。

（2）创建一个名称为 index.jsp 的文件，在该文件的<head>标记中引用 jQuery 库文件，关键代码如下：

```
<script type="text/javascript" src="JS/jquery-1.7.2.min.js"></script>
```

（3）在<body>标记中，应用 HTML 的<a>标记添加一个空的超链接，关键代码如下：

```
<a href="#">弹出提示对话框</a>
```

（4）编写 jQuery 代码，实现在单击页面中的超链接时，弹出一个提示对话框，具体代码如下：

```
<script>
$(document).ready(function(){
    //获取超链接对象，并为其添加单击事件
    $("a").click(function(){
        alert("我的第一个 jQuery 脚本！");
    });
```

```
});
</script>
```

实际上，上面的代码还可以更简单，也就是将$(document).ready 用“$”符代替，替换后的代码如下：

```
<script>
$(function(){
    //获取超链接对象，并为其添加单击事件
    $("a").click(function(){
        alert("我的第一个 jQuery 脚本！");
    });
});
</script>
```

运行本实例，单击页面中的“弹出提示对话框”超链接，将弹出如图 13-5 所示的提示对话框。

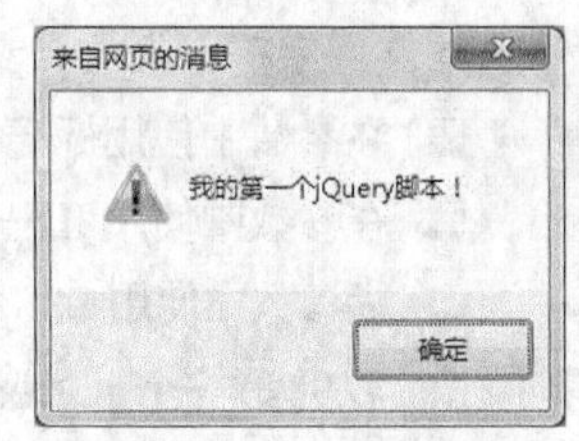

图 13-5　弹出的提示对话框

在第 2 章中，介绍 JavaScript 的事件时，我们知道，要实现例 13-2 的效果，还可以通过下面的代码实现：

```
<script>
window.onload=function(){
    $("a").click(function(){
        alert("我的第一个 jQuery 脚本！");
    });
}
</script>
```

这时，读者可能要问，这两种方法有什么区别，究竟哪种方法更好呢？下面我们就来介绍二者的区别。window.load()方法是在页面所有的东西都载入完毕后才会执行，例如，图片和横幅等。而$(document).ready()方法则是在 DOM 元素载入就绪后执行。在一个页面中可以放置多个$(document).ready()方法，而 window.load()方法在页面上只允许放置一个（常规情况）。这两个方法可以同时在页面中执行，两者并不矛盾。不过，$(document).ready()方法比 window.load()方法载入更快。

13.4.2　应用 load()方法发送请求

load()方法通过 AJAX 请求从服务器加载数据，并把返回的数据放置到指定的元素中。它的语法格式如下：

```
.load( url [, data] [, complete(responseText, textStatus, XMLHttpRequest)] )
```

- url：用于指定要请求页面的 URL 地址。
- data：可选参数，用于指定跟随请求一同发送的数据。因为 load()方法不仅可以导入静态的 HTML 文件，还可以导入动态脚本（例如 JSP 文件），当要导入动态文件时，就可以把要传递的数据通过该参数进行指定。
- complete(responseText, textStatus, XMLHttpRequest)：用于指定调用 load()方法并得到服务器响应后，再执行的另外一个函数。如果不指定该参数，那么服务器响应完成后，则直接将匹配元素的 HTML 内容设置为返回的数据。该函数的 3 个参数中，responseText 表示请求返回的内容；textStatus 表示请求状态；XMLHttpRequest 表示 XMLHttpRequest 对象。

例如，要请求名称为 book.html 的静态页面，可以使用下面的代码：

```
$("#getBook").load("book.html");
```

使用 load()方法发送请求时，有两种方式，一种是 GET 请求，另一种是 POST 请求。采用哪种请求方式，将由 data 参数的值决定。当 load()方法没有向服务器传递参数时，请求的方式就是 GET；反之请求的方式就是 POST。

【例 13-3】 应用 jQuery 弹出一个提示对话框。（实例位置：光盘\MR\源码\第 13 章\13-3）

（1）在 Eclipse 中创建动态 Web 项目，并在该项目的 WebContent 节点下创建一个名称为 JS 的文件夹，将 jquery-1.7.2.min.js 复制到该文件夹中。

（2）创建一个名称为 index.jsp 的文件，在该文件的<head>标记中引用 jQuery 库文件，关键代码如下：

```
<script type="text/javascript" src="JS/jquery-1.7.2.min.js"></script>
```

（3）在<body>标记中，添加一个 id 为 getTime 的<div>标记，关键代码如下：

```
<div id="getTime">正在获取时间...</div>
```

（4）编写 jQuery 代码，实现每隔一秒钟请求一次 getTime.jsp 文件，获取当前系统时间，具体代码如下：

```
<script>
    $(document).ready(function(){
        window.setInterval("$('#getTime').load('getTime.jsp',{});",1000);
    });
</script>
```

（5）创建一个名称为 getTime.jsp 的文件，在该文件中，编写用于在页面中输出当前系统时间的 JSP 代码。getTime.jsp 文件的具体代码如下：

```
<%@ page language="java" contentType="text/html; charset=UTF-8"
    pageEncoding="UTF-8"%>
<%@page import="java.util.Date"%>
<%
    out.println(new java.text.SimpleDateFormat("YYYY-MM-dd HH:mm:ss")
                                    .format(new Date())); //输出系统时间
%>
```

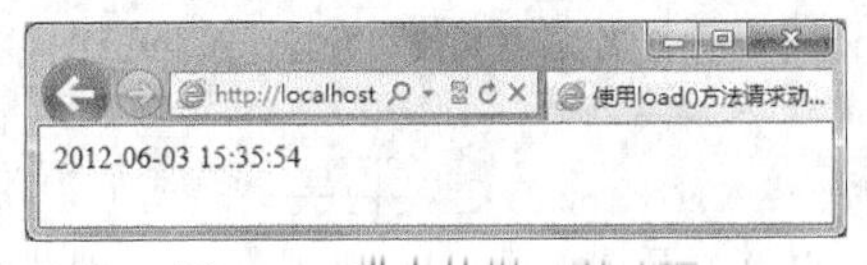

图 13-6　弹出的提示对话框

运行本实例，在页面中将显示如图 13-6 所示的走动的当前时间。

使用 load()方法请求 HTML 页面时，也可以只加载被请求文档中的一部分。这可以通过在请求的 URL 地址后面接一个空格，再加上要加载内容的 jQuery 选择器。例如，要加载 book.html 页面中 ID 属性为 javaweb 的元素的内容，可以使用下面的代码。

```
$("#getTime").load("book.html #javaweb");
```

如果在 book.html 文件的添加以下代码：

```
<ul id="javaweb">
    <li>Java Web 开发实战宝典</li>
    <li>Java Web 典型模块与项目实战</li>
</ul>
<ul id="java">
    <li>Java 从入门到精通</li>
    <li>Java 典型模块精解</li>
</ul>
```

在运行代码$("#getTime").load("book.html #javaweb");时，将显示如图 13-7 所示的运行结果。

图 13-7　加载请求文档中的 id 属性为 javaweb 的<ul>标记

13.4.3 发送 GET 和 POST 请求

在 jQuery 中，虽然提供了 load()方法可以根据提供的参数发送 GET 和 POST 请求，但是该方法有一定的局限性，它是一个局部方法，需要在 jQuery 包装集上调用，并且会将返回的 HTML 加载到对象中，即使设置了回调函数也还是会加载。为此，jQuery 还提供了全局的，专门用于发送 GET 请求和 POST 请求的 get()方法和 post()方法。

1. get()方法

$.get()方法用于通过 GET 方式来进行异步请求，它的语法格式如下。

```
$.get(url [, data] [, success(data, textStatus, jqXHR)] [, dataType] )
```

- url：字符串类型的参数，用于指定请求页面的 URL 地址。
- data：可选参数，用于指定发送至服务器的 key/value 数据。data 参数会自动添加到 url 中。如果 url 中的某个参数又通过 data 参数进行传递，那么 get()方法是不会自动合并相同名称的参数的。
- success(data, textStatus, jqXHR)：可选参数，用于指定载入成功后执行的回调函数。其中，data 用于保存返回的数据；testStatus 为状态码（可以是 timeout，error，notmodified，success 或 parsererror）；jqXHR 为 XMLHTTPRequest 对象。不过该回调函数只有当 testStatus 的值为 success 时才会执行。
- dataType：可选参数，用于指定返回数据的类型，可以是 xml、json、script 或者 html。默认值为 html。

例如，使用 get()方法请求 deal.jsp，并传递两个字符串类型的参数，可以使用下面的代码。

```
$.get("deal.jsp",{name:"无语",branch:"java"});
```

【例 13-4】将例 13-1 的程序修改为采用 jQuery 的 get()方法发送请求的方式来实现。（实例位置：光盘\MR\源码\第 13 章\13-4）

（1）在 Eclipse 中创建动态 Web 项目，并在该项目的 WebContent 节点下创建一个名称为 JS 的文件夹，将 jquery-1.7.2.min.js 复制到该文件夹中。

（2）创建一个名称为 index.jsp 的文件，在该文件的<head>标记中引用 jQuery 库文件，关键代码如下：

```
<script type="text/javascript" src="JS/jquery-1.7.2.min.js"></script>
```

（3）在<body>标记中，添加一个用于收集用户注册信息的表单及表单元素，以及代表“检测用户名”按钮的图片，并为这个图片设置 id 属性，关键代码如下：

```
<form method="post" action="" name="form1">
用户名：<input name="username" type="text" id="username" size="32">
<img id="checkUser" src="images/checkBt.jpg"
      width="104" height="23" style="cursor: pointer;">
密码：<input name="pwd1" type="password" id="pwd1" size="35">
确认密码：<input name="pwd2" type="password" id="pwd2" size="35">
E-mail：<input name="email" type="text" id="email" size="45">
<input type="image" name="imageField" src="images/registerBt.jpg">
</form>
```

（4）在页面的合适位置添加一个用于显示提示信息的<div>标记，并且通过 CSS 设置该<div>标记的样式。由于此处的代码与例 13-1 完全相同，所以这里不再给出。

（5）在引用 jQuery 库的代码下方，编写 JavaScript 代码，实现当 DOM 元素载入就绪后，为代表“检测用户名”的按钮图片添加单击事件，在该单击事件中，判断用户名是否为空，如果为空，则给出提示对话框，并让该文本框获得焦点，否则应用 get()方法，发送异步请求检测用户名是否被注册。具体代码如下：

```
<script type="text/javascript">
    $(document).ready(function(){
        $("#checkuser").click(function(){
            if ($("#username").val()== "") {                          //判断是否输入用户名
                alert("请输入用户名！");
                $("#username").focus();                               //让用户名文本框获得焦点
                return;
            } else { //已经输入用户名时，检测用户名是否唯一
                $.get("checkUser.jsp",
                        {user:$("#username").val()},
                        function(data){
                            $("#toolTip").text(data);                 //设置提示内容
                            $("#toolTip").show();                     //显示提示框
                });
            }
        });
    });
</script>
```

（6）编写检测用户名是否被注册的处理页 checkUser.jsp，在该页面中判断输入的用户名是否注册，并应用 JSP 内置对象 out 的 println()方法输出判断结果。由于此处的代码与 13-1 完全相同，这里不再给出。

运行本实例，在用户名文本框中输入 mr，单击“检测用户名”按钮，将显示如图 13-8 所示的提示信息。

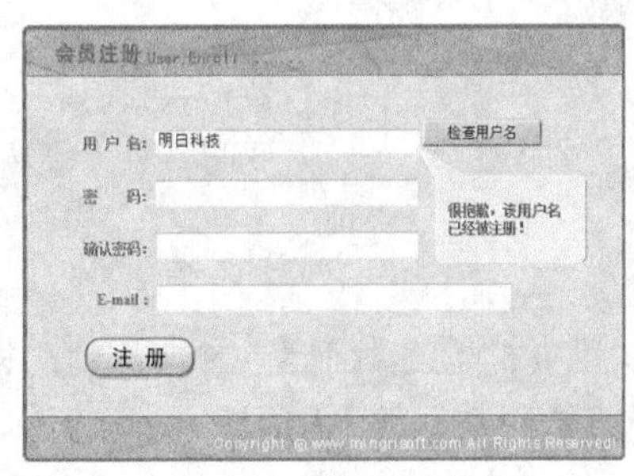

图 13-8　检测用户名

从这个程序中，我们可以看到使用 jQuery 替代传统的 Ajax，确实简单、方便了许多。它可使开发人员的精力不必集中于实现 Ajax 功能的烦琐步骤，而专注于程序的功能。

说明　get()方法通常用来实现简单的 GET 请求功能，对于复杂的 GET 请求需要使用$.ajax()方法实现。例如，在 get()方法中指定的回调函数，只能在请求成功时调用，如果需要在出错时也要执行一个函数，那么就需要使用$.ajax()方法实现。$.ajax()方法将在 13.1.5 节进行介绍。

2. post()方法

$.post()方法用于通过 POST 方式进行异步请求，它的语法格式如下：

```
$.post( url [, data] [, success(data, textStatus, jqXHR)] [, dataType] )
```

- url：字符串类型的参数，用于指定请求页面的 URL 地址。
- data：可选参数，用于指定发送到服务器的 key/value 数据，该数据将连同请求一同被发送到服务器。
- success(data, textStatus, jqXHR)：可选参数，用于指定载入成功后执行的回调函数。在回调函数中含有两个参数，分别是 data（返回的数据）和 testStatus（状态码，可以是 timeout，error，notmodified，success 或 parsererror）。不过该回调函数只有当 testStatus 的值为 success 时才会执行。
- dataType：可选参数，用于指定返回数据的类型，可以是 xml、json、script、text 或 html。

默认值为 html。

例如，使用 post()方法请求 deal.jsp，并传递两个字符串类型的参数和回调函数，可以使用下面的代码。

```
$.post("deal.jsp",{title:"祝福",content:"祝愿天下的所有母亲平安、健康……"},function
(data){
    alert(data);
});
```

【例 13-5】 实现实时显示聊天内容。（实例位置：光盘\MR\源码\第 13 章\13-5）

（1）在 Eclipse 中创建动态 Web 项目，并在该项目的 WebContent 节点下创建一个名称为 JS 的文件夹，将 jquery-1.7.2.min.js 复制到该文件夹中。

（2）创建一个名称为 index.jsp 的文件，在该文件的<head>标记中引用 jQuery 库文件，关键代码如下：

```
<script type="text/javascript" src="JS/jquery-1.7.2.min.js"></script>
```

（3）在 index.jsp 页面的合适位置添加一个<div>标记，用于显示聊天内容，具体代码如下：

```
<div id="content" style="height:206px; overflow:hidden;">欢迎光临碧海聆音聊天室！</div>
```

（4）在引用 jQuery 库的代码下方，编写一个名称为 getContent()的自定义的 JavaScript 函数，用于发送 GET 请求读取聊天内容并显示。getContent()函数的具体代码如下：

```
//读取聊天内容
function getContent() {
    $.get("ChatServlet?action=get&nocache=" + new Date().getTime(),
            function(data) {
                $("#content").html(data);            //显示读取到的聊天内容
            });
}
```

（5）创建并配置一个聊天信息相关的 Servlet 实现类 ChatServlet，并在该 Servlet 中，编写 get()方法获取全部聊天信息。get()方法的具体代码如下：

```
public void get(HttpServletRequest request,HttpServletResponse response) throws
            ServletException,IOException{
    response.setContentType("text/html;charset=UTF-8"); //设置响应的内容类型及编码方式
    response.setHeader("Cache-Control", "no-cache");    //禁止页面缓存
    PrintWriter out = response.getWriter();             //获取输出流对象
    /********************获取聊天信息***************************/
    ServletContext application=getServletContext();     //获取 application 对象
    String msg="";
    if(null!=application.getAttribute("message")){
        Vector<String> v_temp=(Vector<String>)application.getAttribute("message");
        for(int i=v_temp.size()-1;i>=0;i--){
            msg=msg+"<br>"+v_temp.get(i);
        }
    }else{
        msg="欢迎光临碧海聆音聊天室！";
    }
    out.println(msg);                                   //输出生成后的聊天信息
    out.close();                                        //关闭输出流对象
}
```

（6）为了实现实时显示最新的聊天内容，当 DOM 元素载入就绪后，需要在 index.jsp 文件的引用 jQuery 库的代码下方，编写下面的代码。

```
$(document).ready(function() {
    getContent();                                    //获取聊天内容
    window.setInterval("getContent();", 5000);       //每隔5秒钟获取一次聊天内容
});
```

（7）在index.jsp页面的合适位置添加用于获取用户昵称和说话内容的表单及表单元素，关键代码如下：

```
<form name="form1" method="post" action="">
    <input name="user" type="text" id="user" size="20"> 说:
    <input name="speak" type="text" id="speak" size="50">
      <input id="send" type="button" class="btn_grey" value="发送">
</form>
```

（8）在引用jQuery库的代码下方，编写JavaScript代码，实现当DOM元素载入就绪后，为“发送”按钮添加单击事件，在该单击事件中，判断昵称和发送信息文本框是否为空，如果为空，则给出提示对话框，并让该文本框获得焦点；否则应用post()方法，发送异步请求到服务器，保存聊天信息。具体代码如下：

```
$(document).ready(function() {
    $("#send").click(function() {
        if ($("#user").val() == "") {               //判断昵称是否为空
            alert("请输入您的昵称！");
        }
        if ($("#speak").val() == "") {              //判断说话内容是否为空
            alert("说话内容不可以为空！");
            $("speak").focus();                     //让说话内容文本框获得焦点
        }
        $.post("ChatServlet?action=send", {
            user : $("#user").val(),
            speak : $("#speak").val()
        });                                         //发送POST请求
        $("#speak").val("");                        //清空说话内容文本框的值
        $("#speak").focus();                        //让说话内容文本框获得焦点
    });
});
```

（9）在聊天信息相关的Servlet实现类ChatServlet中，编写send()方法将聊天信息保存到application中。send()方法的具体代码如下：

```
public void send(HttpServletRequest request,HttpServletResponse response)
        throws ServletException, IOException {
    ServletContext application=getServletContext();     //获取application对象
    /********************保存聊天信息****************************/
    response.setContentType("text/html;charset=UTF-8");
    String user=request.getParameter("user");           //获取用户昵称
    String speak=request.getParameter("speak");         //获取说话内容
    Vector<String> v=null;
    String message="["+user+"]说："+speak;               //组合说话内容
    if(null==application.getAttribute("message")){
        v=new Vector<String>();
    }else{
        v=(Vector<String>)application.getAttribute("message");
    }
```

```
        v.add(message);
        application.setAttribute("message", v);          //将聊天内容保存到 application 中
        Random random = new Random();
        request.getRequestDispatcher("ChatServlet?action=get&nocache=" +
            random.nextInt(10000)).forward(request, response);
    }
```

运行本实例，在页面中将显示最新的聊天内容，如图 13-9 所示。如果当前聊天室内没有任何聊天内容，将显示"欢迎光临碧海聆音聊天室!"。当用户输入昵称及说话内容后，单击"发送"按钮，将发送聊天内容，并显示到上方的聊天内容列表中。

图 13-9　实时显示聊天内容

13.4.4　服务器返回的数据格式

服务器端处理完客户端的请求后，会为客户端返回一个数据，这个返回数据的格式可以是很多种，在$.get()方法和$.post()方法中就可以设置服务器返回数据的格式。常用的格式有 HTML、XML、JSON 这 3 种。

1. HTML 片段

如果返回的数据格式为 HTML 片段，在回调函数中数据不需要进行任何的处理就可以直接使用，而且在服务器端也不需要做过多的处理。例如，在例 13-5 中，读取聊天信息时，我们使用的是 get()方法与服务器进行交互，并在回调函数处理返回数据类型为 HTML 的数据。关键代码如下：

```
$.get("ChatServlet?action=get&nocache=" + new Date().getTime(),
        function(data) {
            $("#content").html(data);        //显示读取到的聊天内容
        }
);
```

在上面的代码中，并没有使用 get()方法的第 4 个参数 dataType 来设置返回数据的类型，因为数据类型默认就是 HTML 片段。

如果返回数据的格式为 HTML 片段，那么返回数据 data 不需要进行任何的处理，直接应用在 html()方法中即可。在 Servlet 中也不必对处理后的数据进行任何加工，只需要设置响应的内容类型为 text/html 即可。例如，分析例 13-5 中获取聊天信息的 Servlet 代码，这里我们只是设置了响应的内容类型，以及将聊天内容输出到响应中。

```
response.setContentType("text/html;charset=UTF-8");
response.setHeader("Cache-Control", "no-cache"); //禁止页面缓存
PrintWriter out = response.getWriter();
String msg="欢迎光临碧海聆音聊天室！";                // 这里定义一个变量模拟生成的聊天信息
out.println(msg);
out.close();
```

使用 HTML 片段作为返回数据类型，实现起来比较简单，但是它有一个致命的缺点，那就是这种数据结构方式不一定能在其他的 Web 程序中得到重用。

2. XML 数据

XML 是一种可扩展的标记语言，它强大的可移植性和可重用性都是其他的语言所无法比拟的。如果返回数据的格式是 XML 文件，那么在回调函数中就需要对 XML 文件进行处理和解析数据。在程序开发时，经常应用 attr()方法获取节点的属性；find()方法获取 XML 文档的

文本节点。

【例 13-6】 将例 13-5 中，获取聊天内容修改为使用 XML 格式返回数据。（实例位置：光盘\MR\源码\第 13 章\13-6）

（1）修改 index.jsp 页面中的读取聊天内容的方法 getContent()，设置 get()方法的返回数据的格式为 XML，将返回的 XML 格式的聊天内容显示到页面中。修改后的代码如下：

```
function getContent() {
    $.get("ChatServlet?action=get&nocache=" + new Date().getTime(),
            function(data) {
                var msg="";                          //初始化聊天内容字符串
                $(data).find("message").each(function(){
                    msg+="<br>"+$(this).text();      //读取一条留言信息
                });
            $("#content").html(msg);                 //显示读取到的聊天内容
            },"XML");
}
```

（2）修改 ChatServlet 中，获取全部聊天信息的 get()方法，将聊天内容以 XML 格式输出，修改后的代码如下：

```
public void get(HttpServletRequest request,HttpServletResponse response) throws
        ServletException,IOException{
    response.setContentType("text/xml;charset=UTF-8");  //设置响应的内容类型及编码方式
    PrintWriter out = response.getWriter();             //获取输出流对象
    out.println("<?xml version='1.0'?>");
    out.println("<chat>");
    /********************获取聊天信息****************************/
    ServletContext application=getServletContext();     //获取 application 对象
    if(null!=application.getAttribute("message")){
        Vector<String> v_temp=(Vector<String>)application.getAttribute("message");
        for(int i=v_temp.size()-1;i>=0;i--){
            out.println("<message>"+v_temp.get(i)+"</message>");
        }
    }else{
        out.println("<message>欢迎光临碧海聆音聊天室！</message>");
    }
    out.println("</chat>");
    out.flush();
    out.close();                                        //关闭输出流对象
}
```

运行本实例，同样可以得到图 13-5 所示的运行结果。

虽然 XML 的可重用性和可移植性比较强，但是 XML 文档的体积较大，与其他格式的文档相比，解析和操作 XML 文档要相对慢一些。

3. JSON 数据

JSON（JavaScript Object Notation）是一种轻量级的数据交换格式，语法简洁，不仅易于阅读和编写，而且也易于机器的解析和生成。读取 JSON 文件的速度也非常的快。正是由于 XML 文档的体积过于庞大和它较为复杂的操作性，才诞生了 JSON。与 XML 文档一样，JSON 文件也具有很强的重用性，而且相对于 XML 文件而言，JSON 文件的操作更加方便，体积更为小巧。

JSON 由两个数据结构组成，一种是对象（“名称/值”形式的映射），另一种是数组（值的有序列表）。JSON 没有变量或其他控制，只用于数据传输。

1．对象

在 JSON 中，可以使用下面的语法格式来定义对象。

```
{"属性 1":属性值 1,"属性 2":属性值 2……"属性 n":属性值 n}
```

- ❑ 属性 1～属性 n：用于指定对象拥有的属性名。
- ❑ 属性值 1～属性值 n：用于指定各属性对应的属性值，其值可以是字符串、数字、布尔值（true/false）、null、对象和数组。

例如，定义一个保存人员信息的对象，可以使用下面的代码：

```
{
    "name":"wgh",
    "email":"wgh717@sohu.com",
    "address":"长春市"
}
```

2．数组

在 JSON 中，可以使用下面的语法格式来定义对象。

```
{"数组名":[
    对象 1,对象 2……,对象 n
]}
```

- ❑ 数组名：用于指定当前数组名。
- ❑ 对象 1～对象 n：用于指定各数组元素，它的值为合法的 JSON 对象。

例如，定义一个保存会员信息的数组，可以使用下面的代码：

```
{"member":[
    {"name":"wgh","address":"长春市","email":"wgh717@sohu.com"},
    {"name":"明日科技","address":"长春市","email":"mingrisoft@mingrisoft.com"}
]}
```

这段 JSON 数据在 XML 中的表现形式为：

```
<?xml version="1.0" encoding="UTF-8"?>
<people>
    <name>明日科技</name>
    <address>长春市</branch>
    <email>mingrisoft@mingrisoft.com</email>
</people>
<people>
    <name>wgh</name>
    <address>长春市</branch>
    <email>wgh717@sohu.com</email>
</people>
```

在数据量很大的时候，就可以看出 JSON 数据格式相对于 XML 格式的优势了，而且 JSON 数据格式的结构更加清晰。

【例 13-7】 将例 13-5 中，获取聊天内容修改为使用 JSON 格式返回数据。（实例位置：光盘\MR\源码\第 13 章\13-7）

（1）修改 index.jsp 页面中的读取聊天内容的方法 getContent()，设置 get()方法的返回数据的格式为 JSON，并将返回的 JSON 格式的聊天内容显示到页面中。修改后的代码如下：

```
function getContent() {
    $.get("ChatServlet?action=get&nocache=" + new Date().getTime(),
            function(data) {
```

```
                var msg="";                              //初始化聊天内容字符串
                var chats=eval(data);
                $.each(chats,function(i){
                    msg+="<br>"+chats[i].message;         //读取一条留言信息
                });
            $("#content").html(msg);                     //显示读取到的聊天内容
            },"JSON");
    }
```

（2）修改 ChatServlet 中，获取全部聊天信息的 get()方法，将聊天内容以 JSON 格式输出，修改后的代码如下：

```
public void get(HttpServletRequest request,HttpServletResponse response)
        throws ServletException,IOException{
    //设置响应的内容类型及编码方式
    response.setContentType("application/json;charset=UTF-8");
    PrintWriter out = response.getWriter();                    //获取输出流对象
    out.println("[");
    /********************获取聊天信息****************************/
    ServletContext application=getServletContext();     //获取 application 对象
    if(null!=application.getAttribute("message")){
        Vector<String> v_temp=(Vector<String>)application.getAttribute("message");
        String msg="";
        for(int i=v_temp.size()-1;i>=0;i--){
            msg+="{\"message\":\""+v_temp.get(i)+"\"},";
        }
        out.println(msg.substring(0, msg.length()-1));  //去除最后一个逗号
    }else{
        out.println("{\"message\":\"欢迎光临碧海聆音聊天室！\"}");
    }
    out.println("]");
    out.flush();
    out.close();                                               //关闭输出流对象
}
```

运行本实例，同样可以得到如图 13-5 所示的运行结果。

13.4.5　使用$.ajax()方法

在第 13.4.3 节中，我们介绍了发送 GET 请求的 get()方法和发送 POST 请求的 post()方法，虽然这两个方法可以实现发送 GET 和 POST 请求，但是这两个方法只是对请求成功的情况提供了回调函数，并未对失败的情况提供回调函数。如果需要实现对请求失败的情况提供回调函数，那么可以使用$.ajax()方法。$.ajax()方法是 jQuery 中最底层的 Ajax 实现方法，使用该方法可以设置更加复杂的操作，例如，error（请求失败后处理）和 beforeSend（提前提交回调函数处理）等。使用$.ajax()方法，用户可以根据功能需求自定义 Ajax 操作。$.ajax()方法的语法格式如下：

```
$.ajax( url [, settings] )
```

- url：必选参数，用于发送请求的地址（默认为当前页）。
- settings：可选参数，用于进行 Ajax 请求设置，包含许多可选的设置参数，都是以 key/value 形式体现的。常用的设置参数如表 13-4 所示。

表 13-4　　　　settings 参数的常用设置参数

设置参数	说　明
type	用于指定请求方式，可以设置为 GET 或者 POST，默认值为 GET
data	用于指定发送到服务器的数据。如果数据不是字符串，将自动转换为请求字符串格式。在发送 GET 请求时，该数据将附加在 URL 的后面。设置 processData 参数值为 false，可以禁止自动转换。该设置参数的值必须为 key/value 格式。如果为数组，jQuery 将自动为不同值对应同一个名称。例如{foo:["bar1", "bar2"]}将转换为'&foo=bar1&foo=bar2'
dataType	用于指定服务器返回数据的类型。如果不指定，jQuery 将自动根据 HTTP 包的 MIME 信息返回 responseXML 或 responseText，并作为回调函数参数传递，可用值如下： text：返回纯文本字符串 xml：返回 XML 文档，可用 jQuery 进行处理 html：返回纯文本 HTML 信息（包含的<script>元素会在插入 DOM 后执行） script：返回纯文本 JavaScript 代码。不会自动缓存结果，除非设置了 cache 参数 json：返回 JSON 格式的数据 jsonp：JSONP 格式。使用 JSONP 形式调用函数时，如果存在代码"url?callback=?"，那么 jQuery 将自动替换"?"为正确的函数名，以执行回调函数
async	设置发送请求的方式，默认是 true，为异步请求方式，同步请求方式可以设置成 false
beforeSend(jqXHR, settings)	用于设置一个发送请求前可以修改 XMLHttpRequest 对象的函数，例如，添加自定义 HTTP 头等
complete(jqXHR, textStatus)	用于设置一个请求完成后的回调函数，无论请求成功或失败，该函数均被调用
error(jqXHR, textStatus, errorThrown)	用于设置请求失败时调用的函数
success(data, textStatus, jqXHR)	用于设置请求成功时调用的函数
global	用于设置是否触发全局 AJAX 事件。设置为 true，触发全局 AJAX 事件，设置为 false 则不触发全局 AJAX 事件。默认值为 true
timeout	用于设置请求超时的时间（单位为毫秒）。此设置将覆盖全局设置
cache	用于设置是否从浏览器缓存中加载请求信息，设置为 true 将会从浏览器缓存中加载请求信息。默认值为 true。当 dataType 的值为 script 和 jsonp 时值为 false
dataFilter(data,type)	用于指定将 Ajax 返回的原始数据的进行预处理的函数。提供了 data 和 type 两个参数：data 是 Ajax 返回的原始数据，type 是调用$.ajax()时提供的 dataType 参数。函数返回的值将由 jQuery 进一步处理
contentType	用于设置发送信息数据至服务器时的内容编码类型，默认值为 application/x- www- form-urlencoded，该默认值适用于大多数应用场合
ifModified	用于设置是否仅在服务器数据改变时获取新数据。使用 HTTP 包的 Last-Modified 头信息判断，默认值为 false

例如，将例 13-7 中使用 get()方法发送请求的代码，修改为使用$.ajax()方法发送请求，可以使用下面的代码：

```
$.ajax({
        url : "ChatServlet",                              //设置请求地址
        type : "GET",                                     //设置请求方式
        dataType : "json",                                //设置返回数据的类型
```

```
        data : {
            "action" : "get",
            "nocache" : new Date().getTime()
        },                                                  //设置传递的数据
        //设置请求成功时执行的回调函数
        success : function(data) {
            var msg = "";                                   //初始化聊天内容字符串
            var chats = eval(data);
            $.each(chats, function(i) {
                msg += "<br>" + chats[i].message;           //读取一条留言信息
            });
            $("#content").html(msg);                        //显示读取到的聊天内容
        },
        //设置请求失败时执行的回调函数
        error : function() {
            alert("请求失败！");
        }
    });
```

13.5 需要注意的几个问题

13.5.1 安全问题

安全性是互联网服务领域日益重要的关注点。而 Web 天生就是不安全的。Ajax 应用主要面临以下的安全问题。

1．JavaScript 本身的安全性

虽然 JavaScript 的安全性已逐步提高，提供了很多受限功能，包括访问浏览器的历史记录，上传文件，改变菜单栏等。但是，当在 Web 浏览器中执行 JavaScript 代码时，用户允许任何人编写的代码运行在自己的机器上，这就为移动代码自动跨越网络来运行提供了方便条件，从而给网站带来了安全隐患。为了解决移动代码的潜在危险，浏览器厂商在一个沙箱（sandbox）中执行 JavaScript 代码，沙箱是一个只能访问很少计算机资源的密闭环境，从而使 Ajax 应用不能读取或写入本地文件系统。虽然这会给程序开发带来困难，但时，它提高了客户端 JavaScript 的安全性。

移动代码是指存放在一台机器上的，其自身可以通过网络传输到另外一台机器执行的代码。

2．数据在网络上传输的安全问题

当采用普通的 HTTP 请求时，请求参数的所有的代码都是以明码的方式在网络上传输的。对于一些不太重要的数据，采用普通的 HTTP 请求即可满足要求，但是如果涉及到特别机密的信息，这样做则是不行的，因为一个正常的路由不会查看传输的任何信息，而对于一个恶意的路由，则可能会读取传输的内容。为了保证 HTTP 传输数据的安全，可以对传输的数据进行加密，这样即使传输信息被看到，危险也是不大的。虽然对传输的数据进行加密可能会对服务器的性能有所降低，但对于敏感数据，以性能换取更高的安全，还是值得的。

3．客户端调用远程服务的安全问题

虽然 Ajax 允许客户端完成部分服务器的工作，并可以通过 JavaScript 来检查用户的权限，但

是通过客户端脚本控制权限并不可取，一些解密高手可以轻松绕过 JavaScript 的权限检查，直接访问业务逻辑组件，从而对网站造成威胁。通常情况下，在 Ajax 应用中，应该将所有的 Ajax 请求都发送到控制器，由控制器负责检查调用者是否有访问资源的权限，而所有的业务逻辑组件都隐藏在控制器的后面。

13.5.2 性能问题

由于 Ajax 将大量的计算从服务器移到了客户端，这就意味着浏览器将承受更大的负担，而不再是只负责简单的文档显示。由于 Ajax 的核心语言是 JavaScript，而 JavaScript 并不以高性能著称。另外，JavaScript 对象也不是轻量级的，特别是 DOM 元素耗费了大量的内存。因此，如何提高 JavaScript 代码的性能对于 Ajax 开发者来说尤为重要。下面介绍几种优化 Ajax 应用执行速度的方法。

- 优化 for 循环。
- 尽量使用局部变量，而不使用全局变量。
- 尽量少用 eval 函数，每使用 eval 都需要消耗大量的时间。
- 将 DOM 节点附加到文档上。
- 尽量减少点号（.）操作符的使用。

13.5.3 浏览器兼容性问题

Ajax 使用了大量的 JavaScript 和 Ajax 引擎，而这些内容需要浏览器提供足够的支持。目前多数浏览器都支持 Ajax，除了 IE 4.0 及以下版本、Opera 7.0 及以下版本、基本文本的浏览器、没有可视化实现的浏览器以及 1997 年以前的浏览器。虽然现在我们常用的浏览器都支持 Ajax，但是提供 XMLHttpRequest 对象的方式不一样。所以使用 Ajax 的程序必须测试针对各个浏览器的兼容性。

13.5.4 中文编码问题

Ajax 不支持多种字符集，它默认的字符集是 UTF-8，所以在应用 Ajax 技术的程序中应及时进行编码转换，否则程序中出现的中文字符将变成乱码。一般情况下，有两种情况会产生中文乱码。

1. 发送请求时出现中文乱码

将数据提交到服务器有两种方法，一种是使用 GET 方法提交，另一种是使用 POST 方法提交。使用不同的方法提交数据，在服务器端接收参数时解决中文乱码的方法是不同的。具体解决方法如下。

（1）当接收使用 GET 方法提交的数据时，要将编码转换为 GBK 或是 GB2312。例如，将省份名称的编码转换为 GBK 的代码如下：

```
String selProvince=request.getParameter("parProvince"); //获取选择的省份
selProvince=new String(selProvince.getBytes("ISO-8859-1"),"GBK");
```

如果接收请求的页面的编码为 UTF-8，在接收页面则需要将接收到的数据转换为 UTF-8 编码，这时就会出现中文乱码。解决的方法是，在发送 GET 请求时，应用 encodeURIComponent()方法对要发送的中文进行编码。

（2）由于应用 POST 方法提交数据时，默认的字符编码是 UTF-8，所以当接收使用 POST 方法提交的数据时，要将编码转换为 UTF-8。例如，将用户名的编码转换为 UTF-8 的代码如下：

```
String username=request.getParameter("user");                    //获取用户名
username=new String(username.getBytes("ISO-8859-1"),"UTF-8");
```

2. 获取服务器的响应结果时出现中文乱码

由于 Ajax 在接收 responseText 或 responseXML 的值时是按照 UTF-8 的编码格式进行解码的，

所以如果服务器端传递的数据不是 UTF-8 格式，在接收 responseText 或 responseXML 的值时，就可能产生乱码。解决的办法是保证从服务器端传递的数据采用 UTF-8 的编码格式。

13.6　综合实例——多级联动下拉列表

本实例主要演示如何使用 jQuery 实现 Ajax，来创建一个多级联动的下拉列表，开发步骤如下。

（1）在 Eclipse 中创建动态 Web 项目，并在该项目的 WebContent 节点下创建一个名称为 JS 的文件夹，将 jquery-1.7.2.min.js 复制到该文件夹中。

（2）创建一个名称为 index.jsp 的文件，在该文件的<head>标记中引用 jQuery 库文件，关键代码如下：

```
<script type="text/javascript" src="JS/jquery-1.7.2.min.js"></script>
```

（3）创建一个 XML 文件，名称为 zone.xml，用于保存省市信息。zone.xml 文件的关键代码如下：

```
<?xml version="1.0" encoding="UTF-8"?>
<country name="中国">
    <province id="00000" name="北京市">
        <city id="00001" name="北京" area="东城区,西城区,朝阳区,丰台区,石景山区,海淀区,门
            头沟区,房山区,通州区,顺义区,昌平区,大兴区,怀柔区,平谷区,
            密云区,延庆县">
        </city>
    </province>
    <province id="05000" name="吉林省">
        <city id="05001" name="长春" area="双阳区,德惠市,九台市,农安县,榆树市,南关区,
            宽城区,朝阳区,二道区,绿园区,经济技术开发区,高新区">
        </city>
        <city id="05002" name="延边朝鲜族自治州" area="延吉市,图们市,敦化市,珲春市">
        </city>
        <!--省略了其他地级市节点-->
        <city id="05006" name="四平" area="梨树县,伊通满族自治县,公主岭市,双辽市">
        </city>
    </province>
    ……                <!-- 省略了其他节点 -->
</country>
```

（4）编写 index.jsp 文件，应用 DIV+CSS 进行布局，并在该文件的适当位置添加省/直辖市下拉列表、地级市下拉列表和县/县级市/区下拉列表，关键代码如下：

```
<select name="province" id="province">
  </select>
  -
  <select name="city" id="city">
  </select>
  -
  <select name="area" id="area">
  </select>
```

（5）在 index.jsp 文件的引用 jQuery 的代码下方，编写自定义的 JavaScript 函数 getProvince()，用于使用$.ajax()方法向服务器发送请求，获取省份和直辖市，并添加到对应的下拉列表中。getProvince()函数的关键代码如下：

```
//获取省份和直辖市
function getProvince(){
    $.ajax({
        url:"ZoneServlet?action=getProvince&nocache="+new Date().getTime(),
        //设置请求成功时执行的回调函数
        success : function(data) {
            provinceArr=data.split(",");  //将获取的省份名称字符串分隔为数组
            //通过循环将数组中的省份名称添加到下拉列表中
            for(i=0;i<provinceArr.length;i++){
                $("#province").append("<option value='"+provinceArr[i]+"'>"+
                                    provinceArr[i]+"</option>");
            }
            if(provinceArr[0]!=""){
                getCity(provinceArr[0]);  //获取地级市
            }
        }
    });
}
```

（6）编写用于处理请求的 Servlet“ZoneServlet”，并且在该 servlet 的 doGet()方法中，获取 action 参数的值，并且判断 action 参数的值是否等于 getProvince，如果等于，则调用 getProvince()方法从 XML 文件中获取省份和直辖市信息。doGet()方法的具体代码如下：

```
    protected void doGet(HttpServletRequest request,HttpServletResponseresponse)
throws ServletException, IOException {
        String action = request.getParameter("action");      // 获取 action 参数的值
        if ("getProvince".equals(action)) {                  // 获取省份和直辖市信息
            this.getProvince(request, response);
        }
    }
```

（7）在 ZoneServlet 中，编写 getProvince()方法，在该方法中首先设置响应的编码方式为 UTF-8，并且获取保存市县信息的 XML 文件的完整路径，然后判断该 XML 文件是否存在，如果存在，则通过 dom4j 组件解析该文件，从中获取出省份和直辖市并连接为以逗号分隔的字符串，最后设置应答的类型为 HTML，并且输出由县和直辖市信息组成的字符串，如果没有获取到相关内容，则输出空的字符串。getProvince()方法的具体代码如下：

```
  public void getProvince(HttpServletRequest request,HttpServletResponse response)
throws ServletException, IOException {
    response.setCharacterEncoding("UTF-8");                    // 设置响应的编码方式
    String fileURL = request..getRealPath("/xml/zone.xml"); // 获取 XML 文件的路径
    File file = new File(fileURL);
    Document document = null;                          // 声明 Document 对象
    Element country = null;                            // 声明表示根节点的 Element 对象
    String result = "";
    if (file.exists()) {                         // 判断文件是否存在，如果存在，则读取该文件
        SAXReader reader = new SAXReader();            // 实例化 SAXReader 对象
        try {
            document = reader.read(new File(fileURL));//获取 XML 文件对应的 XML 文档对象
            country = document.getRootElement();   // 获取根节点
            // 获取表示省份和直辖市的节点
            List<Element> provinceList = country.elements("province");
            Element provinceElement = null;
```

```
            // 将获取的省份连接为一个以逗号分隔的字符串
            for (int i = 0; i < provinceList.size(); i++) {
                provinceElement = provinceList.get(i);
                result = result + provinceElement.attributeValue("name") + ",";
            }
            result = result.substring(0, result.length()-1); // 去除最后一个逗号
        } catch (DocumentException e) {
            e.printStackTrace();
        }
    }
    response.setContentType("text/html");
    PrintWriter out = response.getWriter();
    out.print(result);                                          // 输出获取的市县字符串
    out.flush();
    out.close();
}
```

（8）为了让页面载入后，即可获取到省份和直辖市信息，还需要在页面中的 DOM 元素全部载入完毕后，调用 getProvince()函数。具体代码如下：

```
$(document).ready(function(){
    getProvince();          //获取省份和直辖市
});
```

（9）在 index.jsp 文件中，编写自定义的 JavaScript 函数 getCity()，用于使用$.ajax()方法向服务器发送请求，获取地级市信息，并添加到对应的下拉列表中。getCity()函数的关键代码如下：

```
function getCity(selProvince){
    $.ajax({

     url:"ZoneServlet?action=getCity&parProvince="+encodeURIComponent(selProvince)
     +"&
nocache="+new Date().getTime(),
        //设置请求成功时执行的回调函数
        success : function(data) {
            cityArr=data.split(",");   //将获取的市县名称字符串分隔为数组
            $("#city").empty();         //清空下拉列表
            for(i=0;i<cityArr.length;i++){ //通过循环将数组中的地级市名称添加到下拉列表中
                $("#city").append("<option value='"+cityArr[i]+"'>"+cityArr[i]+
                "</option>");
            }
            if(cityArr[0]!=""){
                getArea($("#province").val(),cityArr[0]);   //获取县/县级市/区
            }
        }
    });
}
```

（10）在 servlet“ZoneServlet”的 doGet()方法中，添加判断 action 参数的值是否等于 getCity 的代码，如果等于，则调用 getCity()方法从 XML 文件中获取地级市信息，关键代码如下：

```
if ("getCity".equals(action)) { // 获取地级市信息
    this.getCity(request, response);
}
```

（11）在 ZoneServlet 中，编写 getCity()方法，在该方法中首先设置响应的编码方式为 UTF-8，并且获取保存市县信息的 XML 文件的完整路径，然后判断该 XML 文件是否存在，如果存在，则

通过 dom4j 组件解析该文件，从中获取出指定省份或直辖市所对应的地级市信息并连接为以逗号分隔的字符串，最后设置应答的类型为 HTML，并且输出由地级市信息组成的字符串，如果没有获取到相关内容，则输出空的字符串。getCity()方法的具体代码如下：

```
public void getCity(HttpServletRequest request, HttpServletResponse response)
        throws ServletException, IOException {
    response.setCharacterEncoding("UTF-8");                    // 设置响应的编码方式
    String fileURL = request.getRealPath("/xml/zone.xml");     // 获取 XML 文件的路径
    File file = new File(fileURL);
    Document document = null;                                  // 声明 Document 对象
    String result = "";
    if (file.exists()) {                    // 判断文件是否存在，如果存在，则读取该文件
        SAXReader reader = new SAXReader();     // 实例化 SAXReader 对象
        try {
            document = reader.read(new File(fileURL));//获取 XML 文件对应的 XML 文档对象
            Element country = document.getRootElement();          // 获取根节点
            String selProvince=request.getParameter("parProvince");// 获取选择的省份
            selProvince = new String(selProvince.getBytes("ISO-8859-1"),"UTF-8");
            Element item = (Element) country.selectSingleNode("/country/province
[@name='"+selProvince + "']"); //获取指定 name 属性的省份节点
            List<Element> cityList = item.elements("city");// 获取表示地级市的节点集合
            Element cityElement = null;
            //将获取的地级市连接成以逗号分隔的字符串
            for (int i = 0; i < cityList.size(); i++) {
                cityElement = cityList.get(i);
                result = result + cityElement.attributeValue("name") + ",";
            }
            result = result.substring(0, result.length()-1);     // 去除最后一个逗号
        } catch (DocumentException e) {
            e.printStackTrace();
        }
    }
    response.setContentType("text/html");
    PrintWriter out = response.getWriter();
    out.print(result);                                         // 输出获取的地级市字符串
    out.flush();
    out.close();
}
```

（12）在县/直辖市下拉列表框的 onChange 事件中，调用 getCity()方法，获取地级市信息，关键代码如下：

```
<select name="province" id="province" onChange="getCity(this.value)">
</select>
```

（13）在 index.jsp 文件中，编写自定义的 JavaScript 函数 getArea()，用于使用$.ajax()方法向服务器发送请求，获取县、县级市和区信息，并添加到对应的下拉列表中。getArea()函数的关键代码如下：

```
function getArea(selProvince,selCity){
    $.ajax({
        url:"ZoneServlet?action=getArea&parProvince="+encodeURIComponent
(selProvi nce)
            +"&parCity="+encodeURIComponent(selCity)+"&nocache="+new
Date().getTime(),
```

```
            //设置请求成功时执行的回调函数
            success : function(data) {
                areaArr=data.split(",");   //将获取的市县名称字符串分隔为数组
                $("#area").empty();        //清空下拉列表
                //通过循环将数组中的县、县级市和区名称添加到下拉列表中
                for(i=0;i<areaArr.length;i++){
                    $("#area").append("<option value='"+areaArr[i]+"'>"+areaArr[i]
                                         +"</option>");
                }
            }
        });
    }
```

（14）在 servlet“ZoneServlet”的 doGet()方法中，添加判断 action 参数的值是否等于 getArea 的代码，如果等于，则调用 getArea()方法从 XML 文件中获取县、县级市和区信息，关键代码如下：

```
if ("getArea".equals(action)) {
    this.getArea(request, response);        //获取县、县级市或区
}
```

（15）在 ZoneServlet 中，编写 getArea()方法，在该方法中首先设置响应的编码方式为 UTF-8，并且获取保存市县信息的 XML 文件的完整路径，然后判断该 XML 文件是否存在，如果存在，则通过 dom4j 组件解析该文件，从中获取出指定省或直辖市所对应的地级市，所对应的县、县级市和区信息并连接为以逗号分隔的字符串，最后设置应答的类型为 HTML，并且输出由县、县级市或区组成的字符串，如果没有获取到相关内容，则输出空的字符串。getArea()方法的具体代码如下：

```
public void getArea(HttpServletRequest request, HttpServletResponse response)
        throws ServletException, IOException {
    response.setCharacterEncoding("UTF-8");                    // 设置响应的编码方式
    String fileURL = request.getRealPath("/xml/zone.xml");    // 获取 XML 文件的路径
    File file = new File(fileURL);
    Document document = null;                                // 声明 Document 对象
    String result = "";
    if (file.exists()) {                          // 判断文件是否存在，如果存在，则读取该文件
        SAXReader reader = new SAXReader();                  // 实例化 SAXReader 对象
        try {
            document = reader.read(new File(fileURL)); //获取 XML 文件对应的 XML 文档对象
            Element country = document.getRootElement();              // 获取根节点
            String selProvince=request.getParameter("parProvince");//获取选择的省份
            String selCity = request.getParameter("parCity");    //获取选择的地级市
            selProvince = new String(selProvince.getBytes("ISO-8859-1"),"UTF-8");
            selCity = new String(selCity.getBytes("ISO-8859-1"), "UTF-8");
            Element item = (Element) country.selectSingleNode ("/country/ province[@
name ='"+
selProvince + "']");
            List<Element> cityList = item.elements("city");// 获取表示地级市的节点集合
            //获取指定的地级市节点
            Element  itemArea  =  (Element)  item.selectSingleNode("city[@name='"+
selCity + "']");
            result = itemArea.attributeValue("area");   //获取县、县级市或区
        } catch (DocumentException e) {
            e.printStackTrace();
        }
```

```
        }
        response.setContentType("text/html");
        PrintWriter out = response.getWriter();
        out.print(result);                                  // 输出获取的县、县级市或区字符串
        out.flush();
        out.close();
    }
```

（16）在地级市下拉列表框的 onChange 事件中，调用 getArea()方法，获取县、县级市和区信息，关键代码如下：

```
<select name="city"id="city" onChange="getArea(document. getElementById ('province').
value,this.value)">
    </select>
```

运行本实例，在页面中将显示一个三级联动下拉列表，用于选择用户的居住地。例如，在省和直辖市的下拉列表框中选择“吉林省”，在地级市下拉列表中将显示吉林省包括的全部地级市，在地级市下拉列表中选择“长春”，在县、县级市或区下拉列表中将显示长春地区包括的县、县级市或区，如图 13-10 所示。

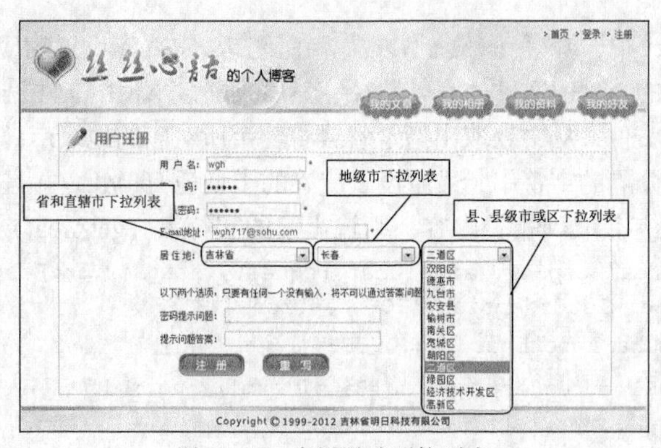

图 13-10　多级联动下拉列表

知识点提炼

（1）Ajax 是 Asynchronous JavaScript and XML 的缩写，意思是异步的 JavaScript 与 XML。

（2）XMLHttpRequest 是一个具有应用程序接口的 JavaScript 对象，能够使用超文本传输协议（HTTP）连接一个服务器，是微软公司为了满足开发者的需要，于 1999 年在 IE 5.0 浏览器中率先推出的。现在许多浏览器都对其提供了支持，不过实现方式与 IE 有所不同。

（3）jQuery 是一套 JavaScript 的脚本库，它是由 John Resig 于 2006 年创建的，它具有简洁、快速、灵活等特点，帮助我们简化了 JavaScript 代码。JavaScript 脚本库类似于 Java 的类库，我们将一些工具方法或对象方法封装在类库中，方便用户使用。

（4）XML 是一种可扩展的标记语言，它强大的可移植性和可重用性都是其他的语言所无法比拟的。如果返回数据的格式是 XML 文件，那么在回调函数中就需要对 XML 文件进行处理和解析数据。

（5）JSON（JavaScript Object Notation）是一种轻量级的数据交换格式。语法简洁，不仅易于阅读和编写，而且也易于机器的解析和生成。

（6）JSON 由两个数据结构组成，一种是对象（“名称/值”形式的映射），另一种是数组（值的有序列表）。JSON 没有变量或其他控制，只用于数据传输。

习　题

13-1　说明什么是 Ajax，它所使用的技术有哪些。

13-2　简述传统的 Ajax 的工作流程。

13-3　什么是 jQuery？如何配置 jQuery？

13-4　简述使用 jQuery 发送 GET 和 POST 请求时，常用的几种服务器返回数据的格式。

13-5　简述使用 Ajax 时，解决中文乱码的几种方法。

实验：实时显示公告信息

实验目的

（1）熟悉应用 jQuery 实现 Ajax 的流程。

（2）掌握应用 jQuery 发送 GET 请求的方法。

（3）掌握使用 HTML 的<marquee>标记实现滚动字幕。

实验内容

应用 Ajax 实现无刷新地，每隔 10 分钟从数据库获取一次最新公告，并滚动显示。

实验步骤

（1）在 Eclipse 中创建动态 Web 项目，并在该项目的 WebContent 节点下创建一个名称为 JS 的文件夹，将 jquery-1.7.2.min.js 复制到该文件夹中。

（2）创建一个名称为 index.jsp 的文件，在该文件的<head>标记中引用 jQuery 库文件，关键代码如下：

```
<script type="text/javascript" src="JS/jquery-1.7.2.min.js"></script>
```

（3）在 index.jsp 文件的<body>标记中，添加用于实现滚动字幕的<marquee>标记，并在该标记中，添加一个 id 属性为 showInfo 的<div>标记，这个<div>标记用于显示获取的公告信息，关键代码如下：

```
<section>
    <marquee direction="up" scrollamount="3">
        <div id="showInfo"></div>
    </marquee>
</section>
```

（4）在引用 jQuery 库的代码下方，编写自定义的 JavaScript 函数 getInfo()，用于通过 jQuery 的 get()方法发送 GET 请求，获取最新公告，在请求成功的回调函数中，将获取的结果显示到 id 属性为 showInfo 的<div>中。getInfo()函数的具体代码如下：

```
function getInfo(){
    $.get("getInfo.jsp?nocache="+new Date().getTime(),function(data){
        $("#showInfo").html(data);
    });
}
```

（5）编写 getInfo.jsp 文件，在该文件中，编写从数据库中获取公告信息并显示的代码。getInfo.jsp 文件的完整代码如下：

```
<%@ page language="java" contentType="text/html; charset=UTF-8"
   pageEncoding="UTF-8"%>
<%@ page import="java.sql.*" %>
<jsp:useBean id="conn" class="com.wgh.core.ConnDB" scope="page"></jsp:useBean>
<ul>
<%
ResultSet rs=conn.executeQuery("SELECT title FROM tb_bbsInfo ORDER BY id DESC");
//获取公告信息
if(rs.next()){
    do{
        out.print("<li>"+rs.getString(1)+"</li>");
    }while(rs.next());
}else{
    out.print("<li>暂无公告信息! </li>");
}
%>
</ul>
```

com.wgh.core.ConnDB 类主要用于获取数据库连接，并通过执行 SQL 语句实现从数据表中查询指定数据的功能。关于该类的具体代码，请读者参见光盘中对应的文件。

（6）为了让页面载入后，即可获取到最新公告信息，以及每隔 10 分钟获取一次公告信息，还需要在页面中的 DOM 元素全部载入完毕后，先调用 getInfo()方法获取公告信息，然后再设置每隔 10 分钟获取一次公告信息，具体的代码如下：

```
$(document).ready(function(){
    getInfo();                                    //调用 getInfo()方法获取公告信息
    window.setInterval("getInfo()", 600000);      //每隔 10 分钟调用一次 getInfo()方法
});
```

运行本实例，将显示如图 13-11 所示的运行结果。

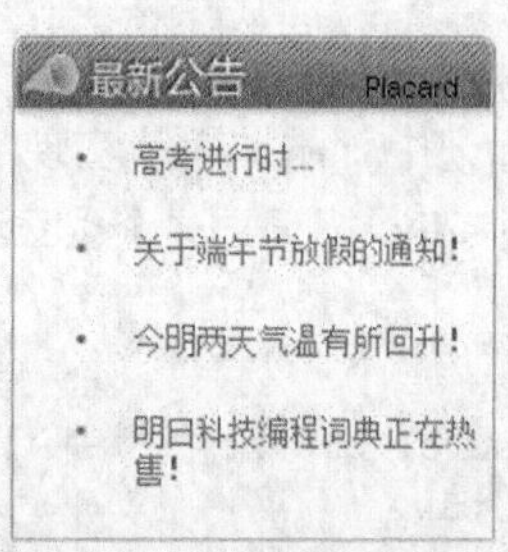

图 13-11　实时显示的公告信息

第 14 章 综合案例——九宫格日记网

本章要点：

- ■ 九宫格日记网的基本开发流程
- ■ 九宫格日记网的功能结构及系统流程
- ■ 九宫格日记网的数据库设计
- ■ 编写数据库连接及操作的类
- ■ 配置解决中文乱码的过滤器
- ■ 九宫格日记网主界面的实现
- ■ 显示九宫格日记列表模块的实现
- ■ 写九宫格日记模块的实现
- ■ 九宫格日记网的编译与发布

前面章节中讲解了 JSP 网站开发的主要技术及热门技术，本章将给出一个完整的应用案例——九宫格日记网。该网站可以实现用户注册、登录和找回密码等常用网站的功能，同时在写日记时，能够实现在九宫格中像做填空题那样写日记，并且将写好的日记保存为图片，使日记的样式更加美观。另外，在浏览日记图片时，除了可以看到缩略图，还可以查看原图和对图片进行旋转。通过该案例，可以熟悉实际网站的开发过程，掌握 JSP 技术在实际网站开发中的综合应用。

14.1 需求分析

随着工作和生活节奏的不断加快，属于自己的私人时间也越来越少，日记这种传统的倾诉方式也逐渐被人们所淡忘，取而代之的是各种各样的网络日志。不过，最近网络中又出现了一种全新的日记方式——九宫格日记，它由九个方方正正的格子组成，让用户可以像做填空题那样对号入座，填写相应的内容，从而完成一篇日记，整个过程不过几分钟。九宫格日记因其便捷、省时等优点在网上迅速风行开来，备受学生、年轻上班族的青睐。

通过实际调查，九宫格日记网需要具有以下功能：

为了更好地体现九宫格日记的特点，需要以图片的形式保存每篇日记，并且日记的内容要写在九宫格中。

- ❑ 为了便于浏览，默认情况下，只显示日记的缩略图。
- ❑ 对于每篇日记需要提供查看原图、左转和右转功能。
- ❑ 需要提供分页浏览日记列表的功能。

- 写日记时，需要提供预览功能。
- 在保存日记时，需要生成日记图片和对应的缩略图。

14.2 总体设计

14.2.1 系统目标

根据需求分析的描述及与用户的沟通，现制定网站要实现的目标如下：

- 界面友好、美观。
- 日记内容灵活多变，即可以做选择题，也可以做填空题。
- 采用 Ajax 实现无刷新数据验证。
- 网站运行稳定可靠。
- 具有多浏览器兼容性，即要保证在 IE 9 下正常运行，又要保证在火狐浏览器下正常运行。

14.2.2 构建开发环境

1. 网站开发环境

- 开发工具：Eclipse IDE for Java EE。
- 开发技术：JSP+Ajax+HTML 5+JavaScript。
- 后台数据库：MySQL。
- 开发平台：Windows XP（SP2）/Windows Server 2003（SP2）/Windows 7。
- Java 开发包：Java SE Development KET(JDK) version 7 Update 3。

2. 服务器端

- 操作系统：Windows XP（SP2）/Windows Server 2003（SP2）/Windows 7。
- Web 服务器：Tomcat 7.0.27。
- 数据库服务器：MySQL。

3. 客户端

- 浏览器：IE 9.0 以上版本、Firefox 等。
- 分辨率：最佳效果 1 680 像素 × 1 050 像素。

14.2.3 网站功能结构

根据九宫格日记网的特点，可以将其分为用户模块、显示九宫格日记列表和写九宫格日记 3 个部分设计。下面分别进行介绍。

1. 显示九宫格日记列表模块

显示九宫格日记列表主要用于分页显示全部九宫格日记、分页显示我的日记、展开和收缩日记图片、显示日记原图、对日记图片进行左转和右转以及删除自己的日记等。

2. 写九宫格日记模块

写九宫格日记主要用于填写日记信息、预览生成的日记图片和保存日记图片。其中，在填写日记信息时，允许用户选择并预览自己喜欢的模板，以及选择预置日记内容等。

3. 用户模块

用户模块又需要包括用户注册、用户登录、退出登录和找回密码等 4 个子功能。其中，用户注册主要用于新用户注册。用户登录主要用于用户登录网站，登录后的用户可以查看自己的日记、删除自己的日记以及写九宫格日记等；退出登录主要用于登录用户退出当前登录状态；找回密码主要用于当用户忘记密码时，根据密码提示问题和答案找回密码。

根据以上说明，我们可以得出如图 14-1 所示的九宫格日记网的功能结构图。

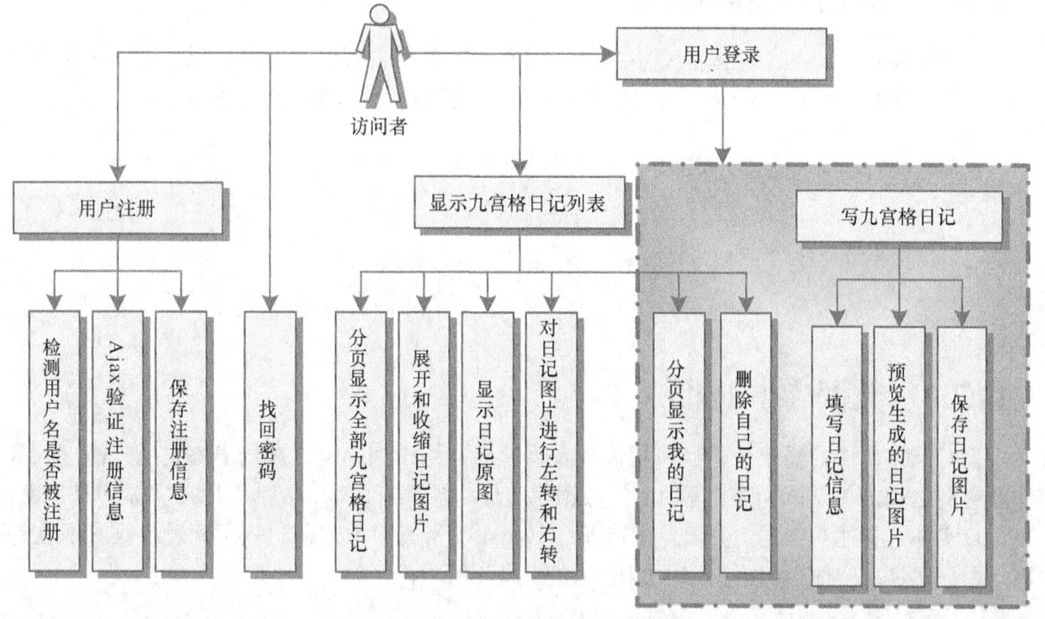

图 14-1　九宫格日记网的功能结构图

在图 14-1 中，用虚线框起来的部分为只有用户登录后才可以拥有的功能。

14.2.4　系统流程图

九宫格日记网的系统流程如图 14-2 所示。

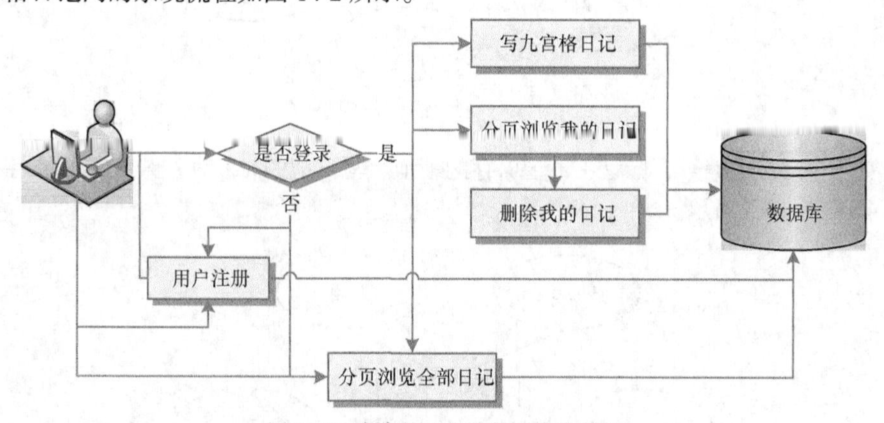

图 14-2　九宫格日记网的系统流程图

14.3　数据库设计

一个成功的项目是由 50%的业务+50%的软件所组成的，而 50%的成功软件又是由 25%的数据库+25%的程序所组成的，因此，数据库设计的好坏是非常重要的一环。九宫格日记网采用

MySQL 数据库，名称为 db_9griddiary，其中包含两张数据表。下面分别给出数据表概要说明、数据库 E-R 图分析及主要数据表的结构。

14.3.1 数据库概要说明

从读者角度出发，为了使读者对本网站数据库中的数据表有更清晰的认识，笔者在此设计了数据表树形结构图，如图 14-3 所示，其中包含了对系统中所有数据表的相关描述。

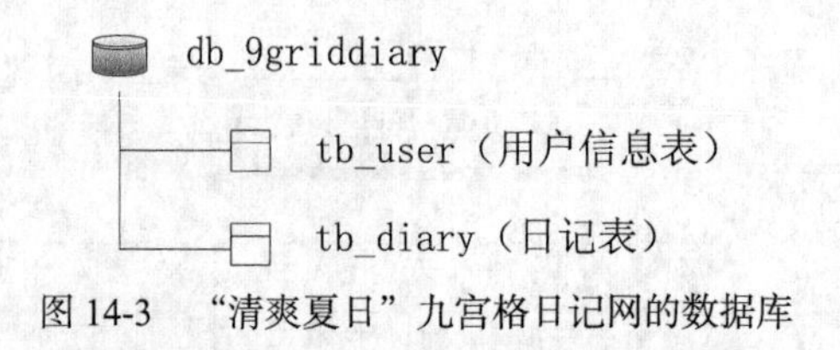

图 14-3 “清爽夏日”九宫格日记网的数据库

14.3.2 数据库 E-R 图

根据对网站所做的需求分析、流程设计及系统功能结构的确定，规划出满足用户需求的各种实体及它们之间的关系，本网站规划出的数据库实体对象只有两个，分别为用户实体和日记实体。

用户实体包括用户编号、用户名、密码、E-mail、密码提示问题、提示问题答案和所在地等属性。用户实体的实体-联系图（E-R 图）如图 14-4 所示。

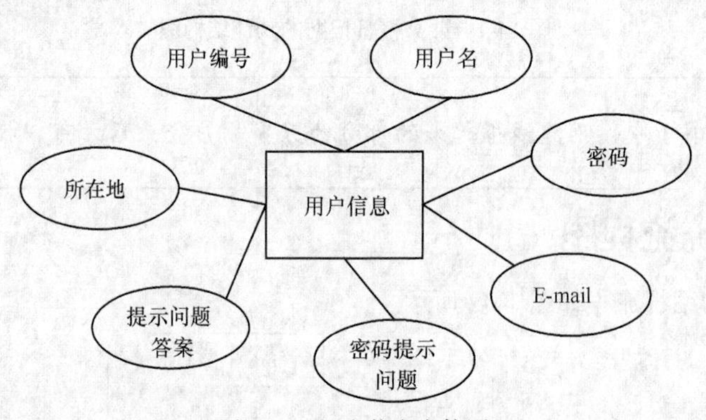

图 14-4 用户信息实体图

日记实体包括日记编号、标题、日记保存的地址、写日记的时间和用户 ID 等属性。日记实体的 E-R 图如图 14-5 所示。

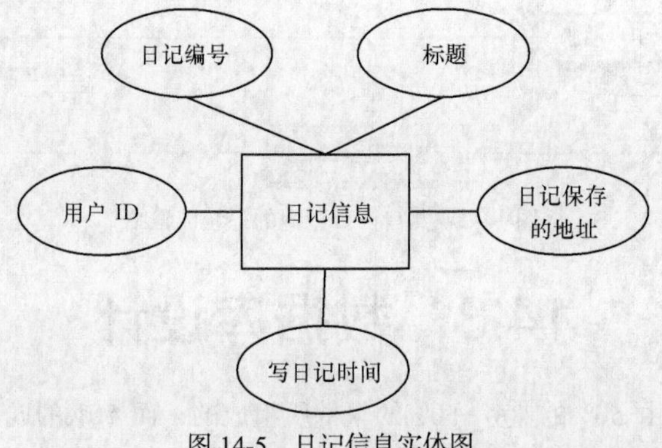

图 14-5 日记信息实体图

14.3.3　数据表结构

在设计完数据库 E-R 图之后，根据相应的 E-R 图设计数据表，下面分别介绍本网站中的用到的两张数据表的数据结构和用途。

1．tb_user（用户信息表）

用户信息表主要用于存储用户的注册信息。该数据表的结构如表 14-1 所示。

表 14-1　　tb_user 表

字 段 名 称	数 据 类 型	是 否 为 空	是 否 主 键	默 认 值	说　明
id	INT(10)	No Null	Yes		自动编号 ID
username	VARCHAR(50)	No Null			用户名
pwd	VARCHAR(50)	No Null			密码
email	VARCHAR(100)	Null		Null	E-mail
question	VARCHAR(45)	Null		Null	密码提示问题
answer	VARCHAR(45)	Null		Null	提示问题答案
city	VARCHAR(30)	Null		Null	所在地

2．tb_diary（日记表）

日记表主要用于存储日记的相关信息。该数据表的结构如图 14-2 所示。

表 14-2　　tb_diary 表

字 段 名 称	数 据 类 型	是 否 为 空	是 否 主 键	默 认 值	说　明
id	INT(10)	No Null	Yes		自动编号 ID
title	VARCHAR(60)	No Null			标题
address	VARCHAR(50)	No Null			日记保存的地址
writeTime	TIMESTAMP	No Null		CURRENT_TIMESTAMP	写日记时间
userid	INT(10)	No Null			用户 ID

14.4　公共模块设计

在开发过程中，经常会用到一些公共模块，例如，数据库连接及操作的类，保存分页代码的 JavaBean，解决中文乱码的过滤器，以及实体类等。因此，在开发系统前首先需要设计这些公共模块。下面将具体介绍“清爽夏日”九宫格日记网所需要的公共模块的设计过程。

14.4.1　编写数据库连接及操作的类

数据库连接及操作类通常包括连接数据库的方法 getConnection()、执行查询语句的方法 execute-Query()、执行更新操作的方法 executeUpdate()、关闭数据库连接的方法 close()。下面将详细介绍如何编写“清爽夏日”九宫格日记网的数据库连接及操作的类 ConnDB。

（1）指定类 ConnDB 保存的包，并导入所需的类包，本例将其保存到 com.wgh.tools 包中，代码如下：

```
package com.wgh.tools;                         //将该类保存到 com.wgh.tools 包中

import java.io.InputStream;                    //导入 java.io.InputStream 类
import java.sql.*;                             //导入 java.sql 包中的所有类
import java.util.Properties;                   //导入 java.util.Properties 类
```

包语句的格式为关键字 package 后面紧跟一个包名称，然后以分号“;”结束。包语句必须出现在 import 语句之前。一个.java 文件只能有一个包语句。

（2）定义 ConnDB 类，并定义该类中所需的全局变量及构造方法，代码如下：

```
public class ConnDB {
    public Connection conn = null;                  // 声明 Connection 对象的实例
    public Statement stmt = null;                   // 声明 Statement 对象的实例
    public ResultSet rs = null;                     // 声明 ResultSet 对象的实例
    private static String propFileName = "connDB.properties";// 指定资源文件保存的位置
    private static Properties prop=new Properties();//创建并实例化 Properties 对象的实例
    // 定义保存数据库驱动的变量
    private static String dbClassName = "com.mysql.jdbc.Driver";
    private static String dbUrl = "jdbc:mysql://127.0.0.1:3306/db_9griddiary? user=
root&password=root&useUnicode=true";
    public ConnDB() {                                          // 构造方法
        try {                                                  // 捕捉异常
            // 将 Properties 文件读取到 InputStream 对象中
            InputStream in = getClass().getResourceAsStream(propFileName);
            prop.load(in);                          // 通过输入流对象加载 Properties 文件
            dbClassName = prop.getProperty("DB_CLASS_NAME");    // 获取数据库驱动
            // 获取连接的 URL
            dbUrl = prop.getProperty("DB_URL", dbUrl);
        } catch (Exception e) {
            e.printStackTrace();                                // 输出异常信息
        }
    }
}
```

（3）为了方便程序移植，这里将数据库连接所需信息保存到 properties 文件中，并将该文件保存在 com.wgh.tools 包中。connDB.properties 文件的内容如下：

```
DB_CLASS_NAME=com.mysql.jdbc.Driver
DB_URL=jdbc:mysql://127.0.0.1:3306/db_9griddiary?user=root
&password=root&useUnicode=true
```

properties 文件为本地资源文本文件，以“消息/消息文本”的格式存放数据。使用 Properties 对象时，首先需创建并实例化该对象，代码如下：

private static Properties prop = new Properties();

再通过文件输入流对象加载 Properties 文件，代码如下：

prop.load(new FileInputStream(propFileName));

最后通过 Properties 对象的 getProperty 方法读取 properties 文件中的数据。

（4）创建连接数据库的方法 getConnection()，该方法返回 Connection 对象的一个实例。

getConnection()方法的代码如下：

```
/**
 * 功能：获取连接的语句
 *
 * @return
 */
public static Connection getConnection() {
    Connection conn = null;
    try {                                          // 连接数据库时可能发生异常因此需要捕捉该异常
        Class.forName(dbClassName).newInstance();         // 装载数据库驱动
        // 建立与数据库 URL 中定义的数据库的连接
        conn = DriverManager.getConnection(dbUrl);
    } catch (Exception ee) {
        ee.printStackTrace();                              // 输出异常信息
    }
    if (conn == null) {
        System.err.println("警告: DbConnectionManager.getConnection() 获得数据库
链接失败.\r\n 链接类型:"+ dbClassName + "\r\n 链接位置:" + dbUrl);     // 在控制台上输出提示信息
    }
    return conn;                                           // 返回数据库连接对象
}
```

（5）创建执行查询语句的方法 executeQuery，返回值为 ResultSet 结果集。executeQuery 方法的代码如下：

```
/*
 * 功能：执行查询语句
 */
public ResultSet executeQuery(String sql) {
    try {                                  // 捕捉异常
        // 调用 getConnection()方法构造 Connection 对象的一个实例 conn
        conn = getConnection();
        stmt = conn.createStatement(ResultSet.TYPE_SCROLL_INSENSITIVE,
                ResultSet.CONCUR_READ_ONLY);
        rs = stmt.executeQuery(sql);
    } catch (SQLException ex) {
        System.err.println(ex.getMessage());    // 输出异常信息
    }
    return rs;                             // 返回结果集对象
}
```

（6）创建执行更新操作的方法 executeUpdate()，返回值为 int 型的整数，代表更新的行数。executeQuery()方法的代码如下：

```
/*
 * 功能:执行更新操作
 */
public int executeUpdate(String sql) {
    int result = 0;                              // 定义保存返回值的变量
    try {                                  // 捕捉异常
        // 调用 getConnection()方法构造 Connection 对象的一个实例 conn
        conn = getConnection();
        stmt = conn.createStatement(ResultSet.TYPE_SCROLL_INSENSITIVE,
```

```
                    ResultSet.CONCUR_READ_ONLY);
            result = stmt.executeUpdate(sql);  // 执行更新操作
        } catch (SQLException ex) {
            result = 0;                        // 将保存返回值的变量赋值为 0
        }
        return result;                              // 返回保存返回值的变量
    }
```

（7）创建关闭数据库连接的方法 close()。close()方法的代码如下：

```
    /*
     * 功能:关闭数据库的连接
     */
    public void close() {
        try {                                  // 捕捉异常
            if (rs != null) {                  // 当 ResultSet 对象的实例 rs 不为空时
                rs.close();                    // 关闭 ResultSet 对象
            }
            if (stmt != null) {                // 当 Statement 对象的实例 stmt 不为空时
                stmt.close();                  // 关闭 Statement 对象
            }
            if (conn != null) {                // 当 Connection 对象的实例 conn 不为空时
                conn.close();                  // 关闭 Connection 对象
            }
        } catch (Exception e) {
            e.printStackTrace(System.err);     // 输出异常信息
        }
    }
```

14.4.2 编写保存分页代码的 JavaBean

由于在“清爽夏日”九宫格日记网中，需要对日记列表进行分页显示，所以需要编写一个保存分页代码的 JavaBean。具体的编写步骤如下。

（1）编写用于保存分页代码的 JavaBean，名称为 MyPagination，保存在 com.wgh.tools 包中，并定义一个全局变量 list 和 3 个局部变量，关键代码如下：

```
package com.wgh.tools;
import java.util.ArrayList;                          //导入 java.util.ArrayList 类
import java.util.List;                               //导入 java.util.List 类
import com.wgh.model.Diary;                          //导入 com.wgh.model.Diary 类
public class MyPagination {
    public List<Diary> list=null;
    private int recordCount=0;                       //保存记录总数的变量
    private int pagesize=0;                          //保存每页显示的记录数的变量
    private int maxPage=0;                           //保存最大页数的变量
}
```

（2）在 JavaBean“MyPagination”中添加一个用于初始化分页信息的方法 getInitPage()，该方法包括 3 个参数，分别是用于保存查询结果的 List 对象 list，用于指定当前页面的 int 型变量 Page，和用于指定每页显示的记录数的 int 型变量 pagesize。该方法的返回值为保存要显示记录的 List 对象。具体代码如下：

```
public List<Diary> getInitPage(List<Diary> list,int Page,int pagesize){
```

```
        List<Diary> newList=new ArrayList<Diary>();
        this.list=list;
        recordCount=list.size();                           //获取 list 集合的元素个数
        this.pagesize=pagesize;
        this.maxPage=getMaxPage();                         //获取最大页数
        try{                                               //捕获异常信息
        for(int i=(Page-1)*pagesize;i<=Page*pagesize-1;i++){
            try{
                if(i>=recordCount){break;}                 //跳出循环
            }catch(Exception e){}
                newList.add((Diary)list.get(i));
        }
        }catch(Exception e){
            e.printStackTrace();                           //输出异常信息
        }
        return newList;
    }
```

（3）在 JavaBean“MyPagination”中添加一个用于获取指定页数据的方法 getAppointPage()，该方法只包括一个用于指定当前页数的 int 型变量 Page。该方法的返回值为保存要显示记录的 List 对象。具体代码如下：

```
//获取指定页的数据
    public List<Diary> getAppointPage(int Page){
        List<Diary> newList=new ArrayList<Diary>();
        try{
            //通过 for 循环获取当前页的数据
            for(int i=(Page-1)*pagesize;i<=Page*pagesize-1;i++){
                try{
                    if(i>=recordCount){break;}             //跳出循环
                }catch(Exception e){}
                    newList.add((Diary)list.get(i));
            }
            }catch(Exception e){
                e.printStackTrace();                       //输出异常信息
            }
            return newList;
    }
```

（4）在 JavaBean“MyPagination”中添加一个用于获取最大记录数的方法 getMaxPage()，该方法无参数，其返回值为最大记录数。具体代码如下：

```
    public int getMaxPage(){
        int maxPage=(recordCount%pagesize==0)?(recordCount/pagesize):(recordCount/pagesize+1);
        return maxPage;
    }
```

（5）在 JavaBean“MyPagination”中添加一个用于获取总记录数的方法 getRecordSize()，该方法无参数，其返回值为总记录数。具体代码如下：

```
    public int getRecordSize(){
        return recordCount;
    }
```

（6）在 JavaBean“MyPagination”中添加一个用于获取当前页数的方法 getPage()，该方法只有一个用于指定从页面中获取的页数的参数，其返回值为处理后的页数。具体代码如下：

```
    public int getPage(String str){
```

```
        if(str==null){                                      //当页数等于 null 时，让其等于 0
            str="0";
        }
        int Page=Integer.parseInt(str);
        if(Page<1){                                         //当页数小于 1 时，让其等于 1
            Page=1;
        }else{
            if(((Page-1)*pagesize+1)>recordCount){//当页数大于最大页数时，让其等于最大页数
                Page=maxPage;
            }
        }
        return Page;
    }
```

（7）在 JavaBean“MyPagination”中添加一个用于输出记录导航的方法 printCtrl()，该方法包括 3 个参数，分别为 int 型的 Page（当前页数），String 类型的 url（URL 地址），和 String 类型的 para（要传递的参数）。其返回值为输出记录导航的字符串。具体代码如下：

```
public String printCtrl(int Page,String url,String para){
    String strHtml="<table width='100%'  border='0' cellspacing='0' cellpadding='0'>
        <tr> <td height='24' align='right'>当前页数：【"+Page+"/"+maxPage+"】 ";
    try{
        if(Page>1){
            strHtml=strHtml+"<a href='"+url+"&Page=1"+para+"'>第一页</a>  ";
            strHtml=strHtml+"<a href='"+url+"&Page="+(Page-1)+para+"'>上一页</a>";
        }
        if(Page<maxPage){
            strHtml=strHtml+"<a href='"+url+"&Page="+(Page+1)+para+"'>下一页</a>
            <a href='"+url+"&Page="+maxPage+para+"'>最后一页 </a>";
        }
        strHtml=strHtml+"</td> </tr></table>";
    }catch(Exception e){
            e.printStackTrace();
    }
    return strHtml;
}
```

14.4.3 配置解决中文乱码的过滤器

在程序开发时，通常有两种方法解决程序中经常出现的中文乱码问题，一种是通过编码字符串处理类，对需要的内容进行转码；另一种是配置过滤器。其中，第二种方法比较方便，只需要在开发程序时配置正确即可。下面将介绍本系统中配置解决中文乱码的过滤器的具体步骤。

编写 CharacterEncodingFilter 类，让它实现 Filter 接口，成为一个 Servlet 过滤器，在实现 doFilter()接口方法时，根据配置过滤时设置的编码格式参数分别设置请求对象的编码格式和响应对象的内容类型参数。

```
@WebFilter(
        urlPatterns = { "/*" },
        initParams = {
                @WebInitParam(name = "encoding", value = "UTF-8")
        })                                                      //配置过滤器
public class CharacterEncodingFilter implements Filter {
```

```
    protected String encoding = null;                    // 定义编码格式变量
    protected FilterConfig filterConfig = null;          // 定义过滤器配置对象
    public void init(FilterConfig filterConfig) throws ServletException {
        this.filterConfig = filterConfig;                // 初始化过滤器配置对象
        // 获取配置文件中指定的编码格式
        this.encoding = filterConfig.getInitParameter("encoding");
    }
    // 过滤器的接口方法，用于执行过滤业务
    public void doFilter(ServletRequest request, ServletResponse response,
            FilterChain chain) throws IOException, ServletException {
        if (encoding != null) {
            request.setCharacterEncoding(encoding);      // 设置请求的编码
            // 设置应答对象的内容类型（包括编码格式）
            response.setContentType("text/html; charset=" + encoding);
        }
        chain.doFilter(request, response);               // 传递给下一个过滤器
    }
    public void destroy() {
        this.encoding = null;
        this.filterConfig = null;
    }
}
```

14.4.4　编写实体类

实体类就是由属性及属性所对应的getter和setter方法组成的类。实体类通常与数据表相关联。在“清爽夏日”九宫格日记网中，共涉及到两张数据表，分别是用户信息表和日记表。通过这两张数据表可以得到用户信息和日记信息，根据这些信息可以得出用户实体类和日记实体类。由于实体类的编写方法基本类似，所以这里将以日记实体类为例进行介绍。

编写 Diary 类，在该类添加 id、title、address、writeTime、userid 和 username 属性，并为这些属性添加对应的 getter 和 setter 方法，关键代码如下：

```
import java.util.Date;
public class Diary {
    private int id = 0;                          // 日记 ID 号
    private String title = "";                   // 日记标题
    private String address = "";                 // 日记图片地址
    private Date writeTime = null;               // 写日记的时间
    private int userid = 0;                      // 用户 ID
    private String username = "";                // 用户名
    public int getId() {                         //id 属性对应的 getter 方法
        return id;
    }
    public void setId(int id) {                  //id 属性对应的 setter 方法
        this.id = id;
    }
    //此处省略了其他属性对应的 getter 和 setter 方法
}
```

14.5 网站主要模块开发

本节将对九宫格日记网的几个主要功能模块实现时用到的主要技术及实现过程进行详细讲解。

14.5.1 主界面设计

当用户访问“清爽夏日”九宫格日记网时，首先进入的是网站的主界面。“清爽夏日”九宫格日记网的主界面主要包括以下 4 部分内容。

- ❑ Banner 信息栏：主要用于显示网站的 Logo。
- ❑ 导航栏：主要用于显示网站的导航信息及欢迎信息。其中导航条目将根据是否登录而显示不同的内容。
- ❑ 主显示区：主要用于分页显示九宫格日记列表。
- ❑ 版权信息栏：主要用于显示版权信息。

下面看一下本项目中设计的主界面，如图 14-6 所示。

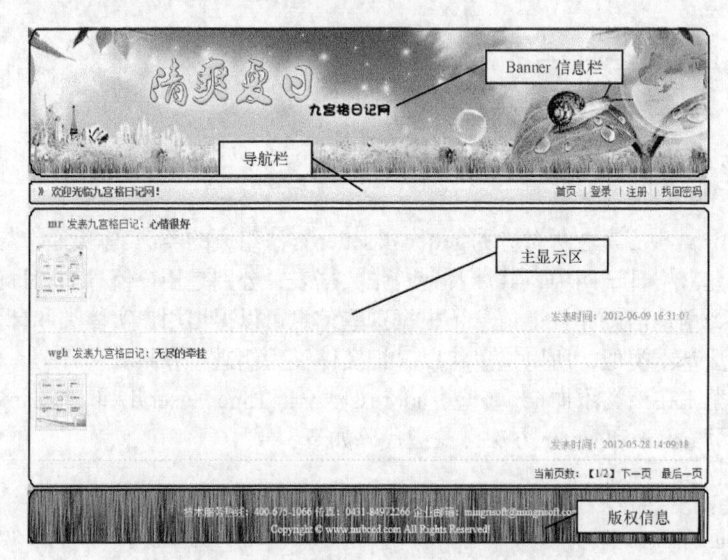

图 14-6 “清爽夏日”九宫格日记网的主界面

1. 技术分析

在“清爽夏日”九宫格日记网的主界面中，Banner 信息栏、导航栏和版权信息，并不是仅存在于主界面中，其他功能模块的子界面中也需要包括这些部分。因此，可以将这几个部分分别保存在单独的文件中，这样，在需要放置相应功能时只需包含这些文件即可。

在 JSP 页面中包含文件有两种方法：一种是应用<%@ include %>指令实现，另一种是应用<jsp:include>动作元素实现。

<%@ include %>指令用来在 JSP 页面中包含另一个文件。包含的过程是静态的，即在指定文件的属性值时，只能是一个包含相对路径的文件名，而不能是一个变量，也不可以在所指定的文件后面添加任何参数。其语法格式如下：

```
<%@ include file="fileName"%>
```

<jsp:include>动作元素可以指定加载一个静态或动态的文件，但运行结果不同。如果指定为静态文件，那么这种指定仅仅是把指定的文件内容加到 JSP 文件中去，则这个文件不被编译；如

果是动态文件，那么这个文件将会被编译器执行。由于在页面中包含查询模块时，只需要将文件内容添加到指定的 JSP 文件中即可，所以此处可以使用加载静态文件的方法包含文件。应用<jsp:include>动作元素加载静态文件的语法格式如下：

```
<jsp:include page="{relativeURL | <%=expression%>}" flush="true"/>
```

使用<%@ include %>指令和<jsp:include>动作元素包含文件的区别是，使用<%@ include %>指令包含的页面，是在编译阶段将该页面的代码插入主页面的代码中，最终包含页面与被包含页面生成了一个文件。因此，如果被包含页面的内容有改动，需重新编译该文件。而使用<jsp:include>动作元素包含的页面可以是动态改变的，它是在 JSP 文件运行过程中被确定的，程序执行的是两个不同的页面，即在主页面中声明的变量在被包含的页面中是不可见的。由此可见，当被包含的 JSP 页面中包含动态代码时，为了不和主页面中的代码相冲突，需要使用<jsp:include>动作元素包含文件。应用<jsp:include>动作元素包含查询页面的代码如下：

```
<jsp:include page="search.jsp"  flush="true"/>
```

考虑到本网站页面中需要包含的多个文件之间相对比较独立，并且不需要进行参数传递，属于静态包含，因此采用<%@ include %>指令实现。

2. 实现过程

九宫格日记网主界面的实现过程如下。

（1）创建文件 listAllDiary.jsp，作为网站的主界面。在该页面中，应用<%@ include %>指令包含文件的方法进行主界面布局，具体的代码如下：

```
<%@ page language="java" contentType="text/html; charset=UTF-8"
pageEncoding="UTF-8"%>
<!DOCTYPE html>
<html>
<head>
<meta charset="UTF-8">
<title>显示九宫格日记列表</title>
</head>
<body  bgcolor="#F0F0F0">
    <div id="box">
        <%@ include file="top.jsp" %>
        <%@ include file="register.jsp" %>
        <!-显示九宫格日记列表的代码-->
        <%@ include file="bottom.jsp" %>
    </div>
</body>
</html>
```

（2）编写 CSS 样式，让采用 DIV+CSS 布局的页面内容居中。具体的代码如下：

```
body{
    margin:0px;                     /*设置外边距*/
    padding:0px;                    /*设置内边距*/
    font-size: 9pt;                 /*设置字体大小*/
}
#box{
    margin:0 auto auto auto;        /*设置外边距*/
    width:800px;                    /*设置页面宽度*/
    clear:both;                     /*设置两侧均不可以有浮动内容*/
    background-color: #FFFFFF;      /*设置背景颜色*/
}
```

14.5.2 显示九宫格日记列表模块

用户访问网站时，首先进入的是网站的主界面，在主界面的主显示区中，将以分页的形式显示九宫格日记列表。显示九宫格日记列表主要用于分页显示全部九宫格日记、分页显示我的日记、展开和收缩日记图片、显示日记原图、对日记图片进行左转和右转以及删除我的日记等。其中，分页显示我的日记和删除我的日记功能，只有在用户登录后才可以使用（如图 14-7 所示）。

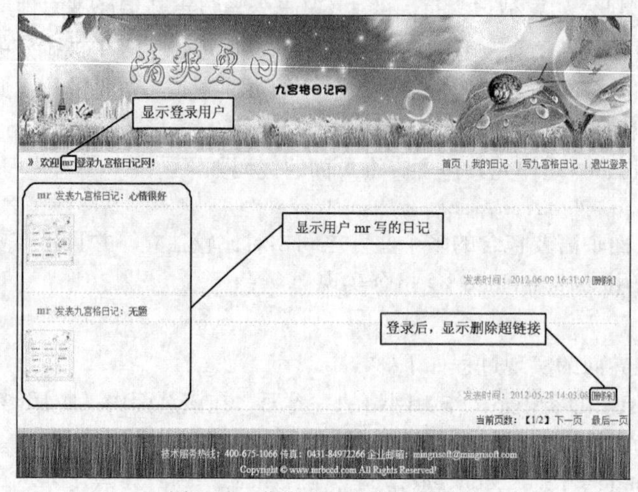

图 14-7　分页显示我的日记页面

1. 技术分析

在实现显示九宫格日记列表时，主要涉及 3 个技术点，分别是展开和收缩图片、查看日记原图和对日记图片进行左转和右转，下面分别进行介绍。

● 展开和收缩图片

在显示九宫格日记列表时，默认情况下显示的是日记图片的缩略图。将鼠标移动到该缩略图上时，鼠标将显示为一个带“+”号的放大镜，如图 14-8 所示。单击该缩略图，可以展开该缩略图，此时鼠标将显示为带“-”号的放大镜，如图 14-9 所示。单击日记图片或"收缩"超级链接，可以将该图片再次显示为图 14-8 所示的缩略图。

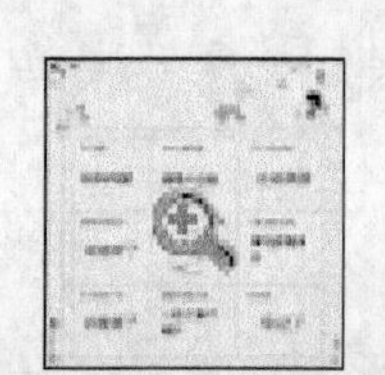

图 14-8　日记图片的缩略图

图 14-9　展开日记图片

在实现展开和收缩图片时，主要应用 JavaScript 对图片的宽度、高度、图片来源、鼠标样式等属性进行设置。下面将对这些属性进行详细介绍。

- 设置图片的宽度。

通过 document 对象的 getElementById()方法获取图片对象后，可以通过设置其 width 属性来设置图片的宽度，具体的语法如下：

```
imgObject.width=value;
```

其中，imgObject 为图片对象，可以通过 document 对象的 getElementById()方法获取；value 为宽度值，单位为像素值或百分比。

- 设置图片的高度。

通过 document 对象的 getElementById()方法获取图片对象后，可以通过设置其 height 属性来设置图片的高度，具体的语法如下：

```
imgObject.height=value;
```

其中 imgObject 为图片对象，可以通过 document 对象的 getElementById()方法获取；value 为高度值，单位为像素值或百分比。

- 设置图片的来源。

通过 document 对象的 getElementById()方法获取图片对象后，可以通过设置其 src 属性来设置图片的来源，具体的语法如下：

```
imgObject.src=path;
```

其中 imgObject 为图片对象，可以通过 document 对象的 getElementById()方法获取；path 为图片的来源 URL，可以使用相对路径，也可以使用 HTTP 绝对路径。

- 设置鼠标样式。

通过 document 对象的 getElementById()方法获取图片对象后，可以通过设置其 style 属性的子属性 cursor 来设置鼠标样式，具体的语法如下：

```
imgObject.style.cursor=uri;
```

其中，imgObject 为图片对象，可以通过 document 对象的 getElementById()方法获取；uri 为 ICO 图标的路径，这里需要使用 url()函数将图标文件的路径括起来。

由于在“清爽夏日”九宫格日记网中，需要展开和收缩的图片不只一个，所以这里需要编写一个自定义的 JavaScript 函数 zoom()来完成图片的展开和收缩。zoom()函数的具体代码如下：

```
<script language="javascript">
//展开或收缩图片的方法
function zoom(id,url){
    document.getElementById("diary"+id).style.display = "";        //显示图片
    if(flag[id]){                                                  //用于展开图片
        //设置要显示的图片
        document.getElementById("diary"+id).src="images/diary/"+url+".png";
        document.getElementById("diary"+id).style.cursor="url(images/ico02.ico),a
        uto";    //为图片添加自定义鼠标样式
        document.getElementById("control"+id).style.display=""; //显示控制工具栏
        document.getElementById("diaryImg"+id).style.width=401;  //设置日记图片的宽度
        document.getElementById("diaryImg"+id).style.height=436; //设置日记图片的高度
        document.getElementById("canvas"+id).style.cursor="url(images/ico02.ico),
        auto";                                                  //为画布添加自定义鼠标样式
        document.getElementById("diary"+id).width=400;          //设置图片的宽度
```

```
            document.getElementById("diary"+id).height=400;          //设置图片的高度
            flag[id]=false;
        }else{                                                       //用于收缩图片
            //设置图片显示为缩略图
            document.getElementById("diary"+id).src="images/diary/"+url+"scale.jpg";
            //设置控制工具栏不显示
            document.getElementById("control"+id).style.display="none";
            document.getElementById("diary"+id).style.cursor="url(images/ico01.ico),
                auto";                                               //为图片添加自定义鼠
                                                                       标样式
            document.getElementById("diaryImg"+id).style.width=60;  //设置日记图片的宽度
            document.getElementById("diaryImg"+id).style.height=60; //设置日记图片的高度
            document.getElementById("canvas"+id).style.cursor="url(images/ico01.ico),auto";
                                                                     //为画布添加自定义鼠
                                                                       标样式
            document.getElementById("diary"+id).width=60;            //设置图片的宽度
            document.getElementById("diary"+id).height=60;           //设置图片的高度
            flag[id]=true;
            document.getElementById("canvas"+id).style.display="none";//设置面板不显示
        }
    }
  var i=0;                                                   //标记变量，用于记录当前页共几条日记
  </script>
```

为了分别控制每张图片的展开和收缩状态，还需要设置一个记录每张图片状态的标记数组，并在页面载入后，通过 while 循环将每个数组元素的值都设置为 true。具体代码如下：

```
<script type="text/javascript">
var flag=new Array(i);                  //定义一个标记数组
window.onload = function(){
    while(i>0){
        flag[i]=true;                   //初始化一维数组的各个元素
        i--;
    }
}
</script>
```

在图片的上方添加“收缩”超级链接，并在其 onClick 事件中调用 zoom()方法，关键代码如下：

```
<a href="#" onClick="zoom('${id.count }','${diaryList.address }')">收缩</a>
```

同时，还需要在图片和面板的 onClick 事件中调用 zoom()方法，关键代码如下：

```
<img id="diary${id.count }" src="images/diary/${diaryList.address }scale.jpg"
    style="cursor: url(images/ico01.ico),auto;"
    onClick="zoom('${id.count }','${diaryList.address }')">
<canvas id="canvas${id.count }" style="display:none;"
    onClick="zoom('${id.count }','${diaryList.address }')"></canvas>
```

上面代码中的 canvas 面板主要是用于对图片进行左转和右转时使用的。

- 查看日记原图

在将图片展开后，可以通过单击“查看原图”超级链接，查看日记的原图，如图 14-10 所示。在实现查看日记原图时，首先需要获取请求的 URL 地址，然后在页面中添加一个“查看原图”的

超级链接，并将该 URL 地址和图片相对路径组合成 HTTP 绝对路径作为超链接的地址，具体代码如下：

```
<%String url=request.getRequestURL().toString();
```

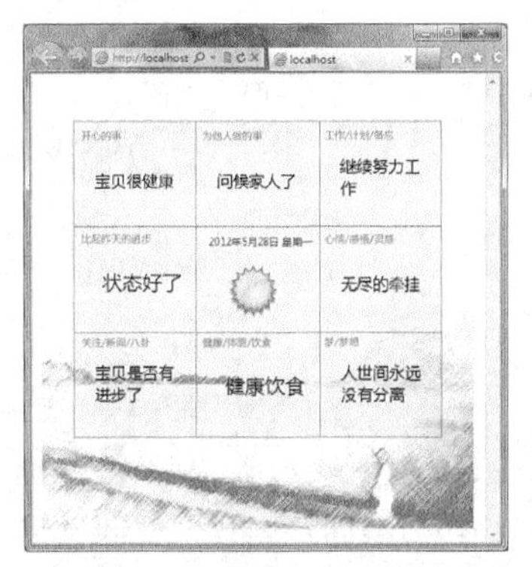

图 14-10　查看日记原图

```
url=url.substring(0,url.lastIndexOf("/"));%>
<a href="<%=url%>/images/diary/${diaryList.address }.png" target="_blank">查看原图</a>
```

- 对日记图片进行左转和右转

在“清爽夏日”九宫格日记网中，还提供了对展开的日记图片进行左转和右转功能。例如，展开标题为“心情不错”的日记图片，如图 14-11 所示，单击“左转”超级链接，将显示如图 14-12 所示的效果。

图 14-11　没有进行旋转的图片

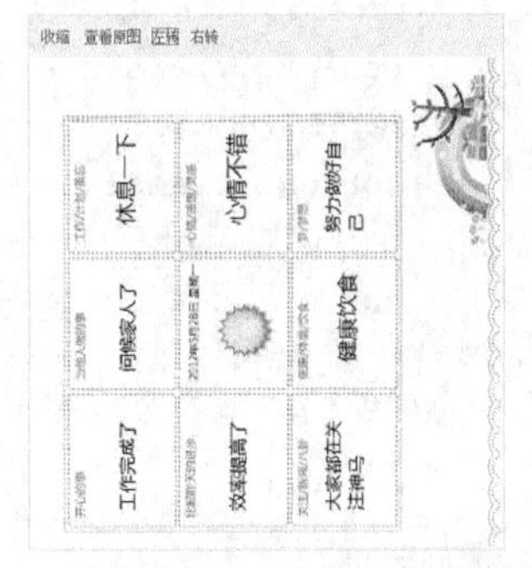

图 14-12　向左转一次的效果

在实现对图片进行左转和右转时，这里应用了 Google 公司提供的 excanvas 插件。该插件的下载地址是：http://groups.google.com/group/google-excanvas/download?s=files。应用 excanvas 插件对图片进行左转和右转的具体步骤如下。

（1）下载 excanvas 插件，并将其中的 excanvas-modified.js 文件复制到项目的 JS 文件夹中。

（2）在需要对图片进行左转和右转的页面中应用以下代码包含该 JS 文件，本项目中为 listAllDiary.jsp 文件。

```
<script type="text/javascript" src="JS/excanvas-modified.js"></script>
```

（3）编写 JavaScript 代码，应用 excanvas 插件对图片进行左转和右转，由于在本网站中，需要进行旋转的图片有多个，所以这里需要通过循环编写多个旋转方法，方法名由字符串“rotate+ID 号”组成。具体代码如下：

```
<script type="text/javascript">
i++;                                                //标记变量，用于记录当前页共几条日记
function rotate${id.count }(){
        var param${id.count } = {
            right: document.getElementById("rotRight${id.count }"),
            left: document.getElementById("rotLeft${id.count }"),
            reDefault: document.getElementById("reDefault${id.count }"),
```

```
            img: document.getElementById("diary${id.count }"),
            cv: document.getElementById("canvas${id.count }"),
            rot: 0
        };
        var rotate = function(canvas,img,rot){
            var w = 400;                                              //设置图片的宽度
            var h = 400;                                              //设置图片的高度
            //角度转为弧度
            if(!rot){
                rot = 0;
            }
            var rotation = Math.PI * rot / 180;
            var c = Math.round(Math.cos(rotation) * 1000) / 1000;
            var s = Math.round(Math.sin(rotation) * 1000) / 1000;
            //旋转后 canvas 面板的大小
            canvas.height = Math.abs(c*h) + Math.abs(s*w);
            canvas.width = Math.abs(c*w) + Math.abs(s*h);
            //绘图开始
            var context = canvas.getContext("2d");
            context.save();
            //改变中心点
            if (rotation <= Math.PI/2) {                              //旋转角度小于等 90 度时
                context.translate(s*h,0);
            } else if (rotation <= Math.PI) {                         //旋转角度小于等 180 度时
                context.translate(canvas.width,-c*h);
            } else if (rotation <= 1.5*Math.PI) {                     //旋转角度小于等 270 度时
                context.translate(-c*w,canvas.height);
            } else {
                rot=0;
                context.translate(0,-s*w);
            }
            //旋转 90°
            context.rotate(rotation);
            //绘制
            context.drawImage(img, 0, 0, w, h);
            context.restore();
            img.style.display = "none";                               //设置图片不显示
        }
        var fun = {
            right: function(){                                        //向右转的方法
                param${id.count }.rot += 90;
                        rotate(param${id.count }.cv, param${id.count }.img, param$
{id.count }.rot);
                if(param${id.count }.rot === 270){
                    param${id.count }.rot = -90;
                }else if(param${id.count }.rot > 270){
                    param${id.count }.rot = -90;
                    fun.right();                                      //调用向右转的方法
                }
            },
            reDefault: function(){                                    //恢复默认的方法
                param${id.count }.rot = 0;
```

```
            rotate(param${id.count }.cv, param${id.count }.img, param${id.count }
.rot);
        },
        left: function(){                                          //向左转的方法
            param${id.count }.rot -= 90;
            if(param${id.count }.rot <= -90){
                param${id.count }.rot = 270;
            }
            rotate(param${id.count }.cv, param${id.count }.img,
             param${id.count }.rot);        //旋转指定角度
        }
    };
    param${id.count }.right.onclick = function(){                 //向右转
        param${id.count }.cv.style.display="";                    //显示画图面板
        fun.right();
        return false;
    };
    param${id.count }.left.onclick = function(){                  //向左转
        param${id.count }.cv.style.display="";                    //显示画图面板
        fun.left();
        return false;
    };
    param${id.count }.reDefault.onclick = function(){             //恢复默认
        fun.reDefault();                                           //恢复默认
        return false;
    };
}
</script>
```

（4）在页面中图片的上方添加“左转”、“右转”和“恢复默认”的超级链接。其中，“恢复默认”的超级链接设置为不显示，该超级链接是为了在收缩图片时，将旋转恢复为默认而设置的，关键代码如下：

```
<a id="rotLeft${id.count }" href="#" >左转</a>
<a id="rotRight${id.count }" href="#">右转</a>
<a id="reDefault${id.count }" href="#" style="display:none">恢复默认</a>
```

（5）在页面中插入显示日记图片的<img>标记和面板标记<canvas>，关键代码如下：

```
<img id="diary${id.count }"  src="images/diary/${diaryList.address }scale.jpg"
            style="cursor: url(images/ico01.ico);">
<canvas id="canvas${id.count }" style="display:none;"></canvas>
```

（6）在页面的底部，还需要实现当页面载入完成后，通过 while 循环执行旋转图片的方法，具体代码如下：

```
<script type="text/javascript">
window.onload = function(){
    while(i>0){
        eval("rotate"+i)();                                    //执行旋转图片的方法
        i--;
    }
}
</script>
```

2. 实现过程

实现显示九宫格日记列表模块时，可以分为以下 3 个步骤来实现。

（1）实现显示全部九宫格日记功能。

用户访问“清爽夏日”九宫格日记网时，进入的页面就是显示全部九宫格日记的页面。在该页面将分页显示最新的 50 条九宫格日记，具体的实现过程如下。

① 编写处理日记信息的 Servlet“DiaryServlet”，在该类中，首先需要在构造方法中实例化 DiaryDao 类（该类用于实现与数据库的交互），然后编写 doGet()和 doPost()方法，在这两个方法中根据 request 的 getParameter()方法获取的 action 参数值执行相应方法。由于这两个方法中的代码相同，所以只需在第一个方法 doPost()中写相应代码，在另一个方法 doGet()中调用 doPost()方法即可。

```
public class DiaryServlet extends HttpServlet {
    MyPagination pagination = null;                     // 数据分页类的对象
    DiaryDao dao = null;                                // 日记相关的数据库操作类的对象
    public DiaryServlet() {
        super();
        dao = new DiaryDao();                           // 实例化日记相关的数据库操作类的对象
    }
    protected void doPost(HttpServletRequest request, HttpServletResponse response)
throws ServletException, IOException {
        String action = request.getParameter("action");
        if ("preview".equals(action)) {
            preview(request, response);                         // 预览九宫格日记
        } else if ("save".equals(action)) {
            save(request, response);                            // 保存九宫格日记
        } else if ("listAllDiary".equals(action)) {
            listAllDiary(request, response);                    // 查询全部九宫格日记
        } else if ("listMyDiary".equals(action)) {
            listMyDiary(request, response);                     // 查询我的日记
        } else if ("delDiary".equals(action)) {
            delDiary(request, response);                        // 删除我的日记
        }
    }
    protected void doGet(HttpServletRequest request, HttpServletResponse response)
throws ServletException, IOException {
        doPost(request, response);                              // 执行 doPost()方法
    }
}
```

② 在处理日记信息的 Servlet“DiaryServlet”中，编写 action 参数 listAllDiary 对应的方法 listAllDiary()。在该方法中，首先获取当前页码，并判断是否为页面初次运行，如果是初次运行，则调用 Dao 类中的 queryDiary()方法获取日记内容，并初始化分页信息，否则获取当前页面，并获取指定页数据，最后保存当前页的日记信息等，并重定向页面。listAllDiary()方法的具体代码如下：

```
    public void listAllDiary(HttpServletRequest request,HttpServletResponse
response) throws ServletException, IOException {
        String strPage = (String) request.getParameter("Page"); // 获取当前页码
        int Page = 1;
        List<Diary> list = null;
        if (strPage == null) {                                  // 当页面初次运行
            String sql = "select d.*,u.username from tb_diary d inner join tb_user
                u on u.id=d.userid order by d.writeTime DESC limit 50";
            pagination = new MyPagination();
            list = dao.queryDiary(sql);                         // 获取日记内容
            int pagesize = 4;                                   // 指定每页显示的记录数
```

```
            list = pagination.getInitPage(list, Page, pagesize); // 初始化分页信息
            request.getSession().setAttribute("pagination", pagination);
        } else {
            pagination = (MyPagination) request.getSession().getAttribute(
                    "pagination");
            Page = pagination.getPage(strPage);               // 获取当前页码
            list = pagination.getAppointPage(Page);           // 获取指定页数据
        }
        request.setAttribute("diaryList", list);              // 保存当前页的日记信息
        request.setAttribute("Page", Page);                   // 保存的当前页码
        request.setAttribute("url", "listAllDiary");          // 保存当前页面的 URL

        request.getRequestDispatcher("listAllDiary.jsp")
                    .forward(request,response);               // 重定向页面
    }
}
```

③ 在对日记进行操作的 DiaryDao 类中，编写用于查询日记信息的方法 queryDiary()，在该方法中，首先执行查询语句，然后应用 while 循环将获取的日记信息保存到 List 集合中，最后返回该 List 集合，具体代码如下：

```
public List<Diary> queryDiary(String sql) {
    ResultSet rs = conn.executeQuery(sql);                    // 执行查询语句
    List<Diary> list = new ArrayList<Diary>();
    try {                                                     // 捕获异常
        while (rs.next()) {
            Diary diary = new Diary();
            diary.setId(rs.getInt(1));                        // 获取并设置 ID
            diary.setTitle(rs.getString(2));                  // 获取并设置日记标题
            diary.setAddress(rs.getString(3));                // 获取并设置图片地址
            Date date;
            try {
                date = DateFormat.getDateTimeInstance().
                        parse(rs.getString(4));
                diary.setWriteTime(date);                 // 设置写日记的时间
            } catch (ParseException e) {
                e.printStackTrace();                      // 输出异常信息到控制台
            }
            diary.setUserid(rs.getInt(5));                // 获取并设置用户 ID
            diary.setUsername(rs.getString(6));           // 获取并设置用户名
            list.add(diary);                              // 将日记信息保存到 list 集合中
        }
    } catch (SQLException e) {
        e.printStackTrace();                              // 输出异常信息
    } finally {
        conn.close();                                     // 关闭数据库连接
    }
    return list;
}
```

④ 编写 listAllDiary.jsp 文件，用于分页显示全部九宫格日记，具体的实现过程如下。

引用 JSTL 的核心标签库和格式与国际化标签库，并应用<jsp:useBean>指令引入保存分页代

码的 JavaBean“MyPagination”，具体代码如下：

```
<%@ taglib uri="http://java.sun.com/jsp/jstl/core" prefix="c"%>
<%@ taglib uri="http://java.sun.com/jsp/jstl/fmt" prefix="fmt"%>
<jsp:useBean id="pagination" class="com.wgh.tools.MyPagination" scope="session"/>
```

应用 JSTL 的<c:if>标签判断是否存在日记列表，如果存在，则应用 JSTL 的<c:forEach>标签循环显示指定条数的日记信息。具体代码如下：

```
<c:if test="${!empty requestScope.diaryList}">
<c:forEach items="${requestScope.diaryList}" var="diaryList" varStatus="id">
    <div style="border-bottom-color:#CBCBCB;padding:5px;border-bottom-style:
        dashed;border-bottom-width:1px;margin:10px 20px;color:#0F6548">
    <font color="#CE6A1F" style="font-weight:bold;font-size:14px;">
    ${diaryList.username}</font>  发表九宫格日记：<b>${diaryList.title}</b></div>
    <div style="margin:10px 10px 0px 10px;background-color:#FFFFFF; border-bottom-
color:#CBCBCB;border-bottom-style:dashed;border-bottom-width:1px;">
        <div id="diaryImg${id.count }" style="border:1px #dddddd
            solid;width:60px;background-color:#EEEEEE;">
            <div id="control${id.count }" style="display:none;padding:10px;">
                <%String url=request.getRequestURL().toString();
                url=url.substring(0,url.lastIndexOf("/"));%>
                <a href="#" onClick="zoom('${id.count }','${diaryList.address }')">
                收缩</a>  
                <a href="<%=url %>/images/diary/${diaryList.address }.png"
                target="_blank">查看原图</a>
                  <a id="rotLeft${id.count }" href="#" >左转</a>
                  <a id="rotRight${id.count }" href="#">右转</a>
                <a id="reDefault${id.count }" href="#" style="display:none">恢复默认</a>
            </div>
            <img id="diary${id.count }"
                src="images/diary/${diaryList.address }scale.jpg"
                style="cursor: url(images/ico01.ico);"
                onClick="zoom('${id.count }','${diaryList.address }')">
        <canvas id="canvas${id.count }" style="display:none;"
        onClick="zoom('${id.count }','${diaryList.address }')">
        </canvas>
        </div>
        <div tyle="padding:10px;background-color: #FFFFFF;text-align:right; color:
#999999;">
            发表时间：<fmt:formatDate value="${diaryList.writeTime}" type="both"
            pattern="yyyy-MM-dd HH:mm:ss"/>
            <c:if test="${sessionScope.userName==diaryList.username}">
            <a href="DiaryServlet?action=delDiary&id=${diaryList.id }&url=
            ${requestScope.url}&imgName=${diaryList.address }">[删除]</a>
            </c:if>
        </div>
    </div>
</c:forEach>
</c:if>
```

应用 JSTL 的<c:if>标签判断是否存在日记列表，如果不存在，则显示提示信息“暂无九宫格日记！”。具体代码如下：

```
<c:if test="${empty requestScope.diaryList}">
暂无九宫格日记!
</c:if>
```

在页面的底部添加分页控制导航栏，具体代码如下：

```
<div style="background-color: #FFFFFF;">
<%=pagination.printCtrl(Integer.parseInt(request.getAttribute("Page").toString
()),"DiaryServlet?action="+request.getAttribute("url"),"")%>
</div>
```

（2）实现“我的日记”功能。

用户注册并成功登录到“清爽夏日”九宫格日记网后，就可以查看自己的日记。例如，用户mr登录后，单击导航栏中的“我的日记”超级链接，将显示mr所写的日记。由于“我的日记”功能和显示全部九宫格日记功能的实现方法类似，所不同的只是查询日记内容的SQL语句，所以在本网站中，我们将操作数据库所用的Dao类及显示日记列表的JSP页面使用同一个。下面我们就给出在处理日记信息的Servlet“DiaryServlet”中，查询“我的日记”功能所需要的action参数listMyDiary对应的方法的具体内容。

在该方法中，首先获取当前页码，并判断是否为页面初次运行，如果是初次运行，则调用Dao类中的queryDiary()方法获取日记内容（此时需要应用内联接查询对应的日记信息），并初始化分页信息，否则获取当前页面，并获取指定页数据，最后保存当前页的日记信息等，并重定向页面。listMyDiary()方法的具体代码如下：

```
private void listMyDiary(HttpServletRequest request,HttpServletResponse
response) throws ServletException, IOException {
    HttpSession session = request.getSession();
    String strPage = (String) request.getParameter("Page"); // 获取当前页码
    int Page = 1;
    List<Diary> list = null;
    if (strPage == null) {
        int userid = Integer.parseInt(session.getAttribute("uid").toString());
                                                        // 获取用户 ID 号
        String sql = "select d.*,u.username from tb_diary d inner join tb_user
        u on u.id=d.userid  where d.userid="+ userid + " order by d.writeTime DESC";
                                                        // 应用内联接查询日记信息
        pagination = new MyPagination();
        list = dao.queryDiary(sql);                     // 获取日记内容
        int pagesize = 4;                               // 指定每页显示的记录数
        list = pagination.getInitPage(list, Page, pagesize);// 初始化分页信息
        request.getSession().setAttribute("pagination",pagination);//保存分页信息
    } else {
        pagination = (MyPagination) request.getSession().getAttribute(
                "pagination");                          // 获取分页信息
        Page = pagination.getPage(strPage);
        list = pagination.getAppointPage(Page);         // 获取指定页数据
    }
    request.setAttribute("diaryList", list);            // 保存当前页的日记信息
    request.setAttribute("Page", Page);                 // 保存当前页码
    request.setAttribute("url", "listMyDiary");         // 保存当前页的 URL 地址
    request.getRequestDispatcher("listAllDiary.jsp").forward(request,response);
                                                         // 重定向页面到 listAllDia
                                                         ry.jsp
}
```

（3）实现删除“我的日记”功能。

用户注册并成功登录到“清爽夏日”九宫格日记网后，就可以删除自己发表的日记。在删除

日记时，不仅将数据库中对应的记录删除，而且将服务器中保存的日记图片也一起删除，下面介绍具体的实现过程。

① 在处理日记信息的 Servlet“DiaryServlet”中，编写 action 参数 delDiary 对应的方法 delDiary()。在该方法中，首先获取要删除的日记信息，并调用 DiaryDao 类的 delDiary()方法从数据表中删除日记信息，然后判断删除日记是否成功，如果成功，再删除对应日记的图片和缩略图，并弹出删除日记成功的提示对话框，否则弹出删除日记失败的提示对话框。delDiary()方法的具体代码如下：

```
    private void delDiary(HttpServletRequest request, HttpServletResponse response)
throws ServletException, IOException {
        int id = Integer.parseInt(request.getParameter("id"));// 获取要删除的日记的 ID
        String imgName = request.getParameter("imgName");    // 获取图片名
        String url = request.getParameter("url");            // 获取返回的 URL 地址
        int rtn = dao.delDiary(id);                          // 删除日记
        PrintWriter out = response.getWriter();
        if (rtn > 0) {                                       // 当删除日记成功时
            /************* 删除日记图片及缩略图 *****************/
            // 获取缩略图
            String path = getServletContext().getRealPath("\\")+ "images\\diary\\";
            java.io.File file = new java.io.File(path + imgName + "scale.jpg");
            file.delete();                                   //删除指定的文件
            file = new java.io.File(path + imgName + ".png");   // 获取日记图片
            file.delete();                                   //删除指定的文件
            /*******************************/
            out.println("<script>alert('删除日记成功！');window.location.href=
                        'DiaryServlet?action="   + url + "';</script>");
        } else {                                             // 当删除日记失败时
            out.println("<script>alert('删除日记失败，请稍后重试！'); history.back();
</script>");
        }
    }
```

② 在对日记进行操作的 DiaryDao 类中，编写用于删除日记信息的方法 delDiary()，在该方法中，首先编写删除数据所用的 SQL 语句，然后执行该语句，最后返回执行结果。具体代码如下：

```
    public int delDiary(int id) {
        String sql = "DELETE FROM tb_diary WHERE id=" + id;
        int ret = 0;
        try {
            ret = conn.executeUpdate(sql);                   // 执行更新语句
        } catch (Exception e) {
            e.printStackTrace();                             // 输出异常信息
        } finally {
            conn.close();                                    // 关闭数据连接
        }
        return ret;
    }
```

14.5.3 写九宫格日记模块设计

用户注册并成功登录到“清爽夏日”九宫格日记网后，就可以写九宫格日记了。写九宫格日记主要由填写日记信息，预览生成的日记图片和保存日记图片 3 部分组成。写九宫格日记的基本流程如图 14-13 所示。

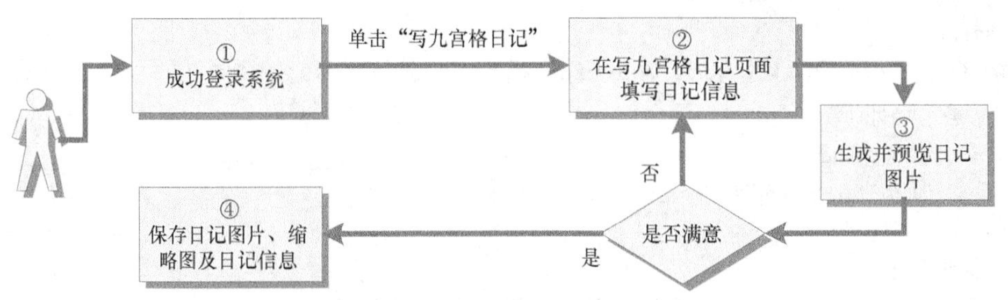

图 14-13　写九宫格日记的基本流程

1. 技术分析

在设计写九宫格日记页面时，需要显示代表天气的图片，为了让这些图片与九宫格日记的背景很好地融合，需要使用透明背景的图片。在网页中，常用的可以将背景设置为透明的图片格式有 GIF 和 PNG 两种。不过 GIF 格式的图片质量相对差些，有时在图片的边缘会有锯齿，这时就需要使用 PNG 格式的图片。默认情况下，IE 6 浏览器不支持 PNG 图片的背景透明（当网页中插入背景透明的 PNG 图片时，其背景将带有蓝灰色的背景，如图 14-14 所示），而 IE 9 和火狐就可以支持（运行效果如图 14-15 所示）。考虑到现在还有很多人在使用 IE 6 浏览器，所以需要通过编码解决这一问题。

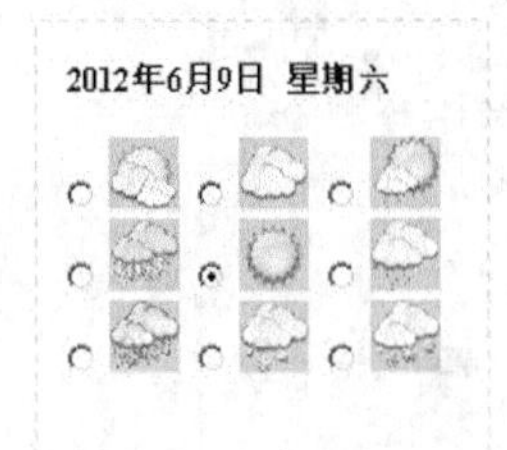

图 14-14　IE 6 下 PNG 图片背景不透明的效果

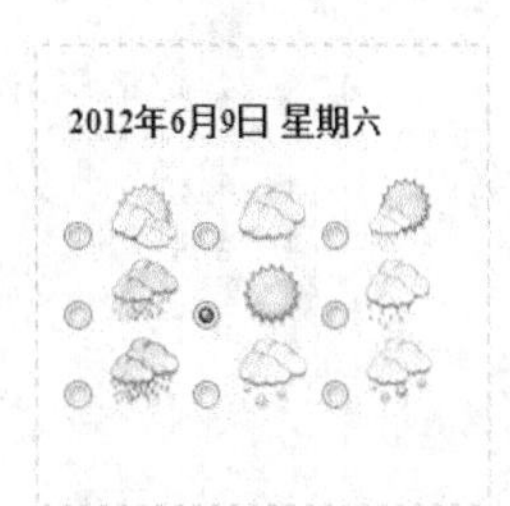

图 14-15　IE 9 下 PNG 图片背景透明的效果

解决 PNG 图片在 IE 6 下背景不透明的问题，可以使用 jQuery 及其 pngFix 插件实现。下面介绍具体的实现过程。

jQuery 的 pngFix 插件用于在 IE 5.5 和 IE 6 下让 PNG 图片背景透明。

（1）下载 jQuery 和 pngFix 插件。本项目中使用的 jQuery 是下载 pngFix 插件时带的 jquery-1.3.2.min.js，并没有单独下载。pngFix 插件的下载地址是：http://jquery.adnreaseberhard.de/download/pngFix.zip。

（2）下载 pngFix 插件后，将得一个名称为 pngFix.zip 的文件，解压缩该文件后，可以得到 jquery-1.3.2.min.js 和 jquery.pngFix.pack.js 两个 JS 文件，将这两个文件复制到项目的 JS 文件夹中，然后在需要将 PNG 图片设置为背景透明的页面中包含这两个文件，具体代码如下：

```
<script type="text/javascript" src="JS/jquery-1.3.2.min.js"></script>
<script type="text/javascript" src="JS/jquery.pngFix.pack.js"></script>
```

（3）在页面的<head>标记中编写 JQuery 代码，使用 pngFix 插件，具体代码如下：

```
<script type="text/javascript">
    $(document).ready(function(){
        $('div.examples').pngFix( );
    });
```

```
</script>
```

（4）将要显示的 PNG 图片应用<div>标记括起来，该 div 标记使用类选择器 examples 定义的样式，关键代码如下：

```
<div class="examples">
    <!—插入 PNG 图片的代码-->
</div>
```

2. 实现过程

实现写九宫格日记模块时，可以分为以下 3 个步骤来实现。

（1）实现填写日记信息。

用户成功登录到“清爽夏日”九宫格日记网后，单击导航栏中的“写九宫格日记”超链接，将进入到填写日记信息的页面，在该页面中，用户可选择日记模板，单击某个模板标题时，将在下方给出预览效果，选择好要使用的模板后（这里选择“女孩”模板），就可以输入日记标题了（这里为“心情很好”），接下来就是通过在九宫格中填空来实现日记的编写了。一些都填写好后（如图 14-16 所示），就可以单击“预览”按钮，预览完成的效果。

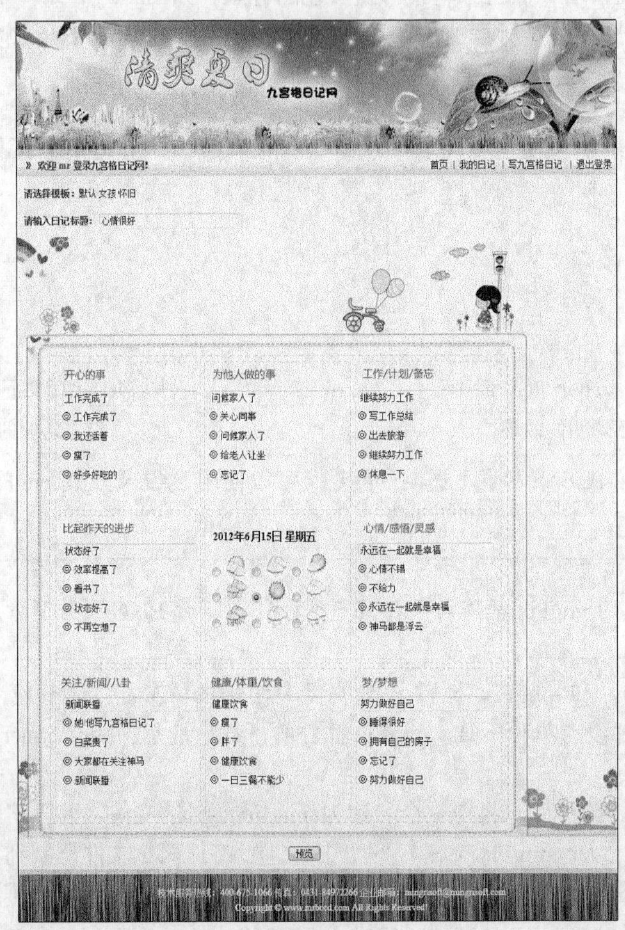

图 14-16 填写九宫格日记页面

① 编写填写九宫格日记的文件 writeDiary.jsp，在该文件中添加一个用于收集日记信息的表单，具体代码如下：

```
<form name="form1" method="post" action="DiaryServlet?action=preview">
</form>
```

② 在上面的表单中，首先添加一个用于设置模板的<div>标记，并在该<div>标记中添加 3 个用于设置模板的超级链接和一个隐藏域，用于记录所选择的模板，然后再添加一个用于填写日记标题的<div>标记，并在该<div>标记中添加一个文本框，用于填写日记标题，具体代码如下：

```
<div style="margin:10px;"><span class="title">请选择模板：</span>
<a href="#" onClick="setTemplate('默认')">默认</a>
<a href="#" onClick="setTemplate('女孩')">女孩</a>
<a href="#" onClick="setTemplate('怀旧')">怀旧</a>
    <input id="template" name="template" type="hidden" value="默认">
</div>
<div style="padding:10px;" class="title">请输入日记标题：
<input name="title" type="text" size="30" maxlength="30" value="请在此输入标题"
onFocus="this.select()"></div>
```

③ 编写用于预览所选择模板的 JavaScript 自定义函数 setTemplate()，在该函数中引用的 writeDiary_bg 元素将在步骤④中进行添加。setTemplate()函数的具体代码如下：

```
function setTemplate(style){
    if(style=="默认"){

        document.getElementById("writeDiary_bg").style.backgroundImage="url(images
/diaryBg_00.jpg)";
         document.getElementById("writeDiary_bg").style.width="738px";     //宽度
         document.getElementById("writeDiary_bg").style.height="751px";    //高度
         document.getElementById("writeDiary_bg").style.paddingTop="50px";//顶边距
         document.getElementById("writeDiary_bg").style.paddingLeft="53px";//左边距
         document.getElementById("template").value="默认";
    }else if(style=="女孩"){

         document.getElementById("writeDiary_bg").style.backgroundImage="url(image
s/diaryBg_01.jpg)";
         document.getElementById("writeDiary_bg").style.width="750px";     //宽度
         document.getElementById("writeDiary_bg").style.height="629px";    //高度
         document.getElementById("writeDiary_bg").style.paddingTop="160px";//顶边距
         document.getElementById("writeDiary_bg").style.paddingLeft="50px";//左边距
         document.getElementById("template").value="女孩";
    }else{

        document.getElementById("writeDiary_bg").style.backgroundImage="url(images
/diaryBg_02.jpg)";
         document.getElementById("writeDiary_bg").style.width="740px";     //宽度
         document.getElementById("writeDiary_bg").style.height="728px";    //高度
         document.getElementById("writeDiary_bg").style.paddingTop="30px";//顶边距
         document.getElementById("writeDiary_bg").style.paddingLeft="60px";//左边距
         document.getElementById("template").value="怀旧";
    }
}
```

④ 添加一个用于设置日记背景的<div>标记，并将标记的 id 属性设置为 writeDiary_bg，关键代码如下：

```
<div id="writeDiary_bg">
```

```
    <!--此处省略了设置日记内容的九宫格代码-->
</div>
```

⑤ 编写 CSS 代码，用于控制日记背景，关键代码如下：

```
#writeDiary_bg{                                          /*设置日记背景的样式*/
width:738px;                                             /*设置宽度*/
height:751px;                                            /*设置高度*/
background-repeat:no-repeat;                             /*设置背景不重复*/
background-image:url(images/diaryBg_00.jpg);             /*设置默认的背景图片*/
padding-top:50px;                                        /*设置顶边距*/
padding-left:53px;                                       /*设置左边距*/
}
```

⑥ 在 id 为 writeDiary_bg 的<div>标记中添加一个宽度和高度都是 600 的<div>标记，用于添加以九宫格方式显示日记内容的无序列表，关键代码如下：

```
<div style="width:600px; height:600px; ">
</div>
```

⑦ 在步骤⑥中添加的<div>标记中添加一个包含 9 个列表项的无序列表，用于布局显示日记内容的九宫格。关键代码如下：

```
<ul id="gridLayout">
    <li></li>
    <li></li>
    <li></li>
    <li></li>
    <li></li>
    <li></li>
    <li></li>
    <li></li>
    <li></li>
</ul>
```

⑧ 编写 CSS 代码，控制上面的无序列表的显示样式，让其每行显示 3 个列表项，具体代码如下：

```
#gridLayout {                          /*设置写日记的九宫格的<ul>标记的样式*/
    float: left;                       /*设置浮动方式*/
    list-style: none;                  /*不显示项目符号*/
    width: 100%;                       /*设置宽度为 100%*/
    margin: 0px;                       /*设置外边距*/
    padding: 0px;                      /*设置内边距*/
    display: inline;                   /*设置显示方式*/
}
#gridLayout li {                       /*设置写日记的九宫格的<li>标记的样式*/
    width: 33%;                        /*设置宽度*/
    float: left;                       /*设置浮动方式*/
    height: 198px;                     /*设置高度*/
    padding: 0px;                      /*设置内边距*/
    margin: 0px;                       /*设置外边距*/
    display: inline;                   /*设置显示方式*/
}
```

通过 CSS 控制的无序列表的显示样式如图 14-17 所示，其中，该图中的边框线在网站运行时是没有的，这是为了让读者看到效果而后设置的。

图 14-17　通过 CSS 控制的无序列表的显示效果

⑨ 在图 14-17 所示的九宫格的每个格子中添加用于填写日记内容的文本框及预置的日记内容。由于在这个九宫格中，除了中间的那个格子外（即第 5 个格子），其他的 8 个格子的实现方法是相同，所以这里将以第一个格子为例进行介绍。

添加一个用于设置内容的<div>标记，并使用自定义的样式选择器 cssContent，关键代码如下：

```
<style>
.cssContent{                                /*设置内容的样式*/
    float:left;
    padding:40px 0px;                       /*设置上、下内边距为 40，左、右内边距为 0*/
    display:inline;                         /*设置显示方式*/
}
</style>
<div class="cssContent"></div>
```

在上面的<div>标记中，添加一个包含 5 个列表项的无序列表，其中，第一个列表项中添加一个文本框，其他 4 个设置预置内容，关键代码如下：

```
<ul id="opt">
    <li>
    <input name="content" type="text" size="28" maxlength="15" value="请在此输入文字"
        onFocus="this.select()">
    </li>
    <li><a href="#" onClick="document.getElementsByName('content')[0].value='工作完
成了
        '">◎ 工作完成了</a></li>
    <li><a href="#" onClick="document.getElementsByName('content')[0].value='我
        还活着'">◎ 我还活着</a></li>
    <li><a href="#" onClick="document.getElementsByName('content')[0].value='
        瘦了'">◎ 瘦了</a></li>
    <li><a href="#" onClick="document.getElementsByName('content')[0].value='
        好多好吃的'">◎ 好多好吃的</a></li>
</ul>
```

在本项目中，共设置了 9 个名称为 content 的文本框，用于以控件数组的方式记录日记内容。这样，当表单被提交后，在服务器中就可以应用 request 对象的 getParameterValues()方法来获取字符串数组形式的日记内容，比较方便。

编写 CSS 代码，用于控制列表项的样式，具体代码如下：

```
#opt{                                       /*设置默认选项相关的<ul>标记的样式 */
    padding:0px 0px 0px 10px;               /*设置上、右、下内边距为 0，左内边距为 10*/
    margin:0px;                             /*设置外边距*/
}
#opt li{                                    /*设置默认选项相关的<li>标记的样式 */
    width:99%;
    padding-top:5px 0px 0px 10px;
    font-size:14px;                         /*设置字体大小为 14 像素*/
    height:25px;                            /*设置高度*/
    clear:both;                             /*左、右两侧不包含浮动内容*/
}
```

⑩ 实现九宫格的中间的那个格子，也就是第 5 个格子，该格子用于显示当前日期和天气，具体代码如下：

```
<ul id="weather"><li style="height:27px;"> <span id="now"
 style="font-size:14px;font-weight:bold;padding-left:5px;">正在获取日期</span>
    <input name="content" type="hidden" value="weathervalue"><br></br>
    <div class="examples">
    <input name="weather" type="radio" value="1">
    <img src="images/1.png" width="28" height="30">
    <input name="weather" type="radio" value="2">
    <img src="images/2.png" width="28" height="30">
    <input name="weather" type="radio" value="3">
    <img src="images/3.png" width="28" height="30"><br>
    <input name="weather" type="radio" value="4">
    <img src="images/4.png" width="28" height="30">
    <input name="weather" type="radio" value="5" checked="checked">
    <img src="images/5.png" width="28" height="30">
    <input name="weather" type="radio" value="6">
    <img src="images/6.png" width="28" height="30"><br>
    <input name="weather" type="radio" value="7">
    <img src="images/7.png" width="28" height="30">
    <input name="weather" type="radio" value="8">
    <img src="images/8.png" width="28" height="30">
    <input name="weather" type="radio" value="9">
    <img src="images/9.png" width="28" height="30">
    </div>
</li>
</ul>
```

⑪ 编写 JavaScript 代码，用于在页面载入后，获取当前的日期和星期，显示到 id 为 now 的 <span>标记中，具体代码如下：

```
window.onload=function(){
    var date=new Date();                //创建日期对象
    year=date.getFullYear();            //获取当前日期中的年份
    month=date.getMonth();              //获取当前日期中的月份
    day=date.getDate();                 //获取当时日期中的日
```

```
        week=date.getDay();              //获取当前日期中的星期
        var arr=new Array("星期日","星期一","星期二","星期三","星期四","星期五","星期六");
        document.getElementById("now").innerHTML=year+" 年 "+(month+1)+" 月 "+day+" 日
"+arr[week];
    }
```

⑫ 在 id 为 writeDiary_bg 的<div>标记后面添加一个<div>标记，并在该标记中添加一个提交按钮，用于显示预览按钮，具体代码如下：

```
<div style="height:30px;padding-left:360px;">
    <input type="submit" value="预览">
</div>
```

（2）实现预览生成的日记图片功能。

用户在填写日记信息页面填写好日记信息后，就可以单击“预览”按钮，预览完成的效果，如图 14-18 所示。如果感觉日记内容不是很满意，可以单击“再改改”超级链接，进行修改，否则可以单击“保存”超级链接保存该日记。

图 14-18 预览生成的日记图片

① 在处理日记信息的 Servlet“DiaryServlet”中，编写 action 参数 preview 对应的方法 preview()。在该方法中，首先获取日记标题、日记模板、天气和日记内容，然后将为没有设置内容的项目设置默认值，最后保存相应信息到 session 中，并重定向页面到 preview.jsp。preview()方法的具体代码如下：

```
public void preview(HttpServletRequest request, HttpServletResponse response)
        throws ServletException, IOException {
    String title = request.getParameter("title");                    // 获取日记标题
    String template = request.getParameter("template");              // 获取日记模板
    String weather = request.getParameter("weather");                // 获取天气
    String[] content = request.getParameterValues("content");        // 获取日记内容
    for (int i = 0; i < content.length; i++) {  // 为没有设置内容的项目设置默认值
        if (content[i].equals(null) || content[i].equals("") ||
                                        content[i].equals("请在此输入文字")) {
            content[i] = "没啥可说的";
        }
    }
    HttpSession session = request.getSession(true);       // 获取 HttpSession
```

```
        session.setAttribute("template", template);        // 保存选择的模板
        session.setAttribute("weather", weather);          // 保存天气
        session.setAttribute("title", title);              // 保存日记标题
        session.setAttribute("diary", content);            // 保存日记内容
        // 重定向页面
        request.getRequestDispatcher("preview.jsp").forward(request, response);
}
```

② 编写 preview.jsp 文件，在该文件中，首先显示保存到 session 中的日记标题，然后添加预览日记图片的<img>标记，并将其 id 属性设置为 diaryImg，关键代码如下：

```
<div>
<ul>
<li>标题：${sessionScope.title }</li>
<li><img src="images/loading.gif" name="diaryImg" id="diaryImg"/></li>
<li style="padding-left:240px;">
    <a href="#" onclick="history.back();">再改改</a>   
    <a href="DiaryServlet?action=save">保存</a>
</li>
</ul>
</div>
```

③ 为了让页面载入后，再显示预览图片，还需要编写 JavaScript 代码，设置 id 为 diaryImg 的<img>标记的图片来源，这里指定的是一个 Servlet 映射地址。关键代码如下：

```
<script language="javascript">
window.onload=function(){                                    //当页面载入后
    document.getElementById("diaryImg").src="CreateImg";
}
</script>
```

④ 编写用于生成预览图片的 Servlet，名称为 CreateImg，该类继承 HttpServlet，主要通过 service()方法生成预览图片，具体的实现过程如下：

创建并配置 Servlet“CreateImg”，并编写 service()方法，在该方法中，首先指定生成的响应是图片，并指定图片的宽度和高度，然后获取日记模板、天气和图片的完整路径，再根据选择的模板绘制背景图片及相应的日记内容，最后输出生成的日记图片，并保存到 Session 中，具体代码如下：

```
@WebServlet("/CreateImg")
public class CreateImg extends HttpServlet {
    public void service(HttpServletRequest request, HttpServletResponse response)
                                throws ServletException, IOException {
        // 禁止缓存
        response.setHeader("Pragma", "No-cache");
        response.setHeader("Cache-Control", "No-cache");
        response.setDateHeader("Expires", 0);
        response.setContentType("image/jpeg");      // 指定生成的响应是图片
        int width = 600;                            // 图片的宽度
        int height = 600;                           // 图片的高度
        BufferedImage image = new BufferedImage(width, height,BufferedImage. TYPE_
INT_RGB);
        Graphics g = image.getGraphics();                     // 获取 Graphics 类的对象
        HttpSession session = request.getSession(true);
        String template = session.getAttribute("template").toString();// 获取模板
        String weather = session.getAttribute("weather").toString(); // 获取天气
```

```
        // 获取图片的完整路径
        weather = request.getRealPath("images/" + weather + ".png");
        String[] content = (String[]) session.getAttribute("diary");
        File bgImgFile;                                           //背景图片
        if ("默认".equals(template)) {
            bgImgFile = new File(request.getRealPath("images/bg_00.jpg"));
            Image src = ImageIO.read(bgImgFile);                  // 构造 Image 对象
            g.drawImage(src, 0, 0, width, height, null);          // 绘制背景图片
            outWord(g, content, weather, 0, 0);
        } else if ("女孩".equals(template)) {
            bgImgFile = new File(request.getRealPath("images/bg_01.jpg"));
            Image src = ImageIO.read(bgImgFile);                  // 构造 Image 对象
            g.drawImage(src, 0, 0, width, height, null);          // 绘制背景图片
            outWord(g, content, weather, 25, 110);
        } else {
            bgImgFile = new File(request.getRealPath("images/bg_02.jpg"));
            Image src = ImageIO.read(bgImgFile);                  // 构造 Image 对象
            g.drawImage(src, 0, 0, width, height, null);          // 绘制背景图片
            outWord(g, content, weather, 30, 5);
        }
        ImageIO.write(image, "PNG", response.getOutputStream());
        session.setAttribute("diaryImg", image);    // 将生成的日记图片保存到Session中
    }
}
```

在 service()方法的下面编写 outWord()方法，用于将九宫格日记的内容写到图片上，具体的代码如下：

```
    public void outWord(Graphics g, String[] content, String weather, int offsetX, int
offsetY) {
        Font mFont = new Font("微软雅黑", Font.PLAIN, 26);          // 通过Font构造字体
        g.setFont(mFont);                                          // 设置字体
        g.setColor(new Color(0, 0, 0));                            // 设置颜色为黑色
        int contentLen = 0;
        int x = 0;                                                 // 文字的横坐标
        int y = 0;                                                 // 文字的纵坐标
        for (int i = 0; i < content.length; i++) {
            contentLen = content[i].length();                      // 获取内容的长度
            x = 45 + (i % 3) * 170 + offsetX;
            y = 130 + (i / 3) * 140 + offsetY;
```

判断当前内容是否为天气，如果是天气，则先获取当前日记，并输出，然后再绘制天气图片。

```
            if (content[i].equals("weathervalue")) {
                File bgImgFile = new File(weather);
                mFont = new Font("微软雅黑", Font.PLAIN, 14); // 通过 Font 构造字体
                g.setFont(mFont);                                  // 设置字体
                Date date = new Date();
                String newTime = new
                    SimpleDateFormat("yyyy年M月d日 E").format(date);
                g.drawString(newTime, x - 12, y - 60);
                Image src;
                try {
```

```
                src = ImageIO.read(bgImgFile);
                g.drawImage(src, x + 10, y - 40, 80, 80, null); // 绘制天气图片
            } catch (IOException e) {
                e.printStackTrace();
            }                                                   // 构造 Image 对象
            continue;
        }
```

根据文字的个数控制输出文字的大小。

```
        if (contentLen < 5) {
            switch (contentLen % 5) {
            case 1:
                mFont = new Font("微软雅黑", Font.PLAIN, 40);// 通过 Font 构造字体
                g.setFont(mFont);                           // 设置字体
                g.drawString(content[i], x + 40, y);
                break;
            case 2:
                mFont = new Font("微软雅黑", Font.PLAIN, 36); //通过 Font 构造字体
                g.setFont(mFont);                           // 设置字体
                g.drawString(content[i], x + 25, y);
                break;
            case 3:
                mFont = new Font("微软雅黑", Font.PLAIN, 30);// 通过 Font 构造字体
                g.setFont(mFont);                           // 设置字体
                g.drawString(content[i], x + 20, y);
                break;
            case 4:
                mFont = new Font("微软雅黑", Font.PLAIN, 28);// 通过 Font 构造字体
                g.setFont(mFont);                           // 设置字体
                g.drawString(content[i], x + 10, y);
            }
        } else {
            mFont = new Font("微软雅黑", Font.PLAIN, 22);     // 通过Font构造字体
            g.setFont(mFont);                               // 设置字体
            if (Math.ceil(contentLen / 5.0) == 1) {
                g.drawString(content[i], x, y);
            } else if (Math.ceil(contentLen / 5.0) == 2) {
                // 分两行写
                g.drawString(content[i].substring(0, 5), x, y - 20);
                g.drawString(content[i].substring(5), x, y + 10);
            } else if (Math.ceil(contentLen / 5.0) == 3) {
                // 分三行写
                g.drawString(content[i].substring(0, 5), x, y - 30);
                g.drawString(content[i].substring(5, 10), x, y);
                g.drawString(content[i].substring(10), x, y + 30);
            }
        }
    }
    g.dispose();
}
```

（3）实现保存日记图片功能。

用户在预览生成的日记图片页面中，单击“保存”超级链接，将保存该日记到数据库中，并

将对应的日记图片和缩略图保存到服务器的指定文件夹中。然后返回到主界面显示该信息，如图 14-19 所示。

图 14-19 刚刚保存的日记图片

① 在处理日记信息的 Servlet“DiaryServlet”中，编写 action 参数 save 对应的方法 save()。在该方法中，首先生成日记图片的 URL 地址和缩略图的 URL 地址，然后生成日记图片，再生成日记图片的缩略图，最后将填写的日记保存到数据库。save()方法的具体代码如下：

```
public void save(HttpServletRequest request, HttpServletResponse response) throws
    ServletException, IOException{
        HttpSession session = request.getSession(true);
        BufferedImage image = (BufferedImage) session.getAttribute("diaryImg");
        String url = request.getRequestURL().toString();    // 获取请求的 URL 地址
        url = request.getRealPath("/");                     // 获取请求的实际地址
        long date = new Date().getTime();                   // 获取当前时间
        Random r = new Random(date);
        long value = r.nextLong();                          // 生成一个长整型的随机数
        url = url + "images/diary/" + value;                // 生成图片的 URL 地址
        String scaleImgUrl = url + "scale.jpg";             // 生成缩略图的 URL 地址
        url = url + ".png";
        ImageIO.write(image, "PNG", new File(url));
        /***************** 生成图片缩略图 ******************************************/
        File file = new File(url);                          // 获取原文件
        Image src = ImageIO.read(file);
        int old_w = src.getWidth(null);                     // 获取原图片的宽
        int old_h = src.getHeight(null);                    // 获取原图片的高
        int new_w = 0;                                      // 新图片的宽
        int new_h = 0;                                      // 新图片的高
        double temp = 0;                                    // 缩放比例
        /********* 计算缩放比例 ***************/
        double tagSize = 60;
        if (old_w > old_h) {
            temp = old_w / tagSize;
        } else {
            temp = old_h / tagSize;
        }
        /*************************************/
        new_w = (int) Math.round(old_w / temp);                 // 计算新图片的宽
        new_h = (int) Math.round(old_h / temp);                 // 计算新图片的高
        image = new BufferedImage(new_w, new_h, BufferedImage.TYPE_INT_RGB);
        src = src.getScaledInstance(new_w, new_h, Image.SCALE_SMOOTH);
        image.getGraphics().drawImage(src, 0, 0, new_w, new_h, null);
```

```
        ImageIO.write(image, "JPG", new File(scaleImgUrl));      // 保存缩略图文件
        /*******************************************************************/
        /**** 将填写的日记保存到数据库中 *****/
        Diary diary = new Diary();
        diary.setAddress(String.valueOf(value));                    // 设置图片地址
        diary.setTitle(session.getAttribute("title").toString());// 设置日记标题
        // 设置用户 ID
        diary.setUserid(Integer.parseInt(session.getAttribute("uid").toString()));
        int rtn = dao.saveDiary(diary);                             // 保存日记
        PrintWriter out = response.getWriter();
        if (rtn > 0) {                                              // 当保存成功时
            out.println("<script>alert('保存成功! ');window.location.href='DiarySer
vlet?action=listAllDiary';</script>");
        } else {                                                    // 当保存失败时
            out.println("<script>alert('保存日记失败，请稍后重试!
            ');history.back();</script>");
        }
        /********************************/
    }
```

② 在对日记进行操作的 DiaryDao 类中，编写用于保存日记信息的方法 saveDiary()，在该方法中，首先编写执行插入操作的 SQL 语句，然后执行该语句，将日记信息保存到数据库中，再关闭数据库连接，最后返回执行结果。saveDiary()方法的具体代码如下：

```
public int saveDiary(Diary diary) {
    //保存数据的 SQL 语句
    String sql = "INSERT INTO tb_diary (title,address,userid) VALUES('"+
    diary.getTitle() + "','" + diary.getAddress() + "'," + diary.getUserid() + ")";
        int ret = conn.executeUpdate(sql);                    // 执行更新语句
        conn.close();                                         // 关闭数据库连接
        return ret;
    }
```

14.6 网站编译与发布

开发一个网站的最终目的是为了让更多的人可以通过互联网浏览该网站，因此，网站的编译与发布是网站开发过程中非常重要的一个步骤，本节将对九宫格日记网的编译与发布进行详细讲解。

14.6.1 网站编译

在应用 Eclipse 开发 JSP 网站时，可以有两种方法编译网站，下面分别进行介绍。

1. 通过在服务器上运行网站来编译

在“项目资源管理器”中选择项目名称节点（例如，本项目的项目名称节点为 9GridDiary），并且在该节点上单击鼠标右键，在弹出的快捷菜单中选择“运行”/“在服务器上运行”菜单项，将打开“在服务器上运行”对话框，在该对话框中，单击“完成”按钮，即可运行该网站。这时 Eclipse 将自动编译该网站。网站编译后，可以通过下面的方法来获取编译后的文件。

（1）在 Eclipse 中，打开“服务器”面板，双击如图 14-20 所示的“Tomcat v7.0 Server”节点。

图 14-20　服务器面板

（2）将打开如图 14-21 所示的“Tomcat v7.0 Server”对话框，在该对话框中，单击“打开启动配置”超链接，将打开“编辑配置”对话框。

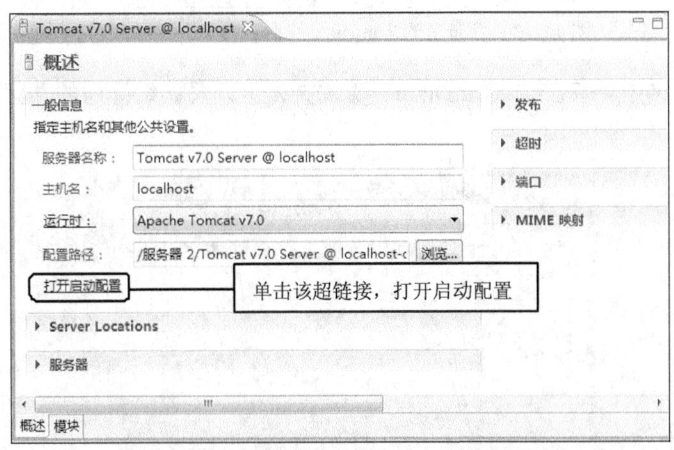

图 14-21　打开的“Tomcat v7.0 server”对话框

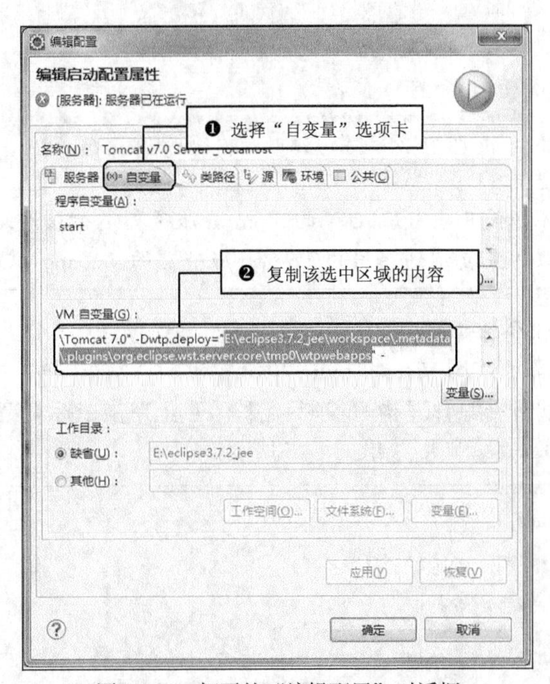

图 14-22　打开的“编辑配置”对话框

（3）在打开的“编辑配置”对话框中，选择“自变量”选项卡，在“VM 自变量”文本框中，找到如图 14-22 所示的内容，并且复制内容“E:\eclipse3.7.2_jee\workspace\.metadata\.plugins\ org.eclipse.wst.server.core\tmp0\wtpwebapps”。然后，打开“计算机”文件夹，在地址栏中，粘贴该地址，并按下〈Enter〉键，将进入如图 14-23 所示的发布后的 Tomcat 服务器的 webapps 文件夹中。

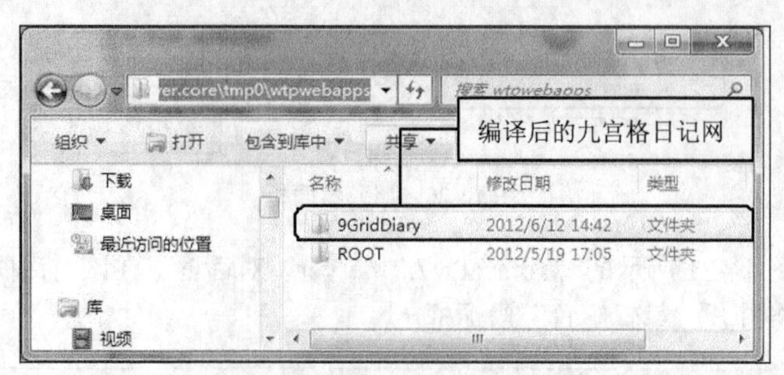

图 14-23　发布后的 Tomcat 服务器的 webapps 文件夹

（4）在该文件夹中，双击“9GridDiary”文件夹，可以看到编译后的九宫格日记网的内容，如图 14-24 所示。

图 14-24　编译后的九宫格日记网的内容

如果我们不想使用 Eclipse 自带的 Tomcat 服务器运行该网站，也可以将图 14-23 中的 9GridDiary 文件夹复制到想用的 Tomcat 服务器的 webapps 文件夹中运行。

2. 通过导出 WAR 文件来编译

编译 ASP.NET 网站需要使用 Visual Studio 2010 提供的“发布网站”功能，具体步骤如下。

（1）在 Eclipse 的“项目资源管理器”的项目名称节点上单击鼠标右键，在弹出的快捷菜单中，选择“导出”/“WAR file”菜单项，如图 14-25 所示。

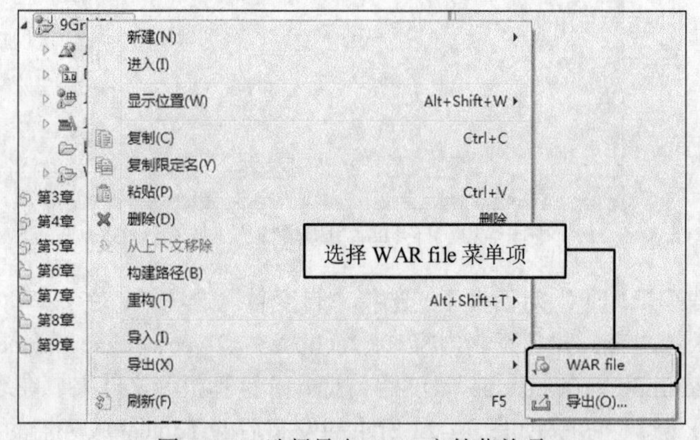

图 14-25　选择导出 WAR 文件菜单项

（2）将打开“Export”对话框，在该对话框的“Destination”文本框中，设置导出文件的位置和文件名，如图 14-26 所示。

（3）单击“完成”按钮，即可导出名称为“9GridDiary.war”的 WAR 文件。这个文件可以直接放置到 Tomcat 的 webapps 文件夹中运行。如果采用解压缩软件打开该文件，就可以看到如图 14-27 所示的编译后的九宫格日记网的内容。

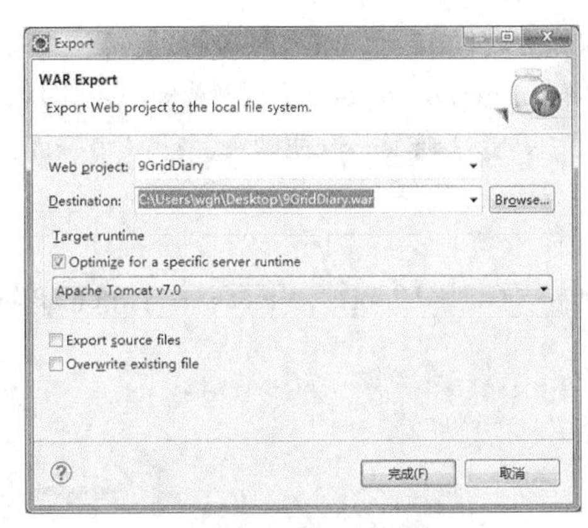

图 14-26　Export 对话框

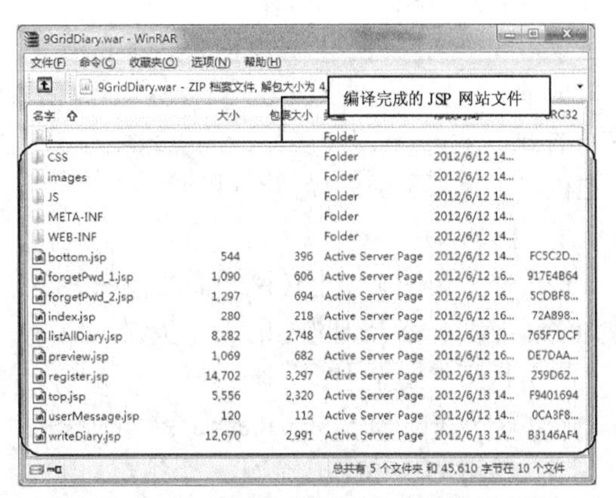

图 14-27　用解压缩软件打开的编译后的九宫格日记网的内容

14.6.2　网站发布

九宫格日记网开发并编译完成后就可以进行网站的发布了。要发布网站，需要经过注册域名、申请空间、解析域名和上传网站 4 个步骤。下面分别进行介绍。

1．注册域名

域名就是用来代替 IP 地址，以方便记忆及访问网站的名称，如 www.163.com 就是网易的域名；www.yahoo.com.cn 就是中文雅虎的域名。域名需要到指定的网站中注册购买，名气较大的有 www. net.com（万网）、www.xinnet.com（新网）。

购买注册域名的步骤如下。

（1）登录域名服务商网站。

（2）注册会员。如果不是会员则无法购买域名。

（3）进入域名查询页面，查询要注册的域名是否已经被注册。

（4）如果用户欲注册的域名未被注册，则进入域名注册页面并填写相关的个人资料。

（5）填写成功后，单击“购买”按钮。注册成功。

（6）付款后，等待域名开启。

2．申请空间

域名注册完毕后就需要申请空间了，空间可以使用虚拟主机或租借服务器。目前，许多企业建立网站都采用虚拟主机，这样既节省了购买机器和租用专线的费用，同时也不必聘用专门的管理人员来维护服务器。申请空间的步骤如下。

（1）登录虚拟空间服务商网站。

（2）注册会员（如果已有会员账号，则直接登录即可）。

（3）选择虚拟空间类型（空间支持的语言、数据库、空间大小和流量限制等）。

（4）确定机型后，直接购买。

（5）进入到缴费页面，选择缴费方式。

（6）付费后，空间在 24 小时内开通，随后即可使用此空间。

注意

申请的空间一定要支持相应的开发语言及数据库。例如，本网站要求空间支持的语言为 JSP，数据库是 MySQL。

3. 将域名解析到服务器

域名和空间购买成功后就需要将域名地址指向虚拟服务器的 IP 了。进入域名管理页面，添加主机记录，一般要先输入主机名，注意不包括域名，如解析 www.bccd.com，只需输入 www 即可，后面的 bccd.com 不需要填写，接下来填写 IP 地址，最后单击“确定”按钮即可。如果想添加多个主机名，重复上面的操作即可。

4. 上传网站

最后是上传网站。上传网站需要使用 FTP 软件，例如，CuteFTP 软件。下面就以 CuteFTP 软件为例，详细介绍上传网站的操作步骤。

（1）打开 FTP 软件。

（2）选择 File/Site-Manager 命令，将弹出站点面板。

（3）单击 New 按钮，新建一个站点。

（4）在“Label for site” 中输入站点名。

（5）在“FTP Host Address”中输入域名。

（6）在“FTP site User Name”中输入用户名。

（7）在“FTP site Password”中输入密码。

（8）单击“Edit...”按钮，弹出编辑窗口。

（9）取消选中“Use PASV mode”和“Use firewall setting”复选框。

（10）单击“确定”按钮。

（11）单击 Connet 按钮连接到服务器。

（12）连接服务器后，在左侧的本地页面中，选中需要上传的文件，单击“上传文件”按钮即可。

（13）如果上传过程中出现错误，右击“继续上传”即可。

（14）上传成功后，关闭 FTP 软件。

第 15 章 课程设计——图书馆管理系统

本章要点：

- 图书馆管理系统的设计目的
- 图书馆管理系统的开发环境要求
- 图书馆管理系统的功能结构及系统流程
- 图书馆管理系统的数据库设计
- 主要功能模块的界面设计
- 主要功能模块的关键代码
- 图书馆管理系统的调试运行

随着网络技术的高速发展和计算机应用的普及，利用计算机对图书馆的日常工作进行管理势在必行。虽然目前很多大型的图书馆已经有一整套比较完善的管理系统，但是在一些中小型的图书馆中，大部分工作仍需由手工完成，工作效率比较低，管理员不能及时了解图书馆内各类图书的借阅情况，读者需要的图书难以在短时间内找到，不便于动态及时地调整图书结构。为了更好地适应当前读者的借阅需求，解决手工管理中存在的许多弊端，越来越多的中小型图书馆正在逐步向计算机信息化管理转变。本章将会介绍一个图书馆管理系统的实现过程。

15.1 课程设计目的

本章提供了“图书馆管理系统”作为这一学期的课程设计之一，本次课程设计旨在提升学生的动手能力，加强大家对专业理论知识的理解和实际应用。本次课程设计的主要目的如下。

- 加深对面向对象程序设计思想的理解，能对网站功能进行分析，并设计合理的类结构。
- 掌握 JSP 网站的基本开发流程。
- 掌握 JDBC 技术在实际开发中的应用。
- 掌握 Servlet 技术在实际开发中的应用。
- 掌握 JSP 经典设计模式中 Model2 的开发流程。
- 提高开发网站的能力，能够运用合理的控制流程编写高效的代码。
- 培养分析问题、解决实际问题的能力。

15.2 功能描述

一个小型的图书馆管理系统，应该具备的主要功能如下：

- 提供美观友好的操作界面，保证系统的易用性。
- 管理图书类型信息、图书信息和书架信息等功能。
- 读者类型和读者档案管理功能。
- 可以实现图书的借阅、续借和归还功能。
- 提供查看图书借阅排行榜功能。
- 具有借阅到期提醒功能。
- 查询图书借阅信息。
- 图书档案查询功能。

15.3 总体设计

15.3.1 构建开发环境

图书馆管理系统的开发环境具体要求如下。

- 开发平台：Windows XP（SP2）/Windows Server 2003（SP2）/Windows 7。
- 开发技术：JSP+Servlet+HTML 5+JavaScript。
- 后台数据库：MySQL。
- Java 开发包：Java SE Development KET(JDK) version 7 Update 3。
- Web 服务器：Tomcat 7.0.27。
- 浏览器：IE 9.0 以上版本、Firefox 等。
- 分辨率：最佳效果 1 024 像素×768 像素。

15.3.2 网站功能结构

在图书馆管理系统中主要包含 6 大功能模块，分别为系统设置模块、读者管理模块、图书管理模块、图书借还模块、系统查询模块和更改口令模块，它们的具体介绍如下。

- 系统设置：用来对系统的一些基础参数进行设置，主要包括图书管理信息、管理员设置、参数设置、书架设置等。
- 读者管理：用来对读者类型和读者档案进行管理。
- 图书管理：用来对图书类型和图书档案进行管理。
- 图书借还：用来实现图书的借阅、续借和归还等功能。
- 系统查询：用来实现图书和借阅信息的查询，主要包括图书档案查询、图书借阅查询、借阅到期提醒等。
- 更改口令：主要用于修改登录管理员的密码。

图书馆管理系统的功能结构如图 15-1 所示。

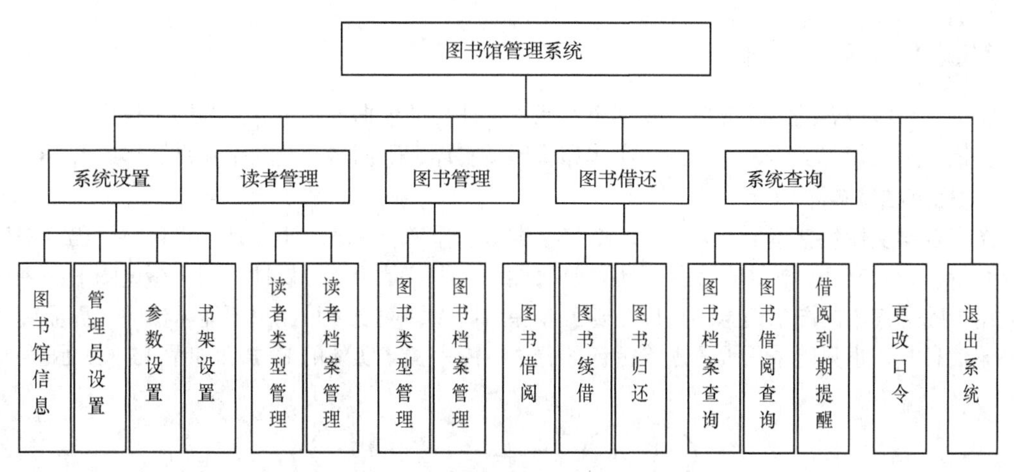

图 15-1　图书馆管理系统的功能结构图

15.3.3　系统流程图

图书馆管理系统的系统流程图如图 15-2 所示。

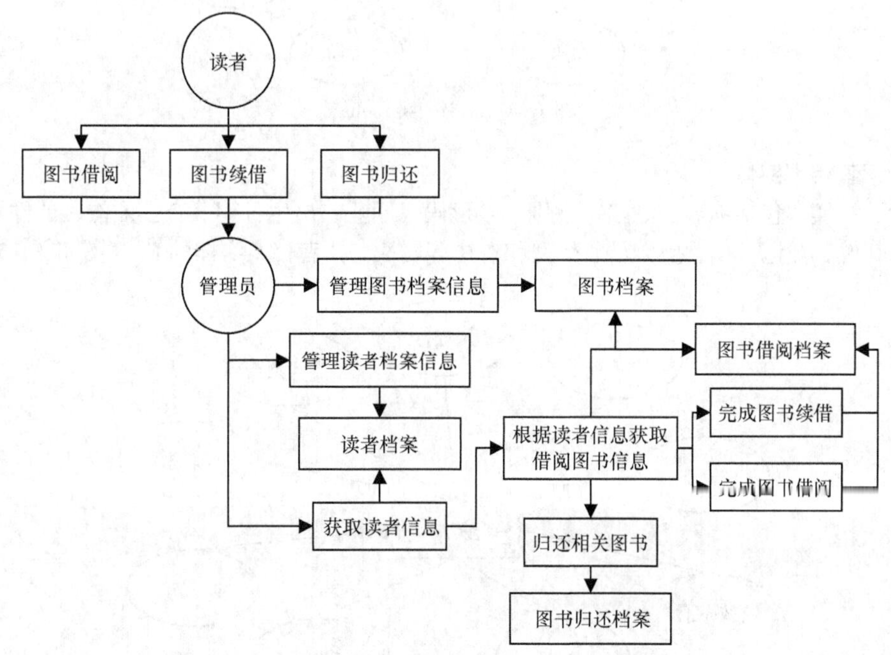

图 15-2　图书馆管理系统的系统流程图

15.4　数据库设计

由于本系统是为中小型图书馆开发的程序，需要充分考虑到成本问题及用户需求（如跨平台）等问题，而 MySQL 是目前最为流行的开放源码的数据库，是完全网络化的跨平台的关系型数据库系统，这正好满足了中小型企业的需求，所以本系统采用 MySQL 数据库。

15.4.1 E-R图

根据对系统所做的需求分析，规划出本系统中使用的数据库实体分别为图书档案实体、读者档案实体、图书借阅实体、图书归还实体和管理员实体。下面将介绍几个关键实体的 E-R 图。

1. 图书档案实体

图书档案实体包括编号、条形码、书名、类型、作者、译者、出版社、定价、页码、书架、库存总量、录入时间、操作员和是否删除等属性。其中"是否删除属性"用于标记图书是否被删除，由于图书馆中的图书信息不可以被随意删除，所以即使当某种图书不能再借阅，而需要删除其档案信息时，也只能采用设置删除标记的方法。图书档案实体的 E-R 图如图 15-3 所示。

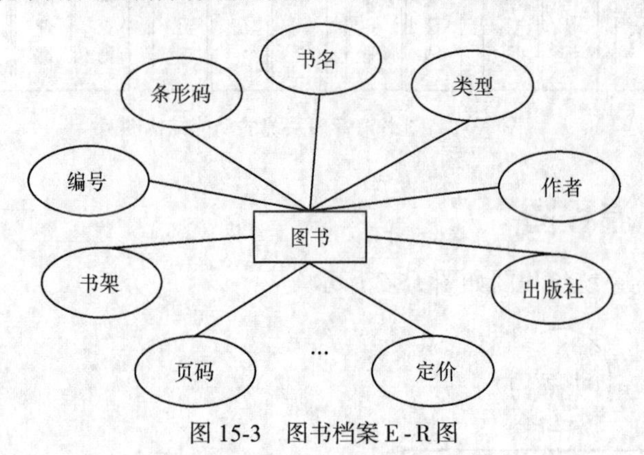

图 15-3　图书档案 E-R 图

2. 读者档案实体

读者档案实体包括编号、姓名、性别、条形码、职业、出生日期、有效证件、证件号码、电话、电子邮件、登记日期、操作员、类型和备注等属性。读者档案实体的 E-R 图如图 15-4 所示。

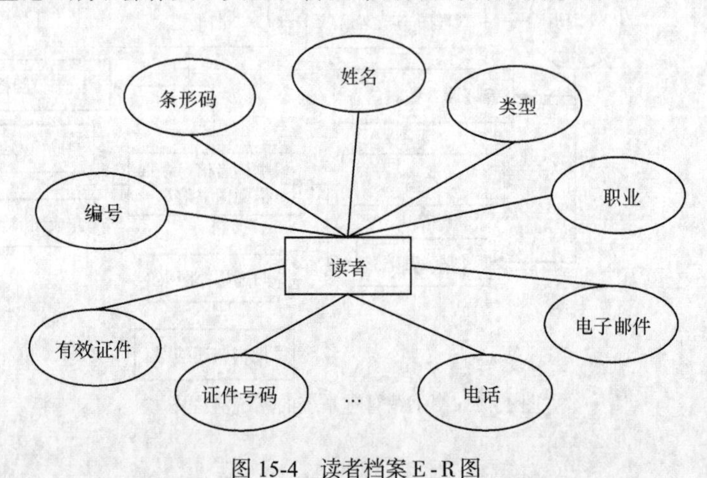

图 15-4　读者档案 E-R 图

3. 借阅档案实体

借阅档案实体包括编号、读者编号、图书编号、借书时间、应还时间、操作员和是否归还等属性。借阅档案实体的 E-R 图如图 15-5 所示。

4. 归还档案实体

归还档案实体包括编号、读者编号、图书编号、归还时间和操作员等属性。借阅档案实体的 E-R 图如图 15-6 所示。

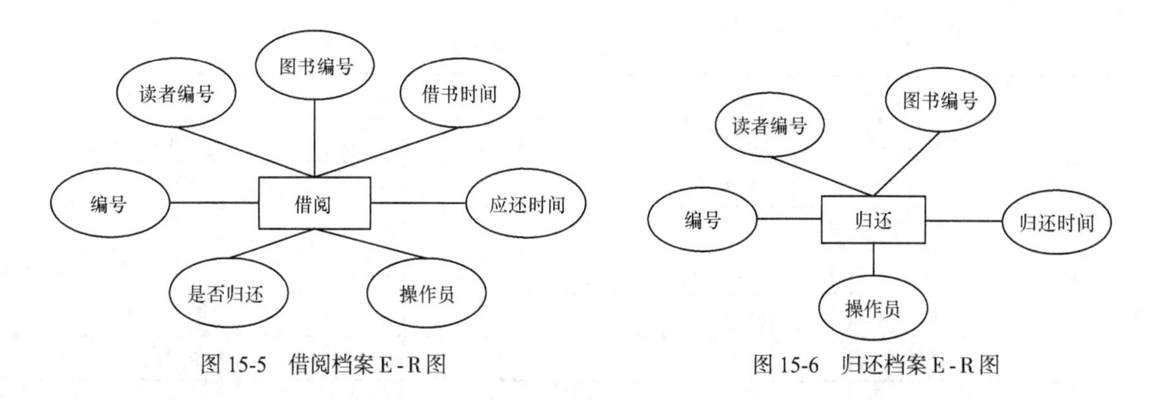

图 15-5　借阅档案 E-R 图　　图 15-6　归还档案 E-R 图

15.4.2　数据表设计

结合实际情况及对用户需求的分析，图书馆管理系统的 db_library 数据库中需要创建如图 15-7 所示的 12 张数据表。

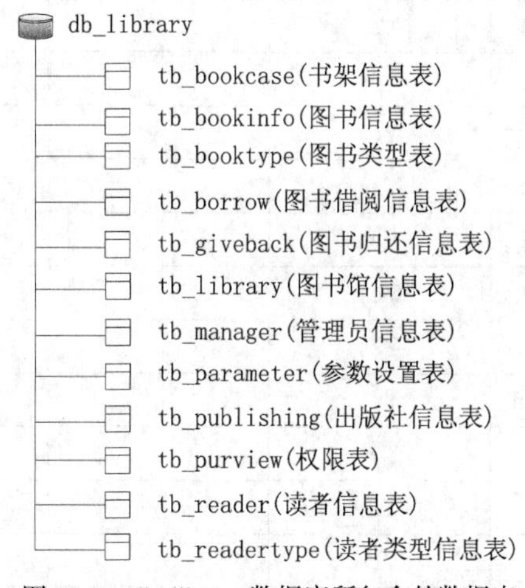

图 15-7　db_library 数据库所包含的数据表

下面将给出这些数据表的结构及说明。

1. tb_manager（管理员信息表）

管理员信息表主要用来保存管理员的信息。表 tb_manager 的结构如表 15-1 所示。

表 15-1　表 tb_manager 的结构及说明

字 段 名	数 据 类 型	是 否 为 空	是 否 主 键	默 认 值	描 述
id	INT(10)Unsigned	No	Yes		ID（自动编号）
name	VARCHAR(30)	Yes		NULL	管理员名称
pwd	VARCHAR(30)	Yes		NULL	密码

2. tb_purview（权限表）

权限表主要用来保存管理员的权限信息，该表中的 id 字段与管理员信息表中的 id 字段相关联。表 tb_purview 的结构如表 15-2 所示。

表 15-2　　　　表 tb_purview 的结构及说明

字段名	数据类型	是否为空	是否主键	默认值	描述
id	INT(11)	No	Yes	0	管理员 ID 号
sysset	TINYINT(1)	Yes		0	系统设置
readerset	TINYINT(1)	Yes		0	读者管理
bookset	TINYINT(1)	Yes		0	图书管理
borrowback	TINYINT(1)	Yes		0	图书借还
sysquery	TINYINT(1)	Yes		0	系统查询

3．tb_bookinfo（图书信息表）

图书信息表主要用来保存图书信息。表 tb_bookinfo 的结构如表 15-3 所示。

表 15-3　　　　表 tb_bookinfo 的结构及说明

字段名	数据类型	是否为空	是否主键	默认值	描述
barcode	VARCHAR(30)	Yes		NULL	条形码
bookname	VARCHAR(70)	Yes		NULL	书名
typeid	INT(10)unsigned	Yes		NULL	类型
author	VARCHAR(30)	Yes		NULL	作者
translator	VARCHAR(30)	Yes		NULL	译者
ISBN	VARCHAR(20)	Yes		NULL	出版社
price	FLOAT(8,2)	Yes		NULL	价格
page	INT(10)Unsigned	Yes		NULL	页码
bookcase	INT(10)Unsigned	Yes		NULL	书架
inTime	DATE	Yes		NULL	录入时间
operator	VARCHAR(30)	Yes		NULL	操作员
del	TINYINT(1)	Yes		0	是否删除
id	INT(11)	No	Yes		ID（自动编号）

4．tb_parameter（参数设置表）

参数设置表主要用来保存办证费及书证的有效期限等信息。表 tb_parameter 的结构如表 15-4 所示。

表 15-4　　　　表 tb_parameter 的结构及说明

字段名	数据类型	是否为空	是否主键	默认值	描述
id	INT(10)Unsigned	No	Yes		ID（自动编号）
cost	INT(10)Unsigned	Yes		NULL	办证费
validity	INT(10)Unsigned	Yes		NULL	有效期限

5．tb_booktype（图书类型表）

图书类型表主要用来保存图书类型信息。表 tb_booktype 的结构如表 15-5 所示。

表 15-5　　表 tb_booktype 的结构及说明

字 段 名	数 据 类 型	是 否 为 空	是 否 主 键	默 认 值	描　述
id	INT(10)Unsigned	No	Yes		ID（自动编号）
typename	VARCHAR(30)	Yes		NULL	类型名称
days	INT(10)Unsigned	Yes		NULL	可借天数

6. tb_bookcase（书架信息表）

书架信息表主要用来保存书架信息。表 tb_bookcase 的结构如表 15-6 所示。

表 15-6　　表 tb_bookcase 的结构及说明

字 段 名	数 据 类 型	是 否 为 空	是 否 主 键	默 认 值	描　述
id	INT(10)Unsigned	No	Yes		ID（自动编号）
name	VARCHAR(30)	Yes		NULL	书架名称

7．tb_borrow（图书借阅信息表）

图书借阅信息表主要用来保存图书借阅信息。表 tb_borrow 的结构如表 15-7 所示。

表 15-7　　表 tb_borrow 的结构及说明

字 段 名	数 据 类 型	是 否 为 空	是 否 主 键	默 认 值	描　述
id	INT(10)Unsigned	No	Yes		ID（自动编号）
readerid	INT(10)Unsigned	Yes		NULL	读者编号
bookid	INT(10)	Yes		NULL	图书编号
borrowTime	DATE	Yes		NULL	借书时间
backtime	DATE	Yes		NULL	应还时间
operator	VARCHAR(30)	Yes		NULL	操作员
ifback	TINYTIN(1)	Yes		0	是否归还

8．tb_giveback（图书归还信息表）

图书归还信息表主要用来保存图书归还信息。表 tb_giveback 的结构如表 15-8 所示。

表 15-8　　表 tb_giveback 的结构及说明

字 段 名	数 据 类 型	是 否 为 空	是 否 主 键	默 认 值	描　述
id	INT(10)Unsigned	No	Yes		ID（自动编号）
readerid	INT(11)	Yes		NULL	读者编号
bookid	INT(11)	Yes		NULL	图书编号
backTime	DATE	Yes		NULL	归还时间
operator	VARCHAR(30)	Yes		NULL	操作员

9．tb_readertype（读者类型信息表）

读者类型信息表主要用来保存读者类型信息。表 tb_readertype 的结构如表 15-9 所示。

表 15-9　　表 tb_readertype 的结构及说明

字 段 名	数据类型	是否为空	是否主键	默认值	描　述
id	INT(10) Unsigned	No	Yes		ID（自动编号）
name	VARCHAR(50)	Yes		NULL	名称
number	INT(4)	Yes		NULL	可借数量

10．tb_reader（读者信息表）

读者信息表主要用来保存读者信息。表 tb_reader 的结构如表 15-10 所示。

表 15-10　　表 tb_reader 的结构及说明

字 段 名	数据类型	是否为空	是否主键	默认值	描　述
id	INT(10) Unsigned	No	Yes		ID（自动编号）
name	VARCHAR(20)	Yes		NULL	姓名
sex	VARCHAR(4)	Yes		NULL	性别
barcode	VARCHAR(30)	Yes		NULL	条形码
vocation	VARCHAR(50)	Yes		NULL	职业
birthday	DATE	Yes		NULL	出生日期
paperType	VARCHAR(10)	Yes		NULL	有效证件
paperNO	VARCHAR(20)	Yes		NULL	证件号码
tel	VARCHAR(20)	Yes		NULL	电话
email	VARCHAR(100)	Yes		NULL	电子邮件
createDate	DATE	Yes		NULL	登记日期
operator	VARCHAR(30)	Yes		NULL	操作员
remark	TEXT	Yes		NULL	备注
typeid	INT(11)	Yes		NULL	类型

11．tb_library（图书馆信息表）

图书馆信息表主要用来保存图书馆信息。表 tb_library 的结构如表 15-11 所示。

表 15-11　　表 tb_library 的结构及说明

字 段 名	数据类型	是否为空	是否主键	默认值	描　述
id	INT(10)Unsigned	No	Yes		ID（自动编号）
libraryname	VARCHAR(50)	Yes		NULL	图书馆名称
curator	VARCHAR(10)	Yes		NULL	馆长
tel	VARCHAR(20)	Yes		NULL	联系电话
address	VARCHAR(100)	Yes		NULL	联系地址
email	VARCHAR(100)	Yes		NULL	联系邮箱
url	VARCHAR(100)	Yes		NULL	图书馆网址
createDate	DATE	Yes		NULL	建馆时间
introduce	TEXT	Yes		NULL	图书馆简介

12. tb_publishing（出版社信息表）

出版社信息表主要用来保存出版社信息。表 tb_publishing 的结构如表 15-12 所示。

表 15-12　　表 tb_publishing 的结构及说明

字段名	数据类型	是否为空	是否主键	默认值	描述
ISBN	VARCHAR(20)	No	Yes		ISBN 号
pubname	VARCHAR(30)	Yes		NULL	出版社名称

15.5　实现过程

15.5.1　系统登录设计

系统登录是进入图书馆管理系统的入口。在运行本系统后，首先进入的是系统登录页面，在该页面中，系统管理员可以通过输入正确的管理员名称和密码登录到系统，当用户未输入管理员名称或密码时，系统会通过 JavaScript 进行判断，并给予提示信息。系统登录的运行结果如图 15-8 所示。

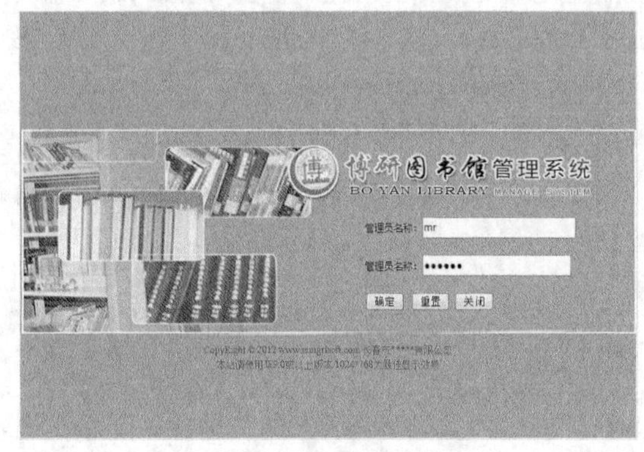

图 15-8　系统登录的设计结果

1. 界面设计

系统登录页面主要用于收集管理员的输入信息及通过自定义的 JavaScript 函数验证输入信息是否为空，该页面中所涉及的表单元素如表 15-13 所示。

表 15-13　　系统登录页面所涉及的表单元素

名称	元素类型	重要属性	含义
form1	form	method="post" action="manager?action=login"	管理员登录表单
name	text	size="25"	管理员名称
pwd	password	size="25"	管理员密码
Submit	submit	value="确定" onclick="return check(form1)"	“确定”按钮
Submit3	reset	value="重置"	“重置”按钮
Submit2	button	value="关闭" onClick="window.close();"	“关闭”按钮

编写自定义的 JavaScript 函数，用于判断管理员名称和密码是否为空。代码如下：

```
<script language="javascript">
function check(form){
```

```
        if (form.name.value==""){                          //判断管理员名称是否为空
            alert("请输入管理员名称!");form.name.focus();return false;
        }
        if (form.pwd.value==""){                           //判断密码是否为空
            alert("请输入密码!");form.pwd.focus();return false;
        }
    }
    </script>
```

2. **关键代码**

在实现系统登录时，主要是解决如何在 Servlet 中获取提交的登录信息，以及验证输入的管理员信息是否合法，如果合法则将将页面重定向到系统主界面，否则给出提示信息。这时将涉及以下两个方法。

```
    //在 Servlet 中编写的方法，用于获取提交的登录信息，以及调用 DAO 方法验证登录信息，
    //并根据验证结果做出相应的处理
    public void managerLogin(HttpServletRequest request,HttpServletResponse   response)
throws ServletException, IOException {
        ManagerForm managerForm = new ManagerForm();//实例化 managerForm 类
        managerForm.setName(request.getParameter("name"));//获取管理员名称并设置 name 属性
        managerForm.setPwd(request.getParameter("pwd"));//获取管理员密码并设置 pwd 属性
        //调用 ManagerDAO 类的 checkManager()方法
        int ret = managerDAO.checkManager(managerForm);
        if (ret == 1) {
            /**********将登录到系统的管理员名称保存到 session 中***************************/
            HttpSession session=request.getSession();
            session.setAttribute("manager",managerForm.getName());
            /*********************************************************************/
            //转到系统主界面
            request.getRequestDispatcher("main.jsp").forward(request, response);
        } else {
            request.setAttribute("error", "您输入的管理员名称或密码错误! ");
            request.getRequestDispatcher("error.jsp").forward(request,  response);// 转
到错误提示页
        }
    }
    //编写 DAO 方法验证管理员身份，返回值为 1 时表示验证成功，否则表示不成功
    public int checkManager(ManagerForm managerForm) {
        int flag = 0;                         // 标记变量，值为 0 时表示不成功，值为 1 时表示成功
        // 连接 SQL 语句，并过滤管理员名称中的危险字符
        String sql = "SELECT * FROM tb_manager where name='"
                + ChStr.filterStr(managerForm.getName()) + "'";
        ResultSet rs = conn.executeQuery(sql);
        try {
            if (rs.next()) {
                // 获取输入的密码并过滤输入字符串中的危险字符
                String pwd = ChStr.filterStr(managerForm.getPwd());
                if (pwd.equals(rs.getString(3))) {
                    flag = 1;                 // 表示验证成功
                } else {
                    flag = 0;                 // 表示验证不成功
```

```
            }
        } else {
            flag = 0;                    // 表示验证不成功
        }
    } catch (SQLException ex) {
        flag = 0;                        // 表示验证不成功
    } finally {
        conn.close();                    // 关闭数据库连接
    }
    return flag;
}
```

在实现系统登录时，从网站安全的角度考虑，仅仅使用上面介绍的系统登录页面并不能有效地保存系统的安全，一旦系统主界面的地址被他人获得，就可以通过在地址栏中输入系统的主界面地址而直接进入系统中。这时，我们可以在每个页面的顶端添加以下验证用户是否登录的代码。

```
<%
String manager=(String)session.getAttribute("manager");
if (manager==null || "".equals(manager)){                //验证用户是否登录
    response.sendRedirect("login.jsp");                  //重定向网页到 login.jsp 页
}
%>
```

这样，当系统调用每个页面时，都会判断 session 变量 manager 是否存在，如果不存在，将页面重定向到系统登录页面。

15.5.2　主界面设计

管理员通过“系统登录”模块的验证后，可以登录到图书馆管理系统的主界面。系统主界面主要包括 Banner 信息栏、导航栏、排行榜和版权信息 4 部分。其中，导航栏中的功能菜单将根据登录管理员的权限进行显示。例如，系统管理员 mr 登录后，将拥有整个系统的全部功能，因为它是超级管理员。主界面的设计效果如图 15-9 所示。

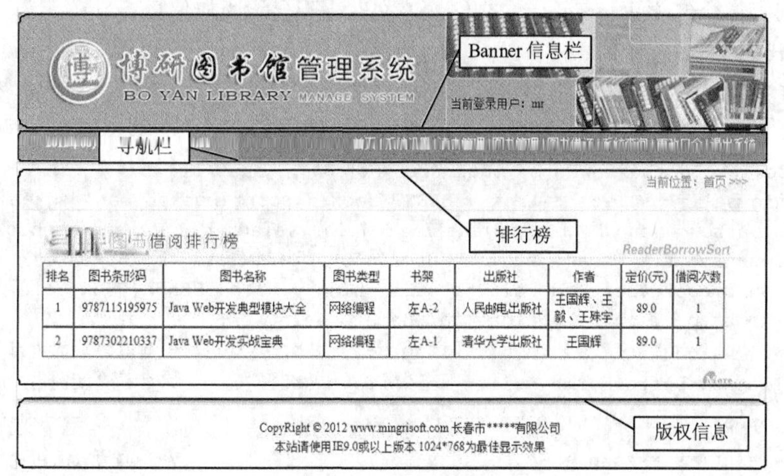

图 15-9　主界面的设计效果

1. 界面设计

在图 15-9 所示的主界面中，Banner 信息栏、导航栏和版权信息，并不是仅存在于主界面中，其他功能模块的子界面中也需要包括这些部分。因此，可以将这几个部分分别保存在单独的文件中，这样，在需要放置相应功能时只需包含这些文件即可。主界面的布局如图 15-10 所示。

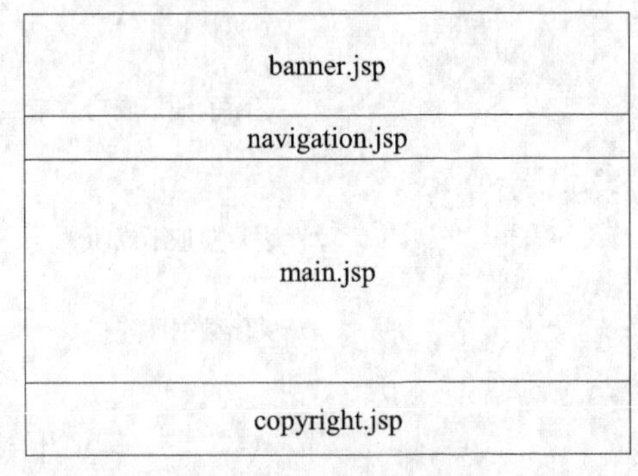

图 15-10　主界面的布局

应用<%@ include %>指令包含文件的方法进行主界面布局的代码如下：

```
<%@include file="banner.jsp"%>
<%@include file="navigation.jsp"%>
<section>
<div style="text-align:right;padding-right:10px;height:30px;"class="word_orange">
当前位置：首页 &gt;&gt;&gt; </div>
<div style="height:57px;clear:both">
<!--显示图书借阅排行榜-->
<img src="Images/main_booksort.gif" height="57px"></div>
<div style="height:300px;padding-left:20px;">
…               <!--此处省略了显示图书借阅排行的代码-->
    </div>
</section>
<%@ include file="copyright.jsp"%>
```

在上面的代码中，第一行的代码，用于应用<%@ include %>指令包含 banner.jsp 文件，该文件用于显示 Banner 信息及当前登录管理员；第二行的代码，用于应用<%@ include %>指令包含 navigation.jsp 文件，该文件用于显示当前系统时间及系统导航菜单；最后一行的代码，用于应用<%@ include %>指令包含 copyright.jsp 文件，该文件用于显示版权信息。

2. 关键代码

在实现主界面时，需要显示图书借阅排行榜，所以需要编写 DAO 方法从数据库中统计出借阅排行数据，并保存到 Collection 集合中。从数据库中统计借阅排行数据的关键代码如下：

```
public Collection<BorrowForm> bookBorrowSort() {
    String sql = "select * from (SELECT bookid,count(bookid) as degree FROM" +
    " tb_borrow group by bookid) as borr join (select b.*,c.name as bookcaseName" +
    ",p.pubname,t.typename from tb_bookinfo b left join tb_bookcase" +
    " c on b.bookcase=c.id join tb_publishing p on b.ISBN=p.ISBN join " +
    "tb_booktype t on b.typeid=t.id where b.del=0)" +
    " as book on borr.bookid=book.id order by borr.degree desc limit 10 ";
    Collection<BorrowForm> coll = new ArrayList<>();     //创建并实例化Collection对象
    BorrowForm form = null;                              //声明 BorrowForm 对象
    ResultSet rs = conn.executeQuery(sql);               //执行查询语句
    try {
        while (rs.next()) {
            form = new BorrowForm();                     //实例化 BorrowForm 对象
            form.setBookId(rs.getInt(1));                //获取图书 ID
            form.setDegree(rs.getInt(2));                //获取借阅次数
```

```
            form.setBookBarcode(rs.getString(3));          //获取图书条形码
            form.setBookName(rs.getString(4));             //获取图书名称
            form.setAuthor(rs.getString(6));               //获取作者
            form.setPrice(Float.valueOf(rs.getString(9)));    //获取定价
            form.setBookcaseName(rs.getString(16));        //获取书架名称
            form.setPubName(rs.getString(17));             //获取出版社
            form.setBookType(rs.getString(18));            //获取图书类型
            coll.add(form);                                //保存到 Collection 集合中
        }
    } catch (SQLException ex) {
        System.out.println(ex.getMessage());               //输出异常信息
    }
    conn.close();                                          //关闭数据库连接
    return coll;
}
```

15.5.3　图书借阅设计

管理员登录后，选择“图书借还/图书借阅”命令，进入到图书借阅页面，在该页面中的“读者条形码”文本框中输入读者的条形码（如：20120224000001）后，单击“确定”按钮，系统会自动检索出该读者的基本信息和未归还的借阅图书信息。如果找到对应的读者信息，就将其显示在页面中，此时输入图书的条形码或图书名称后，单击“确定”按钮，借阅指定的图书。图书借阅页面的运行结果如图 15-11 所示。

图 15-11　图书借阅页面

1. 界面设计

图书借阅页面总体上可以分为两个部分：一部分用于查询并显示读者信息；另一部分用于显示读者的借阅信息和添加读者借阅信息。图书借阅页面在 Dreamweaver 中的设计效果如图 15-12 所示。

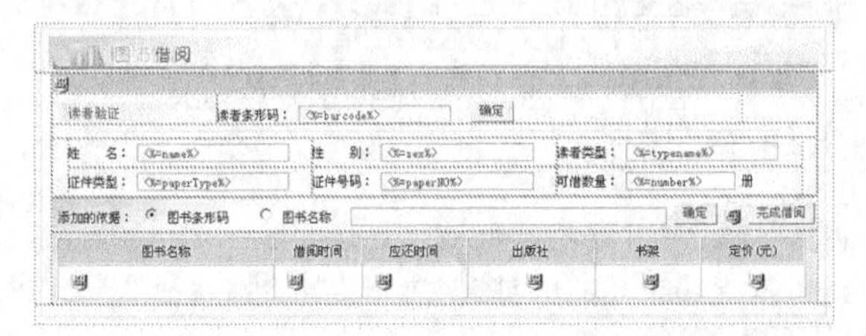

图 15-12　在 Dreamweaver 中图书借阅页面的设计效果

由于系统要求一个读者只能同时借阅一定数量的图书，并且该数量由读者类型表 tb_readerType 中的可借数量 number 决定，所以这里编写了自定义的 JavaScript 函数 checkbook()，用于判断当前选择的读者是否还可以借阅新的图书，同时该函数还具有判断是否输入图书条形码或图书名称的功能，代码如下：

```
<script type="text/javascript">
function checkbook(form){
    if(form.barcode.value==""){                                    //判断是否输入读者条形码
        alert("请输入读者条形码!");form.barcode.focus();return;
    }
    if(form.inputkey.value==""){                                   //判断查询关键字是否为空
        alert("请输入查询关键字!");form.inputkey.focus();return;
    }
    if(form.number.value-form.borrowNumber.value<=0){    //判断是否可以再借阅其他图书
        alert("您不能再借阅其他图书了!");return;
    }
    form.submit();                                                  //提交表单
}
</script>
```

在 JavaScript 中比较两个数值型文本框的值时，不使用运算符“==”，而是将这两个值相减，再判断其结果。

2. 关键代码

在实现图书借阅时，需要编写 Servlet 方法，用于实现图书借阅。实现图书借阅的方法 bookborrow()的具体代码如下：

```
//编写 Servlet 方法，实现图书借阅
private void bookborrow(HttpServletRequest request, HttpServletResponse response)
    throws ServletException, IOException {
     //查询读者信息
     readerForm.setBarcode(request.getParameter("barcode"));      //获取读者条形码
    //根据读者条形码获取读者信息
     ReaderForm reader = (ReaderForm) readerDAO.queryM(readerForm);
     request.setAttribute("readerinfo", reader);    //保存读者信息到 request 中
     //查询读者的借阅信息
    request.setAttribute("borrowinfo",borrowDAO.borrowinfo(request.getParameter
("barco de")));  //完成借阅
    String f = request.getParameter("f");                        //获取查询条件
    String key = request.getParameter("inputkey");               //获取输入的关键字
    if (key != null && !key.equals("")) {  //判断是否有符合条件的图书
       String operator = request.getParameter("operator");
       BookForm bookForm=bookDAO.queryB(f, key);          //根据查询条件获取图书信息
       if (bookForm!=null){
          int  ret  =  borrowDAO.insertBorrow(reader,  bookDAO.queryB(f,  key),
operator);       //保存图书借阅信息
          if (ret == 1) {
             request.setAttribute("bar", request.getParameter("barcode"));
             request.getRequestDispatcher("bookBorrow_ok.jsp").forward(request,
response);
          } else {
```

```
                //保存提示信息到 request 中
                request.setAttribute("error", "添加借阅信息失败!");
                //转到错误提示页
                request.getRequestDispatcher("error.jsp").forward(request, response);
            }
        }else{
            request.setAttribute("error", "没有该图书!"); //保存提示信息到 request 中
            //转到错误提示页
            request.getRequestDispatcher("error.jsp").forward(request, response);
        }
    }else{
        request.getRequestDispatcher("bookBorrow.jsp").forward(request, response);
    }
}
```

在实现图书借阅的方法中，还需要调用 ReaderDAO 类的 queryM()方法、BorrowDAO 类的 borrowinfo()方法、BookDAO 类的 queryB()方法和 BorrowDAO 类的 insertBorrow()方法，具体代码如下：

```
//ReaderDAO 类的 queryM()方法，用于查询读者信息
public ReaderForm queryM(ReaderForm readerForm) {
    ReaderForm readerForm1 = null;
    String sql = "";
    if (readerForm.getId() != null) {  //根据读者 ID 查询读者信息
        sql = "select r.*,t.name as typename,t.number from tb_reader r left join
tb_readerType t on r.typeid=t.id where r.id="+ readerForm.getId() + "";
    } else if (readerForm.getBarcode() != null) {//根据读者条形码查询读者信息
        sql = "select r.*,t.name as typename,t.number from tb_reader r left join
tb_readerType t on r.typeid=t.id where r.barcode="+ readerForm.getBarcode() + "";
    }
    ResultSet rs = conn.executeQuery(sql); //执行查询语句
    String birthday="";
    try {
        while (rs.next()) {
            readerForm1 = new ReaderForm();
            readerForm1.setId(Integer.valueOf(rs.getString(1)));//获取读者 ID
            readerForm1.setName(rs.getString(2));  //获取读者姓名
            readerForm1.setSex(rs.getString(3));     //获取读者性别
            readerForm1.setBarcode(rs.getString(4));    //获取读者条形码
            readerForm1.setVocation(rs.getString(5));   //获取职业
            birthday=rs.getString(6); //获取生日
            readerForm1.setBirthday(birthday==null?"":birthday);
            readerForm1.setPaperType(rs.getString(7)); //获取证件类型
            readerForm1.setPaperNO(rs.getString(8));    //获取证件号码
            readerForm1.setTel(rs.getString(9));//获取联系电话
            readerForm1.setEmail(rs.getString(10));//获取 E-mail 地址
            readerForm1.setCreateDate(rs.getString(11));//获取创建日期
            readerForm1.setOperator(rs.getString(12)); //获取操作员
            readerForm1.setRemark(rs.getString(13));//获取备注
            readerForm1.setTypeid(rs.getInt(14));//获取读者类型 ID
            readerForm1.setTypename(rs.getString(15)); //获取读者类型名称
```

```
                readerForm1.setNumber(rs.getInt(16));  //获取可借数量
            }
        } catch (SQLException ex) {
        }
        conn.close();//关闭数据库连接
        return readerForm1;
    }
    //BorrowDAO 类的 borrowinfo()方法，用于查询借阅信息
    public Collection<BorrowForm> borrowinfo(String str){
        String sql="select borr.*,book.bookname,book.price,pub.pubname," +
                "bs.name bookcasename,r.barcode from (select * from tb_borrow " +
                "where ifback=0) as borr left join tb_bookinfo book on borr.bookid" +
                "=book.id join tb_publishing pub on book.isbn=pub.isbn join" +
                " tb_bookcase bs on book.bookcase=bs.id join tb_reader r on" +
                " borr.readerid=r.id where r.barcode='"+str+"'";
        ResultSet rs=conn.executeQuery(sql);//执行查询语句
        Collection<BorrowForm> coll=new ArrayList<>();
        BorrowForm form=null;
        try {
            while (rs.next()) {
                form = new BorrowForm();
                form.setId(Integer.valueOf(rs.getInt(1)));          //获取 ID 号
                form.setBorrowTime(rs.getString(4));                //获取借阅时间
                form.setBackTime(rs.getString(5));                  //获取归还时间
                form.setBookName(rs.getString(8));                  //获取图书名称
                form.setPrice(Float.valueOf(rs.getFloat(9)));       //获取定价
                form.setPubName(rs.getString(10));                  //获取出版社
                form.setBookcaseName(rs.getString(11));             //获取书价名称
                coll.add(form);                             //添加借阅信息到 Collection 集合中
            }
        } catch (SQLException ex) {
            System.out.println("借阅信息："+ex.getMessage());       //输出异常信息
        }
        conn.close();                                               //关闭数据库连接
        return coll;
    }
    //BookDAO 类的 queryB()方法，用于查询图书信息
    public BookForm queryB(String f,String key){
        BookForm bookForm=null;
        String sql="select b.*,c.name as bookcaseName,p.pubname as publishing,t.typename" +
            "from tb_bookinfo b left join tb_bookcase c on b.bookcase=c.id join" +
            "tb_publishing p on b.ISBN=p.ISBN join tb_booktype t on" +
            "b.typeid=t.id where b."+f+"='"+key+"'";            //查询图书信息的 SQL 语句
        ResultSet rs=conn.executeQuery(sql);                    //执行查询语句
        try {
            if (rs.next()) {
                bookForm=new BookForm();
                bookForm.setBarcode(rs.getString(1));           //获取图书条形码
                bookForm.setBookName(rs.getString(2));          //获取图书名称
                bookForm.setTypeId(rs.getInt(3));               //获取图书类型 ID
```

```
            bookForm.setAuthor(rs.getString(4));                //获取作者
            bookForm.setTranslator(rs.getString(5));            //获取译者
            bookForm.setIsbn(rs.getString(6));                  //获取图书的 ISBN 号
            bookForm.setPrice(Float.valueOf(rs.getString(7))); //此处必须进行类型转换
            bookForm.setPage(rs.getInt(8));                     //获取页码
            bookForm.setBookcaseid(rs.getInt(9));               //获取书架 ID
            bookForm.setInTime(rs.getString(10));               //获取入库时间
            bookForm.setOperator(rs.getString(11));             //获取操作员
            bookForm.setDel(rs.getInt(12));                     //获取是否删除
            bookForm.setId(Integer.valueOf(rs.getString(13)));//获取图书 ID 号
            bookForm.setBookcaseName(rs.getString(14));         //获取书架名称
            bookForm.setPublishing(rs.getString(15));           //获取出版社
            bookForm.setTypeName(rs.getString(16));             //获取类型名称
        }
    } catch (SQLException ex) {
    }
    conn.close();                                               //关闭数据库连接
    return bookForm;
}
//BorrowDAO 类的 insertBorrow()方法，用于保存图书借阅信息
public int insertBorrow(ReaderForm readerForm, BookForm bookForm,String operator) {
    String sql1 = "select t.days from tb_bookinfo b left join tb_booktype t on"
      + "b.typeid=t.id where b.id=" + bookForm.getId() + ""; // 获取可借天数的 SQL 语句
    ResultSet rs = conn.executeQuery(sql1);             // 执行 SQL 语句
    int days = 0;
    try {
        if (rs.next()) {
            days = rs.getInt(1);                        // 获取可借天数
        }
    } catch (SQLException ex) {
    }
                                                        // 计算归还时间
    Calendar calendar = Calendar.getInstance();         // 获取系统日期
    SimpleDateFormat format = new SimpleDateFormat("yyyy-MM-dd");
    java.sql.Date date = java.sql.Date.valueOf(format.format(calendar.getTime()));
                                                        // 借书日期
    calendar.add(calendar.DAY_OF_YEAR, days);           // 加上可借天数
  java.sql.Date backTime = java.sql.Date.valueOf(format.format(calendar.getTime()));
                                                        // 归还日期
    String sql = "Insert into tb_borrow (readerid,bookid,borrowTime,backTime,"
            +"operator) values("+ readerForm.getId()+ ","+ bookForm.getId()
            + ",'"+ date+ "','" + backTime + "','" + operator + "')";
    int falg = conn.executeUpdate(sql);                 // 执行更新语句
    conn.close();                                       // 关闭数据库连接
    return falg;
}
```

15.5.4 图书续借设计

管理员登录后，选择“图书借还”/“图书续借”命令，进入图书续借页面，在该页面中的“读者条形码”文本框中输入读者的条形码（如 20120224000001）后，单击“确定”按钮，系统会自动检索出该读者的基本信息和未归还的借阅图书信息。如果找到对应的读者信息，则将其显示在页面中，此时单击“续借”超链接，即可续借指定图书（即将该图书的归还时间延长到指定日期，该日期由续借日期加上该书的可借天数计算得出）。图书续借页面的运行结果如图 15-13 所示。

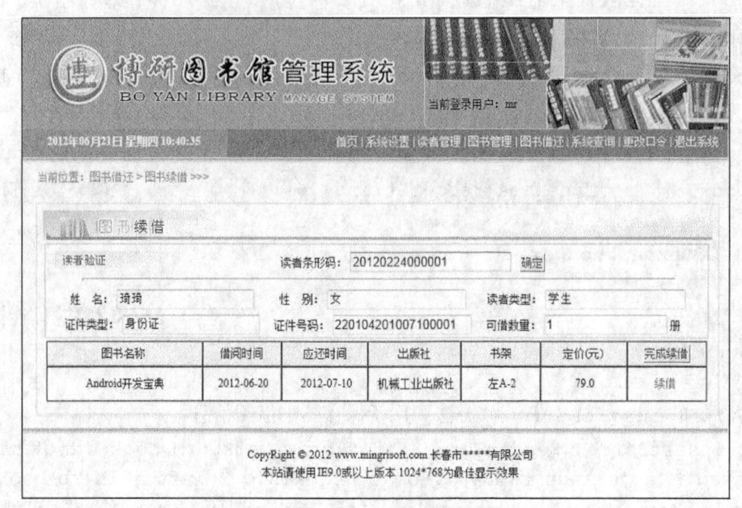

图 15-13 图书续借页面

1. 界面设计

图书续借页面的设计方法同图书借阅页面类似，所不同的是，在图书续借页面中没有添加借阅图书的功能，而是添加了“续借”超链接。图书续借页面在 Dreamweaver 中的设计效果如图 15-14 所示。

图 15-14 在 Dreamweaver 中的图书续借页面的设计效果

在单击“续借”超链接时，还需要将读者条形码和借阅 ID 号一起传递到图书续借的 Servlet 控制类中，代码如下：

```
<a href="borrow?action=bookrenew&barcode=<%=barcode%>&id=<%=id%>">续借</a>
```

2. 关键代码

实现图书续借功能与图书借阅类似，所不同的是实现图书续借的方法为 bookrenew()；保存图书续借信息的方法为 renew()。这两个方法的关键代码如下：

```
//图书续借的方法 bookrenew()
private void bookrenew(HttpServletRequest request, HttpServletResponse response)
    throws ServletException, IOException {
```

```
        //查询读者信息
        readerForm.setBarcode(request.getParameter("barcode"));    //获取读者条形码
        //根据读者条形码查询读者信息
        ReaderForm reader = (ReaderForm) readerDAO.queryM(readerForm);
        request.setAttribute("readerinfo", reader);
        //查询读者的借阅信息
        request.setAttribute("borrowinfo",borrowDAO.borrowinfo(request.getParameter
       ("barcode")));
        if(request.getParameter("id")!=null){
            int id = Integer.parseInt(request.getParameter("id"));
            if (id > 0) {                                              //执行继借操作
                int ret = borrowDAO.renew(id);
                if (ret == 0) {
                    request.setAttribute("error", "图书继借失败!");
                    request.getRequestDispatcher("error.jsp").forward(request,
response);
                } else {
                    request.setAttribute("bar", request.getParameter("barcode"));
                    request.getRequestDispatcher("bookRenew_ok.jsp").forward(request,
response);
                }
            }
        }else{
          request.getRequestDispatcher("bookRenew.jsp").forward(request, response);
        }
    }
    //保存图书续借信息的方法 renew()
    public int renew(int id){
        //根据借阅 ID 查询图书 ID 的 SQL 语句
        String sql0="SELECT bookid FROM tb_borrow WHERE id="+id+"";
        ResultSet rs1=conn.executeQuery(sql0);                 //执行查询语句
        int flag=0;
        try {
          if (rs1.next()) {
            //获取可借天数
            String sql1 = "select t.days from tb_bookinfo b left join" +
                "tb_booktype t on b.typeid=t.id where b.id="
                +rs1.getInt(1) + "";                           //获取可借天数的 SQL 语句
            ResultSet rs = conn.executeQuery(sql1);            //执行查询语句
            int days = 0;
            try {
                if (rs.next()) {
                    days = rs.getInt(1);                       //获取可借天数
                }
            } catch (SQLException ex) {
            }
                                                               //计算归还时间
            Calendar calendar=Calendar.getInstance();          //获取系统日期
            SimpleDateFormat format = new SimpleDateFormat("yyyy-MM-dd");//设置日期格式
                                                               //借书日期
          java.sql.Date date=java.sql.Date.valueOf(format.format(calendar.getTime()));
```

```
            calendar.add(calendar.DAY_OF_YEAR, days);              //加上可借天数
            java.sql.Date backTime= java.sql.Date.valueOf(format.format(calendar. get
Time()));//归还日期
                String sql = "UPDATE tb_borrow SET backtime='" + backTime +
                        "' where id=" + id + "";                   //更新归还时间完成续借
                flag = conn.executeUpdate(sql);                    //执行更新语句
            }
        } catch (Exception ex1) {}
        conn.close();                                              //关闭数据库连接
        return flag;
    }
```

15.5.5 图书归还设计

管理员登录后，选择“图书借还”/“图书归还”命令，进入到图书归还页面，在该页面中的“读者条形码”文本框中输入读者的条形码（如 20120224000001）后，单击“确定”按钮，系统会自动检索出该读者的基本信息和未归还的借阅图书信息。如果找到对应的读者信息，则将其显示在页面中，此时单击“归还”超链接，即可将指定图书归还。图书归还页面的运行结果如图 15-15 所示。

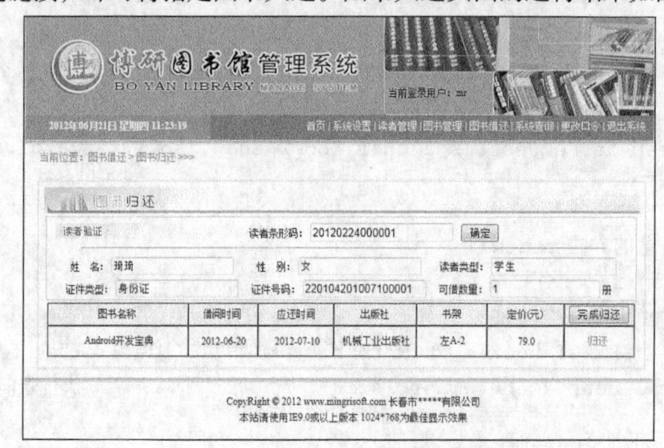

图 15-15 图书归还页面

1. 界面设计

图书归还页面的设计方法同图书续借页面类似，所不同的是，将图书续借页面中的“续借”超链接转化为“归还”超链接。在单击“归还”超链接时，也需要将读者条形码、借阅 ID 号和操作员一同传递到图书归还的 Servlet 控制类中，代码如下：

```
<a href="borrow?action=bookback&barcode=<%=barcode%>&id=<%=id%>
&operator=<%=manager%>">归还</a>
```

2. 关键代码

实现图书归还与实现图书续借类似，所不同的是实现图书归还的方法为 bookback()；执行归还操作的方法为 back()。下面分别介绍这两个方法。

（1）实现图书归还的方法 bookback()

实现图书归还的方法 bookback()与实现图书续借的方法 bookrenew()基本相同，所不同的是，如果从页面中传递的借阅 ID 号大于 0，则调用 BorrowDAO 类的 back()方法执行图书归还操作，并且需要获取页面中传递的操作员信息。图书归还的方法 bookback()的关键代码如下：

```
int id = Integer.parseInt(request.getParameter("id"));
String operator=request.getParameter("operator");          //获取页面中传递的操作员信息
```

```
if (id > 0) { //执行归还操作
    int ret = borrowDAO.back(id,operator);           //调用 back()方法执行图书归还操作
…         //此处省略了其他代码
}
```

（2）执行归还操作的方法 back()

执行归还操作的方法 back()的具体代码如下：

```
public int back(int id,String operator){
  //根据借阅 ID 获取读者 ID 和图书 ID
    String sql0="SELECT readerid,bookid FROM tb_borrow WHERE id="+id+"";
    ResultSet rs1=conn.executeQuery(sql0);            //执行查询语句
    int flag=0;
  try {
      if (rs1.next()) {
          Calendar calendar=Calendar.getInstance(); //获取系统日期
          SimpleDateFormat format = new SimpleDateFormat("yyyy-MM-dd");
          java.sql.Date date=java.sql.Date.valueOf(
              format.format(calendar.getTime()));//还书日期
          int readerid=rs1.getInt(1);               //获取读者 ID
          int bookid=rs1.getInt(2);                 //获取图书 ID
          String sql1="INSERT INTO tb_giveback (readerid,bookid,backTime" +",operator)
VALUES("+readerid+","+bookid+",'"+date+"','"+operator+"')";           //保存归还信息
          int ret=conn.executeUpdate(sql1);         //执行更新语句
          if(ret==1){
              String sql2 = "UPDATE tb_borrow SET ifback=1 where id=" + id +"";
                  //将借阅信息标记为已归还
              flag = conn.executeUpdate(sql2);      //执行更新语句
          }else{
              flag=0;
          }
      }
  } catch (Exception ex1) {
  }
    conn.close();                                   //关闭数据库连接
    return flag;
}
```

15.6　调试运行

由于图书馆管理系统的实现比较简单，没有太多复杂的功能，因此，对于本程序的调试运行，总体上情况良好。但是，其中也出现了一些小问题。例如，当管理员进入“图书借阅”页面后，在“读者条形码”文本框中输入读者条形码（如 20120224000001），并单击其后面的“确定”按钮，即可调出该读者的基本信息，这时，在“添加依据”文本框中输入相应的图书信息后，单击其后面的“确定”按钮，页面将直接返回到图书借阅首页，当再次输入读者条形码后，就可以看到刚刚添加的借阅信息。由于在图书借阅时，可能存在同时借阅多本图书的情况，这样将给操作员带来不便。

下面先看一下原始的完成借阅的代码：

```
if (key != null && !key.equals("")) {               //当图书名称或图书条形码不为空时
    String operator = request.getParameter("operator");   //获取操作员
```

```
        BookForm bookForm=bookDAO.queryB(f, key);
      if (bookForm!=null){
         int ret = borrowDAO.insertBorrow(reader, bookDAO.queryB(f, key), operator);
         if (ret == 1) {
            request.getRequestDispatcher("bookBorrow_ok.jsp").forward(request,
response);    //转到借阅成功页面
         } else {
            request.setAttribute("error", "添加借阅信息失败!");
            request.getRequestDispatcher("error.jsp").forward(request, response);
      //转到错误提示页面
         }
      }else{
         request.setAttribute("error", "没有该图书!");
         request.getRequestDispatcher("error.jsp").forward(request, response);
            //转到错误提示页面
      }
   }else{
      request.getRequestDispatcher("bookBorrow.jsp").forward(request, response);
      //转到图书借阅页面
   }
```

从上面的代码中可以看出，在转到图书借阅页面前，并没有保存读者条型码，这样在返回图书借阅页面时，就会出现直接返回到图书借阅首页的情况。解决该问题的方法是在“request.getRequestDispatcher("bookBorrow_ok.jsp").forward(request, response);”语句的前面添加以下语句：

```
request.setAttribute("bar", request.getParameter("barcode"));
```

将读者条形码保存到HttpServletRequest对象的bar参数中，这样，在完成一本图书的借阅后，将不会直接退出到图书借阅首页，而是可以直接进行下一次借阅操作。修改后的完成借阅的代码如下：

```
   if (key != null && !key.equals("")) {                //当图书名称或图书条形码不为空时
      String operator = request.getParameter("operator"); //获取操作员
         BookForm bookForm=bookDAO.queryB(f, key);
      if (bookForm!=null){
         int ret = borrowDAO.insertBorrow(reader, bookDAO.queryB(f, key), operator);
         if (ret == 1) {
                  request.setAttribute("bar", request.getParameter("barcode"));
                  request.getRequestDispatcher("bookBorrow_ok.jsp").forward(request,
response);    //转到借阅成功页面
         } else {
                  request.setAttribute("error", "添加借阅信息失败!");
                  request.getRequestDispatcher("error.jsp").forward(request,
response);       //转到错误提示页面
         }
      }else{
         request.setAttribute("error", "没有该图书!");
         request.getRequestDispatcher("error.jsp")
                  .forward(request, response);          //转到错误提示页面
      }
    }else{
      request.getRequestDispatcher("bookBorrow.jsp").forward(request, response);
   //转到图书借阅页面
   }
```

第 16 章 课程设计——博客网

本章要点：

- 博客网的设计目的
- 博客网的开发环境要求
- 博客网的功能结构及系统流程
- 博客网的数据库设计
- 博客网主要功能模块的界面设计
- 博客网主要功能模块的关键代码
- 博客网的调试运行

博客，译自英文 Blog，它是互联网平台上的个人信息发布中心，每个人都可以随时把自己的思想和灵感写成文章并更新到博客站点上。本章将介绍应用 JSP+JavaBean+Servlet+SQL Server 2008 开发一个博客网的实现过程。

16.1 课程设计目的

本章提供了“博客网”作为这一学期的课程设计之一，本次课程设计旨在提升学生的动手能力，加强大家对专业理论知识的理解和实际应用。本次课程设计的主要目的如下：

- 加深对面向对象程序设计思想的理解，能对网站功能进行分析，并设计合理的类结构。
- 掌握 JSP 网站的基本开发流程。
- 掌握 JDBC 技术在实际开发中的应用。
- 掌握 Servlet 技术在实际开发中的应用。
- 掌握 JSP 经典设计模式中 Model2 的开发流程。
- 提高开发网站的能力，能够运用合理的控制流程编写高效的代码。
- 培养分析问题、解决实际问题的能力。

16.2 功能描述

设计一个小型的博客网，其应该具备的主要功能如下：

- 显示博主的所有文章及文章评论。

- 发表文章评论。
- 显示博主的所有图片。
- 显示博主的所有视频及视频评论。
- 发表视频评论。
- 显示留言及发表留言。
- 访问者登录。
- 为进入后台提供登录入口。
- 通过博客后台，进行发表文章、上传图片、上传视频，以及相应的增加、删除、修改、查找操作，并可以推荐博客文章。

16.3 总体设计

16.3.1 构建开发环境

博客网的开发环境具体要求如下：

- 开发平台：Windows XP（SP2）/Windows Server 2003（SP2）/Windows 7。
- 开发技术：JSP+Servlet+HTML+JavaScript。
- 后台数据库：Microsoft SQL Server 2008。
- Java 开发包：Java SE Development KET(JDK) version 7 Update 3。
- Web 服务器：Tomcat 7.0.27。
- 浏览器：IE 6.0 以上版本。
- 分辨率：最佳效果 1 024 像素×768 像素。

16.3.2 网站功能结构

博客网结构是一个实现了文章、图片和视频于一体的程序结构，由前台信息浏览和后台信息管理两大部分组成。

- 前台功能模块

前台主要包括浏览我的文章、浏览我的相册、浏览我的视频、给我留言、加为好友以及博主和访问者登录等功能。

- 后台管理模块

后台主要包括管理我的文章、管理我的相册、管理我的视频、管理我的推荐文章、管理我的好友、管理友情链接等功能。

博客网的前台功能结构如图 16-1 所示；博客网的后台功能结构如图 16-2 所示。

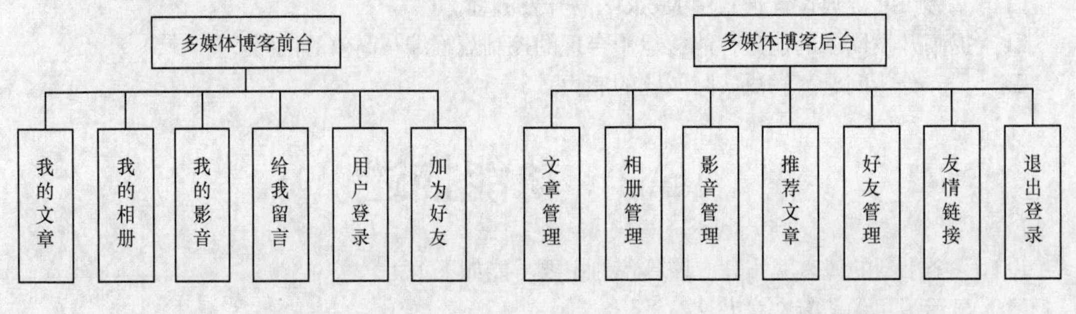

图 16-1　前台功能结构图　　图 16-2　后台功能结构图

16.3.3　系统流程图

博客网的系统流程如图 16-3 所示。

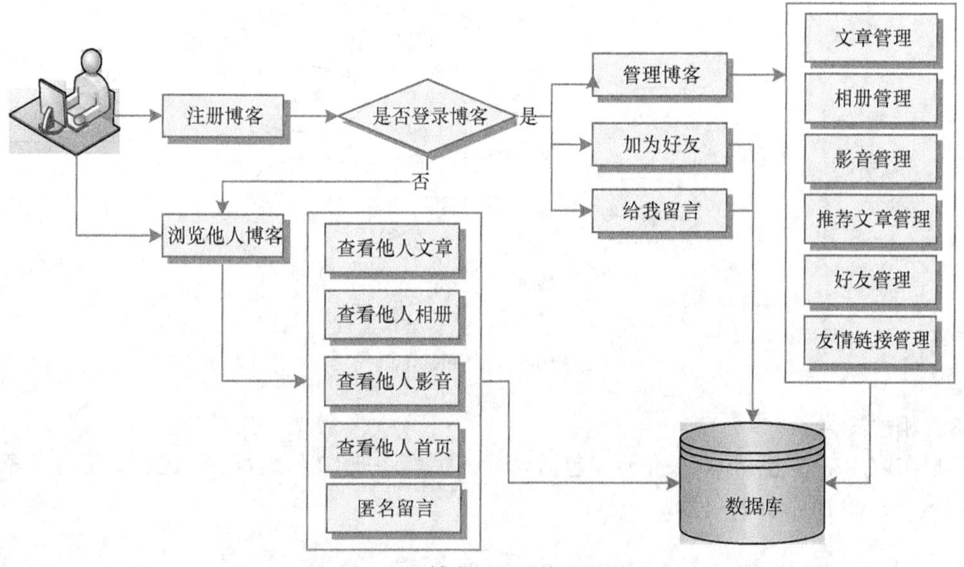

图 16-3　博客网的系统流程图

16.4　数据库设计

博客网采用 SQL Server 2008 数据库，该数据库作为目前常用的数据库，在安全性、准确性和运行速度方面有绝对的优势，并且处理数据量大、效率高，而且可与 SQL Server 2000、SQL Server 2005 数据库无缝连接。

16.4.1　E-R 图

根据对系统所做的需求分析，规划出本系统中使用的数据库实体分别为文章实体、视频实体、相册实体、好友实体、留言实体和用户实体。下面将介绍几个关键实体的 E-R 图。

1. 文章实体

文章实体用来描述文章相关信息，包括编号、所属用户、标题、内容、发表时间和浏览次数等属性。文章实体的 E-R 图如图 16-4 所示。

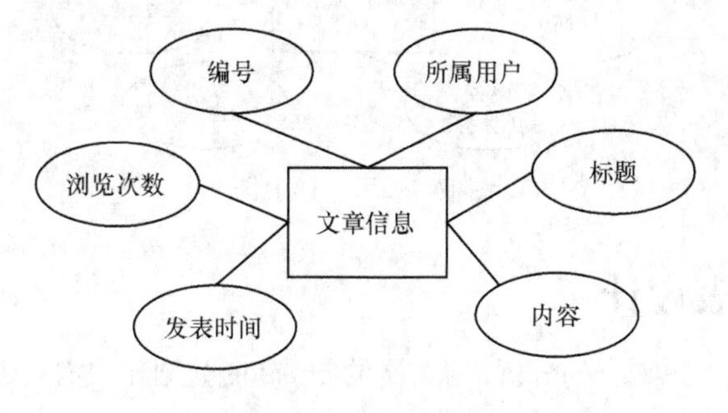

图 16-4　文章 E-R 图

2．视频实体

视频实体用来描述视频相关信息，包括编号、所属用户、标题、文件地址、载图、描述、上传时间和观看次数等属性。视频实体的 E－R 图如图 16-5 所示。

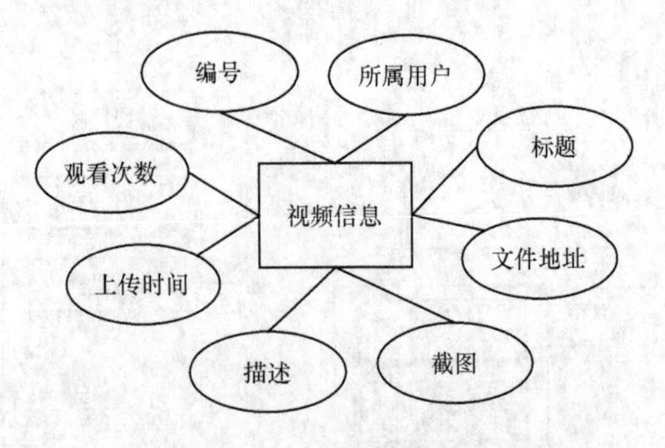

图 16-5　视频 E - R 图

3．相册实体

相册实体用来描述相册相关信息，包括编号、所属用户、文件地址、描述和上传时间等属性。相册实体的 E - R 图如图 16-6 所示。

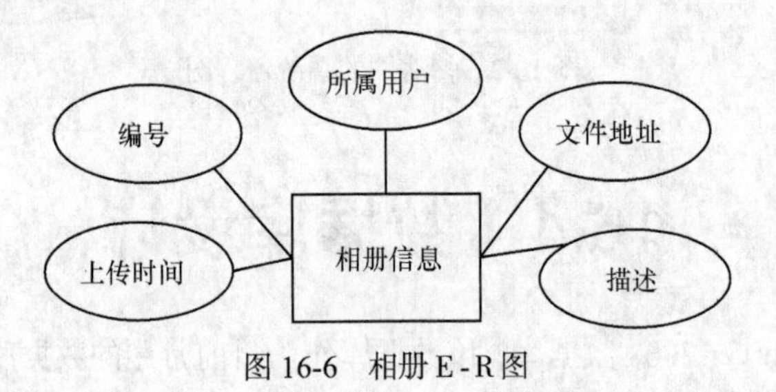

图 16-6　相册 E - R 图

4．用户实体

用户实体用来描述用户相关信息，包括编号、用户名、密码、头像、个性签名、性别、QQ 号码、E-mail 地址、用户来自何方、博客名称、注册时间和博客访问次数等属性。用户实体的 E - R 图如图 16-7 所示。

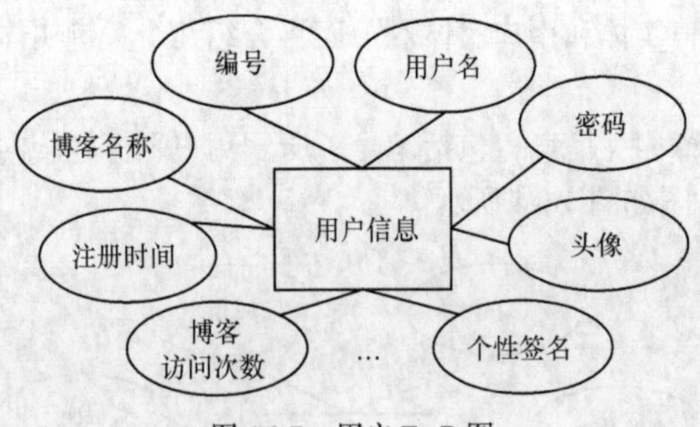

图 16-7　用户 E - R 图

16.4.2　数据表设计

结合实际情况及对用户需求的分析，博客网的 db_blog 数据库中需要创建如图 16-8 所示的 10 张数据表。

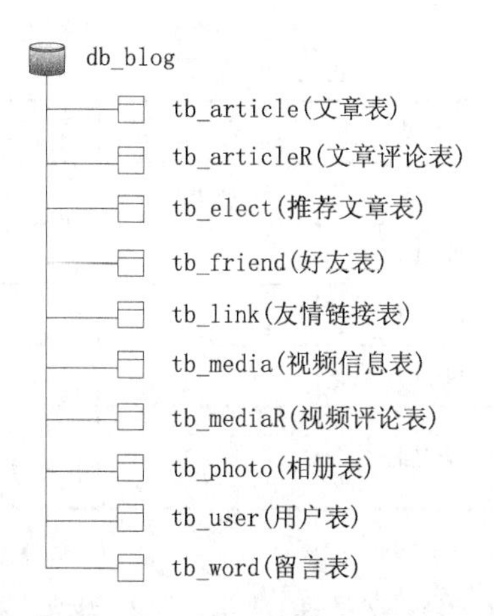

图 16-8　db_blog 数据库所包含的数据表

下面将给出一些关键的数据表的结构及说明。

1．tb_article（文章表）

文章表主要用于保存博主发表的文章，该表的结构如表 16-1 所示。

表 16-1　tb_article 表

字 段 名	数 据 类 型	是 否 为 空	是 否 主 键	默 认 值	描　述
id	int(4)		Yes		自动编号
art_whoId	int(4)	NULL			文章所属用户的 ID
art_title	varchar(50)	NULL			文章标题
art_content	ntext(16)	NULL			文章内容
art_pubTime	datatime(8)	NULL			文章发表时间
art_count	int(4)	NULL		0	文章浏览次数

2．tb_articleR（文章评论表）

文章评论表主要用于保存文章的评论信息，该表的结构如表 16-2 所示。

表 16-2　tb_articleR 表

字 段 名	数 据 类 型	是 否 为 空	是 否 主 键	默认值	描　述
id	int(4)		Yes		自动编号
artReview_rootId	int(4)	NULL			评论所属文章的 ID
artReview_author	varchar(50)	NULL			文章评论的发表者
artReview_content	varchar(2000)	NULL			文章评论的内容
artReview_time	datetime(8)	NULL			文章评论的发表时间

3．tb_elect（推荐文章表）

推荐文章表主要用于保存博主推荐的文章信息，该表的结构如表 16-3 所示。

表 16-3　　tb_elect 表

字段名	数据类型	是否为空	是否主键	默认值	描述
id	int(4)		Yes		自动编号
elect_whoId	int(4)	NULL			推荐文章所属用户的 ID
elect_title	varchar(100)	NULL			推荐文章的标题
elect_src	varchar(300)	NULL			推荐文章的链接地址
elect_time	datetime(8)	NULL			推荐文章被博主推荐的时间

4．tb_friend（好友表）

好友表主要用于保存好友信息，该表的结构如表 16- 4 所示。

表 16-4　　tb_friend 表

字段名	数据类型	是否为空	是否主键	默认值	描述
id	int(4)		Yes		自动编号
friend_whoId	int(4)	NULL			好友所属用户的 ID
user_id	int(4)	NULL			用户 ID

5．tb_media（视频表）

视频表主要用于保存视频信息，该表的结构如表 16-5 所示。

表 16-5　　tb_media 表

字段名	数据类型	是否为空	是否主键	默认值	描述
id	int(4)		Yes		自动编号
media_whoId	int(4)	NULL			视频所属用户的 ID
media_title	varchar(100)	NULL			视频标题
media_src	varchar(100)	NULL			视频文件地址
media_pic	varchar(100)	NULL			视频截图
media_info	varchar(400)	NULL		('没有视频预览')	视频描述
media_uptime	datetime(8)	NULL			视频上传时间
media_lookCount	int(4)	NULL			视频观看次数

6．tb_user（用户表）

用户表主要用于保存所有博主信息，该表的结构如表 16-6 所示。

表 16-6　　表 tb_user 的结构及说明

字段名	数据类型	是否为空	是否主键	默认值	描述
id	int(4)		Yes		自动编号
user_name	varchar(50)	NULL			用户名

续表

字　段　名	数 据 类 型	是 否 为 空	是 否 主 键	默　认　值	描　　述
user_name	varchar(50)	NULL			用户名
user_pswd	varchar(20)	NULL			用户密码
user_ico	varchar(50)	NULL		('myNull.jpg')	用户头像
user_motto	varchar(50)	NULL			用户个性签名
user_sex	varchar(2)	NULL			用户性别
user_oicq	varchar(15)	NULL			用户 QQ 号码
user_email	varchar(100)	NULL			用户 E-mail 地址
user_from	varchar(100)	NULL			用户来自何方
user_blogName	varchar(100)	NULL			用户博客名称
user_ctTime	datetime(8)	NULL			用户注册时间
user_hitNum	int(4)	NULL		0	用户博客的访问次数

16.4.3　数据表之间的关系图

博客网的各数据表之间的关系如图 16-9 所示。

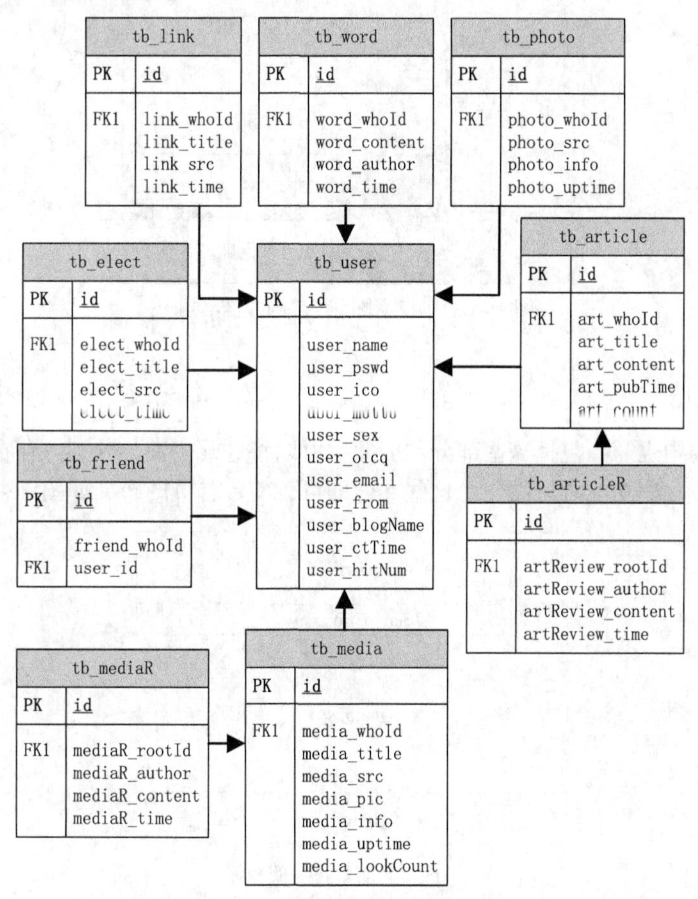

图 16-9　数据表之间的关系图

16.5 实现过程

16.5.1 前台主页设计

运行本网站将进入 welcome.jsp 首页，在该页中以超链接的形式显示所有已注册的博客。单击这些博客名称，就可进入 indexTemp.jsp 个人主页，其运行效果如图 16-10 所示。

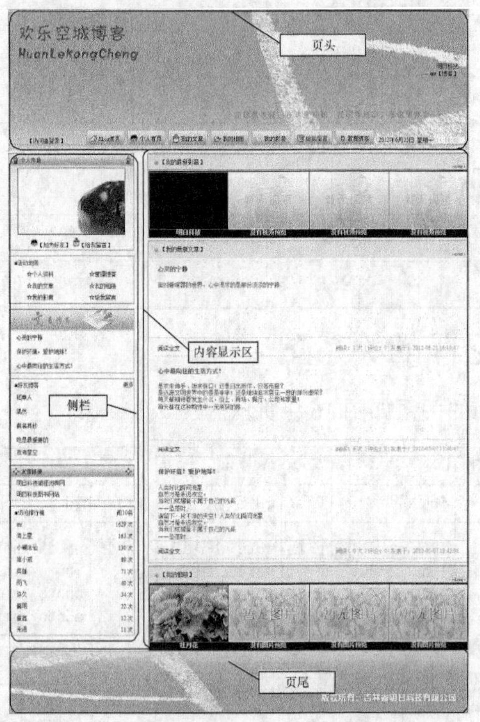

图 16-10　博客网的前台首页运行结果

1. 界面设计

在如图 16-10 所示的前台首页中，页头、侧栏和页尾并不是仅存在于前台首页中，前台其他功能模块的子界面中也需要包括这些部分。因此，可以将这几个部分分别保存在单独的文件中，这样，在需要放置相应功能时只需包含这些文件即可，前台首页的布局如图 16-11 所示。

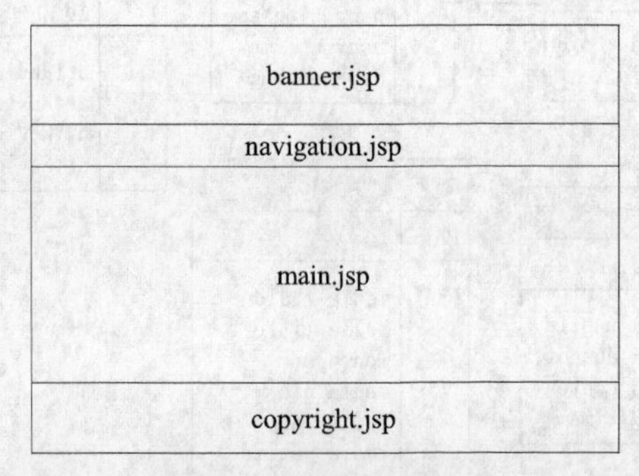

图 16-11　前台首页的布局

如图 16-11 所示的博客网前台首页的布局文件的具体功能如表 16-7 所示。

表 16-7　　博客网前台首页布局文件说明

文件	名称	说明
top.jsp	页头	主要显示网站的 LOGO 图片以及导航链接
left.jsp	侧栏	主要用于显示博主信息、推荐文章、博客访问排行等信息
默认为 default.jsp	内容显示区	主要用于显示对各种操作进行响应的内容
end.jsp	页尾	显示系统的版权信息

2. 关键代码

博客网的前台首页为 indexTemp.jsp，该页面的整体框架的关键代码如下：

```
<%
    String mainPage=(String)request.getAttribute("mainPage");
    if(mainPage==null||mainPage.equals(""))
        mainPage="default.jsp";
%>
<base href="<%=basePath%>">
<table>
    <tr><td colspan="2"><%@ include file="top.jsp" %></td></tr>  <!--包含页头文件-->
     <tr>
        <td><jsp:include page="left.jsp"/></td>              <!-- 包含侧栏文件-->
        <td><jsp:include page="<%=mainPage%>"/></td>         <!-- 包含内容显示区 -->
      </tr>
     <tr><td colspan="2"><%@ include file="end.jsp" %></td></tr> <!--包含页尾文件-->
</table>
```

代码中实现了一个 3 行 4 列的表格，第一行与第三行分别通过<jsp:include>动作标识包含了实现页头和页尾的文件；在第二行的第一个单元格中包含了实现侧栏的 side.jsp 文件，第二个单元格将根据用户请求动态包含指定的文件。例如，若用户触发了菜单栏中的“我的文章”超链接，那么请求处理结束后，在内容显示区中将包含 pages/article 目录下的 listShow.jsp 文件。在本系统中，对于所有模块中的页面都采用了这种页面布局。

16.5.2　我的文章列表设计

当用户单击功能菜单栏中的“我的文章”超链接时，就会列表显示博主发表的所有文章。显示出的信息包括：文章标题、文章发表时间、文章的部分内容、文章的阅读次数、文章评论数以及阅读全文的超链接，其运行效果如图 16-12 所示。

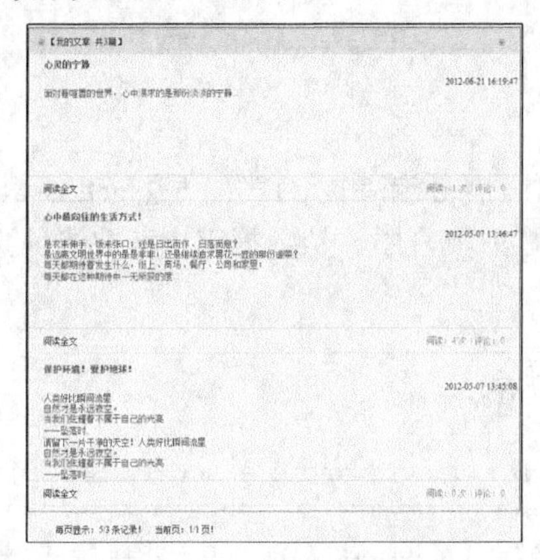

图 16-12　我的文章列表

1. **界面设计**

显示我的文章列表时，对应的 JSP 文件是 pages/article/listShow.jsp。在该文件中，添加一个用于显示文章列表的<table>表格，并且在显示该表格时，应用 JSTL 标签及 EL 表达式来输出存储在 request 范围内的文章列表。listShow.jsp 文件的具体代码如下：

```
<%@ page language="java" contentType="text/html; charset=UTF-8"%>
<%@ taglib uri="http://java.sun.com/jstl/core_rt" prefix="c" %>
<c:set var="article" value="${requestScope.articlelist}"/>
<c:if test="${empty article}"><br><center>☆★☆ 博主暂时没有发表任何文章！☆★☆
</center></c:if>
<c:if test="${!empty article}">
    <table border="1" width="98%" style="margin-top:5;margin-left:8;table-layout:
    fixed;word-break:break-all" cellpadding="0" cellspacing="0"
    bordercolor="#4E6900" bordercolordark="white" bordercolorlight="#4E6900"
    rules="none">
        <tr height="35" style="text-indent:25"><td colspan="2" background="images/
mainT.jpg">【我的文章共${requestScope.createPage.allR}篇】</td></tr>
        <c:forEach var="single" items="${article}">
        <tr height="30"><td colspan="2" style="text-indent:20"><b>
        <a href="my/guest/article?action=singleShow&id=${single.id}">
        <font color="#4E6900"><c:out value="${single.artTitle}" escapeXml="false"
        /></font></a></b></td></tr>
        <tr><td colspan="2" align="right" style="text-indent:20">
        ${single.artPubTime} </td></tr>
        <tr height="120"><td valign="top" colspan="2" style="padding-left:20"><font
        color="#595959"><c:out value="${single.artCutContent}" escapeXml="false"/>
        </font></td></tr>
        <tr height="1"><td  colspan="2" background="images/line.jpg"></td></tr>
        <tr height="25" valign="bottom">
        <td width="50%" style="text-indent:20">
        <a href="my/guest/article?action=singleShow&id=${single.id}">
        阅读全文</a></td>
        <td width="50%" align="right" style="padding-right:20">
                <font color="gray">阅读：${single.artCount} 次 | 评论：
                ${single.revCount}</font>
            </td>
        </tr>
        <tr><td colspan="2"><hr width="96%" style="color:#D6E3C6"></td></tr>
        </c:forEach>
    </table>
    <jsp:include page="/pages/page.jsp"/>
</c:if>
```

2. **关键代码**

在实现显示我的文章列表时，需要编写 DAO 类的方法 getListArticle()，从数据库中获取当前页显示的所有文章，并保存到 List 集合中。从数据库中获取当前页显示的所有文章的关键代码如下：

```
/**
 * @功能：获取当前页显示的所有文章
 */
public List<ArticleSingle> getListArticle(int id,String showPage,String goWhich)
        throws SQLException{
    String sqlall="select * from tb_article where art_whoId=?";
    Object[] params={id};
```

```
        setPerR(5);
        createPage(sqlall,params,showPage,goWhich);        //初始化分页信息
        int currentP=getPage().getCurrentP();              //获取当前页
        int top1=getPage().getPerR();                      //获取每页显示的记录数
        int top2=(currentP-1)*top1;                        //计算上一页已经获取到哪条记录
        String sql="";
        if(currentP<=1){                                   //获取第一页要显示的数据
            sql="SELECT TOP "+top1+" * FROM tb_article WHERE art_whoid=? ORDER BY
art_pubtime DESC";
        }else{                                             //获取除第一页以外的每页要显示的数据
            sql="SELECT TOP "+top1+" * FROM tb_article i WHERE (art_whoId = ?) AND
                (art_pubTime < (SELECT MIN(art_pubTime) FROM (SELECT TOP "+top2+" * FROM
            tb_article WHERE art_whoId = i.art_whoId ORDER BY art_pubTime DESC) AS minv))
            ORDER BY art_pubTime DESC";
        }
        //调用 getList()方法从数据库中查询所需数据
        List<ArticleSingle> articlelist=getList(sql,params);
        return articlelist;
    }
```

在上面的代码中，加粗的 getList()方法为根据 SQL 语句和参数获取文章列表的方法，该方法的具体代码如下：

```
    private List<ArticleSingle> getList(String sql,Object[] params) throws SQLException{
        List<ArticleSingle> list=null;                    //声明一个用于保存文章信息的 List 集合
        DB mydb=new DB();                                 //创建数据库连接
        //根据 SQL 语句从数据库中查询所需的文章
        mydb.doPstm(sql,params);
        ResultSet rs=mydb.getRs();
        if(rs!=null){
            list=new ArrayList<>();                       //实例化一个 List 集合对象
            while(rs.next()){
                ArticleSingle single=new ArticleSingle();
                single.setId(rs.getInt(1));                                //获取文章 ID
                single.setArtWhoId(rs.getInt(2));                          //获取所属用户
                single.setArtTitle(rs.getString(3));                       //获取文章标题
                single.setArtContent(rs.getString(4));                     //获取文章内容
                    //获取发表时间
                single.setArtPubTime(Change.dateTimeChange(rs.getTimestamp(5)));
                single.setArtCount(rs.getInt(6));                          //获取访问总数
                single.setRevCount(getRevCount(single.getId()));           //获取评论数
                list.add(single);
            }
            rs.close();                                                    //关闭记录集
        }
        mydb.closed();                                                     //关闭数据库连接
        return list;
    }
```

16.5.3　博主登录设计

在博客网中，需要提供访问者登录和博主登录两种方式。其中，访问者登录是为用户访问他

人博客时进行留言或发表评论操作时提供的；而博主登录是为博主登录到后台管理博客提供的。这两种登录方式使用的登录页面是同一个，所不同的是，在实现博主登录时，程序会根据用户请求登录的位置来显示登录成功后的页面。若用户是在网站的首页触发的博主登录请求，那么登录成功后将进入个人博客的首页；若用户是在个人博客的首页中通过单击"管理博客"菜单触发的博主登录请求，那么登录成功后将进入个人博客的后台管理首页。

另外，如果用户请求的是登录到后台，那么判断博主登录成功，需要进行如下考虑：判断当前访问的用户是否登录，若已经登录，则继续判断该用户是否为他所访问博客的博主，如果是，则博主登录后台成功，进入后台首页面，如果不是，则进入提示页面提示用户；若当前访问的用户没有登录，则查询该用户是否存在，若不存在则进入提示页面提示登录失败信息，若存在则继续判断该用户是否为他所访问的博客的博主，是博主则进入后台首页面，不是，则进入提示页面提示登录失败信息。

由于访问者登录与博主登录类似，这里将只介绍博主登录。博主登录页面的运行结果如图 16-13 所示。

图 16-13　博主登录页面

1. 界面设计

博主登录页面主要用于收集用户的输入信息，以及通过 JSTL 和 EL 显示系统提示信息，该页面中所涉及到的表单元素如表 16-8 所示。

表 16-8　　博主登录页面所涉及的表单元素

名　称	元素类型	重要属性	含　义
form1	form	action="my/logon" method="post"	博主登录表单
goWhere	hidden	value="${param['goWhere']}"	记录请求登录的位置
userName	text	size="30"	用户名
userPswd	password	size="30"	密码
submit1	submit	value="" style="background:url(images/logonB.jpg);border:0px;width:51px;height:20px"	"登录"按钮
reset1	reset	value="" style="background:url(images/resetB.jpg);border:0px;width:51px;height:20px"	"重置"按钮

在实现博主登录页面时，还需要应用 JSTL 和 EL 显示系统提示信息，关键代码如下：

```
<%@ taglib prefix="c" uri="http://java.sun.com/jstl/core_rt" %>
<c:out value="${requestScope.message}" escapeXml="false"/>
```

2. 关键代码

在实现博主登录时，需要创建并配置一个名为“MyLogon”的 Servlet，并且在重写的 doPost()方法中，编写实现博主登录的代码。doPost()方法的具体代码如下：

```
    protected void doPost(HttpServletRequest request, HttpServletResponse response) throws
ServletException, IOException {
        String message="";
        HttpSession session=request.getSession();
        String goWhere=request.getParameter("goWhere");
        UserSingle callMaster=(UserSingle)session.getAttribute("callBlogMaster");
        Object logoner=session.getAttribute("logoner");
        if(logoner!=null&&(logoner instanceof UserSingle)){
        //用户已经登录
            String forward="";
            if("adminTemp".equals(goWhere)){            //如果触发的是"管理博客"请求
                //如果当前登录的用户就是被访问博客的博主
                if(((UserSingle)logoner).getId()==callMaster.getId()){
                    forward=this.getServletContext().getInitParameter("adminTemp");
                }else{                                  //如果当前登录的用户不是被访问博客的博主
                    message="<li>您没有权限管理该博客！</li>
                        <a href='javascript:window.history.go(-1)'>【返回】</a>";
                    request.setAttribute("message",message);
                    forward=this.getServletContext().getInitParameter("messagePage");
                }
            }else{
            //如果触发的是"我的博客"请求
                forward="/my/goBlog?master="+((UserSingle)logoner).getId();
            }
            RequestDispatcher rd=request.getRequestDispatcher(forward);
            rd.forward(request,response);
        }else{
            //用户没有已经登录
            String forward="";
            String name=request.getParameter("userName");
            String pswd=request.getParameter("userPswd");
            message=validateLogon(name,pswd);                   //进行表单验证
            if(message.equals("")){                             //表单验证成功
                try {
                    UserDao userDao=new UserDao();
                    logoner=userDao.getLogoner(new Object[]{name,pswd});
                } catch (SQLException e) {
                    e.printStackTrace();
                }
                if(logoner==null){                              //登录失败
                    message="<li>输入的 <b>用户名</b>或 <b>密码</b> 不正确！";
                    request.setAttribute("message",message);
                    forward=getInitParameter("myLogonPage");
                }else{                                          //登录成功
                    if("adminTemp".equals(goWhere)){            //如果触发的是"管理博客"请求
                        //如果当前登录的用户就是被访问博客的博主
```

```
                    if(((UserSingle)logoner).getId()==callMaster.getId()){
                        forward=this.getServletContext().getInitParameter
                       ("adminTemp");
                        session.setAttribute("logoner",logoner);
                    }else{                      //如果当前登录的用户不是被访问博客的博主
                        message="<li>您没有权限登录他人博客! </li>
                        <a href='javascript:window.history.go(-1)'>【返回】</a>";
                        request.setAttribute("message",message);
                        forward=this.getServletContext()
                                 .getInitParameter("messagePage");
                    }
                }else{                                   //如果触发的是"我的博客"请求
                    forward="/my/goBlog?master="+((UserSingle)logoner).getId();
                    session.setAttribute("logoner",logoner);
                }
            }
        }else{                                           //表单验证失败
            request.setAttribute("message",message);
            forward=getInitParameter("myLogonPage");
        }
        RequestDispatcher rd=request.getRequestDispatcher(forward);
        rd.forward(request,response);
    }
}
```

16.5.4 观看影音模块设计

当用户单击列表显示出以超链接形式显示的视频截图时，就会触发观看影音的请求。在请求处理结束后，将转发到观看影音页面显示影音的信息、最新评论并播放影音。其运行效果如图 16-14 所示。

图 16-14 观看影音页面

1. 界面设计

在设计观看影音页面时，最主要的是嵌入一个 Flash 做的视频播放器来播放 FLV 视频文件。其实现代码如下：

```
<%@ taglib uri="http://java.sun.com/jstl/core_rt" prefix="c" %>
<%
    String path = request.getContextPath();
    String basePath = request.getScheme()+"://"+request.getServerName()+":"
```

```
        +request.getServerPort()+path+"/";
%>
<c:set var="single" value="${requestScope.mediasingle}"/>
<c:if test="${empty single}"><br><li>对不起，播放视频失败！</li></c:if>
<c:if test="${!empty single}">
    <!-- 显示视频信息，并播放视频 -->
    <table>
        <tr><td>正在播放视频：
            <c:out value="${single.mediaTitle}" escapeXml="false"/></td></tr>
        <tr>
            <!-- 嵌入 Flash 播放器 -->
            <td rowspan="3">
                <object classid="clsid:D27CDB6E-AE6D-11cf-96B8-444553540000">
                    <param name="movie" value="<%=basePath%>/pages/media/videos/
                    player.swf?fileName=<%=basePath%>/pages/media/videos/
                    ${single.mediaSrc}"/>
                    <embed src="<%=basePath%>/pages/media/videos/player.swf?
                    fileName=<%=basePath%>/pages/media/videos/
                    ${single.mediaSrc}""></embed>
                </object>
            </td>
            <td>【视频信息】</td>
        </tr>
        <tr>
            <!-- 输出视频基本信息 -->
            <td>
                观看：<c:out value="${single.lookCount}"/> 次<br><br>
                评论：<c:out value="${single.reviCount}"/> 条<br><br>
                上传时间：<br><c:out value="${single.mediaUptime}"/><br><br>
                <a href="my/admin/mediaRev?action=adminList&id=${single.id}"
                    target="_blank">
                    【查看评论】
                </a><br><br>
                <a href="my/admin/media?action=delete&id=${single.id}">【删除视频】
                </a>
            </td>
        </tr>
        <tr><td><a href="javascript:window.history.go(-1)">【返回】</a></td></tr>
        <tr><td colspan="2"><hr width="98%"></td></tr>
        <tr><td colspan="2"><b>视频介绍：</b><br><br>
            <c:out value="${single.mediaInfo}" escapeXml="false"/></td></tr>
    </table>
    <!—此处省略了显示视频评论的代码 -->
</c:if>
```

在上面的代码中，主要是应用<object>来加载 ActiveX 控件，classid 属性则指定了浏览器使用的 ActiveX 控件，因为要使用 Flash 制作的播放器来播放视频文件，所以 classid 的值必须为“clsid:D27CDB6E-AE6D-11cf-96B8-444553540000”。对于<object>的属性可以通过<param>标记来设置。<embed>子元素则是用来针对不支持<object>标识的浏览器进行的配置。

<param>元素中的 value 属性指定了被加载的影片。通过分析可得知，加载的是一个 player.swf 文件，在本系统中它是用 Flash 制作的视频播放器，在 value 属性值中通过“?”符号向 player.swf

播放器传递了一个 fileName 参数，该参数指定了要播放的视频的路径。所以，最终，在页面中显示的是 player.swf 播放器，通过该播放器播放指定视频文件。

同样，<embed>标记的 src 属性也是用来指定要加载影片的，与<param>的 value 属性值具有相同的功能。

2. 关键代码

在实现观看影音模块时，需要获取要播放视频的详细信息和最新的评论，并且将视频的观看次数加 1，这需要编写 Servlet 方法 doSingleShow()来实现。doSingleShow()方法的具体代码如下：

```
    protected void doSingleShow(HttpServletRequest request, HttpServletResponse response)
throws ServletException, IOException {
        request.setAttribute("mainPage",getInitParameter("playPage"));
        try {
            MediaDao mediaDao=new MediaDao();
            int id=Change.strToInt(request.getParameter("id"));
            mediaDao.setLookCount(id);                              // 将视频的观看次数加 1
            MediaSingle single=mediaDao.getSingleMedia(id);        // 获取视频的详细信息
            /* 获取该视频的最新的前 n 条评论 */
            MediaRevDao mediaRDao=new MediaRevDao();
            List mediaRlist=mediaRDao.getNewReviewList(id);
            /* 保存要播放的视频、视频的评论 */
            request.setAttribute("mediasingle",single);
            request.setAttribute("mediaRlist",mediaRlist);
        } catch (Exception e) {
            System.out.println("获取视频详细信息失败！");
            e.printStackTrace();
        }

        String forward=this.getServletContext().getInitParameter("indexTemp");
        RequestDispatcher rd=request.getRequestDispatcher(forward);
        rd.forward(request,response);
    }
```

16.5.5 上传影音模块设计

上传影音的操作，并不是仅仅完成将用户上传的文件保存到服务器磁盘中就可以了，还需要将上传的文件转换为 FLV 格式的文件，然后才能通过 Flash 制作的播放器进行播放。另外，还要对该视频进行截图，以便显示给用户。上传影音页面的运行结果如图 16-15 所示。

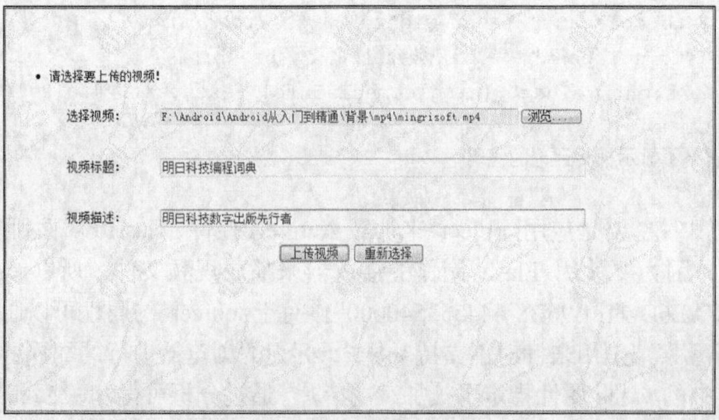

图 16-15 上传影音页面

1. 界面设计

上传影音页面主要用于收集用户填写的影音信息（包括视频文件的位置、标题和描述等信息），以及通过 JSTL 和 EL 显示系统提示信息，该页面中所涉及的表单元素如表 16-9 所示。

表 16-9　　上传影音页面所涉及的表单元素

名　　称	元 素 类 型	重 要 属 性	含　　义
form1	form	action="my/admin/media?action=insert&type=upload" method="post" enctype="multipart/form-data"	上传影音表单
mymedia	file	size="59"	选择视频文件
title	text	size="70"	用户名
info	text	size="70"	密码
submit1	submit	value="上传视频"	"上传视频"按钮
reset1	reset	value="重新选择"	"重新选择"按钮

在实现上传影音页面时，还需要应用 JSTL 和 EL 显示系统提示信息，关键代码如下：

```
<%@ taglib uri="http://java.sun.com/jstl/core_rt" prefix="c" %>
<c:out value="${requestScope.message}" escapeXml="false"/>
```

2. 关键代码

在实现上传影音文件时，需要编写 Servlet 代码，用来处理上传影音请求。这里可以通过编写 doInsert()方法来实现。在该方法中应用了 jspSmartUpload 上传组件实现了文件的上传。对上传的文件以当前时间为名称进行重命名，然后将文件上传到一个临时文件夹中，以便接下来对其进行格式的转换。doInsert()方法的实现代码如下：

```
    protected void doInsert(HttpServletRequest request, HttpServletResponse response)
throws ServletException, IOException {
        request.setAttribute("mainPage",getInitParameter("upLoadPage"));
        String message="";
        HttpSession session=request.getSession();
        int whoid=((UserSingle)session.getAttribute("logoner")).getId();
        String type=request.getParameter("type");
        if("upload".equals(type)){              //如果是单击"上传视频"提交按钮触发的请求
            try {
                SmartUpload myup=new SmartUpload();
                myup.initialize(this, request, response);
                //设置允许上传的文件类型
                myup.setAllowedFilesList("avi,asf,asx,3gp,mpg,mov,mp4,wmv,flv");
                myup.upload();                                  //上传文件
                //获取上传的文件。因为只上传了一个文件，所以只有一个元素
                File upfile=myup.getFiles().getFile(0);
                message=validateUpLoad(upfile);
                if(message.equals("")){                         //如果通过验证
                    Date now=new Date();                        //获取当前时间
                    String serialName=Change.getSerial(now);
                    String basePath=getServletContext().getRealPath("\\");
                    String upFilePath=basePath+"pages\\admin\\media\\temp\\"
                        +serialName+"."+upfile.getFileExt();
                    String flvFilePath=basePath+"pages\\media\\videos\\"
                        +serialName+".flv";
                    String cutPicPath=basePath+"images\\media\\"+serialName+".jpg";
```

```
                upfile.saveAs(upFilePath,File.SAVEAS_PHYSICAL);
                //转换视频格式
                boolean mark=convertVideo(upFilePath,flvFilePath,cutPicPath);
                if(mark){                    //转换视频格式成功，向数据表中添加该视频信息
                    String src=serialName+".flv";    //获取视频成功转换为 flv 格式后的文件名
                    String time=Change.dateTimeChange(now);
                    String pic=serialName+".jpg";              //获取视频的截图名称
                    int count=0;                               //设置视频的访问次数
                    //获取输入视频的描述信息
                    String info=myup.getRequest().getParameter("info");
                    //获取输入的视频标题
                    String title=myup.getRequest().getParameter("title");
                    if(title==null||title.equals(""))title="无标题";
                    if(info==null||info.equals(""))info="我的视频";
                    Object[] params={whoid,title,src,pic,info,time,count};
                    MediaDao mediaDao=new MediaDao();
                    int i=mediaDao.upLoad(params); //调用 DAO 类向数据表中添加视频信息
                     if(i<=0)                                  //添加视频信息失败
                         message="<li>保存视频信息时失败！</li>";
                     else                                      //添加视频信息成功
                         message="<li>视频上传成功！</li>";
                }else                                          //转换视频格式失败
                    message="<li>转换视频时失败！</li>";
            }
        }catch(SecurityException e1){          //捕获违反了允许上传的文件类型后抛出的异常
            message="<li>只允许上传 <b>avi、asf、asx、3gp、mpg、mov、mp4、wmv、flv</b>
                格式影片！</li>";
            e1.printStackTrace();
        }catch (SmartUploadException e2) {
            message="<li>视频上传失败！</li>";
            e2.printStackTrace();
        }catch(Exception e3){
            message="<li>操作失败！</li>";
            e3.printStackTrace();
        }catch(OutOfMemoryError e4){
            message="<li>上传失败！您上传的文件太大！</li>";
            e4.printStackTrace();
        }
    }else                                    //如果单击"上传影音"超链接触发的请求
        message="<li>请选择要上传的视频！</li>";
    request.setAttribute("message",message);
    String forward=getServletContext().getInitParameter("adminTemp");
    RequestDispatcher rd=request.getRequestDispatcher(forward);
    rd.forward(request,response);
}
```

通过调用 jspSmartUpload 组件将文件上传到临时文件夹以后，还需要调用 convertVideo()方法来将视频转换为 FLV 格式。该方法带有 3 个 String 类型的参数，分别是 upFilePath（表示要转换格式的视频文件）、flvFilePath（表示转换为 FLV 格式后的文件的保存路径）和 cutPicPath（表示

保存视频截图的路径）。converVideo()方法的具体实现代码如下：

```
/**
 * @功能：①转换上传的视频为 FLV 格式；②从上传的视频中截图。
 * @参数：①upFilePath:     用于指定要转换格式的文件路径，以及用来指定要截图的视频。<br>
 * @参数：②flvFilePath:    用于指定转换为 FLV 格式后的文件的保存路径。<br>
 * @参数：③cutPicPath:     用于指定截取的图片的保存路径
 * @返回：boolean 型值
 */
private boolean convertVideo(String upFilePath,String flvFilePath,String cutPicPath){
    //获取在配置 Servlet 时设置的初始化参数中指定的转换工具（ffmpeg.exe）的存放路径
    String ffmpegPath=getInitParameter("ffmpegPath");
    List<String> convert=new ArrayList<String>();
    convert.add(ffmpegPath);                         //添加转换工具路径
    convert.add("-i");                               //添加参数"-i"，该参数指定要转换的文件
    convert.add(upFilePath);                         //添加要转换格式的视频文件的路径
    convert.add("-qscale");
    convert.add("6");
    convert.add("-ab");
    convert.add("64");
    convert.add("-acodec");
    convert.add("mp3");
    convert.add("-ac");
    convert.add("2");
    convert.add("-ar");
    convert.add("22050");
    convert.add("-r");
    convert.add("24");
    convert.add("-y");                          //添加参数"-y"，该参数指定将覆盖已存在的文件
    convert.add(flvFilePath);
    List<String> cutpic=new ArrayList<String>();
    cutpic.add(ffmpegPath);
    cutpic.add("-i");
    //指定的文件既可以是转换为 flv 格式之前的文件，也可以是转换后的 flv 文件
    cutpic.add(upFilePath);
    cutpic.add("-y");
    cutpic.add("-f");
    cutpic.add("image2");
    cutpic.add("-ss");                          //添加参数"-ss"，该参数指定截取的起始时间
    cutpic.add("2");                            //添加起始时间为第 2 秒
    cutpic.add("-t");                           //添加参数"-t"，该参数指定持续时间
    cutpic.add("0.001");                        //添加持续时间为 1ms
    cutpic.add("-s");                           //添加参数"-s"，该参数指定截取的图片大小
    cutpic.add("350*240");                      //添加截取的图片大小为 350 像素×240 像素
    cutpic.add(cutPicPath);                     //添加截取的图片的保存路径
    boolean mark=true;
    ProcessBuilder builder = new ProcessBuilder();
   try {
    builder.command(convert);
      builder.start();
      builder.command(cutpic);
```

```
        builder.start();
    } catch (Exception e) {
     mark=false;
        e.printStackTrace();
    }
    return mark;
}
```

在使用 ffmpeg.exe 工具进行视频转换时，需要用到两个 DLL 文件：pthreadGC2.dll 和 SDL.dll，并且将这两个文件与 ffmpeg.exe 放在同一个目录下。

16.6 调试运行

由于博客网的实现比较简单，没有太多复杂的功能，因此，对于本程序的调试运行，总体上情况良好。但是，其中也出现了一些小问题。例如，在上传影音时，上传了一段视频后，发现并没有显示视频的截图，显示效果如图 16-16 所示。但是，单击中间的带红 × 的图片区域，还可以观看到视频。

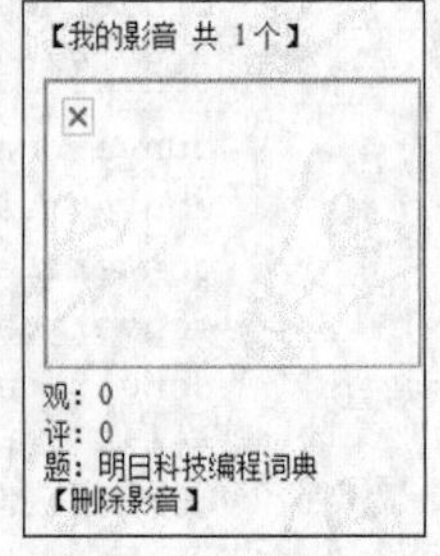

图 16-16 没有显示视频截图的效果

仔细查看原代码发现，由于上传的视频文件只有 5 帧，我们指定截图所在的帧时，设置的是第 10 帧，所以没有截取到对应的图片。解决该问题的方法时，将截图所在的帧设置为第 2 帧。修改后的代码如下：

```
cutpic.add("2");                              //添加起始时间为第 2 秒
```

16.7 课程设计总结

课程设计是一件很累人很伤脑筋的事情，在课程设计周期中，大家每天几乎都要面对着电脑 10 个小时以上，上课时去机房写程序，回到宿舍还要继续奋斗。虽然课程设计很苦很累，有时候还很令人抓狂，不过它带给大家的并不只是痛苦的回忆，它不仅拉近了同学之间的距离，而且对大家学习计算机语言是非常有意义的。

在没有进行课程设计实训之前，大家对 JSP 知识的掌握只能说是很肤浅，只知道分开来使用那些语句和语法，对他们没有整体概念，所以在学习时经常会感觉很盲目，甚至不知道自己学这些东西是为了什么。但是通过课程设计实训，不仅能使大家对 JSP 的有更深入的了解，同时还可以学到很多课本上学不到的东西，最重要的是，它让我们能够知道学习 JSP 的最终目的和将来发展的方向。